ENCYCLOPÉDIE-RORET

FABRICANT & ÉPURATEUR

D'HUILES

VÉGÉTALES ET ANIMALES

AVIS.

Le mérite des ouvrages de l'**Encyclopédie-Roret** leur a valu les honneurs de la traduction, de l'imitation et de la contrefaçon. Pour distinguer ce volume, il porte la signature de l'Editeur, qui se réserve le droit de le faire traduire dans toutes les langues, et de poursuivre, en vertu des lois, décrets et traités internationaux, toutes contrefaçons et toutes traductions faites au mépris de ses droits.

Le dépôt légal de ce Manuel a été fait dans le cours du mois de décembre 1865, et toutes les formalités prescrites par les traités ont été remplies dans les divers États avec lesquels la France a conclu des conventions littéraires.

MANUELS-RORET

NOUVEAU MANUEL COMPLET

DU

FABRICANT ET DE L'ÉPURATEUR

D'HUILES

VÉGÉTALES & ANIMALES

PAR M. JULIA DE FONTENELLE,

Professeur de Chimie.

NOUVELLE ÉDITION

REVUE, CORRIGÉE, TRÈS-AUGMENTÉE

ET ENRICHIE DE NOUVELLES PLANCHES

PAR M. F. MALEPEYRE.

PARIS

A LA LIBRAIRIE ENCYCLOPÉDIQUE DE RORET,

RUE HAUTEFEUILLE, 12.

1866

Tous droits réservés.

INTRODUCTION.

L'application de la chimie aux arts a reculé si loin les bornes de l'industrie, qu'un grand nombre de ceux-ci sont, à proprement parler, de création nouvelle, tandis que d'autres ont pris place parmi les sciences, et que tous, en général, ont ressenti les heureux effets de cette influence en s'enrichissant d'une infinité de découvertes, d'appareils et de procédés nouveaux. Plusieurs même ont atteint un tel degré de perfection, que, de nos jours, les arts chimiques ont enfanté, pour ainsi dire, des merveilles. Témoin de l'utilité des connaissances chimiques, je me suis livré à l'application de cette science à la pratique des arts. L'accueil bienveillant avec lequel le public a accueilli mes travaux, a été, pour moi, un puissant stimulant pour les justifier. Aussi ai-je trouvé, dans cette étude, un charme d'autant plus grand que j'y puisais, à chaque instant, une foule de connaissances marquées au coin de l'utilité, et dont l'ensemble ne pouvait qu'être de la plus grande utilité pour la prospérité des arts.

On ne possède que peu d'ouvrages complets sur la fabrication des huiles, quoique cette fabrication soit une branche importante des arts et de l'économie domestique. Nous n'avons guère que quelques traités sommaires, quelques mémoires épars sur diverses huiles en particulier, quoique les travaux de MM. Chevreul et Braconnot aient jeté le plus grand jour sur leur connaissance et ouvert la porte à ceux de MM. Colin, Bussy, Lecanu, Boudet, Poutet, Maumené, Crace-Calvert, Château, etc. Maintenant, l'extraction des huiles n'est plus un art empyrique, mais bien un véritable art chimique, qui est appelé à recevoir de nouveaux perfectionnements. C'est pour contribuer à ses progrès que j'ai rédigé ce *Manuel du Fabricant et de l'Épurateur d'Huiles végétales et animales.*

Personne n'ignore que la plupart des huiles proprement dites sont des produits végétaux et animaux. Je n'entreprendrai point de décrire, dans cet ouvrage, toutes les huiles connues ; car il en existe un si grand nombre qu'il faudrait plusieurs volumes pour les énumérer. Je me suis donc borné à présenter les principales et les plus utiles, en un mot celles qui paraissent offrir le plus d'intérêt. En conséquence, j'ai divisé ce travail en cinq parties : dans la première, je présente quelques considérations générales sur les huiles fixes, avec l'exposé de la plupart de leurs propriétés physiques et chimiques, leur analyse et leur composition élémentaire ; j'examine, dans la seconde, la plupart des huiles fixes. Mais comme celle d'olives est la seule que l'on retire de la drupe et non de la semence elle-même, je la place à la tête de cet examen, et je range les autres suivant un ordre facile à consulter. Pour répandre plus d'intérêt sur ce travail, j'ai pris soin de recueillir la plupart des procédés qui ont fait l'objet de brevets d'invention, et de les décrire, en y ajoutant les planches qui en facilitent la connaissance. C'est, suivant nous, le meilleur moyen pour offrir du nouveau et s'écarter des routes battues. Dans la troisième partie, je m'occupe de divers moyens propres à l'épuration de ces huiles ; dans la quatrième, j'examine les moyens pour reconnaître la nature des huiles et de constater les fraudes qui sont si fréquentes dans leur commerce.

Cette nouvelle édition a reçu d'importantes améliorations et un grand nombre d'additions, dont l'énumération serait trop longue dans une préface ; nous nous contenterons donc d'ajouter que nous n'avons rien négligé pour mettre cette édition au niveau des progrès de la science et de la pratique qui se rattachent à cette branche d'industrie.

NOUVEAU MANUEL COMPLET

DU

FABRICANT ET DE L'ÉPURATEUR

D'HUILES

VÉGÉTALES ET ANIMALES

PREMIÈRE PARTIE.

On désigne sous le nom général d'huiles grasses, diverses substances qui appartiennent à la famille des corps gras.

Les différents corps gras ont reçu dans le commerce les noms particuliers d'huiles, beurres, graisses et suifs.

Les huiles proprement dites ou huiles fixes, par opposition aux substances toutes différentes qu'on a désignées sous le nom d'huiles volatiles, sont les seules qui doivent nous occuper dans ce manuel. Ce sont généralement des liquides à la température ordinaire, qu'on extrait soit de la pulpe des fruits, soit des graines de certaines plantes, soit enfin du corps des animaux.

Les deux premières espèces d'huiles qui s'extraient des végétaux, sont dites huiles végétales, les autres huiles animales.

Nous nous proposons de décrire dans ce manuel les propriétés de ces diverses espèces d'huiles, leur mode d'extraction, leur épuration et les moyens de reconnaître les falsifications qu'on leur fait éprouver dans le commerce. Mais avant de nous occuper de ces descriptions, il est à propos de présenter quelques généralités sur les propriétés physiques et chimiques de ces corps gras.

PROPRIÉTÉS GÉNÉRALES DES HUILES FIXES.

De temps immémorial on a désigné par le nom d'huiles des produits immédiats des végétaux, qui sont plus ou moins liquides, onctueux, inflammables, pénétrant le papier, lui communiquant une demi-transparence et y produisant une tache graisseuse. L'énumération de toutes les espèces d'huiles fixes exigerait plus d'un volume ; nous réduirons donc cet examen à celles qui sont fabriquées comme aliments, ou bien qui ont trouvé une application spéciale à l'éclairage, dans les arts ou à la médecine.

Presque tous les chimistes anciens et modernes se sont occupés des propriétés des huiles et de leur nature ; cependant leur composition immédiate avait échappé aux savantes recherches des Lavoisier, des Berthollet, des Vauquelin, des Fourcroy, des Proust, des Scheele, des Priestley, etc. ; cette connaissance était réservée à MM. Chevreul et Braconnot, dont nous exposerons avec détail les travaux.

Les huiles fixes ou douces n'existent jamais que dans les semences des végétaux ; on ne les a point encore trouvées dans leurs tiges, leurs écorces, leurs feuilles, leurs fleurs, etc. ; quelquefois elles sont contenues dans la chair de certains fruits ; mais c'est bien rare, puisque dans nos climats on ne les trouve ainsi que dans l'olive.

C'est une règle générale que l'huile douce ne se trouve que dans le cotylédon des semences, et qu'on ne connaît point de graine monocotylédonée qui en produise.

Les graines oléagineuses contiennent, en même temps, de la fécule et une espèce de mucilage qui, les rendant miscibles à l'eau, donnent, avec ce liquide, une liqueur blanche connue sous le nom d'*émulsion* ou *lait d'amande,* quand c'est avec cette graine qu'on l'a préparée : c'est en raison de cette propriété que ces semences sont appelées émulsives. Nous allons présenter ici un tableau des principales huiles fixes, ainsi que des végétaux qui les produisent.

Huiles fixes.	Végétaux qui les produisent.
Huile d'olives.	olivier, *olea europœa.*
— de pistache de terre. . .	*arachis hypogœa.*
— de chenevis.	chanvre, *cannabis sativa.*
— d'amandes.	amandier, *amygdalus communis.*
— de concombre.	citrouille, *cucurbita pepo et melopepo.*
— de chou.	*brassica oleracea.*
— de colza.	*brassica oleracea, arvensis, brassica campestris.*
— de navette.	navets; *brassica napus et b. rapa.*
— de moutarde.	*sinapis alba* et *s. nigra.*
— de faîne.	hêtre commun, *fagus sylvatica.*
— de cacao.	*theobroma cacao.*
— de noisette.	*corylus avellana.*
— de pavot ou d'œillette.	*papaver somniferum.*
— de raifort.	*raphanus raphanistrum.*
— de ben.	*guilandina moringa.*
— de pépins de raisin. . .	*vitis vinifera.*
— de laurier.	*laurus nobilis.*
— de lin.	*linum usitatissimum et perenne.*
— de ricin.	*ricinus communis.*
— de caméline.	*myagrum sativum.*

Huile de julienne. . . . . . *hesperis matronalis.*
— de galéope. . . . . . . *galeopsis tetrahit.*
— de noix. . . . . *juglans regia.*
— de fusain commun, bon- *evonymus europœus.*
　　net du prêtre.
— de cresson alénois. . . *lepidium sativum.*
— du soleil ou tournesol. *helianthus annuus.*
— de sésame jugoline. . . *sesamum orientale.*
— d'euphorbe épurge. . . *euphorbia lathyris.*
— de madi cultivé. . . . . *madia sativa.*
— de tabac. . . . . *nicotiana tabacum.*
— de prunier. . . . . . . *prunus domestica.*
— de belladone. . . . . . *atropa belladona.*
— de sapin. . . . . *pinus abies.*
— de pin. . . . . *pinus sylvestris.*
— de maïs. . . . . *zea maïs.*
— de marron d'Inde. . . *œsculus hippocastanum.*
— de gaude. . . . . . . *reseda luteola.*
— de marmotte ou abrico- *armeniaca brigantiaca* ou
　　tier de Briançon. 　　*prunus oleoginosa.*
— de cotonnier bombace. *gossypium usitatissimum.*
— de cornouiller sanguin. *cornus sanguinea.*
— de souchet comestible. *cyperus esculentus.*
— de jusquiame noire. . . *hyoscyanus niger.*
— de pépins de pommier. . *pyrus malus.*
— de noyaux de cerises. . *prunus cerasus.*
— de glaucie ou pavot *glaucium flavum.*
　　cornu.
— de croton. . . . . *croton tiglium.*
— de lentisque. . . . . . *pistacia lentiscus.*
— de pignon d'Inde. . . . *curcas purgans* ou *jatropa*
　　　　curcas.
— de fusain. . . . . *evonymus europœus.*
— de fougère. . . . . . . *polypodium.*
— d'anis. . . . . *pimpinella anisum.*

Voici le tableau des quantités d'huiles qu'on peut retirer de plusieurs des plantes ci-dessus et de quelques autres encore moins utilisées :

100 PARTIES en poids.	HUILE extraite	100 PARTIES en poids.	HUILE extraite
Noix.	40 à 70	Euphorbe épurge.	30
Ricin commun . .	62	Moutarde sauvage	30
Noisette.	60	Cameline.	28
Cresson alénois. .	56 à 58	Gaude.	29 à 36
Amande douce. .	40 à 54	Courge.	25
Amande amère. .	28 à 46	Citronnier.	25
Œillette.	56 à 63	Onoporde acanthe	25
Radis oléifère. . .	50	Graine d'épicéa. .	24
Sésame.	50	Chenevis.	14 à 25
Tilleul d'Europe.	48	Lin.	11 à 22
Arachide.	43	Moutarde noire. .	15
Choux.	30 à 39	Faîne.	15 à 17
Moutarde blanche	36 à 38	Soleil.	15
Navet de Suède. .	33,5	Pomme épineuse.	15
Prunier.	33,3	Pépins de raisin.	1,4 à 22
Colza d'hiver. . .	36 à 40	Marrons d'Inde. .	1,2 à 8
Navette.	30 à 36	Julienne.	18

Les huiles ne sont pas toutes applicables aux mêmes objets. Le tableau suivant fait connaître les principaux usages de quelques-unes d'entre elles :

Colza. . . . . . \
Navette. . . . . } éclairage.
Cameline. . . . /

Œillette. . . . .   récente, alimentaire; peinture, savons.
Madia sativa. .   récente, alimentaire; savons.
Faîne. . . . . .   récente, alimentaire; savons, peinture.
Chenevis. . . .   savons verts, peinture.
Huile de lin. .   peinture, vernis typographique.
Noix mondées.   récente, alimentaire; peinture, éclairage.
Amandes dou-   toilette, pharmacie.
    ces.
Olives. . . . . .   alimentaire, savons; éclairage.

Voici, sous une forme plus pratique, les produits des principales graines oléagineuses :

PLANTES.	POIDS DE L'HECTOLITRE.	PRODUITS en litres.
Colza d'hiver.. . .	56 à 70 kilog.	25 à 28
— d'été.	54 à 65	21 à 25
Navette.	55 à 68	23 à 26
Cameline.	53 à 60	20 à 24
Œillette ou pavot.	54 à 62	22 à 25
Madia sativa. . . .	40 à 50	12 à 15
Hêtre ou faîne. . .	42 à 50	12 à 15
Chenevis.	38 à 47	11 à 13
Huile de lin. . . .	67 sur échantillon	10 à 12
Noix mondées. . .	Par 100 kil. d'amandes.	46 à 50
Amandes douces. .	100 id.	44 à 48
Olives.	100 id.	10 à 12

CHAPITRE PREMIER.

Propriétés physiques des huiles.

Les huiles douces, grasses ou fines, car ces noms sont synonymes, sont, à la température atmosphérique, presque toutes liquides ; quelques corps gras concrets cependant, appelés aussi huile ou beurre, comme l'huile de palmier, le beurre de galam, celui de cacao, etc., sont plus ou moins consistants. Les huiles sont aussi plus ou moins gluantes, d'une saveur faible, mais parfois désagréable. Quelques-unes sont incolores ; en général elles sont cependant d'une couleur ambrée, et quelques-unes d'un jaune verdâtre ; cette couleur paraît due à un principe particulier qu'elles tiennent en dissolution. Le poids spécifique des huiles est plus faible que celui de l'eau, aussi surnagent-elles ce liquide ; mais ce poids n'est pas le même pour toutes, ainsi que nous allons le faire connaître.

SECTION Ire.

POIDS SPÉCIFIQUE, COULEUR ET PROPRIÉTÉS SICCATIVES.

Le poids spécifique de toutes les huiles douces n'a pas encore été déterminé ; les seules où il ait été recherché sont les suivantes :

Poids spécifique, couleur et propriétés siccatives des huiles.

HUILES DES SEMENCES de	POIDS spécifique à +12°R. (15° c.)	COULEURS.	PROPRIÉTÉS siccatives.
Prunus domestica. . . .	0.9127	Jaune-brunâtre.	Onctueuse.
Brassica napus oleifera. .	0.9128	id. . . .	id.
— campestris oleifera	0.9136	id. . . .	id.
— precox.	0.9139	id. . . .	id.
— napo-brassica. . .	0.9141	id. . . .	id.
Sinapis alba. ., ...	0.9142	Jaune-clair. . .	id.
Brassica rapa.	0.9167	Jaune-brunâtre.	id.
Sinapis nigra.	0.9170	id. . . .	id.
Olea europæa.	0.9176	Incolore. . . .	id.
Amygdalus communis. .	0.9180	id. . . .	id.
Raphanus sativus. . . .	0.9187	Jaune-brunâtre.	id.
Vitis vinifera.	0.9202	Jaune-verdâtre.	Sèche lentem.
Fagus sylvatica.	0.9225	Jaunâtre	Onctueuse.
Cucurbita pepo.	0.9231	Brun-jaune-clair	Sèche lentem.
Nicotiana tabacum. . . .	0.9232	Jaunâtre	Siccative.
Lepidium sativum. . . .	0.9240	Jaune-brunâtre.	Sèche lentem.
Corylus avellana.	9.9242	Jaune-clair. . .	Onctueuse.
Papaver somniferum. . .	0.9243	Jaune-pâle . . .	Siccative.
Atropa belladona. . . .	0.9250	Jaune-clair. . .	Sèche lentem.
Myagrum sativum. . . .	0.9252	Jaunâtre	Siccative.
Juglans regia.	0.9260	Jaune-clair. . .	id.
Helianthus annuus. . . .	0.9262	id. . . .	Sèche lentem.
Cannabis sativa.	0.9276	Jaune-verdâtre.	Siccative.
Hesperis matronalis. . .	0.9282	Brunâtre	id.
Pinus picea.	0.9288	Jaune-clair. . .	id.
Pinus sylvestris.	0.9312	Gris-jaunâtre. .	id.
Linum usitatissimum. . .	0.9347	Jaune-clair. . .	id.
Reseda luteola.	0.9358	Vert	id.
Evonymus europæus. . .	0.9360	Rouge-brun . .	Onctueuse.
Ricinus communis. . . .	0.9611	Jaunâtre	Sèche lentem.

Le poids spécifique de chaque huile qu'on a consigné dans le tableau précédent est celui qu'on observe dans ces liquides à la température de 15° C, et en supposant que ces huiles ont été convenablement préparées et qu'elles sont à l'état de pureté. Ce poids peut, en effet, varier dans des limites assez étendues pour qu'on puisse les confondre les unes avec les autres, si on s'en rapportait simplement à ce caractère ; et c'est pour cela que nous avons ajouté quelques autres propriétés physiques qui serviront à les distinguer.

Une huile qui n'a pas suffisamment déposé et qui n'est pas parvenue à son état de pureté, a, en général, un poids spécifique plus grand que celle qui est pure, à cause des manières mucilagineuses qu'elle renferme encore.

Une huile ancienne et qui a quelquefois déposé un peu de stéarine est plus légère qu'une huile récente.

Quand une huile est siccative, elle absorbe en peu de temps l'oxygène de l'air ; elle prend alors de la viscosité et de la consistance et par conséquent un poids spécifique plus grand que quand elle est récente et n'a pas encore pu absorber cet oxygène.

Enfin, la température fait varier notablement le poids spécifique des huiles.

Malgré ces considérations et le peu de différence qu'il y a entre les poids spécifiques extrêmes du tableau précédent (0,9127 et 0,9611), on n'en a pas moins cherché, à défaut d'un plus exact, à faire servir ce caractère à la détermination de l'état de pureté des huiles. Nous verrons même plus loin qu'on a employé ce caractère pour distinguer les huiles entre elles.

SECTION

TABLEAU DE LA FLUIDITÉ ET DU

HUILES DES SEMENCES de	Temps en secondes qu'elles exigent pour s'écouler à	
	+ 12º R.	+ 6º R.
Ricinus communis..	1830″	3390″
Olea europæa.	195	284
Cucurbita pepo..	185	240
Corylus avellana..	166	218
Brassica campestris oleifera . . .	162	222
Brassica napus oleifera.	159	204
Fagus sylvatica.	158	237
Sinapis alba.	157	216
Amygdalus communis.	150	209
Brassica precox..	148	205
Evonymus europæus..	143	210
Raphanus sativus.	143	197
Brassica napo-brassica.	142	200
Sinapis nigra.	141	175
Brassica rapa.	136	198
Papaver somniferum..	123	165
Myagrum sativum..	119	160
Atropa belladona.	118	157
Helianthus annnus..	114	158
Pinus sylvestris.	107	151
Lepidium sativum..	103	130
Vitis vinifera.	99	128
Prunus domestica..	93	132
Nicotiana tabacum..	90	122
Hesperis matronalis.	89	112
Juglans regia.	88	106
Linum usitatissimum..	88	104
Cannabis sativa..	87	107
Pinus picea.	85	102
Reseda luteola.	73	96
Eau distillée..	9	9

II.

POINT DE CONGÉLATION DES HUILES.

Fluidité celle de l'eau étant 1000 à		Moins fluide que l'eau à		Point de congélation en degrés Réaumur.
+ 12° R.	+ 6° R.	+ 12° R.	+ 8° R.	
4.9	2.6	20.3 fois	37.7 fois	— 14
46.1	31.6	21.6	31.15	+ 2
48.1	37.5	20.5	26 6	— 12
54.2	41.2	18.4	24.2	— 15
55.5	40 5	18.0	22.4	— 5
56.6	44.1	17.6	22.6	— 3
56.9	37.9	17.5	26.3	— 14
57.3	41.7	17.4	24.0	— 13
60.0	43 0	16.6	23.3	— 17
60.8	43.9	16.4	22.7	— 8
62.9	42.8	15.9	23.3	— 16
62.9	45.6	15.9	21.9	— 13
63.3	45.0	15.8	22.2	— 3
63.8	51.4	15.6	19.4	— 14
66.1	45.4	15.1	22.0	— 6
73.1	54.5	13.6	18.3	— 15
75.6	52.2	13.2	17.7	— 15
76.2	57.3	13 1	17.3	— 22
78.9	60 8	12.6	16.4	— 15
84.1	59.6	11.8	16.7	— 24
87.3	69.2	11.4	14.4	— 12
90.9	70.3	11.0	14.2	— 13
96.7	68.1	10.3	14.7	— 7
100.0	73.7	10.0	13.5	⋆
101.1	80.3	9.8	12 4	⋆
102.2	84.9	9.7	11.8	— 22
102.4	86.5	9.7	11.5	— 22
103.4	84.2	9.6	11.9	— 22
105.8	88.2	9.4	11.3	— 22
123.7	93.7	8.0	10.7	⋆
1000	1000	⋆ Elles étaient encore fluides à —12°R.		

CHAPITRE II.

Propriétés chimiques.

Les huiles exposées à l'action de l'air ou laissées en contact avec le gaz oxygène, en éprouvent une altération plus ou moins prompte. En effet, avec le temps et graduellement, leur liquidité diminue, elles s'épaississent, et certaines même se durcissent : ces dernières portent le nom d'*huiles siccatives* ; de ce nombre sont les huiles de lin, de noix, d'œillette, de pépins de raisin, etc.

M. de Saussure a reconnu qu'une couche d'huile de noix, de 6 millimètres d'épaisseur sur 85 millimètres de diamètre, placée sur du mercure à l'ombre, dans du gaz oxygène pur, n'en a absorbé qu'un volume égal au plus à trois fois celui de l'huile, pendant huit mois, entre décembre 1817 et le 1er août 1818: mais dans les dix jours suivants, elle en a absorbé soixante fois son volume. A la fin d'octobre, époque à laquelle la diminution du volume du gaz était presque insensible, cette huile avait absorbé cent quarante-cinq fois son volume de gaz oxygène, et donné vingt-une fois son volume de gaz acide carbonique, sans aucune production d'eau. Cette huile, ainsi traitée, formait une espèce de gelée transparente qui ne tachait plus le papier. Les huiles exposées dans une cornue, à une température assez élevée pour en opérer la distillation, se décomposent en partie; il se dégage du gaz hydrogène carboné, et il passe dans le récipient une huile d'un jaune brunâtre (acroléine), d'une odeur très-forte et très-piquante; le résidu est une petite quantité de substance charbonneuse.

Les huiles exposées à l'action du froid se figent à des températures plus ou moins basses, suivant que les deux principes qui les constituent, l'oléine et la stéarine, sont en des proportions différentes; plus elles sont riches en stéarine, plus elles se figent promptement.

Les huiles douces sont insolubles dans l'eau; mais le plus grand nombre est plus ou moins soluble dans l'alcool et l'éther.

Les huiles dissolvent le phosphore et le soufre ; par le refroidissement, une grande partie du premier se précipite en cristaux.

Le chlore et l'iode agissent même à froid sur les huiles, leur enlèvent de l'hydrogène, et se convertissent en acides hydrochlorique et hydriodique.

Le potassium et le sodium n'agissent sur elles qu'après être passés à l'état d'oxydes ; ils forment alors des savons.

Presque tous les acides puissants sont susceptibles de s'unir à certaines huiles et de produire des composés onctueux et pâteux, surtout si leur action est aidée de celle de la chaleur. Ces composés se dissolvent dans l'eau et moussent comme le savon ordinaire, mais ils ne sont point permanents et ne peuvent présenter un grand avantage dans leur emploi.

SECTION Ire.

COMBUSTIBILITÉ DES HUILES.

Les huiles, comme nous l'avons déjà dit, sont très-combustibles, aussi sont-elles avantageusement appliquées à l'éclairage. Nous allons présenter un tableau comparatif de la combustibilité de quelques-unes, sous le même poids et les mêmes circonstances ; ces expériences sont dues à M. Louis de Villeneuve, qui a reconnu que la flamme égale d'une petite lampe consomme dans 12 heures :

Huile de Flandre. . . . . 88 gram.
— d'olives ou de colza.. 96
— de noix. 100
— de lin 110
— de moutarde noire ou linette de
    printemps. 119
— de moutarde blanche. 122
— de pépins de raisin. 91

Cette dernière expérience m'est propre.

Mais voici un tableau bien plus complet de la combustion des huiles dans les lampes sans mèches et avec mèches.

TABLEAU de la

DANS LES LAMPES SANS MÈCHES.

HUILES DES SEMENCES DE	QUANTITÉS EN GRAMMES et en une heure.	
	d'huile brûlée.	d'eau vaporisée.
Olea europæa.	53.1	150
Helianthus annuus.	41 0	133
Myagrum sativum..	36.0	105
Cucurbita pepo.	34.2	101
Reseda luteola.	34.1	100
Amygdalus communis..	33.5	99
Corylus avellana.	32.5	97
Evonymus europæus.	32.5	95
Cannabis sativa.	31.4	94
Prunus domestica..	30.8	90
Fagus sylvatica.	30.5	87
Pinus picea.	30 0	84
Sinapis alba.	29.3	82
Atropa belladona.	29.0	82
Brassica rapa.	27.5	70
Brassica campestris..	26 9	68
Pinus sylvestris.	26.5	65
Lepidium sativum	24 4	58
Linum usitatissimum..	24.2	57
Juglans regia.	23.4	55
Ricinus communis..	23.3	46
Brassica nap. oleif. (1)	23.1	54
Raphanus sativus.	20.0	42
Papaver somniferum.	19 8	41
Brassica napo-brassica. . . .	18.7	39
Vitis vinifera.	18.4	33
Nicotiana tabacum.	17.7	36
Brassica precox.	16.7	35
Brassica napus oleif. (2) . . .	12 0	22
Sinapis nigra.	s'éteignent en peu de minutes.	
Hesperis matronalis.		

(1) Purifiée à l'acide sulfurique. — (2) Non purifiée.

combustibilité des huiles.

DANS LES LAMPES AVEC MÈCHES.		
HUILES DES SEMENCES DE	QUANTITÉS EN GRAMMES et en une heure.	
	d'huile brûlée.	d'eau vaporisée.
Prunus domestica..........	68	260
Olea europæa............	62	230
Evonymus europæa.........	61	225
Corylus avellana..........	53.4	190
Amygdalus communis......	52.8	183
Helianthus annuus........	51.8	185
Fagus sylvatica..........	50.0	170
Pinus picea.............	49.8	164
Brassica precox..........	48.5	169
Pinus sylvestris..........	47.3	160
Ricinus communis........	47.0	168
Cannabis sativa..........	46.0	155
Juglans regia...........	45.0	150
Reseda luteola..........	44.0	148
Brassica napus oleif. (1)......	43.8	144
Cucurbita pepo..........	43.7	135
Raphanus sativus.........	43.0	138
Brassica campestris oleif....	42.7	140
Lepidium sativum.........	42.0	137
Brassica napus oleif. (2)....	40.0	133
Linum usitatissimum......	38.7	121
Atropa belladona.........	38.2	110
Vitis vinifera...........	37.0	120
Myagrum sativum........	34.0	101
Nicotiana tabacum........	33.2	95
Brassica rapa...........	33.0	94
Papaver somniferum......	31.0	80
Sinapis alba............	29.8	78
Brassica napo-brassica.....	29.4	70
Sinapis nigra...........	25.0	68
Hesperis matronalis........	24.0	59

(1) Purifiée à l'acide sulfurique. — (2) Non purifiée.

On a cherché à diverses reprises à donner plus de corps aux huiles, tout en leur conservant leur fluidité et leur limpidité, à leur assurer un pouvoir éclairant plus élevé, et à les rendre propres à former une sorte de vernis pour la décoration et la conservation des objets. A cet effet, M. Perrin est parvenu, en 1850, par une simple ébullition à des températures qui varient entre 60° et 200°, à y incorporer de 30 à 50 pour 100 de résine, et M. Puis à y faire entrer du caoutchouc ou de la gutta-percha, en les faisant bouillir au bain-marie, y projetant du caoutchouc ou de la gutta-percha coupés en très-petits fragments qu'on y fait macérer pendant 4 à 5 jours, puis portant l'huile à la température d'environ 120° C. à laquelle les gommes se dissolvent complétement. Après quoi on filtre pour obtenir une huile parfaitement claire.

SECTION II.

SOLUBILITÉ DES HUILES FIXES DANS L'ALCOOL ET ACTION DES OXYDES.

Les expériences ont été faites avec mille gouttes d'alcool à 40° de l'aréomètre de Beaumé, à 12°5 C.; voici les proportions que chaque mille gouttes de ce menstrue ont dissoutes des huiles suivantes :

Huile de pavot d'une année . . . . 8 gouttes.
  —   de pavot nouvelle. 4
  —   de lin. 6
  —   de noix 6
  —   de faîne 4
  —   d'olives. 3
  —   d'amandes douces. 3
  —   de noisette. 3
  —   de pépins de raisins 6
  —   de ricin en toutes proportions.

L'action des oxydes sur les huiles a été longtemps un problème dont Scheele entreprit la solution, et que MM. Chevreul et Braconnot sont parvenus à résoudre. En effet, M. Chevreul a démontré que lorsqu'on fait bouillir des huiles, avec les oxydes alcalins, ou ceux qui ont beaucoup d'affinité pour les acides, il en résulte la décomposition constante des huiles, sans que l'air exerce la moindre influence sur cette décomposition, et sans aucune production d'acides acétique ou carbonique. Mais comme les éléments réunis équivalent à ceux de l'huile employée, et qu'il y a de plus un peu d'oxygène et d'hydrogène, dans les rapports propres à produire de l'eau, MM. Chevreul et Thenard pensent qu'une petite quantité de ce liquide concourt à cette opération.

SECTION III.

COMPOSITION CHIMIQUE.

Les huiles grasses naturelles sont composées par un certain nombre de principes immédiats auxquels on a donné le nom de *stéarine, margarine, oléine, caprine, caproïne* et *phocénine.*

Sous l'influence des alcalis, ces principes immédiats se dédoublent et forment la *glycérine* ou *principe doux des huiles,* et des acides gras qu'on a appelés acides *stéarique, margarique, oléique, caprique, caproïque et phocénique.*

Les huiles végétales ne se composent guère que de stéarine, de margarine et d'oléine.

Celles animales contiennent de l'acide phocénique; quant aux acides caprique et caproïque, ils ne se rencontrent guère que dans les graisses animales du bœuf, du mouton et de leurs congénères.

Les différentes huiles ne renferment pas les mêmes proportions d'oléine et de margarine, ainsi qu'on peut le voir par le tableau suivant :

	Margarine.	Oléine.
Huile de colza...........	46	54
— d'olives..........	28	72
— d'amandes douces...	24	76

Nous dirons d'abord un mot de la glycérine et des

acides stéarique et margarique, puis nous reprendrons ensuite l'étude des principes immédiats des huiles.

1° *Le principe doux de Scheele ou glycérine.*

C'est à Scheele que la découverte en est due. La glycérine est liquide, inodore, douce, transparente, soluble dans l'eau, plus pesante que ce liquide et inflammable; l'acide nitrique le convertit en acide oxalique, et l'acide sulfurique en sucre.

2° *Les acides oléique, stéarique et margarique.*

Ces acides s'unissent aux oxydes qu'on a fait réagir sur les huiles, et forment des stéarates, des margarates et des oléates insolubles, qui sont la base des emplâtres, à l'exception de ceux qui sont le produit de la réaction de la potasse et de la soude, qui constituent les véritables savons. De sorte que, d'après ce qui se passe dans la saponification, les savons sont de véritables composés de deux à trois sels, qui sont les oléates, les margarates et les stéarates de potasse ou de soude ; ceux qui sont à base de potasse sont mous, et ceux à base de soude sont durs : on peut convertir les savons mous à base de potasse en savons durs, en les faisant bouillir avec de l'eau et de l'hydrochlorate de soude.

Toutes les huiles ne donnent point d'égales quantités de savons ni des qualités identiques ; l'huile d'olives produit seule des savons durs, et les huiles de graines oléagineuses des savons mous. Nous allons offrir ici un tableau de ces produits.

Tableau comparatif des quantités de savons obtenues de 1 ^{kil}.4685 d'huile ou de graisse saponifiées par le sous-carbonate de soude rendu caustique.

NOMS des huiles ou graisses.	COULEUR des savons.	QUANTITÉ retenue au sortir de la mise.	PERTE en poids.	Espace de temps.	
d'olive.	blanc.	3 ^{kil}.732	2 ^{kil}.447	dans 2 mois	» jours.
d'amandes douces.	blanc.	2 783	2 141	2	»
de colza.	jaune citron.	2 875	2 446	0	15
de navette.	blanc.	3 181	2 446	0	20
de faîne.	gris sale.	2 570	2 366	2	»
d'œillette.	gris.	2 202	2 142	1	15
de chenevis.	vert.	2 447	2 386	0	15
de noix.	jaune foncé.	2 172	2 141	0	15
de lin.	jaunâtre.	2 446	2 325	1	»
de baleine.	gris sale.	2 325	2 263	0	15
de poisson.	brun rougeâtre.	2 294	2 202	1	»
de morue.	gris sale.	2 386	2 325	0	15
de suif.	blanc.	4 032	2 937	2	»
de saindoux.	blanc.	4 007	2 447	2	»

ARTICLE 1er.

PRINCIPES IMMÉDIATS DES HUILES.

Avant les belles recherches de M. Chevreul et de M. Braconnot, on avait regardé les huiles comme étant un simple produit immédiat des végétaux ; mais ces deux chimistes en ayant fait l'objet d'une étude spéciale, ont démontré qu'elles étaient composées de deux autres corps gras, dont l'un est solide à la température ordinaire, et l'autre est liquide. Le premier, comme nous l'avons déjà dit, porte le nom de *stéarine*, et l'autre d'*élaïne* ou *oléine ;* ces deux principes sont également les constituants des graisses, lequelles sont, à proprement parler, des huiles plus ou moins solides, suivant la quantité de stéarine qu'elles contiennent.

Le procédé propre à séparer l'oléine de la stéarine des huiles, est très-simple, il consiste à les faire figer, à les presser entre des papiers gris à une température convenable, et à changer ceux-ci jusqu'à ce qu'ils ne soient plus tachés : par ce moyen le papier absorbe l'oléine, et la stéarine reste sous forme de suif. Nous allons examiner maintenant ces deux substances.

§ 1.   OLÉINE OU ÉLAÏNE.

L'oléine, avons-nous dit, est le produit immédiat le plus liquide des huiles et des graisses. Lorsqu'elle est récente, elle est inodore et incolore, d'une saveur douceâtre, son poids spécifique n'est pas identique dans toutes les graisses : ainsi l'oléine de la graisse de l'homme, du bœuf, du mouton, du porc, du jaguar, ont une densité d'environ 0,915, tandis que celle de l'oie est de 0,829. L'oléine est sans action sur la teinture du tournesol, elle a l'aspect de l'huile d'olive blanche, elle ne se dissout pas dans l'eau ; elle est soluble en général dans trente-une fois son poids d'alcool à 0,816º (1). Exposée à un froid de 4º au-

---

(1) Toutes les oléines n'ont pas le même degré de solubilité dans ce menstrue : celui des oléines des graisses de bœuf, de mouton et du porc est identique ; l'oléine de celle de l'oie est un peu plus soluble.

dessous de 0, elle est encore fluide; à celui de — 6 à — 7, elle forme une masse cristallisée en aiguilles. La propriété dont jouit l'oléine de ne se figer qu'à une température si basse, devrait la rendre précieuse pour l'horlogerie; aussi l'a-t-on proposée pour cet usage sous le nom d'huile végétale purifiée. Les expériences auxquelles on s'est livré ont démontré qu'outre cette propriété, elle jouit de celle de n'attaquer ni le cuivre ni le fer, et de ne pas prendre les couleurs verte ou bleue, quand on la met en contact avec les métaux, comme le fait même la meilleure huile d'olives; en parlant de la stéarine, nous ferons connaître une autre manière de préparer l'oléine.

Les alcalis réagissent sur les corps gras de la manière suivante. Si l'on prend trois parties d'oléine, deux de potasse caustique et douze d'eau, et qu'on soumette à l'action de la chaleur, l'oléine se convertit en glycérine et en acides oléique et margarique, qui forment, avec la potasse, des oléates et des margarates qui, par leur réunion, produisent des savons mous.

Toutes les oléines ne produisent point une quantité égale de savon; ainsi, celles des graisses de jaguar, de mouton, d'oie et de porc, traitées par la potasse, donnent :

Graisse saponifiée. 92,6
Matière soluble. 11,6

L'oléine de la graisse de bœuf extraite, comme les précédentes, par l'action de l'acool, produit :

Graisse saponifiée. 92,6
Matière soluble. 7,4

M. Chevreul s'est livré à l'analyse de l'oléine; il a trouvée celle de porc composée de :

Hydrogène. 79,030
Carbone. 11,422
Oxygène 9,548
                                     ———————
                                     100,000

§ 2.　ACIDE OLÉIQUE, HUILE DE SUIF.

Cet acide est produit, comme nous l'avons dit, par la réaction des alcalis caustiques sur l'oléine des huiles ou des graisses; on l'obtient isolé en décomposant l'oléate de potasse purifié par l'alcool, par une solution d'acide tartrique, qui forme un tartrate de potasse, et l'acide surnage la liqueur. L'acide oléique pur ressemble à une huile incolore, ayant une légère odeur et saveur rances; son poids spécifique est de 0,898 : exposé à quelques degrés de froid au-dessous de 0, il se prend en une masse blanche aiguillée; il n'est pas soluble dans l'eau, mais il se dissout en toutes proportions dans l'alcool à 0,822. C'est en vertu de cette propriété qu'on peut le séparer des acides margarique et stéarique; à chaud, il rougit l'infusion de tournesol, il décompose les carbonates, il forme des sels avec les alcalis; avec la potasse, il produit un oléate qui est incolore, très-peu odorant, amer, alcalin et sous forme pulvérulente; il est si soluble dans l'eau qu'il suffit de deux parties de ce liquide froid pour former une gelée transparente, et de quatre pour que la solution paraisse sirupeuse. Une plus grande quantité d'eau décompose ce sel et le convertit en sous-oléate qui reste en dissolution dans la liqueur et en sur-oléate qui se dépose. L'oléate de soude partage les propriétés de celui de potasse, avec cette différence qu'il est soluble dans dix parties d'eau à 12°.

L'acide oléique sec est composé, d'après M. Chevreul, de

Carbone.	80,942
Hydrogène.	11,359
Oxygène.	7,699

§ 3.　STÉARINE.

La stéarine est, à proprement parler, la partie solide ou le suif des huiles et des graisses. Nous avons indiqué la manière de l'extraire des huiles : voici le procédé pour la séparer de l'oléine des graisses, tel que l'a fait connaître M. Chevreul. Il consiste à traiter la graisse de porc par huit fois son poids d'alcool bouillant et d'une densité d'environ 0,798, en décantant ce menstrue et en attaquant successivement le résidu par de nouvel alcool, jusqu'à ce que tout soit dissous. Par le refroidissement, l'alcool dépose la stéarine sous forme de petites aiguilles; on obtient l'oléine en réduisant la solution alcoolique à 1/8 de son volume. On purifie la stéarine en la dissolvant deux fois dans l'alcool, et la faisant cristalliser. On sépare le peu d'oléine que contient la stéarine en l'agitant avec de l'eau, et l'exposant à une température assez basse pour figer la stéarine; par la même opération on sépare l'oléine de la stéarine de toutes les autres graisses.

La stéarine, provenant des graisses de bœuf, de mouton ou de porc, est blanche, insipide et inodore, lorsqu'elle n'a pas été exposée au contact de l'air; elle est fusible à 44° C., soluble dans 6,25 d'alcool bouillant, d'une densité égale à 0,795, et cristallisant en petites aiguilles,

Il y a entre les stéarines une variété de propriétés suivant la graisse d'où elles ont été extraites, surtout relativement à leur degré de fusion, à leur solubilité dans l'alcool, et la quantité de matière saponifiée qu'elles donnent.

Ainsi dans la *stéarine humaine* fondue, le thermomètre descendit à 41° C., et remonta à 49.

Dans la *stéarine de mouton* id., il descendit à 40°, et remonta à 43.

Dans la *stéarine de bœuf* id., il descendit à 39°5, et remonta à 44.

Dans la *stéarine de porc* id., il descendit à 38° et remonta à 43.

Dans la *stéarine d'oie* id., il descendit à 50° et remonta en une masse compacte.

Sous le rapport de leur solubilité dans l'alcool : 100 parties de ce menstrue bouillant, et d'une densité égale à 0,7952 ont dissous, toujours d'après M. Chevreul :

de stéarine humaine. . . . . . . 21,50 parties.
—   de mouton. 16,07

de stéarine de bœuf.. . . . . . . 15,48 parties.
—   de porc. 18,25
—   d'oie.. 36,00

Nous sommes porté à croire que cette différence de solubilité dans l'alcool pourrait bien reconnaître pour cause la présence de plus ou moins d'oléine que ces stéarines pourraient encore retenir. Les alcalis réagissent sur la stéarine et la décomposent. En effet, si l'on prend deux parties de potasse caustique, trois de stéarine et douze d'eau, et qu'on les fasse chauffer dans un matras, elle se saponifie peu à peu, et se convertit en acides margarique, oléique, et le plus souvent stéarique, et en glycérine. L'expérience a démontré que toutes les stéarines ne produisaient pas une égale quantité de matière saponifiée ; ainsi 100 parties de stéarine saponifiée ont donné à M. Chevreul : celle

	Graisse saponifiée.	Matière soluble.
de l'homme. . . .	94.9	5.1
de mouton.	94.6	5.4
de bœuf.	95.1	4.9
de porc..	94 65	5.35
d'oie.	94.4	5.65

La stéarine des graisses et celle des huiles ont été analysées par MM. Chevreul et de Saussure : voici le résultat de leurs recherches.

100 STÉARINE.	Carbone.	Hydrogène.	Oxygène	Azote.
de graisse de mouton	78.776	11 770	9 454	0
d'huile d'olives.. . .	82.17	11.238	6.302	0.296

Cette analyse offre un fait très-curieux, c'est que la stéarine végétale est azotée, tandis que la stéarine animale ne l'est point, et qu'elle est beaucoup plus oxygénée et moins carbonée. Les arts se sont emparés de la stéarine : on en fabrique des bougies qui se rapprochent beaucoup de celles que l'on fait avec la cire.

§ 4. ACIDE STÉARIQUE.

Cet acide se forme par la réaction des alcalis caustiques sur la stéarine. Pour le préparer on fait bouillir 100 parties de saindoux, de graisse de mouton ou de celle de bœuf, avec autant d'eau et 25 de potasse caustique ; on agite de temps en temps la matière, en ayant soin d'ajouter de l'eau au fur et à mesure qu'elle s'évapore. Lorsque la saponification est complète, on sépare le savon de l'eau, et on le traite à froid par le double de son poids d'alcool à 0,821, lequel s'empare de l'oléate de potasse, sans presque attaquer les margarates et les stéarates de cet alcali. Au bout de vingt-quatre heures, on filtre la liqueur, en ayant soin de laver le filtre avec de l'esprit-de-vin. On sépare le stéarate des margarates en les traitant par l'alcool bouillant et reprenant successivement le dépôt que forme ce menstrue par le nouvel alcool également bouillant. Par ce moyen le margarate se dissout totalement, tandis qu'une partie de stéarate se précipite. On met l'acide stéarique à nu en décomposant le stéarate de potasse par l'acide chlorhydrique.

L'acide stéarique pur est blanc, sans odeur ni saveur ; il est plus léger que l'eau, se fond à 70° et donne par le refroidissement, des cristaux en aiguilles brillantes, très-blanches et entrelacées ; il rougit à chaud la teinture de tournesol ; il est insoluble dans l'eau, et très-soluble dans l'alcool à 70° C. Il s'y dissout en toutes proportions et s'en précipite par le refroidissement en grandes écailles brillantes. Cet acide brûle comme la cire.

Avec la potasse il forme un sel qui est en petites paillettes, ou en larges écailles brillantes, soluble dans l'alcool, sans altération ; l'éther bouillant lui enlève une partie de son acide ; il se dissout dans vingt-cinq fois son poids d'eau bouillante : cette dissolution étendue de mille fois son poids d'eau, est décomposée, la liqueur retient un peu de stéarate de potasse, et il se dépose un bi-stéarate insoluble, qui est en petites écailles nacrées.

Avec la soude, il se produit un sel en plaques demi-transparentes, ou en espèces de cristaux brillants, qui est

Fabricant d'Huiles.   3

soluble dans l'alcool, insoluble et inaltérable dans l'eau froide : l'eau bouillante le dissout. Lorsqu'il y a 2 ou 3,000 parties de ce liquide sur une de ce sel, il s'en opère la décomposition, et tandis que la liqueur tient en dissolution du sous-stéarate de soude, contenant comme celui de potasse, fort peu d'acide, il se précipite du bi-stéarate de cet alcali.

L'acide stéarique pur est composé, d'après M. Chevreul, de :

Carbone.	80,145
Hydrogène.	12,478
Oxygène.	7,377
	100,000

§ 5.   ACIDE MARGARIQUE.

On trouve cet acide tout formé dans le gras des cadavres ; on le prépare en traitant la graisse de porc, ou mieux, la graisse humaine par la potasse. Cette dernière graisse est préférable, attendu qu'elle ne produit, par cette réaction, que des acides oléique et margarique, d'où l'on sépare aisément le premier au moyen de l'alcool.

L'acide margarique a un aspect nacré ; il fond à 60° C et cristallise en aiguilles entrelacées, moins brillantes et plus rapprochées que celles de l'acide stéarique ; il est insoluble dans l'eau, très-soluble dans l'alcool, rougit les teintures de tournesol à chaud, et forme des sels qui se rapprochent beaucoup des stéarates.

Nous avons déjà dit que la proportion d'oléine et de stéarine variait dans les huiles ; une analyse de toutes les diverses espèces ne pourrait qu'être du plus grand intérêt : nous allons, en attendant, faire connaître celles que M. Braconnot a données des huiles de colza, d'olives et d'amandes douces ; d'après ce chimiste, 100 parties de chacune de ces huiles sont composées de :

	Matière grasse liquide analogue à l'oléine.	Matière grasse solide analogue à la stéarine.
Huile de colza.	54	46
— d'olives.	72	28
— d'amandes douces	76	24

§ 6. MANNITE.

M. de Luca, professeur à l'université de Naples, a démontré que la mannite était présente tant dans les feuilles, les fleurs, le bois, la racine de l'olivier, que dans les olives mûres ou non mûres. Cette mannite existe en différentes proportions dans ces diverses parties aux diverses phases de la végétation. Au moment de la floraison, elle s'accumule dans les fleurs et diminue dans les feuilles, et les fleurs, après avoir accompli l'acte de la fécondation, n'en renferment plus. Cette espèce de sucre persiste dans le fruit tant qu'il est vert, il diminue avec la maturité et disparaît quand celle-ci est complète.

ARTICLE II.

ACTION DE L'AIR ET DE LA LUMIÈRE SUR LES HUILES.

De Saussure est le premier, ainsi que nous l'avons déjà dit, qui ait fait sur l'absorption de l'oxygène par les huiles siccatives des expériences intéressantes, mais les conclusions qu'il en a tirées ne paraissent plus aujourd'hui complétement justes et ne peuvent être maintenues.

Cette question ayant une très-grande importance par les nombreuses applications des huiles dites siccatives, à la fabrication des vernis et des couleurs, M. S. Cloez a cru devoir la reprendre et la traiter avec les soins les plus minutieux, et ses expériences l'ont conduit aux conclusions suivantes :

Tous les corps gras sans exception, exposés pendant 18 mois à l'air, à la lumière diffuse et à la température ordinaire, augmentent de poids d'une quantité comprise entre 2, 5 et 8, 5 pour 100, mais cette augmentation n'est pas continue et régulière pendant tout le temps de l'expérience, il y a au contraire diminution à partir d'une certaine époque, de telle sorte que si on représente graphiquement ce phénomène, on a une courbe qui s'élève graduellement jusqu'à un certain point maximum, s'abaisse ensuite lentement et finit par devenir parallèle à l'axe des abscisses, mais seulement après un grand laps de temps.

La quantité d'acide carbonique qui se développe pendant les expériences, ne représente pas le quart du carbone qui a disparu dans l'altération de l'huile, le reste forme avec l'hydrogène et l'oxygène des combinaisons volatiles d'une odeur suffocante, dans lesquelles on reconnaît la présence de l'acide acétique, de l'acide acrylique et d'une petite quantité d'acroléine.

En poursuivant ses expériences et observations sur l'oxydation des huiles grasses d'origine végétale, M. Cloez a pu constater l'influence qu'exercent sur elles la lumière et la chaleur.

L'influence de la lumière sur les huiles exposées à l'air libre varie suivant la nature du support ou de la surface en contact avec ces huiles, ou qui les renferme. Ainsi on a soumis de l'huile de sésame, qui n'est pas siccative, et de l'huile de pavot, qui est siccative, pendant 150 jours dans des capsules en verre incolore, en verres rouge, jaune, vert, bleu et dans l'obscurité, et on a trouvé que l'augmentation de poids au bout de 10 jours avait été déjà assez grande pour le verre incolore à la lumière blanche; qu'elle était un peu moindre sous le verre bleu, très-faible sous le verre jaune, rouge et vert, et complétement nulle dans l'obscurité. Après 30 jours, les résultats ont marché dans le même sens, mais après 30 jours l'augmentation sous le verre bleu a dépassé celle du verre blanc; de même pour les verres jaune, rouge et vert, après un laps de temps plus ou moins long, l'augmentation devient supérieure à celle du verre bleu et à celle du verre incolore, et c'est un fait général que l'augmentation de poids à la fin des expériences a toujours été moindre quand l'oxydation a d'abord été très-rapide que si elle s'est faite lentement.

Un autre fait aussi général à signaler, c'est l'accélération du phénomène une fois que l'oxydation a atteint un certain degré. Ainsi l'augmentation de poids pour l'huile de pavot dans l'obscurité, après 60 jours, a été sur 10 grammes d'huile, de 18 milligrammes, au bout de 120 jours, de

377 milligrammes, et après 150 jours, elle a atteint 638 milligrammes. La différence des résultats obtenus n'est pas due à une différence de température, mais aux divers rayons du spectre.

La chaleur accélère la dessiccation des huiles, et M. Cloez a constaté que l'action de cette chaleur exercée au contact de l'air, a pour effet de déterminer un commencement d'oxydation qui augmente ensuite très-rapidement. Ainsi, en chauffant 3 échantillons de 2 grammes chacun d'huile de lin, récemment préparée, dans un courant d'air, dans l'hydrogène et dans l'acide carbonique, la portion chauffée dans l'air a augmenté de poids en s'oxydant, et produit des vapeurs acides d'une odeur suffocante, tandis que les 2 autres portions n'ont paru subir aucune modification. En exposant ensuite à l'air dans des conditions identiques, les divers échantillons, ainsi qu'un autre qui n'avait pas été chauffé, et qui a servi de terme de comparaison, on a trouvé les résultats que voici :

	AUGMENTATION DE POIDS APRÈS			
	2 jours.	4 jours.	6 jours.	8 jours.
Huile non chauffée..	0 millig.	1 millig.	4 millig.	11 millig.
Huile chauffée dans l'hydrogène. . . .	0	1	5	19
Huile chauffée dans l'acide carbonique	0	1	3	7
Huile chauffée dans l'air atmosphériq.	3	6	41	93

On peut accélérer beaucoup l'oxydation de l'huile sans la chauffer, en y ajoutant une petite quantité de la même huile exposée préalablement au contact de l'air pour l'épaissir. Cette propriété constatée par M. Chevreul, déjà dans l'huile de lin manganésée ou lithargyrée et dans la même huile chauffée à l'air à la température de 70°, a une grande importance pour l'art de la peinture ; elle montre que l'on pourrait substituer à l'huile cuite toujours plus ou moins colorée, qu'on emploie comme *siccatif*, un liquide parfaitement incolore qui n'altèrerait pas la vivacité des couleurs.

ARTICLE III.

ACTION DE LA CHALEUR ET DE CERTAINS RÉACTIFS.

On peut élever la température des huiles jusqu'à 250° environ, où elles bouillent sans se décomposer, mais au-delà et avec le contact de l'air, elles se décomposent en acide carbonique, hydrogènes carburés liquides et gazeux et en acroléine, matière qui irrite fortement les yeux et les organes respiratoires. Soumises à la distillation en vases clos, elles se transforment en acide oléique, acide margarique et acroléine.

Les alcalis et les terres alcalines comme la chaux, la baryte, les oxydes de plomb, de zinc, les saponifient, c'est-à-dire se combinent avec leurs acides oléique et margarique, en mettant la glycérine en liberté.

L'acide sulfurique concentré les dédouble dans les mêmes produits que les alcalis avec dégagement d'acide sulfureux. L'acide azotique concentré, les attaque avec assez de violence pour les enflammer ; celui étendu fournit les mêmes produits que l'acide sulfurique. L'acide azoteux ou hypoazotique transforme l'oléine de certaines huiles en élaïdine. L'acide chromique exerce à peu près la même action que ceux sulfurique et azotique. Enfin, le chlore, le brôme et l'iode produisent avec les huiles des acides chlorhydrique, bromhydrique et iodhydrique, en donnant des produits dits de substitution dans lesquels le chlore, le brôme et l'iode remplacent en parties ou en totalité l'hydrogène.

ARTICLE IV.

COMPOSITION ÉLÉMENTAIRE DES HUILES.

Toutes les huiles n'ont point encore été analysées ; un pareil travail serait cependant bien intéressant, car il y a de grandes variétés dans les huiles et dans leur composition ; Gay-Lussac et Thenard, ainsi que de Saussure, ont entrepris quelques analyses de ces liquides dont nous allons exposer les résultats dans le tableau suivant :

Composition élémentaire des principales huiles et matières grasses.

HUILES ANALYSÉES.	CARBONE.	HYDRO-GÈNE.	OXYGÈNE.	AZOTE.	CHIMISTES.
Huile de lin	76.01	11.35	12.64	»	Saussure.
— de noix..	79.77	10.57	9.12	0.54	*Id.*
— de ricin..	74.18	11.03	14.79	»	*Id.*
— d'olives..	77.21	13.36	9.43	»	Gay-Lussac et Thénard.
Stéarine d'huile d'olives.. . . .	82.17	11.23	6.30	0.30	Saussure.
Elaïne d'huile d'olives..	76.03	11.54	12.07	0.35	*Id.*
Huile d'amandes.	77.40	11.48	10.83	0.29	*Id.*
Suif de Piney..	77.00	12.30	10.70	»	Babington.
Cire blanche.	81.61	13.86	4.53	»	Saussure.
La même.	81.79	12.67	5.54	»	Gay-Lussac et Thénard.

La présence de l'azote dans les huiles d'amandes douces et de noix, paraît provenir des substances étrangères qu'elles contiennent; j'en ai examiné, que j'avais dépurées par l'acide sulfurique, sans y avoir rencontré aucune trace d'azote : un pareil résultat nous paraît favorable à cette opinion.

CHAPITRE III.

Usage des huiles.

Les huiles servent dans les arts à la fabrication des vernis, des enduits et des couleurs, à celle des savons et au graissage des mécaniques, à l'éclairage, à la composition des mastics, etc. En médecine on s'en sert pour en préparer des pommades, des cérats, des emplâtres, des onguents, des liniments, et enfin, en nature, à raison de quelques propriétés thérapeutiques qu'on a reconnues à quelques-unes d'entre elles.

C'est la fabrication des savons qui consomme les plus grandes quantités d'huiles, puis vient l'éclairage, et enfin, la composition des vernis et des couleurs, Les autres applications en font une consommation qui est assez restreinte.

Nous avons du reste indiqué à la page 6, l'usage spécial des principales huiles du commerce.

DEUXIÈME PARTIE.

DES HUILES DE FRUITS ET DE GRAINES.

Nous consacrons cette deuxième partie à la description des huiles de fruits et de graines, aux sources dont on les extrait, à leurs principaux caractères, à leurs propriétés particulières, et enfin aux procédés et appareils qu'on emploie pour leur extraction.

CHAPITRE PREMIER.
Huile d'olives.

ARTICLE PREMIER.
DE L'OLIVIER.

§ I. ESPÈCES DIVERSES DE L'OLIVIER.

L'OLIVIER, cet arbre précieux que les Grecs regardèrent comme l'emblème de la paix, est un des plus beaux présents que la nature ait faits à l'homme ; il occupe un rang si distingué dans l'agriculture, l'économie animale et les arts, que Caton, Varron, Columelle et Palladius n'ont pas craint de l'appeler *le premier de tous les arbres;* on le croit originaire de la Grèce et de l'Asie-Mineure.

Il est impossible d'assigner l'époque à laquelle l'homme fit la découverte de l'olivier et l'appliqua à ses besoins. Que la mythologie l'ait attribué à Minerve (1) et l'ait dé-

(1) On connaît le prix disputé par les dieux : il serait superflu de rapporter ces détails.

signé comme l'emblême de la paix, je n'en suis pas surpris. La Grèce, qui fut le berceau des sciences et des arts, accorda l'immortalité à tous ceux qui se distinguèrent dans l'une ou dans l'autre carrière, ainsi qu'à ceux qui furent les bienfaiteurs de l'espèce humaine. Ils rapportaient toutes les inventions utiles à la divinité ; il n'est donc pas étonnant qu'ils aient fait une pareille application de l'olivier. Les Athéniens étaient si convaincus de l'utilité de cet arbre, que l'Aréopage avait nommé des inspecteurs pour veiller à leur conservation, et qu'ils rendirent une loi qui défendait d'arracher, dans son propre fonds, plus de deux oliviers par an. Les contrevenants étaient condamnés à payer, pour chaque pied d'arbre. cent drachmes au dénonciateur et cent autres au fisc (1).

Une autorité des plus respectables et des plus authentiques sur l'antiquité de l'olivier est celle de l'Ecriture-Sainte, qui, en parlant du déluge, rapporte que la colombe, que Noé fit sortir de l'arche, rentra portant à son bec une branche d'olivier. Il est encore question de l'olivier dans la Passion de Notre-Seigneur Jésus-Christ. C'est au jardin des oliviers qu'il offrit pour nous son auguste sacrifice, et la montagne des olives subsiste encore à Jérusalem. Suivant Eusèbe et Diodore de Sicile, cet arbre est originaire de Saïs, ville d'Egypte, d'où Cécrops le transporta dans l'Attique (2). Quoi qu'il en soit de cette opinion, nous savons que ce sont les Phocéens qui, après avoir fondé Marseille, environ cinq cents ans avant l'ère chrétienne, plantèrent sur les côtes de la Méditerranée les différentes espèces qu'on y rencontre. Cet arbre utile a fixé l'attention de tous les agronomes, et il en est qui l'ont étudié d'une manière particulière : tels sont MM. de la Brousse et Ferrier, dans des mémoires insérés dans le *Recueil des édits de la province de Languedoc*, 1774 et 1775; Duhamel, dans son *Traité des arbres et des arbustes*; Guis, dans son *Voyage en Grèce*, Vettori, dans son ouvrage intitulé *Delle lodi et della cultivazione degli ulivi*;

(1) *Voyage d'Anacharsis*, in-4° tome III, pages 191 et 192.
(2) *Ibid.*, tome I, page 4.

l'abbé Rozier, dans son *Cours d'agriculture*, et MM. de Labouïsse, Barthez de Marmorières, père de l'Hippocrate français, dans son *Traité de l'olivier*. Ce dernier ouvrage est pour ainsi dire classique, pour la contrée qui le vit naître (Narbonne).

L'olivier appartient à la diandrie monogynie de Linnée, famille des jasminées de Jussieu. Son tronc devient fort gros ; son bois est dur, veiné et susceptible de prendre un beau poli ; aussi l'emploie-t-on, dans le midi de la France, en placage ; il brûle avec une flamme claire, et répand beaucoup de chaleur. Son écorce est rude, crevassée ; l'épiderme devient épais, et se détache par plaques ; le cœur de l'arbre est converti souvent en terreau, comme celui des saules, et la végétation n'en est pas moins belle ; les racines sont étendues et peu profondes ; les rameaux sont très-nombreux et opposés, ils donnent à l'arbre une forme presque sphérique ; les feuilles sont opposées, sessiles, lancéolées, coriaces, persistantes, vertes à la surface supérieure et blanchâtres à l'inférieure : elles brûlent même étant vertes, avec une sorte de pétillement ; les fleurs sont blanchâtres, odorantes, disposées en petites grappes pénicillées dans les aisselles des feuilles supérieures ; le calice est très-petit et à cinq dents, la corole monopétale, à quatre divisions ovales ; elle offre deux étamines courtes, un ovaire supérieur, surmonté d'un style à stygmate obtus. Le fruit est plus ou moins ovale, charnu, vert avant sa maturité, bleu-noirâtre ensuite ; au centre est un noyau très-dur, contenant deux amandes huileuses, dont l'une avorte presque toujours. Il croît en Italie, en Espagne, en Provence, et il fleurit dans le courant de mai, suivant la nature de la saison.

L'olivier est un arbre très-délicat, qui se plaît dans les pays tempérés, et mieux encore dans les pays chauds (1).

____

(1) Au premier rang de ces anciennes productions de la terre, qui offrent encore quelque spéculation au commerce, mais qui, appuyées d'une bonne administration, deviendraient si florissantes, on doit placer l'olivier ; aucun climat, aucun terrain ne lui est plus propice que celui de Candie. (*Voyage en Grèce*, par C.-S. Sonnini.)

Ainsi, en Espagne, en Italie et en Algérie, résiste-t-il mieux aux frimas, et l'emporte-t-il par la durée de sa vie, sa beauté et la qualité de ses produits, sur ceux de la lisière des côtes septentrionales de la Méditerranée. Ceux que les Espagnols transportèrent au Pérou, et dans les environs de Lima, sont encore plus beaux que ceux d'Espagne et d'Italie ; ils vieillissent davantage, et donnent une huile meilleure et plus abondante. C'est un des arbres qui craignent le plus les froids rigoureux. Aussi les hivers de 1476, dont parle l'histoire de Languedoc ; ceux de 1607 et 1608, dont il est question dans l'histoire de Montpellier ; ceux de 1709, 1740, 1745, 1748, 1755, 1766, 1769, 1789 et 1794 enlevèrent la presque totalité des oliviers.

On a agité la question si, à plus de trente lieues de la mer, les oliviers pouvaient croître ; presque tous les agriculteurs ont été pour la négative, d'après cette assertion de Théophraste, qu'ils ne pouvaient pas vivre dans les terres éloignées de quarante milles, distance que Columelle agrandit de dix milles, ce qui fait cinquante. L'opinion de Théophraste était aussi celle des Grecs, puisque le savant Barthélemy dit qu'Euthymène l'avait émise quarante-trois ans plus tôt. *On prétend*, dit-il, *que les oliviers ne prospèrent point quand ils sont à plus de trois cents stades de la mer*. L'expérience a cependant démontré le contraire. Ceux qui croissent à Tyrano, dans la Valteline, dans le comté de Devon en Angleterre, en sont un exemple (1) ; et pour citer une expérience particulière, dit M. de Labouïsse, mon père en avait deux très-beaux et très-productifs à Saverdun dans son domaine de *Coulommiers*, qui périrent, comme ceux du Bas-Languedoc, par le rude hiver de 1786 ; cependant il faut convenir que ces oliviers ne vivent pas aussi long-temps, ne sont peut-être pas d'une aussi belle végétation, et ne rapportent pas autant. Il en existe une lisière

(1) Berthier, dans son *Traité de l'Olivier*, indique d'autres exemples, et les journaux ont annoncé en 1835, qu'on avait présenté au roi, à Versailles, un olivier portant des fruits.

de Narbonne à Rennes-les-Bains; arbres chétifs et ra-
bougris, ils n'ont presque de l'olivier que le nom.

Bosc en a vu dans le royaume de Léon en Espagne, à
plus de soixante lieues loin de la mer, et Olivier en a observé dans l'Asie-Mineure et dans la Mésopotamie, qui en
étaient à une distance triple. Il est aussi constaté, par
des monuments authentiques, qu'on cultivait autrefois
l'olivier en France à une plus grande distance de la mer,
aux environs de Valence, par exemple. Aujourd'hui on
n'en voit plus, même aux environs d'Avignon, et ceux de la
plaine d'Aix sont si souvent maltraités par les gelées,
que des propriétaires les remplacent par des amandiers.
M. Bosc se demande si ces effets doivent être attribués
au déboisement des montagnes qui longent le cours du
Rhône, à l'abaissement de ces mêmes montagnes, ou au
refroidissement graduel du globe. Il regarde ces trois
causes réunies comme très-probables. Pour démontrer
cette influence des abris, il cite les oliviers qu'il a vus
dans la vallée de Gardomenque, bien au-dessus d'An-
duze, c'est-à-dire à une latitude de quelques lieues plus
au nord que la localité de la vallée du Rhône, où l'on en
trouve encore. Cette vallée, fond d'un ancien lac, est très-
profonde et dans la direction du midi. Une autre preuve
de l'influence des abris sur la réussite des plantations
d'oliviers, c'est que Bayonne est à la même latitude que
Béziers, Montpellier, Aix, etc., toutes villes autour desquelles on cultive beaucoup d'oliviers, et cependant il ne
peut en croître aucun dans son territoire. C'est donc aux
abris formés par les montagnes des Cévennes, des Alpes
et autres qui bordent la Méditerranée, du levant au cou-
chant, que sont dues les richesses que procure l'olivier
aux habitants de la côte, depuis Gènes jusqu'à Carcas-
sonne et Perpignan. Dans les pays plus chauds, tels que
ceux de Naples, de Sicile, du royaume de Valence, de la
côte d'Afrique, des îles de l'Archipel, etc., les abris sont
moins influents, mais, là même, ils n'en sont pas moins
utiles à la prospérité de l'olivier.

Il est maintenant bien prouvé que, parmi les diverses
espèces, il en est de plus vivaces les unes que les autres.

Fabricant d'Huiles.   4

Si elles étaient connues, l'agriculture pourrait, dans les contrées éloignées de la mer, s'enrichir de l'arbre de Minerve. Les agronomes s'en sont beaucoup occupés, sans les classer, sans les décrire, et la plupart des botanistes se sont contentés de les comprendre sous le nom collectif d'*olea sativa*, *olea europea*. Mais Bauhin, Magnol, Tournefort, Garidel et surtout Goüan, se sont arrêtés davantage aux principales espèces : Linnée ne parle que de quatre : cela n'est pas étonnant. Cet illustre botaniste habitait le Nord ; il n'a pu, par conséquent, bien observer les productions du midi, qui, d'ailleurs, pour l'olivier, n'ont presque reçu que des dénominations françaises, prises de la grosseur et de la forme du fruit. Il faut encore remarquer qu'il croit dans des terrains particuliers, et ne se trouve pas également partout. On pense même que, transplanté souvent à dix lieues plus loin, il ne réussit pas bien. Le département de l'Hérault est peut-être celui qui en offre le plus grand nombre et les plus belles variétés.

Voici les plus connues :

1º *Olea sativa fructu majori, anguloso, oblongo, amygdali forma*. Goüan ; *hortus regius Monsp.*, *olive amelodes, amelenco* ; extrêmement grosse et très-charnue ; elle est particulièrement recherchée pour la table. C'est une de celles que l'on confit à Gignac, où l'on en fait un grand commerce.

2º *Olea fructu maximo. Inst. rei. herb.* 795. Cette espèce est désignée sous le nom d'olive d'*Espagne*, d'*ampourdan* (*redounello*). Presque aussi grosse que la précédente, de forme ovoïde, et aussi fort recherchée.

3º L'olive crête de coq (*cresto dé-gal*). Cette espèce paraît être la même que celle que Tournefort a décrite dans l'ouvrage précité, *Inst. rei. herb.*, sous le nom d'*olea fructu majori, carne crassa* ; et que Cæsalpin appelle *olivæ regiæ* : elle est aussi grosse que la première, et terminée par le bout opposé au pédoncule par une pointe en crochet ; c'est la plus recherchée, la plus chère et la meilleure. Ces trois espèces craignent beaucoup les frimas. (*Olive luc*).

4° *Olea fructu albo* de Tournefort ; *olive rose*, petite et de couleur tirant sur le blanc.

5° *Olea fructu oblongo, atro-virente ; Inst. rei herb. olive ginestale ;* elle se rapproche de la *crête de coq*, elle en diffère en ce qu'elle n'a point de crochet au bout ; elle est aussi longue sans être aussi grosse ; elle se confit aussi, mais seulement lorsqu'elle est noire, ou pour mieux dire, en pleine maturité ; hors de ce cas elle est de mauvais goût.

6° *Olea fructu oblongo, olivæ oblongæ, atro-virente* de G. Bauhin, *olive olivière.* C'est la plus commune, elle se trouve dans toute la Provence, le Roussillon et le Languedoc, c'est celle que Columelle appelle *sergia.*

7° *Oliva minora oblonga* (Goüan et Tournefort), *Olivæ minoræ* (G. Bauhin page 472). *Olive picholine ;* semblable à la précédente, mais de moitié plus petite. Cette variété est très-commune, surtout dans le Roussillon.

8° *Olea precox* (Goüan), *Olive mauraude* ou *nigrale*, de la grosseur de l'olivière, et d'un vert tirant sur le noir ; ses fruits sont précoces.

9° *Olea media oblonga, fructu cormi.* Le *cormeau* ou fruit du cormier.

10° *Olea maxima subrotunda* (Goüan).

11° *Olea minor, rotonda ex rubro et nigro variegata* (Tournefort).

12° *Olea media rotonda precox* (Tournefort).

J'ai eu l'occasion d'observer toutes ces espèces dans les beaux domaines de Langel et de la Briffaude, départements de l'Aude et de l'Hérault.

A cette nomenclature de Garidel, nous allons en joindre une autre plus complète, que Bosc a publiée dans le *Nouveau Dictionnaire d'agriculture* (1), à l'article consacré à l'olivier et à sa culture. En voici l'énumération :

L'OLIVIÈRE ou *livière*, ou *galliningue*, ou *laurine, Olea angulosa*, Goüan ; elle a les feuilles longues, peu nombreuses, les fruits gros, rougeâtres, tachetés, portés sur

(1) *Édition Déterville.* 16 vol. in-8°, prix : 56 fr.. à la *Librairie Encyclopédique de Rorel*, rue Hautefeuille, 12.

un long pédoncule ; sa chair est molle, fournit une huile
peu délicate et surchargée de mucilage. Elle craint moins
les gelées que la plupart des autres variétés, devient
grosse, et aime un sol substantiel. On la cultive fréquemment autour de Béziers et de Montpellier ; ces fruits
se confisent.

L'amandier ou *amellingue*, ou *ameiou*, ou plant d'*Aix*,
a les feuilles larges, les fruits noirâtres, tiquetés, renflés
d'un côté, portés sur un court pédoncule. Son noyau est
petit. Il charge beaucoup. Un sol caillouteux est celui
qui lui convient le mieux, On le cultive abondamment à
Gignac et à Saint-Chamas. Son fruit fait de très-bonne
huile et se confit préférablement à celui de la plupart des
autres.

Le coreaud, *corniaud*, *courgnale*, ou *plant de Salon*,
l'olivier de Grasse, *le cayonne* ou *cayane*, *le rapuguier*, a
les feuilles rares, grêles, les fruits petits, arqués, allongés, noirs, portés sur de courts pédoncules. Leur huile
est très-fine. On le cultive fréquemment. Il s'élève beaucoup, et se fait remarquer par la vigueur de sa végétation, ainsi que par la réclinaison de ses branches vers la
terre. On peut compter presque toutes les années sur
l'abondance de ses produits. Une taille rigoureuse lui est
très-favorable.

Autour de la ville de Saint-Esprit, on distingue le
cournaud du courniaud. Et en effet, les arbres qui portent ce nom offrent quelques différences. Le premier y
est regardé comme le plus productif de tous les oliviers.

La cavane de Marseille, ou *aglandeau*, a été confondue avec la précédente variété, quoiqu'elle s'en distingue fort bien par ses fruits plus gros et plus arrondis.
C'est la plus multipliée aux environs de Marseille et
d'Aix. Ses rameaux supérieurs sont droits, et ses inférieurs réclinés. Ses feuilles sont étroites, blanchâtres et
couchées. Ses fruits deviennent blancs avant de se colorer. Ils donnent des récoltes alternatives et une huile
fine. Ils concourent pour beaucoup à la confection de
l'huile d'Aix, si estimée.

Latour d'Aignes, dans une notice insérée dans la *Feuille du Cultivateur*, le 21 frimaire an 2, indique l'aglandau ou la litiane comme la plus propre à supporter les gelées de l'hiver. L'huile qu'elle fournit n'est pas très-fine, mais sa quantité dédommage de sa qualité. Il est probable que c'est une variété différente de la précédente.

Le cayon, ou *plant étranger de Cuers*, est un arbre moyen à rameaux droits et allongés, à feuilles étroites, à fruit petit, arrondi et peu coloré. Il fleurit et amène plus tôt ses fruits à maturité. Ses récoltes sont bonnes, et l'huile qui en provient est des meilleures, mais il craint les gelées, à raison de la précocité de ses pousses. On le le multiplie beaucoup autour de Draguignan, de Toulon, d'Hyères, etc. ; la blanquette de Tarascon lui ressemble.

L'ampouleau ou *barralenque*, a le fruit presque sphérique, et donne une huile très-fine. On le confond avec plusieurs autres variétés, de sorte que sa synonymie est fort difficile à débrouiller. Cet arbre est très-multiplié en Languedoc et en Provence.

Le rouget, ou *marveilletto*, a les rameaux droits et longs, les feuilles grandes et d'un vert foncé ; les fruits de grosseur moyenne, allongés, mais arrondis aux extrémités. C'est peut-être la même variété que la précédente. L'huile qu'elle donne est des plus fines. On la cultive beaucoup à Aix, Marseille et dans les cantons voisins.

La Picholine ou *saurine*. Ce nom se donne à trois sousvariétés.

La première se cultive à Saint-Chamas, où est établie la famille de M. Picholini, qui lui a donné son nom. Sa feuille est grande et pointue ; son fruit est allongé, d'un noir rougeâtre lorsqu'il est mûr. Son noyau est sillonné ; elle est presque généralement confite en vert, d'après les procédés de M. Picholini, et devient l'objet d'un commerce de grande importance. De toutes les variétés qu'on confit de même, c'est la plus délicate au goût, mais aussi celle qui se conserve le moins. L'huile qu'elle fournit est très-bonne. L'arbre aime beaucoup les engrais, et charge considérablement.

La seconde se voit aux environs de Pézenas, où on l'appelle aussi *piquette*. Ses feuilles sont courtes et très-étroites ; son fruit est plus allongé et plus obtus.

Dans le canton de Béziers on trouve la troisième, dont les feuilles sont très-étroites et très-allongées, le fruit presque rond, un peu pointu à son sommet, et de couleur très-noire. Son noyau est lisse. Elle se rapproche de la petite mourette, vient partout, charge considérablement et donne une huile très-fine.

La VERDALE, ou *le verdeau*, a les feuilles longues, élargies dans leur milieu, les fruits ovoïdes, pointus au sommet, obtus à la base, et d'un vert-brun dans leur maturité ; son pédoncule est long. Elle est très-commune aux environs du Pont-Saint-Esprit, de Montpellier et de Béziers : elle charge extrêmement de deux années l'une, et son huile est une des plus estimées. M. Amoreux s'est sans doute trompé lorsqu'il a dit le contraire.

Le MOUREAU, ou *la mourette*, ou *la mourescal*, ou *la nygrette*, a les feuilles nombreuses, larges, épaisses, pointues ; les fruits ovales, courts et noirs. Ils sont portés sur un très-court pédoncule, et leur noyau est très-petit, presque sans sillon. Ils mûrissent en deux temps : leur première récolte est très-précoce. C'est la variété que l'on cultive le plus généralement, qui donne la meilleure huile. Comme elle pousse beaucoup de rameaux et donne beaucoup d'ombre, il faut l'espacer plus que les autres. Elle craint le froid et le vent, et demande par conséquent à être bien abritée.

On connaît plusieurs sous-variétés de celle-ci. Celle qu'on appelle la morelette ou la more au Pont-Saint-Esprit, a le fruit encore plus noir et plus petit. Elle donne beaucoup plus de fruit, mais peu d'huile, parce que ses noyaux sont très-gros ; celle qu'on connaît aux environs de Montpellier sous le nom d'*amandes de Castres*, du village de Castrie où on la cultive beaucoup, a les feuilles moins longues et moins larges, et le fruit plus gros ; elle donne également peu d'huile par la même cause.

Le REDOUAN DE COTIGNAC est le plus petit des oliviers ; ses rameaux sont courts et peu cassants, ses feuilles grandes et fort rapprochées ; ses fruits gros, arrondis, noirâtres et disposés en grappes, comme dans le bouteillan. Ces derniers sont très-bons confits, et donnent une huile fine, mais ils sont souvent attaqués par les vers, et sujets à tomber avant leur maturité.

Cette importante variété, qui se distingue fort bien de la suivante, exige un terrain gras et humide, des engrais abondants, et une taille peu sévère. On la cultive à Cotignac et dans les environs.

LE BOUTEILLAN, ou *boutiniane*, ou *la ribière*, ou *ribiès*, ou *la rapugette*, a les fruits rassemblés en bouquets, c'est-à-dire réunis sur un même pédoncule. Cette disposition des fruits est si remarquable que quelques botanistes l'ont regardée comme une espèce particulière. L'huile qu'ils fournissent est bonne, mais fait beaucoup de dépôt. Cette variété vient dans toutes sortes de terrains, et craint peu le froid : elle ne charge pas souvent, mais quand elle le fait, c'est à outrance. On doit la ménager à la taille, parce que ses rameaux sont courts ; cette variété ne doit pas être confondue avec le véritable *ribiès* mentionné plus bas.

LE BOUTEILLAN, ou *plant d'Aups*, a les feuilles grandes, d'un vert foncé, des pousses longues et réclinées. Il ne grossit ni ne s'élève beaucoup, mais il a l'avantage de donner annuellement des fruits distingués par leur grosseur. On le cultive à Aups. Quoique portant le même nom que le précédent, il s'en distingue beaucoup.

LA SANCTANA a les feuilles longues, larges et luisantes. Elle produit successivement des fruits de deux sortes, et fort différents. Les premières fleurs donnent des olives ovales, aiguës, grosses, d'un rouge obscur et solitaire, dont la chair est médiocre et le noyau très-gros et obtus. Les secondes en fournissent qui sont rondes, pas plus grosses qu'une baie de genièvre, réunies en grappes, avec un noyau à peine sensible, mais très-aigu ; ce sont de petites vessies pleines d'une excellente huile. Cette singulière variété se trouve dans le village de la Rochetta, près Venasso, dans le royaume de Naples, au rapport de M. Battiloza, propriétaire.

L'OGNIMÈSE, ou *prolifère*, a les fruits petits, ovales, noirâtres, et donne une huile délicieuse. Elle fleurit depuis le mois d'avril jusqu'au mois de septembre, de sorte que l'arbre est presque toute l'année chargé ou de fleurs ou de fruits, et qu'on en retire cinq récoltes par an. On la trouve dans le même village que la précédente. Il paraît que les anciens l'ont connue.

Il serait bien à désirer que ces deux remarquables variétés fussent apportées en France, et plus propagées qu'elles ne paraissent l'être.

LA SAYERNE, ou *sagerne*, ou *salierne*, a les feuilles petites, obovales et pointues des deux côtés; ses fruits sont aussi ovoïdes, d'un violet-noir, et couverts d'une poussière farineuse; ils fournissent une des huiles les plus fines. L'arbre ne devient jamais bien gros, craint le froid et aime les terrains caillouteux. Le fruit tombe facilement: son noyau est petit.

LA MARBRÉE, ou *tiquetée*, ou *pigale*, ou *pigau*, a les feuilles larges et courtes, les fruits presque ronds, d'un violet foncé, ponctué de blanc. On en distingue deux sous-variétés plus petites dans toutes leurs parties, dont la plus petite se cultive à Nîmes et se confond avec les *mourettes* en Provence.

L'ESPAGNOLE, plant d'Eignières, est la variété à plus gros fruits qu'on cultive en France; mais elle n'approche cependant pas de celle du Chili, qui est de la grosseur d'un petit œuf de poule, ni de celle de la Palestine, qui approche d'un gros œuf de pigeon. Ses rameaux sont droits, ses feuilles courtes et ses fruits ovoïdes. L'huile qu'ils fournissent est amère, aussi ne les emploie-t-on qu'à les confire. On la cultive peu en France, mais elle est très-commune en Espagne; celle qu'on nomme *coiasse* à Nîmes ne semble pas s'en éloigner beaucoup. L'arbre acquiert un volume proportionné.

LE PRUNEAU DE COTIGNAC se rapproche du précédent par la grosseur de ses fruits; mais ses rameaux sont en partie réclinés. Il se rapproche du plant de *Grasse*; mais ses rameaux sont plus courts et moins nombreux. L'arbre est de moyenne grandeur et devrait être plus multiplié dans les bons fonds, à cause de la grosseur du fruit, dont le noyau se détache aisément. On le cultive à Cotignac et dans ses environs.

La ROYALE, ou *la triparde*, a les feuilles petites et allongées, et son fruit semblable à celui de la précédente, quoique moins gros. Il est charnu et pulpeux ; il donne une huile de médiocre qualité, et très-chargée de mucilage.

La POINTUE, ou *pounchude*, a les feuilles très-étroites et très-allongées, les fruits également très-allongés et pointus, d'un vert noirâtre ; son noyau est très-gros. Elle donne une huile fine, mais qui dépose beaucoup.

La ROUGETTE a les feuilles semblables à celles de la précédente, mais le fruit est d'une couleur rouge qui approche de celle de la jujube à sa plus grande maturité ; son noyau est plus petit, ce qui fait qu'elle donne plus d'huile. On la cultive principalement au Pont-Saint-Esprit. Elle donne une récolte chaque année.

La ROUGETTE BATARDE se rapproche encore des deux précédentes ; mais sa feuille est plus large. Elle n'est pas délicate sur le choix du terrain, et charge beaucoup. Son huile est bonne et d'une belle couleur dorée.

La BLANCANE, ou *la vierge*, a les feuilles courtes, larges, les rameaux grêles et pendants ; les fruits très-petits, ovales, tronqués, couleur de cire blanche jusqu'au moment de leur maturité qui est très-tardive. Leur noyau est très-gros. Cette variété est plus curieuse qu'utile, car elle charge peu, et l'huile qu'elle fournit est fade et peu abondante : aussi est-elle rare partout, excepté aux environs de Nice. Elle ne doit pas être confondue avec le caillet blanc.

L'ARABAN a les rameaux écartés et légèrement réclinés ; les feuilles grandes et rares, les fruits assez gros, ronds et noirs Il ne se voit qu'à Vence. Ses récoltes sont alternes, mais abondantes ; son huile est grasse et forme beaucoup de dépôt.

La CAILLOUNE a les rameaux nombreux, les feuilles rapprochées, courtes et larges ; les fruits ronds, petits et âcres. Ses récoltes sont alternes, et son huile fine. On ne la cultive qu'à Vence.

Le ribiès, ou *callas*, ou *blau*, a les rameaux courts et droits ; le fruit moyen, presque rond et noir, ses fleurs sont tardives et sujettes à couler. Son huile est de médiocre qualité. On le cultive beaucoup à Callas, Grasse, Draguignan et autres lieux circonvoisins. Il aime les hauteurs, exige des engrais et une taille fréquente. Avec ces soins il est fort productif, quoique ses récoltes soient alternes.

On trouve dans les mêmes cantons le *petit ribiès*, qui n'en diffère que par la petitesse de son fruit.

Il ne faut pas confondre cette variété avec le bouteillan, qui porte aussi le nom de Ribiès en Provence.

Le caillet rouge, ou olivier de *figanière*, ne s'élève jamais beaucoup, a les feuilles d'un vert foncé ; les fruits gros, longs, rouges seulement d'un côté lorsqu'ils sont mûrs. Ces fruits donnent une huile agréable et abondante, mais ils pourrissent facilement. Il croît mieux dans les terrains bas et donne du fruit tous les ans. On l'a multiplié autour de Draguignan.

Le caillet rougeatre se voit aussi fréquemment dans les mêmes endroits. Il ressemble au précédent par son port, mais il en diffère par son fruit moins charnu, moins abondant en huile et par ses récoltes plus incertaines. Il lui est donc inférieur à tous les égards.

Le caillet blanc ne s'élève pas beaucoup, ses rameaux sont très-nombreux ; ses feuilles grandes et plus blanches qu'à l'ordinaire, ses fruits gros et charnus, peu colorés, quelquefois même blancs, quoique mûrs. Il pousse beaucoup de gourmands et demande à être rigoureusement taillé. Ses récoltes sont annuelles et abondantes. Il ne doit pas être confondu avec la blancane, qui a aussi le fruit presque blanc. On le cultive aux environs de Draguignan.

Le raymet a les feuilles larges, peu nombreuses et blanchâtres ; les rameaux longs et réclinés ; les fruits allongés, rougeâtres, de grosseur moyenne et donnant abondamment de l'huile fine. Ses récoltes sont alternatives et régulières. Il réussit mieux dans les terrains bas.

Le pardiguière de Cotignac est un arbre moyen à tête

arrondie, à rameaux horizontaux, peu cassants et très-nombreux : ses feuilles sont étroites, d'un vert foncé peu luisant ; les fruits moyens et obtus. Il mérite d'être plus multiplié, car il produit du fruit en abondance et son huile est des plus fines ; il demande une taille sévère. On le cultive à Cotignac et dans les environs.

L'OLIVIER A FRUITS NOIRS ET DOUX a les feuilles grandes, nombreuses ; le fruit au-dessus de la grosseur moyenne et assez hâtif. Ce fruit n'est point âcre comme celui des autres variétés, et peut, par conséquent, être mangé sans préparation dès qu'il est mûr. Il est abondant en huile. On ne peut se dispenser d'en cultiver au moins quelques pieds dans chaque propriété.

L'OLIVIER A FRUITS BLANCS ET DOUX ne paraît différer du précédent que par la couleur du fruit. Il est fort rare.

Quant à l'olivier à feuilles de buis, c'est une altération dont toutes les variétés sont susceptibles lorsqu'elles croissent dans des terrains très-secs et très-pierreux, et que leurs pousses sont constamment broutées par les chèvres et les moutons.

Les olives dites *amandes rondes* et *crêtes de coq*, sont des espèces qui, quoique très-charnues, ne donnent presque pas d'huile, la première surtout ; aussi les oliviers qui les produisent ne sont-ils cultivés que pour la préparation du fruit. La quatrième et la cinquième espèce en donnent un peu plus ; enfin l'*olivière* est celle qui en fournit le plus et de meilleure qualité ; aussi est-elle la plus répandue. La *picholine* est, après elle, celle qui produit le plus d'une huile qui a une teinte verdâtre et un goût agréable. M. Barthez pense que si les diverses espèces ne viennent pas également sur toute la côte, c'est que les frimas sont plus ou moins mortels suivant les lieux. Cela pourrait être vrai ; il me paraît cependant qu'on en pourrait trouver une autre cause. Une longue expérience ayant appris à l'agriculteur quelles sont celles qui donnent le plus d'huile, il a dû s'attacher de préférence à les cultiver, et laisser les autres aux pays qui les exploitent pour les confire ; au reste, je n'émets cette opinion que comme une hypothèse probable ; que les agriculteurs du pays la jugent, je n'appellerai pas de leur jugement.

§ 2.   CULTURE DE L'OLIVIER.

Comme presque tous les arbres à fruits, l'olivier, abandonné à la nature, se détériorerait bientôt, donnerait peu de fruits, et de mauvaise qualité ; aussi trouve-t-on dans les différents ouvrages d'économie rurale, d'excellents préceptes sur leur culture ; je ne sais sur quel fondement Virgile, dans ses *Géorgiques*, a prétendu que cet arbre n'exigeait aucune culture ; cette erreur est bien étrange chez un aussi grand poète, estimé autant par l'exactitude des faits que par l'élégance, la grâce et la correction du style. L'expérience prouve que l'olivier non cultivé devient semblable à celui qu'on désigne par le nom de sauvage ; on doit donc le travailler une ou deux fois chaque année, ne commencer à le faire qu'après les fortes gelées, le fumer quand le besoin l'exige, et l'arroser lors des grandes sécheresses.

L'exposition au midi et à l'est est celle qui convient le mieux à cet arbre, qui demande surtout des endroits abrités ; ceux qui croissent sur les hauteurs sont victimes des nombreuses variations de l'atmosphère, languissent et donnent peu de produits ; on assure aussi que plus il s'éloigne de la Méditerrannée, moins il prospère. Le sol où il se plaît le mieux est celui qui offre un heureux mélange de terres calcaires, siliceuses et argileuses, cet arbre ayant quelque rapport avec la vigne, ainsi que je le dirai plus bas. Les terres trop fortes ou trop légères ne peuvent lui convenir (1).

On a proposé divers moyens propres à multiplier les oliviers ; Caton et Columelle ont indiqué un procédé que Ferrier a reproduit dans le dix-huitième siècle; il consiste à détacher des souches des oliviers, des morceaux

---

(1) Ma famille possèdait une maison de campagne où l'on voyait, dans une terre légère, un très-bel olivet, dit la *Planasse*, qui ne rapportait presque pas de fruit, tandis qu'à 100 mètres de distance, un autre olivet, planté dans une bonne terre, et composé d'oliviers de la même espèce, était très-fertile.   J. F.

de bois recouverts d'écorce propre à donner des yeux pour les rejetons, et de les enfouir dans la terre à un pied de profondeur. Barthez en a proposé un plus ingénieux, en employant de petits tronçons d'arbres (1). Depuis quelques années on fait des provins avec des branches qu'on enterre en partie, et qu'on sépare de l'arbre quand les racines ont poussé et sont assez fortes ; mais les rejetons qui croissent sur la souche des oliviers offrent un moyen plus assuré ; et c'est la manière qu'on emploie pour les repeupler après les hivers rigoureux qui en ont opéré la mortalité. Tous les auteurs s'accordent à dire que, dans ces circonstances, l'arbre meurt, mais jamais les racines ; et qu'après qu'il a été coupé au niveau de la terre, il pousse bientôt plusieurs rejetons qu'on détache et qu'on transplante ailleurs. On a observé qu'à la place des arbres qui ont été tués par les froids, on trouve le plus souvent deux sujets et quelquefois trois ; on a vu plusieurs agriculteurs couper des oliviers peu vigoureux, afin d'obtenir plusieurs rejetons semblables ; on peut enfin semer des pépinières, mais ce dernier moyen est un peu trop long.

Il me reste encore une question à traiter ; peut-on employer à une autre culture les terrains consacrés aux olivets, ou doit-on se contenter de travailler l'arbre sans rien semer autour de lui? Il est certain que dans les terres légères la récolte des grains est fort mauvaise, et nuit beaucoup à la production de l'olivier, comme celui-ci nuit à son tour à la production des céréales ; sous ce point de vue, il vaut mieux se contenter d'une seule récolte ; mais les olivets qui sont dans de bonnes terres, peuvent supporter cette concurrence plus utile et plus fructueuse à l'agriculteur. En général, les oliviers s'accordent mieux avec la vigne qu'avec les céréales.

---

(1) On peut consulter son *Traité* avec avantage. Les bornes de ce Manuel ne me permettent pas d'entrer dans tous les détails qu'un objet si intéressant exige.

Fabricant d'Huiles. 5

§ 3.   TAILLE DE L'OLIVIER.

Une des plus importantes opérations de la culture des oliviers, c'est la taille ; elle influe singulièrement sur leur production ; cependant les agriculteurs ne suivent pas pour cela de règle fixe ; il en est qui les taillent chaque deux ou trois ans, d'autres tous les quatre ou cinq. Columelle conseille de ne le faire que chaque huit ans ; de la Brousse annuellement ; Barthez de deux en deux ans. En Roussillon, on suit une méthode opposée, qui est le résumé de ces divers procédés. On taille l'olivier annuellement, mais le quart de l'arbre seulement, de manière qu'au bout de quatre ans on renouvelle tout le bois, lequel se trouve par conséquent toujours jeune. L'opération recommence et continue de quatre en quatre ans, ce qui réussit très-bien dans ce pays, où les oliviers sont très-beaux et très-vigoureux. En Espagne, et principalement en Catalogne, dans les environs de Figuières, de Roses, de Mataro, de Reuss, de Barcelone, on les taille comme les saules, de manière que ces arbres sont constamment couverts de bois jeune. La température douce de ce climat s'accommode fort bien de cette taille, qui leur serait meurtrière dans le midi de la France.

SECTION II.

DE L'HUILE D'OLIVES ET DE SA PRÉPARATION.

La connaissance de l'huile d'olives remonte aux premiers âges du monde ; on voit dans la *Genèse* que, du temps d'Abraham, on s'en servait pour les lampes (1) ; dans l'*Exode* (2) on lit aussi que Dieu ordonna à Moïse de faire une huile composée destinée à la consécration. On trouve même dans le livre de Job un procédé pour fabriquer celle d'olive, qui ne diffère presque en rien de celui que l'on suit encore en Espagne et dans le midi de la France. Il en est beaucoup parlé aussi dans l'*Épître de*

(1) *Genèse*, XV, 17.
(2) Chapitre 30.

saint Jacques, par Tertullien, ainsi que dans saint Augustin, saint Cyprien, saint Jérôme, Eusèbe. etc. L'histoire rapporte que ce fut Cécrops qui, le premier, apporta de Saïs à Athènes l'olivier qui était cultivé de temps immémorial dans cette ville de la Basse-Egypte, et qu'il apprit aux Athéniens l'art d'en extraire l'huile. C'est par ce moyen, dit Hérodote, que l'usage en fut connu et propagé en Europe (1). Suivant toutes les traditions, l'Egypte est réputée comme le berceau des sciences et des arts, qui des Egyptiens passèrent aux Grecs, de ceux-ci aux Romains, et des Romains à tous les autres peuples. Cependant, bien que l'usage de l'huile fût connu de temps immémorial en Egypte, il est démontré que les Grecs n'en avaient aucune notion pour l'éclairage, lors du siége de Troie : on n'a qu'à parcourir attentivement les écrits d'Homère pour se convaincre que l'emploi des lampes leur était inconnu, et que le Roi des rois, comme l'humble artisan, était éclairé par des torches de bois.

Les anciens retiraient deux espèces d'huile des olives, suivant qu'elles étaient encore vertes ou mûres; la première portait le nom d'homphacine. Celle qui provient des olives noires et bien mûres, lorsqu'elles ont été bien préparées, est d'un jaune doré, qui tire quelquefois sur le vert, surtout quand elle est extraite de la variété connue sous le nom de *picholine,* laquelle est très-abondante dans le Roussillon et une partie de la Catalogne. Quelquefois aussi, cette couleur varie du jaune ambré au jaune verdâtre, au jaune bleuâtre : sa saveur est douce et agréable; elle a une odeur *sui generis,* qui est agréable; elle est onctueuse au toucher, elle est un peu trouble quand elle est récemment préparée, mais bientôt elle s'éclaircit et devient transparente, ou, en termes de commerce, *lampante,* en déposant un marc noirâtre très-onctueux, qui est composé d'huile et d'une matière mucilagineuse extrative qui donne des traces d'azote. Le poids spécifique de cette huile est le même que celui de l'huile de navette, c'est-à-dire de 0,913; elle est insoluble dans

(1) Lib. 11, 59 et 62.

l'eau et très-peu soluble dans l'alcool et l'éther; elle bout au-dessus de 315° C. et laisse sur le papier une tache qui ne disparait point par l'action de la chaleur: cette propriété qui lui est commune avec les autres huiles fixes, la distingue des huiles volatiles. Exposée à l'action du feu, une partie se décompose et produit du gaz hydrogène percarboné, etc., dont on fait un si bel emploi pour l'éclairage, tandis que l'autre se volatilise dans un état d'altération tel, que sa couleur est plus intense, sa saveur forte, et qu'elle est plus légère et plus fluide; c'est ce que les alchimistes appelaient *huile des philosophes.* L'huile d'olives est solide à — 6° C.; lorsqu'elle reste exposée à l'air, elle rancit promptement, et, ce qui est digne de remarque, c'est que cette action est d'autant plus vive, que l'huile est moins pure. Les acides, les oxydes et les alcalis agissent sur cette huile comme sur celles qu'on appelle douces, à l'exception de celle de ricin, et avec cette différence qu'elle donne avec la soude des savons durs, tandis que ceux que cet alcali produit avec les huiles extraites des graines oléagineuses est mou : cent livres d'huile d'olives saponifient environ cinquante-quatre parties de soude caustique à 36°.

§ 1. DU POINT DE MATURITÉ OU IL CONVIENT DE CUEILLIR LES OLIVES POUR EN OBTENIR DE BONNE HUILE.

L'époque de la maturité des olives est variable, et dépend du climat, des saisons et des variations atmosphériques. La couleur bleu-noirâtre qu'elles prennent l'indique d'ailleurs très-bien, à l'exception de quelques variétés qui, arrivées à ce point, deviennent blanchâtres ou rougeâtres. Plusieurs agronomes assurent avec Bosc, Sieuve, etc., que l'olive, parvenue à sa maturité parfaite, contient quatre huiles différentes :

1° *Huile de la peau.*

Cette huile est contenue dans des vésicules globuleuses, offrant des points distincts; elle a quelque analogie avec celle de la chair, mais elle en diffère par une huile essentielle qu'elle contient.

2° *Huile de la chair.*

Celle-ci est renfermée dans des vésicules irrégulières, très-rapprochées les unes des autres et qui ne sont visibles que tant que l'olive est encore verte. Elles sont entourées d'une eau de végétation âpre et acerbe, ensuite amère ; elle dépose une fécule indissoluble dans l'eau.

3° *Huile du bois du noyau.*

Celle du bois du noyau est très-peu abondante ; c'est plutôt, dit M. Bosc, un mucilage épais, d'une saveur fade, rancissant promptement, et acquérant ainsi une saveur et une odeur détestables.

Cette huile n'est pas exactement celle que Sieuve a cru retirer des noyaux, et qui, d'après lui, ferait la moitié de leur poids, comme nous le verrons bientôt ; ce surcroît paraît dû à ce qu'il n'avait pas bien dépouillé les noyaux de leur chair.

4° *Huile de l'amande.*

Cette huile est jaunâtre, limpide, douce et âcre, rancissant promptement et ne formant pas de dépôt ; elle fait environ le tiers du poids du noyau.

Nous allons offrir maintenant un résumé des expériences de Sieuve, en faisant néanmoins observer qu'on a eu des doutes sur leur exactitude. Cet agronome prit 25 kilogrammes d'olives bien saines et parvenues à leur maturité complète ; il en sépara la chair des noyaux, elle pesa :

Chair des olives. . . . . 18^{kil}.651
Noyaux. 5.384

Ces 5^{kil}.384 de noyaux donnèrent :

Bois. 3.487
Amandes 1.682
La chair donna par la pression. 5^{kil}.169 d'huile.
Le bois passé sous la meule, etc. 1 . 896
Les amandes. . . . . 0 . 917

                                   7 . 982

D'après des expériences qui lui sont propres, M. Sieuve attribue ce que les huiles peuvent avoir de défectueux et leur disposition à rancir, aux huiles de l'amande et de noyaux qui se trouvent unies à celles de la chair. Aussi l'auteur voudrait qu'on séparât la chair du noyau, ce qui nous paraît fort long et fort coûteux.

L'expérience a prouvé : 1° que l'huile se trouve toute formée dans la pulpe de l'olive, un mois avant que la peau contracte cette couleur bleu-noirâtre ; 2° que sa quantité augmente avec sa maturité ; 3° qu'un mois après cette époque, elle a atteint sa qualité. Voilà pourquoi les huiles d'Espagne et du Roussillon ont un mauvais goût.

De ces divers faits, on est conduit aux conclusions suivantes :

1° Qu'on doit cueillir les olives un peu avant leur parfaite maturité, pour on obtenir de l'*huile fine*, ayant le goût de l'olive (qui *sente son fruit*) ;

2° Qu'on a un mois pour cueillir celle dont on veut faire de l'huile ordinaire ;

3° Que pour celle qui est destinée à la fabrication du savon, on peut rester plus longtemps encore. Aux environs d'Aix, on cueille les olives plus tôt qu'aux environs d'Antibes, c'est-à-dire en novembre, quoique leur maturité soit plus tardive, parce qu'on préfère la qualité à la quantité. Presque partout ailleurs, dans la Provence, ainsi que dans le Roussillon, dans le département de l'Hérault, de l'Aude, etc., on ne les cueille qu'en décembre.

Préparation de l'huile d'olives en Espagne et en Sicile.

Pour fabriquer l'huile d'olives, les Catalans les cueillent dans leur état de maturité, c'est-à-dire vers la fin d'octobre, lorsqu'elles ont acquis un beau noir ; ils les portent dans de vastes celliers, souvent découverts, où ils les entassent : les olives ne tardent pas à s'échauffer et à abandonner une grande partie de leur eau de végétation, qui est noirâtre ; bientôt après elles se moisissent et acquièrent une odeur forte et désagréable. Leur indolence est telle, qu'ils n'opèrent l'extraction de l'huile de ces olives, que plusieurs mois après ; j'en ai vu fabriquer encore au mois de juin avec des olives récoltées l'année précédente en octobre. Aussi l'huile qui en provient a-t-elle généralement une couleur verdâtre et un goût fort, que les Espagnols préfèrent à l'huile douce, attendu qu'il en faut moins pour donner de la saveur aux aliments. Si l'huile d'Espagne était fabriquée avec quelque soin, elle serait délicieuse ; les olives, étant portées au moulin, y sont traitées comme dans le midi de la France. Nous renvoyons donc le lecteur à ce que nous allons en dire.

En Sicile, et surtout dans les environs de Bragone, lorsqu'à la fin d'octobre les olives deviennent jaunâtres et commencent à se couvrir de taches rouges, les paysans procèdent par un temps sec à la cueillette, qu'ils opèrent dans des paniers garnis de toiles, puis ils répandent ces olives en couches peu épaisses, sur un plancher de bois, dans un cellier bien aéré, en enlevant chaque jour les fruits trop mûrs ou défectueux. Après trois jours de séjour sur cette aire, les olives sont broyées et la pulpe mise sous presse. Le liquide recueilli est abandonné au repos dans des vases couverts pendant 24 heures, et avant qu'il s'y manifeste la moindre fermentation, on le filtre à travers une toile, et on le reçoit dans des jarres en terre. Huit jours plus tard, il est filtré de nouveau sur du coton en laine, pour en séparer les résidus de pulpe qui constitue la matière colorante et détériore l'huile. Dans toutes ses opérations, les Siciliens apportent le plus grand soin, et tous les vases avec lesquels cette huile est mise en contact, sont maintenus secs et propres, afin de n'y introduire aucun germe qui pourrait y provoquer la rancidité.

§ 2. PRÉPARATION DE L'HUILE D'OLIVES DANS LE MIDI DE LA FRANCE.

Les olives sont en pleine maturité dans le mois de novembre, dans le midi de la France, et c'est à cette époque qu'on cueille à la main celles qui se trouvent sur les rameaux les plus bas, et que l'on abat avec des perches celles qui se trouvent sur les plus élevés. Comme ce pays est très-exposé aux vents, il arrive qu'avant leur cueillette et leur maturité le vent en fait tomber plus ou moins ; les propriétaires ont soin de les faire ramasser ; et, quoiqu'elles ne soient point mûres, ils les conservent pour les mêler avec les autres. Cette manière d'opérer est très-vicieuse, attendu que ces olives communiquent à l'huile un goût qu'on appelle de *terre*, et en altèrent la qualité. Pour qu'elles ne fussent point perdues, il vaudrait beaucoup mieux en faire extraire l'huile à part, et appliquer cette huile à l'éclairage.

Au fur et à mesure que l'on cueille les olives, on les porte dans un cellier, sur le plancher duquel on a placé des sarments recouverts d'un peu de paille, on les y verse dessus ; par ce moyen elles ne touchent point au sol, et l'écoulement de l'eau de végétation se fait beaucoup mieux. Ces olives, comme nous l'avons déjà dit, s'échauffent, abandonnent une liqueur noirâtre et finissent par se moisir ; les propriétaires les gardent au cellier depuis quinze jours jusqu'à un mois et demi, et cela à cause d'un préjugé que nous allons tâcher de détruire. L'expérience leur a démontré qu'un sac ou une comporte de ces olives, ainsi fermentées, leur donne une mesure d'huile du poids d'environ 13 kilogrammes, tandis qu'une même quantité de fraîches n'en donne pas autant ; mais il existe ici une erreur qu'il est bon de leur faire connaître. Il est vrai, comme l'observation le leur a démontré, qu'un sac d'olives fraîches ne donne pas une mesure d'huile, et qu'environ 37 sacs n'en donnent que 30 mesures ; mais d'un autre côté, il faut considérer que ces 37 sacs, après avoir perdu une grande partie de leur eau de végétation, et avoir fermenté, se trouvent réduits à 30, qui produisent alors 30 mesures, ce qui revient au même, et que dès lors c'est un moyen des plus vicieux d'altérer gratuitement la qualité de l'huile. On devrait donc les mettre dans les celliers, en couches peu épaisses, les remuer de temps en temps, et ne pas les y laisser faire un long séjour.

Dès que les olives sont arrivées au moulin, on les dépose dans une case connue sous le nom de *grunel,* pour y rester jusqu'à ce que le tour du propriétaire soit arrivé pour cette extraction ; alors les olives sont placées peu à peu sous une meule semblable à celle qui sert aux tanneurs à pulvériser les écorces de chêne. Quand elles sont réduites en pâte, on remplit de cette pâte un certain nombre de cabas en sparterie qui n'ont qu'une seule ouverture à la partie supérieure ; on les empile les uns sur les autres, sur deux rangs, et l'on fait agir sur eux une forte presse. Cette première huile est connue sous le nom d'huile vierge ; elle va se rendre dans de grandes cuves en pierre, dites *trégeos ;* on prend alors ces cabas l'un après l'autre, et, après en avoir remué la pâte exprimée, on verse dans chacune environ 5 litres d'eau bouillante, et on soumet de nouveau à la presse. L'eau bouillante contribue à opérer la séparation de l'huile d'avec les substances étrangères auxquelles elle est unie dans l'olive : elle arrive donc chargée d'huile dans les mêmes cuves où repose la première huile, si on n'a pas le soin de la mettre à part. On renouvelle l'opération en pressant horizontalement le cabas entre les mains, et émiettant ainsi le tourteau. On y verse ensuite de nouvelle eau bouillante, et l'on fait agir le pressoir ; enfin, on continue de jeter de l'eau bouillante jusqu'à ce qu'elle n'entraîne plus l'huile. Quand l'opération est finie, on met les tourteaux dans des comportes, et on les brûle dans les ménages ; mais il est des moulins dits *à pressoir fort,* ou à *récense,* où l'on passe de nouveau ces tourteaux à la meule, et l'on en extrait, par l'eau bouillante et le pressoir, une huile d'une qualité inférieure, mais très-bonne pour l'éclairage et pour faire du savon.

L'huile d'olive est tirée des cuves et portée dans de grandes jarres en terre vernissée. L'eau qu'elle surnage est comme laiteuse, et contient un peu d'huile ; on l'évacue dans une espèce de citerne nommée *enfer,* où, par le repos, l'huile qu'elle tenait en suspension s'en sépare, et vient nager à la surface de l'eau : aussi les maîtres des moulins ne manquent pas, à chaque opération, de laver à l'eau bouillante le pressoir et les cabas, afin d'augmenter cette quantité d'huile qui reste à leur profit.

MM. Corneille et Saurin ont décrit aussi avec exactitude la fabrication de l'huile d'olives en Provence.

Dans tous les moulins à l'huile de la Provence, disent-ils, on commence par mettre, sous une meule qui tourne autour d'un arbre en bois, dans une mare de forme conique, trois à quatre hectolitres d'olives, qui, pour être réduites en pâte, nécessitent un laps de temps de deux à quatre heures, suivant la force du moteur.

La trituration faite, on arrête la meule ; un homme s'introduit dans la mare, en enlève la pâte que d'autres ouvriers mettent dans des escourtins en sparterie, et de là sous des pressoirs en bois, qui donnent de bien médiocres résultats, quoiqu'ils nécessitent la force de plusieurs hommes.

Pour faciliter la séparation de l'huile du marc, on verse dans chaque escourtin une certaine quantité d'eau bouillante.

Le liquide mélangé d'eau et d'huile, est reçu dans des baquets, porté ensuite dans de grands cuviers, dans lesquels on fait encore une addition d'eau bouillante, pour faire remonter l'huile à la surface.

Cette première opération terminée, il s'agit d'extraire des marcs d'olives, la quantité encore considérable d'huile qu'ils contiennent, et faire l'huile de ressence si recherchée par les savonniers, attendu qu'elle favorise énormément le mélange des huiles de graine dans la fabrication des savons.

Pour cela, on place de nouveau les marcs sous une meule de petite dimension, on fait une addition d'eau qui forme ainsi une nouvelle pâte.

Après une heure de trituration, cette pâte est introduite dans une mare, qui est à côté, et dans laquelle tourne un arbre en bois vertical muni de pièces de fer horizontales. Dans cette mare coule un volume d'eau qu'on peut évaluer à deux litres par seconde. Le mouvement imprimé à la pâte par les pièces de fer horizontales, appelées *barboteurs*, et l'eau qui coule continuellement, font séparer la pulpe du bois des noyaux, appelé marc blanc. Ce dernier tombe au fond de la mare, et la pulpe, qui monte à la surface, est entraînée dans des bassins superposés, où des ouvriers vont la ramasser.

Il est bon de remarquer ici que les amandes des noyaux d'olives étant trop lourdes pour monter à la surface de l'eau, restent au fond avec les marcs blancs, et toute l'huile qu'elles contiennent est perdue. Les parties charnues de l'olive qui sont réduites en poudre et qui contiennent aussi beaucoup d'huile, sont entraînées par l'eau et perdues également pour le propriétaire ou l'industriel.

Après avoir ramassé sur les bassins, qui sont ordinairement au nombre de neuf, toutes les peaux d'olives qui s'y trouvent, on les met dans un grand chaudron pour les faire bouillir une heure au plus, suivant la qualité, et de là, dans des escourtins appelés *espagnolettes*, et ensuite sous des pressoirs en fonte pour en extraire l'huile épaisse et verte appelée huile de ressence.

Quelques agronomes croient s'être assurés qu'en trempant les olives dans du bon vinaigre, elles donnent un dixième de plus d'huile. J'ai eu occasion de voir plusieurs propriétaires des environs de Gignac, département de l'Hérault, qui m'ont assuré qu'ils arrosaient leurs olives avec du vinaigre, et que l'expérience leur avait démontré que, par ce procédé, ils obtenaient beaucoup plus d'huile. Il peut bien se faire que le vinaigre produise cet effet, en contribuant à dépouiller l'huile du principe mucilagineux, comme opère l'acide sulfurique employé dans la dépuration des huiles, et dès lors cela peut expliquer la plus grande quantité d'huile obtenue par ce moyen.

L'huile d'olives des départements de l'Aude, de l'Hérault et des Pyrénées-Orientales, est susceptible de rivaliser avec les meilleures de Gênes et d'Aix. Il suffit, pour cela, de ne pas mêler aux bonnes olives celles que les vents ont fait tomber à terre avant leur maturité. Nous blâmons fortement aussi cette méthode vicieuse de les laisser pour ainsi dire pourrir ; cela ne peut que détériorer la qualité. Nous croyons, il est vrai, qu'un commencement de fermentation peut contribuer à augmenter la quantité d'huile ; mais nous conseillons de porter les olives au moulin dès qu'elles ont abandonné une partie de leur eau de végétation, et quand elles commencent à s'échauffer.

Cette fabrication est susceptible de recevoir de grandes améliorations, surtout sous le rapport des pressoirs qui sont très-défectueux ; on pourrait y substituer ceux pour les graines oléagineuses. D'un autre côté, nous nous attacherons à décrire un assez grand nombre d'appareils imaginés ou proposés dans ces derniers temps pour perfectionner les procédés d'extraction des huiles ; nous ajouterons, en terminant cet article, qu'outre la Provence, le Languedoc et la côte de la rivière de Gênes, où se récoltent les meilleures huiles d'olives, on en fabrique, mais de moindre qualité, à Naples, dans la Morée, dans quelques îles de l'Archipel, en Candie, en quelques lieux de la côte de Barbarie, et dans quelques provinces d'Espagne et de Portugal.

§ 3.   Caractères de l'huile d'olives pure.

L'huile d'olive pure, dite aussi huile vierge, est composée de 100 parties d'oléine et de 28 parties de stéarine. C'est un liquide extrêmement fluide, onctueux, d'une odeur douce, très-faible quand il est extrait récemment, translucide, d'un jaune légèrement verdâtre, jaune plus ou moins foncé et parfois incolore, d'une saveur douce, agréable, qu'un abaissement de température trouble et sépare en deux portions, l'une qui reste fluide et qui est l'acide oléique, et l'autre grenue, constituée par l'acide stéarique. Quelquefois même, quand l'huile a été exprimée à froid, elle se prend en masse.

Une élévation de la température change d'abord la densité de l'huile d'olive ; ainsi Saussure a constaté que cette densité diminue ainsi qu'il suit :

$$\text{Elle est : } 0,9192 \text{ à } 12^\circ \text{ C.}$$
$$0,9109 \text{ à } 25^\circ$$
$$0,8932 \text{ à } 30^\circ$$
$$0,8625 \text{ à } 94^\circ.$$

Si on élève encore sa température, les caractères de l'huile changent ; de 120° à 220° elle perd peu à peu sa couleur qu'elle reprend, toutefois, en partie par le refroidissement, mais avec altération dans l'odeur et la saveur. Entre 330° et 395° l'huile bout, et après divers phénomènes dans la marche et l'abaissement de la température, elle se présente avec une belle couleur jaune d'or, sa densité a augmenté, et au bout de 24 heures de repos il s'en sépare des masses blanches et cristallines, probablement d'acide stéarique.

L'huile est insoluble dans l'eau, mais l'alcool et l'éther en dissolvent environ 3/1000 de leur volume.

§ 4. DES DIVERSES ESPÈCES D'HUILE D'OLIVES.

Le commerce distingue plusieurs huiles d'olives qui, du reste, ont aussi des applications différentes.

La plus intéressante de ces huiles est celle dite comestible, dont on connaît plusieurs espèces, à savoir : 1° L'*huile fine* ou *surfine*, dite aussi *huile vierge*, qui a toujours le goût de fruit et qu'on obtient, comme nous venons de le dire, en cueillant les olives un peu avant leur maturité, détritant de suite et évitant de broyer les noyaux. Les huiles fines proviennent principalement de l'ancienne Provence, surtout d'Aix, de la rivière Gènes, de la Toscane et de la province de Bari dans le royaume d'Italie. 2° L'*huile ordinaire,* qui est le produit d'une première pression des olives et d'une seconde pression des tourteaux après les avoir mouillés d'eau bouillante, ou bien d'une seule pression des olives écrasées et mélangées à de l'eau bouillante. Tout le littoral de la Méditerranée fournit des huiles de ce genre plus ou moins estimées. 3° L'*huile à brûler, huile lampante, huile brillante.* Les huiles lampantes sont des huiles de qualités secondaires, qui, ne pouvant être employées pour la table, sont abandonnées quelques mois au repos pour s'éclaircir, puis livrées au commerce où elles servent à l'éclairage, à la fabrication des savons de toilette, pour graisser les machines, etc. Toutes les contrées baignées par la Méditerranée fournissent des huiles lampantes de qualités variables. 4º L'*huile de recense* ou *ressence*, qu'on tire principalement de la Provence, de la Corse, de la rivière de Gênes, de la Calabre, est le produit du mouillage à l'eau chaude et d'un nouveau broyage des marcs ou grignons qui restent après qu'on a extrait une première fois l'huile ordinaire. Cette huile sert principalement à la fabrication des savons solides. 5º L'*huile dite de fabrique*, qui sert aussi au même usage ainsi qu'au foulage des draps, et qui est une huile trouble non comestible, et qui devient lampante par le repos. 6º L'*huile d'infect* ou *d'enfer*, qu'on extrait des eaux qui ont servi à la fabrication des huiles ordinaires et qu'on laisse reposer longtemps dans de grandes citernes dites enfers, qu'on recueille ensuite à la surface, et qu'on mélange avec de vieux résidus devenus rances des tonneaux ou des cuves à huile. 7º L'*huile tournante*, qui est un mélange d'huile d'infect et d'huile de recence, ou une huile lampante claire et limpide, qui est trouble, chargée de mucilage et qui se dissout complétement dans une lessive alcaline; on fait un emploi étendu de cette huile en teinture, surtout en rouge turc. On connait encore dans le commerce quelques autres qualités d'huiles, tels que crasses, fonds de jarre qu'on emploie aussi à la fabrication des savons, des huiles raffinées qui proviennent du chauffage de ces fonds dans un four fermé, etc.

On falsifie l'huile d'olives comestible avec les huiles d'œillette, d'arachide, de sésame, de noix, de faîne, et les huiles de fabrique avec celles de lin, de navette, de colza, etc.

§ 5.   APPAREILS DIVERS A EXTRAIRE L'HUILE D'OLIVES.

1º *Moulin de campagne de* M. MARQUISAN.

Description du moulin. — Fig. 1. pl. 1, vue en élévation, avec tous les détails du moulin.

Fig. 2, élévation de la presse.

a, bloc circulaire en maçonnerie, sur lequel repose le

moulin. *b*, meule gisante en pierre. *d*, goujon avec vis, embase et écrou, planté au centre de la meule gisante. *e*, étrier en fer encastré dans la meule *c*; il est percé, au centre, d'un trou pour recevoir le goujon *d*. *f*, deux boulons avec écrous servant à réunir l'étrier *e*, le suspensoir *g*, et la petite roue d'engrenage *h*. *i*, trémie où l'on met les olives. *k*, charriot servant à ramasser la pâte autour du moulin, à la conduire sur le plan incliné *l*, et de là dans le baquet *m*. *n*, écrou de goujon *d*, servant à empêcher que la graine ne soulève la meule supérieure. Le suspensoir *g* est formé d'une barre de fer qui est entaillée dans la meule *c*, et percée de trois trous, l'un au milieu, pour recevoir le goujon *d*, et les deux autres pour les boulons *f*. Les écrous des boulons *f* servent à élever plus ou moins, à volonté, la meule supérieure. La roue dentée *h* du moulin engrène une autre grande roue dentée *o*, qui a quatre fois autant de dents qu'elle et qui est portée par un arbre vertical *p*, mis en mouvement par le levier *q*, dont la longueur est égale à une fois et demie le diamètre de la roue *o*.

Le pressoir est une vis en fer A, fig. 2 *bis*, portée par un banc de bois, de dimension arbitraire, posé sur deux baquets, ou sur deux bras de bois scellés dans le mur : la vis est plantée au milieu de ce banc, et y est retenue en dessous par une forte tête ; son écrou B est une croix formée de deux bandes de fer de 15 centimètres de longueur, dont le bout de chacune est relevé à angle droit : c'est dans cette partie verticale de l'écrou que vient s'engager le levier employé dans la pression de la pâte, qui se fait ainsi par attraction. Sur le milieu du banc est encore placée une cuvette de fer-blanc, traversée par la vis : c'est dans cette cuvette que s'empilent les cabas chargés de la pâte des olives, traversés également par la vis, et que s'écoule le liquide que la pression extrait de la pâte. Un vase, en espérance, est disposé pour recevoir ce liquide.

Manière d'opérer. — Après avoir cueilli les olives, on les dispose par tas pour leur faire acquérir, par la fermentation, le degré de chaleur nécessaire à la plus abondante extraction de l'huile; le premier de ces tas, arrivé à ce point, on le passe au moulin.

Si l'on veut avoir séparément l'huile provenant de la pulpe du fruit, il suffit de donner au moulin assez de jeu pour que le noyau de l'olive en sorte tout entier : par ce moyen, l'huile de l'amande est séparée de l'huile de la pulpe.

La pâte de cette première passe sera mise sous la presse pour en faire sortir l'huile, et les grignons qui en résulteront seront amoncelés en réserve.

Lorsque toute la récolte sera ainsi passée, ce qui aura donné une bonne huile vierge, les grignons seront repris et mis en repasse dans le moulin, qui, dans ce cas, devra avoir bien peu de jeu, pour que la seconde pâte soit déliée le plus possible.

On est assuré de la perfection du moulin quand les produits qu'il donne proviennent de la partie la plus moulue des olives.

2° *Pressoirs à huile, par* M. SINETTI.

Les pressoirs à huile d'olives que l'on emploie à Marseille, ainsi que les procédés d'extraction de l'huile d'olives, sont à peu près les mêmes que ceux d'Aix. Dans ces moulins à huile, les vis des pressoirs sont mises en mouvement au moyen d'une longue barre qui entre dans un trou pratiqué à leur tête, et que font mouvoir plusieurs hommes; leur mauvaise construction les rend très-défectueux; voici un perfectionnement que l'on doit à M. Sinetti de Marseille.

Son pressoir, au lieu d'être enchâssé dans le mur en chapelle, est placé au travers du moulin, de manière qu'on peut tourner autour pour le desserrer. Les vis, qui sont au nombre de trois, sont d'un tiers plus fortes que celles des pressoirs ordinaires; elles ont aussi une tête plus forte du double, cerclée de trois forts cercles de fer, et percées de quatre trous pour recevoir deux barres de presse; au lieu que les vis ordinaires ne sont percées que de deux trous, et ne sont mises en mouvement que par une seule barre.

Au moyen de ces trous, pratiqués sur chaque face de la tête des vis, on se sert d'une barre de chaque côté ; les hommes qui poussent à ces barres tournent comme au cabestan.

De cette manière, la vis se trouvant au centre du mouvement des deux barres, fait le double d'effet que celle du pressoir à une selle barre par-devant, qui ne fait d'effet qu'à une seule extrémité, et sur une seule face de la tête de la vis ; elle a de plus l'avantage de faire descendre perpendiculairement sur les cabas. La vis, plus forte, plus pesante, est mieux assujettie, ce qui divise également la pression, avantage que n'ont pas les vis à une seule barre, qui prennent toujours une direction oblique pour peu qu'elles aient du jeu dans la barre, ou la pâte se presse inégalement, et l'huile est plus incomplétement extraite. Les vis de ce nouveau pressoir ont l'avantage sur les autres, outre leur force et leur pesanteur, d'être tournées au petit pas, de sorte qu'elles ont 24 tours, tandis que les autres n'en ont que 12 à 15 ; ce qui, en rendant la pression plus lente, augmente beaucoup la force ; le marc qu'on en retire est tellement sec, qu'en le rompant dans les mains il se pulvérise.

3° *Procédés et machines de M.* FAVRE, *de Marseille.*

Description de la presse. — Cette presse, représentée sur ses pieds, fig. 3, pl. 1, est composée principalement d'une cage A, d'une vis B, d'un écrou C, qui sert de guide à la vis, et d'une *maye* ou *maître* H, vue en plan, fig. 4, sur laquelle on dispose les *scortins* I, contenant les matières destinées à être pressurées. Le balancier ou levier, fig. 5, de 5m.20 de long, s'ajuste sur le carré S de la vis B, situé à la hauteur de la poitrine des hommes, qui sont placés à chacune des extrémités du levier pour lui imprimer le mouvement. K, traverse supérieure de la presse représentée en plan, fig. 6 ; elle est percée dans son milieu d'un trou L, pour le passage du prolongement de la vis B. La vis B porte une bague M, de repos, fixée par des vis, et pouvant s'enlever au besoin ; l'objet de cette bague est d'empêcher la vis de descendre, et de supporter cette vis, l'écrou avec sa cage et le levier. Dans cette presse la vis reste en place, c'est l'écrou qui monte et descend, selon qu'on tourne à droite ou à gauche.

Fig. 7, plan de l'écrou en cuivre, contre lequel sont ajustées deux pièces N, fig. 3 et 8, entre lesquelles se trouvent l'écrou et la vis; l'écrou pourrait être taillé à six pans, et les deux pièces N seraient remplacées par six autres pièces plus minces, qu'on fixerait par des vis contre les pans de l'écrou, aussi bien qu'à la traverse DE, vue en plan, fig 9, percée d'un trou de la forme de l'écrou, qu'elle embrasse et tient en respect; ces six pièces ou montants seraient, comme le sont les deux pièces N, fixées au plateau FG, vu en plan fig. 10; de cette manière, elles formeraient une cage solide, au centre de laquelle serait la vis B.

O, fig. 3, conduit par où sort l'huile. P, traverse inférieure de la presse, vue en plan, fig. 11.

La cage doit être enterrée dans une bonne maçonnerie, jusqu'à peu près la hauteur de la surface supérieure de la maye H. Un trou est pratiqué en terre à l'endroit du conduit O, pour y placer le broc qui reçoit l'huile. Les montants de la cage doivent être fixés solidement, à leur partie supérieure, à des solives appuyées sur des murailles; sur ces solives sera disposé un plancher circulaire, où marcheront les personnes chargées de tourner la vis.

Pour empêcher le balancier de fléchir, à chacune de ses extrémités on ajuste un cylindre appuyant sur une balustrade, qui règnera au pourtour du plancher circulaire, et qui s'élèvera à la hauteur du balancier.

Cette presse est propre à extraire toute l'huile des olives; on peut l'employer à l'extraction des huiles de noix et autres employées dans la draperie, la toilerie, etc.

Moulin à broyer des olives. — Ce moulin, vu en plan, fig. 12, pl. 1, n'est autre chose qu'un mur circulaire élevé de 0m.60, sur lequel règne une rigole en pierre froide, 0m.30 de profondeur, dont le fond est plat et les bords sont évasés. Au centre du moulin s'élève verticalement un arbre fixe *b,* à la hauteur du centre de la meule *c* ; cette meule, en pierre dure, d'environ 1^m.20 de diamètre sur 0^m.30 d'épaisseur, taillée bien cylindrique, doit entrer dans la rigole, de manière à la remplir exactement et à éprouver un léger frottement sur ses bords. Cette meule *c* doit être parfaitement ronde. Au centre de la meule, percée exactement, on ajuste un œil en fer qui porte intérieurement, si on croit nécessaire de diminuer le frottement, trois galets en cuivre, entre lesquels passe l'axe *d* de la meule ; trois galets semblables pourront être placés au centre du moulin, pour recevoir le pivot de l'axe de la meule.

Il serait peut-être préférable de substituer le fer fondu à la pierre froide, dans la partie intérieure de la rigole, et de faire usage d'une meule de ce métal ; mais alors il conviendrait que cette meule fût creuse et remplie de maçonnerie, pour éviter la trop grande pesanteur, et économiser la fonte. Le fer fondu aurait l'avantage de ne pas boire l'huile et d'éviter les écoulements.

Coupe hollandaise. — Cette coupe, vue en plan, fig. 13, pl. 1, est un plan circulaire d'une grandeur variable à volonté ; son pourtour est un bord un peu évasé de 0^m.30 de haut : au centre est un cylindre A, qui s'élève jusqu'au centre des meules B, C, pour recevoir le pivot de ces meules ; les axes des meules portent chacun un filet angulaire et fin ; ils se réunissent en D, où ils ne forment qu'un seul et même pivot, et sont liés à leur extrémité extérieure par une traverse E, F, au milieu de laquelle on attache le cheval. Au centre de chaque meule est un écrou, qui engrène le pas de vis placé sur son axe, de manière que le cheval ayant fait un tour, l'une des meules est parvenue à la circonférence, pendant que l'autre est arrivée au centre ; on ramène les meules à leur première position en faisant marcher le cheval en sens inverse ; pendant ce temps, les meules ont parcouru chacune toute la surface. Chaque meule porte un râteau à dents très-fines, ayant pour objet de remuer les olives sans les amonceler ; seulement elles les changent de position pour que les meules en passant dessus les réduisent toutes en pâte.

Espérance. — L'espérance ou cuvier en bois, en forme de tonneau défoncé, servant à recevoir l'huile au sortir du pressoir, est doublé intérieurement en étain fin, tôle étamée ou fer-blanc, et descend jusqu'au fond du cuvier; on verse de l'eau froide ou chaude, et l'huile, en s'élevant, dégorge d'elle-même par un canal pratiqué à 25 millimètres au-dessous de la gorge du cuvier, dans un autre récipient.

Partage des huiles. — Deux récipients mis sur leurs bases, au moyen d'un robinet, se communiquent l'un à l'autre; l'huile sortant de l'espérance remplit ces récipients; elle s'y trouve également partagée et mesurée en quantité et qualité par la loi de la gravité des corps et des fluides, et par celle des mesures de capacité des vases.

Jarre à l'huile (fig. 14). — Un collier en fer *a* enveloppe la gorge de la jarre *b*; il est doublé en peau ou en carton pour prévenir la fracture. Deux espèces d'anses en fer *c*, s'élevant à 8 ou 10 centimètres au-dessus de la jarre, sont terminées par des anneaux *d*, dans lesquels passe une traverse en fer *e*, au milieu de laquelle est un écrou dans lequel descend une vis qui va presser le couvercle sur la jarre. Entre le couvercle et la jarre, il y a une rondelle en liége, en carton ou en papier, pour intercepter l'air, un robinet *f* en étain fin est placé au bas de la jarre pour soutirer l'huile; mais comme l'huile ne coulerait pas si la jarre était hermétiquement fermée, on fait un trou sur le couvercle pour recevoir une cheville; ce trou est intérieurement bouché par une plaque en fer percée de petits trous. Le couvercle et le robinet sont fermés avec un cadenas.

Tonneaux, barriques et barils. — M. Favre propose de doubler les barils, barriques et tonneaux, en étain fin, en tôle étamée, ou en fer-blanc; ils sont ainsi propres à conserver l'huile. La bonde est fermée avec un cadenas ou une serrure.

Caquiers ou enfers. — Ce réservoir souterrain, où se rendent les eaux qui s'écoulent des espérances, après que l'on a extrait toutes les bonnes huiles, est dispendieux et et vicieux. Il vaudrait mieux établir un fossé qui aurait en profondeur la hauteur d'une jarre et d'une contenance d'environ six à huit jarres ; une légère muraille retiendrait les terres sur les côtés du fossé.

Pour dégager l'eau, il y aurait une communication établie entre les jarres au moyen d'un tuyau qui, partant du fond du vase, arriverait à quelques centimètres au-dessus de sa gorge ; de là, il communiquerait à la seconde jarre, munie d'un semblable tuyau, et ainsi de jarre en jarre.

Autre presse. — Dans la presse décrite ci-dessus, c'est l'écrou qui descend pendant que la vis ne fait que tourner sur place. Dans la nouvelle presse, vue en élévation, fig. 15, c'est au contraire l'écrou *a* qui tourne sur place pendant que la vis *b* descend. La puissance qui donne le mouvement est toujours placée au-dessus de la cage ; mais elle s'applique à la vis. *c*, traverse servant à maintenir la vis *b* dans la position verticale ; elle est percée au milieu d'un trou, garni d'un écrou en cuivre, du même pas que la vis, ce qui permet de la monter plus ou moins haut. *d*, autre traverse pareille à la traverse *c*, excepté qu'elle n'a pas d'écrou au milieu ; elle sert, comme cette dernière, à maintenir la vis dans sa position verticale. Cette presse se trouvant consolidée par la traverse *e d*, toutes les parties qui la composent sont moins matérielles que celles de la première presse. La traverse supérieure *e* de la cage pourra être de deux pièces, solidement assemblées par le boulon *f*.

4º *Procédé pour extraire l'huile des olives sans le secours des cabas, par M. N. Bory.*

La méthode pour extraire l'huile d'olives est imparfaite et vicieuse ; l'emploi des cabas en sparterie est un des principaux motifs de cette imperfection. En effet, il arrive souvent que le pressoir, par sa pression, crève le cabas, alors la pâte qui s'y trouve renfermée se projette de toutes parts, ce qui cause une perte d'huile réelle ; ensuite cette pâte ne peut recevoir tout le degré d'extraction nécessaire, parce que, ni les bords, ni les coins du cabas ne reçoivent aucune pression ; la preuve se voit lorsqu'on brûle le marc des olives, qui font un feu et une flamme ardents ; il reste donc de l'huile dans la matière.

Par la nouvelle méthode, quatre hommes au lieu de huit, suffisent, et vingt pressurages peuvent se faire en vingt-quatre heures, tandis que, par le procédé qu'on emploie ordinairement, on ne peut en faire que huit à dix dans le même espace de temps ; d'ailleurs, on n'a plus trente-six cabas à remplir et autant à empiler, etc. Un autre avantage plus précieux, c'est qu'on retire, par le nouveau procédé, un cinquième de la quantité d'huile de plus, comme les expériences l'ont prouvé.

Description de la nouvelle machine. — On établit sept cylindres ou tambours, parfaitement égaux, de 0m.45 de hauteur, sur 0m.40 de diamètre dans œuvre. Les douves de ces tambours sont en bois de 5 centimètres d'épaisseur ; chaque tambour doit être cerclé par trois cercles en fer de bonne qualité. Dans l'intérieur de chaque cylindre, on forme, tout au pourtour, des cannelures de 25 millim. de largeur, de 12 millim. de profondeur et de 0m.30 de longueur, de manière qu'il puisse rester au sommet de chaque cylindre, 15 centimètres sans cannelures. Sur ces cannelures, et tout autour du cylindre, on applique une plaque de tôle percée de petits trous semblables à ceux d'un crible le plus fin, que l'on enchâsse dans le bois, de manière qu'elle se trouve uniment avec la partie supérieure du cylindre : dans le fond de chaque tambour est une entaille pratiquée à l'extrémité de chaque cannelure pour la sortir du liquide. Chaque cylindre a une charnière qui permet de l'ouvrir par le milieu ; il est fermé par une tringle en fer en forme de clé. Enfin, ces sept cylindres ou tambours sont placés sur la plate-forme du pressoir, qui est disposée comme on est dans l'habitude de l'établir, et sont munis, chacun, d'un piston de bois dur de 0m.40 de hauteur, fait de manière à entrer juste ; tous les pistons devront être de même force et de même hauteur.

Manière d'opérer. — Il faut avoir sept morceaux de

toile commune de 40 décimètres carrés, dans chacun desquels on met une égale quantité de pâte d'olives, au moyen d'une mesure préparée exprès; chaque morceau de toile contenant sa pâte se place dans chaque cylindre; ensuite le piston se met par-dessus; puis enfin on pose sur le tout une ou deux planches qui couvrent tous les pistons, et la pression s'exerçant sur ces planches, produira son effet. L'huile sort aussitôt par les petits trous pratiqués dans la plaque de tôle, coule tout le long des cannelures et se rend sur la plate-forme du pressoir, pour couler de là dans les cuviers

Cette presse s'appelle *mousse*; lorsqu'elle est faite, on n'a qu'à ôter les sept pistons, pour mettre de l'eau bouillante et remuer la pâte avec un trident en fer; on presse de nouveau, et cette seconde pressée suffit; on n'a plus alors qu'à enlever, d'un seul coup, la tringle en fer qui ferme les cylindres, afin de pouvoir enlever le marc des olives, qui se trouve dur comme une pierre et qui ne fait qu'un corps, et l'opération est terminée.

Quoique nous ayons dit qu'il faut sept tambours, on peut n'en mettre que six, cinq ou quatre; seulement on fera moins de besogne à chaque pressée.

Les figures ci-après représentent un tambour établi d'après les principes ci-dessus. Fig. 31, pl. 3, coupe verticale de ce tambour, par un plan passant par son axe.

Fig. 32, le même tambour vu par le bout sur deux parties étant réunies par les cercles en fer à charnière.

La fig 33 montre le piston.

a, b, les deux parties du tambour. *c*, cannelures intérieures. *d, e*, les deux parties de chaque cercle en fer assemblées à charnière. En *f, g*, par des chevilles ou clavettes. *h*, petites entailles pratiquées au bord inférieur du tambour pour l'écoulement de l'huile.

5° *Moulin à détriter les olives, par M.* SIEUVE.

Cette méthode était connue des anciens, puisque Caton et Pline donnent la figure du moulin qu'ils employaient à cet usage, laquelle a été reproduite par Bernard dans son mémoire sur l'olivier. Ce moulin se composait de deux segments de sphères perpendiculaires, tournant autour d'un axe dans une auge de la paroi de laquelle ils étaient écartés d'un travers de petit doigt. Le détritoir de M. Sieuve est beaucoup plus simple ; il a pour but, comme on sait, de séparer la chair des olives des noyaux.

Fig. 34, pl. 3, vue en élévation de ce détritoir.

Fig. 35, coupe perpendiculaire.

A, B, et C, D, les patins, c'est-à-dire les pieds sur lesquels reposent les montants, et par suite toute la machine. EF, GH, IK, LM, les quatre montants du bâti assemblés les uns avec les autres par des entretoises. N, O, le treuil destiné à soulever le détritoir, selon le besoin. N, roue de bois à laquelle est attachée une corde. P, poulie sur laquelle passe la corde à laquelle le détritoir est suspendu. Q, extrémité de la corde à laquelle les quatre cordons du détritoir sont attachés. R, S, détritoir placé dans sa caisse. C'est une portion de madrier creusé inférieurement de cannelures. S, cheville fixée au détritoir pour communiquer le mouvement à la soupape de la trémie. R, poignée pour pousser ou tirer le détritoir dans sa caisse. T, trémie dans laquelle on met les olives, et d'où elles tombent en petit nombre à la fois, lorsqu'on pousse le détritoir. W, V, caisse dans laquelle est renfermée une table cannelée comme le détritoir. X, Y, entonnoir terminé par une chausse, et dans lequel tombe la pulpe des olives. Z, baquet dans lequel tombe l'huile que le détritage a fait sortir des cellules. Quand la chausse est pleine de pulpe on la change. a, axe de fer sur lequel la caisse est en équilibre. b, c, trappe par laquelle on fait tomber les noyaux dans l'auge. d, f, auge pour recevoir les noyaux.

§ 6. MOULIN DE RECENSE POUR RETIRER DES RÉSIDUS DES HUILES D'OLIVES, QUI ONT PASSÉ DEUX FOIS AU MOULIN ORDINAIRE, LES DERNIÈRES PORTIONS D'HUILE QU'ILS PEUVENT ENCORE CONTENIR.

Quelque bonne que soit une presse à l'huile, le marc qui a été soumis même deux fois à son action retient toujours de l'huile qu'on évalue être environ un quatorzième de son poids; puisque, au moyen d'un moulin de recense, on en extrait 1/16 de ce même poids. Nous croyons donc indispensable de donner ici la description d'un de ces moulins de recense, à cause de son importance et de son utilité.

La figure 37, pl 3, représente un atelier de recense dont voici la description :

A, tuyau en plomb ou en bois pour conduire l'eau dans la cuve. B, robinet pour lâcher l'eau dans la cuve. C, cuve en pierre ou en bois, portée sur un massif de maçonnerie, ayant pour fond une meule de pierre percée dans son milieu. D, arbre de bois dur (en chêne). Il traverse la poutre F qui l'arrête à son sommet et le tient dans une position verticale. Cet arbre traverse la maçonnerie C C, pour gagner l'ouverture ou vide I I; là, il est adapté à la roue K, et finit par tourner sur son pivot H. E, morceau de bois très-dur, presque du diamètre du support de la meule, traversant l'épaisseur de l'arbre, et y étant fortement arrêté par des tenons et des chevilles. G, la meule. Elle a ordinairement de 14 à 20 c. d'épaisseur, de 1 mètre à 1^m.30 de hauteur : plus cette roue perpendiculaire est pesante, mieux le marc est écrasé, et c'est là une des principales conditions pour en retirer plus d'huile. Elle a deux mouvements, l'un autour de l'arbre et l'autre sur la traverse, et, par conséquent, sur elle-même. Cette meule doit être en granit s'il est possible. H, base de l'arbre armé d'un boulon de fer qui tourne dans une grenouille de ce métal ou de bronze. I I, ouverture pratiquée dans la maçonnerie pour laisser tourner la roue horizontale K K, mise en mouvement par la chute d'eau du canal M. Suivant les localités, cette roue peut être transformée en engrenage fixé à un arbre horizontal, ayant à son extrémité une roue verticale. L'arbre perpendiculaire D pourrait même être mis en mouvement par des chevaux. K K, roue horizontale garnie de palettes ou augets L L, contre lesquels l'eau du canal vient frapper avec force et leur communique le mouvement. Ces augets ont la forme de cuillers à pot, afin de présenter plus de résistance à l'eau. L L, palettes ou augets M M, canal qui conduit l'eau sous la roue K K : c'est du volume et de la rapidité de sa chute que dépend celle du mouvement de cette roue, et par conséquent de l'arbre D et de la meule G. Il ne faut pas que le mouvement soit cependant trop rapide, parce qu'il faut donner le temps à la meule d'écraser la pâte et d'en faire couler l'huile. N N, canal de dégorgement qui part de la surface de l'eau de la cuve C. Les débris de parenchyme du fruit surnagent l'eau, de manière que les petites portions d'huile que ce liquide en sépare et le mouvement de la meule G, soient portées par ce canal, auquel on fait faire plusieurs coudes pour rendre l'enlèvement plus lent, dans le réservoir P, et pour que la chute de cette eau ne fasse pas remonter les crasses du fond du réservoir, elle frappe contre la pièce du bois O O qui rompt son effort. O O, pièce de bois, prise ordinairement dans un tronc d'arbre, fixée par sa base dans la maçonnerie, de sorte qu'elle reste immobile. P, premier réservoir en maçonnerie, en béton ou en brique. C'est le plus grand de tous ; il a ordinairement $3^m.20$ de longueur sur $2^m.50$ de largeur ; il doit être couvert d'un toit, afin que les ordures n'y tombent point. Si l'évasement du bassin était dans la partie supérieure, l'eau entraînerait des parties huileuses et les débris de fruit qui surnagent. Pour éviter cette perte, on pratique dans la maçonnerie une soupape Q, qui s'ouvre, se ferme à volonté, et laisse couler l'eau dans la partie moyenne par le conduit R R, dans le second bassin S, où un morceau de bois semblable à celui du bassin P, modère les effets de sa chute. De ce bassin S, la liqueur s'écoule dans le bassin T, et de celui-ci dans celui en X. Ces communications ont lieu en ouvrant la soupape Q de chacun de ces bassins ; alors le liquide circule par le conduit Y, la même soupape laisse couler l'eau en V et en Z ; il suffit de la soulever plus ou moins. On ne la soulève entièrement que lorsqu'on veut nettoyer le bassin.

L'eau qui s'écoule par la partie supérieure de la cuve C C, n'est chargée que des débris du fruit, d'un peu d'huile, et des parties brisées de l'amande contenue dans le noyau. On les nomme *grignon noir*; mais les débris des noyaux restent au fond de la cuve. Cependant, comme ils peuvent retenir des débris du fruit, on ne doit point les laisser perdre Pour cela, on ménage dans la maçonnerie, et au bas de la tour, une ouverture qui communique par le trou 2, dans l'épaisseur du mur 3, et va sortir par le canal 4, qui conduit l'eau et les débris du noyau nommés *grignon blanc* dans le bassin 5, ayant, comme ceux du grignon noir, une soupape 6 ; ainsi se remplissent successivement les bassins 7 et 8, et le nombre de ceux que l'on désire construire. Les derniers fournissent toujours de l'huile en petite quantité; mais c'est toujours un surcroît de bénéfice.

Voici maintenant le mode d'opérer. On prend le marc des olives pressurées dans les moulins ordinaires ; on le répand sur le plancher des moulins de recense ; on en prend une partie que l'on met dans la cuve et on fait tourner la meule pendant environ un quart-d'heure. Après ce broyage, on ouvre le robinet B, pour donner de l'eau, et la roue et la meule continuent à tourner. L'effort de l'eau, joint à celui de la meule, recule le grignon, pendant que le broyement continue, on ajoute de nouvelle eau, et l'on finit par ouvrir le robinet entièrement. Alors le grignon noir monte à la surface, et l'eau qui s'écoule par le canal N, l'entraîne dans les réservoirs P, S, T, X. Quand ce liquide n'entraîne plus de grignon noir, on ouvre la soupape 2 du bas de la tour, et l'eau s'écoule avec le grignon blanc, par le canal 3, 4, dans les réservoirs 5, 7, 8. Quand l'eau des grignons noirs et blancs est parvenue dans les bassins qui leur sont destinés, c'est-à-dire, quand la cuve ne contient plus de grignons, on ferme la soupape 2, ainsi que le robinet B, et l'on procède à une autre opération semblable.

Pendant qu'on renouvelle cette opération, un homme, placé près des bassins, armé d'un grand bâton 10, au bout duquel est un râble ou croisillon, le promène légèrement sur la surface de l'eau des réservoirs, et pousse ainsi dans l'angle du bassin l'huile qui surnage avec les débris de la chair du fruit et de la peau. Alors, il prend

une poële à manche court, et percée comme une écumoire, ou bien un tamis de crin serré, il enlève ainsi tout
ce qui est rassemblé sur l'eau et le jette dans un baquet;
il continue jusqu'à ce que l'eau des différents bassins,
sans être agitée, ne fournisse plus rien. Enfin, il vide
son baquet dans la chaudière 13, à moitié pleine d'eau;
on porte à l'ébullition, et on l'y entretient jusqu'à ce que
la vapeur soit blanche et épaisse, ce qui annonce que la
pâte des grignons est assez rapprochée. Alors, avec un
poëlon 14, on en remplit les cabas 15, que l'on place les
uns sur les autres, sur le pressoir, puis, quatre hommes,
dont deux à chaque barre de l'ouverture 16, font descendre la vis et font subir ainsi une forte pression aux
cabas, dont l'huile s'écoule et se rend dans les vaisseaux
17. Quand ils sont pleins, on les verse dans des jarres où
cette huile dépose beaucoup de crasse.

On ne doit point enlever toute l'eau pâteuse de la chaudière, pendant tout le temps de l'opération; il faut en
laisser dans le fond une certaine quantité, afin que la
chaudière ne brûle pas; l'eau première qu'on y met provient des bassins ou de la cuve en pierre dite tour; à
mesure que la force du pressoir agit sur les cabas, on
prend de l'eau bouillante dans la chaudière, avec laquelle
on les arrose, pour détacher l'huile épaisse qui les recouvre; cette eau se sépare ensuite dans les jarres.

Après en avoir enlevé, autant que possible, la portion
huileuse et les débris du fruit, un ouvrier, armé de
l'instrument 9, agite le fond des bassins où se sont précipités la crasse et les autres débris. Alors, toutes les parties huileuses et légères se séparent de la crasse, vont à
la surface et sont enlevées. Cette opération se répète plusieurs fois, et lorsqu'on ne peut plus rien tirer des réservoirs P, S, T, X, on ouvre la soupape Z du réservoir X,
et toute l'eau et la crasse du bassin s'écoulent. Ces crasses
bouillies produisent encore un peu d'huile.

Le marc extrait des cabas soumis à la pression sert de
combustible pour faire bouillir l'eau dans la chaudière.

Quant au grignon blanc resté dans les bassins 5, 7 et
8, on répète sur lui les opérations du grignon noir, en-

suite on lève la soupape; mais, comme celle du dernier bassin est garnie d'une grille en fer, l'eau s'écoule et le grignon blanc reste à sec.

100 kilogrammes de marc d'olives sortant des moulins à huile ordinaire, donnent, à celui de recense, 16 à 17 kilogrammes d'huile. A l'époque où l'abbé Rozier écrivait, six moulins de recense donnaient, à Grasse, 20,000 kilogrammes d'huile par an, qui eût été perdue. Le grignons blancs, vendus comme combustible, paient seuls les frais de fabrication.

L'huile des recenses est verte; elle se saponifie très-vite et très-bien. Cette huile est un mélange de celles que fournissent la chair, la peau et l'amande de l'olive.

Au pressoir ci-dessus, on peut substituer ceux qui ont reçu les plus grands perfectionnements; tels que ceux de MM. Hallete, la presse hydraulique, comme nous le verrons par la suite.

§ 7. MOULIN A ÉCRASER LES OLIVES, PAR M. GRÉGUT, D'AVIGNON.

Le système à roue verticale, employé aujourd'hui, est vicieux sous les deux rapports. Voici celui proposé par M. Grégut :

Fig. 74, pl. 5, pièces principales de l'appareil.

e, arbre vertical, recevant le mouvement et le communiquant à tout l'appareil. o, caisse servant à alimenter la trémie p. m, trois paires de cylindres superposés : la première paire est cannelée; la seconde, plus longue que la première, est faiblement pointillée; la troisième, plus longue que la seconde, est parfaitement pointillée. n, racloirs à ressort, placés sous les cylindres. f, roue à six battants, adaptée à l'arbre vertical. g, roues d'angle superposées, adaptées à l'arbre vertical. q, corde retenant la caisse qui alimente la trémie. Une forte charpente porte les cylindres.

Les olives étant versées dans la caisse o, un mouvement lui est imprimé par la roue à six battants f; la corde q, retenant la caisse, rend, par son ressort, ce mouvement tremblant, et les olives s'écoulent dans la trémie *p*, qui, par son rétrécissement inférieur, les empêchant de tomber en foule sous les cylindres, les livre, au fur et à mesure du travail, à la première paire de cylindres *m*; cette paire, mise en mouvement par les roues d'angle, adaptées à l'arbre vertical, à l'aide de ses cannelures, saisit les olives et les force à descendre entre deux, où elles reçoivent la première trituration; les racloirs *n*, placés en dessous, détachent la pâte et la font tomber dans la seconde paire de cylindres, mue comme la première : là s'opère une trituration plus parfaite, la pâte se mêle et s'égalise; une troisième paire de cylindres, mue comme les deux autres, la reçoit encore ainsi préparée, et complète l'opération en rendant la pâte fondue et égalisée au dernier degré. Là, la trituration est terminée. Le noyau est pulvérisé, et l'amande, qui contient l'huile la plus limpide et la plus parfumée, mise en pâte et mêlée avec la chair de l'olive, augmente son produit et lui donne une saveur très-agréable, avantages perdus dans les procédés en usage, la meule verticale chassant toujours devant elle l'amande, qui glisse toujours jusqu'à ce qu'elle lui échappe et se perde dans les résidus, où la presse ne peut l'écraser.

Il est évident que, les olives passant rapidement entre les cylindres, la pâte n'est point battue et échauffée, comme par l'ancien système, et que l'huile s'extrait limpide et pure et dépourvue de toute saveur désagréable.

La trituration plus parfaite donne un produit plus grand.

M. Grégut assure qu'un tiers de la force employée auparavant suffit pour le même travail.

§ 8. MACHINE A BROYER LES OLIVES, PAR M. DUPUY, DE MONTPELLIER.

Elle se compose de deux forts cylindres en fonte d'égal diamètre, parallèles, placés horizontalement et pouvant tourner autour de leur axe qui s'appuie dans des coussinets soutenus par un bâti en fonte. Les olives à écraser sont placées dans une caisse en bois ayant la forme d'un tronc de pyramide renversé et soutenu au-dessus des cylindres par quatre tringles courbes en fer, fixées au bâti en fonte ; l'orifice inférieur de cette caisse est fermé par une plaque de tôle, et on peut l'ouvrir plus ou moins, à l'aide d'une vis à écrou fixe, et régler ainsi l'arrivée des olives entre les cylindres dans l'intérieur de cette caisse. Pour faciliter la descente des olives, on a placé un cylindre horizontal en bois, armé de pointes en fer, qui reçoit un mouvement alternatif par l'intermédiaire d'un système de levier communiquant à l'axe de l'un des cylindres.

Les cylindres, dont les surfaces sont couvertes de cannelures peu profondes, parallèles à l'axe, se meuvent en sens inverse et avec des vitesses différentes. Cet effet s'obtient au moyen de roues dentées de diamètre différent, engrenant ensemble et fixées sur les arbres des cylindres : la plus grande de ces roues reçoit son mouvement d'un pignon fixé sur un axe portant un volant et deux manivelles auxquelles on applique la force de deux hommes. Il est évident que ce volant peut lui-même recevoir le mouvement d'un moteur quelconque, soit animé, soit inanimé.

L'écartement des deux cylindres peut être changé à volonté au moyen des dispositions suivantes : les coussinets du cylindre le plus éloigné de l'arbre moteur, portent une vis perpendiculaire à l'axe des cylindres qui traverse une des tringles qui supportent la caisse en bois ; cette vis porte deux écrous, l'un d'un côté, l'autre de l'autre de la tringle. On conçoit que, en faisant tourner ces écrous, toujours tous les deux dans le même sens, comme la tringle s'oppose à leur avancement, c'est la vis, et par suite le coussinet du cylindre, qui doivent se mouvoir.

Pour terminer la description de cette machine, il ne reste plus qu'à parler d'un racloir placé au-dessous de chacun des cylindres, et qui en sépare la pâte qui pourrait y rester attachée après la trituration des olives, et d'une coquille ou espèce d'enveloppe d'une portion des cylindres qui se place au-dessous d'eux et est fixée au bâti en fonte. Cette coquille a la forme de deux quarts de cylindre concentrique extérieurement aux cylindres écraseurs; l'arête supérieure qu'ils forment à leur réunion, partage la pâte formée par la trituration des olives, dont alors une portion tombe à droite et l'autre à gauche.

§ 9. MACHINE A FABRIQUER L'HUILE, DE M. GIRARD.

M. Girard, à Pertuis (Vaucluse), a proposé, en 1854, une machine à fabriquer l'huile qui se compose d'une meule M, fig. 111 et 112, pl. 7, en silex ou en fonte, ayant à son centre une boîte T, en fonte, faisant corps avec elle et servant à fixer la meule à l'arbre moteur A au moyen d'une clavette C. Cette meule est convexe et peut être placée et déplacée à volonté par le secours de la clavette C. Elle est munie d'un régulateur R destiné à la maintenir constamment dans une position telle qu'on puisse obtenir la pâte à tous les degrés désirables.

Au-dessus de la meule tournante M est une seconde meule M' concave, dormante et fixée par deux montants en bois ou en fonte O, O', coïncidant parfaitement avec la première. Le montant O est fixé à O' par des traverses; ils peuvent être tous deux fixés au sol et au plancher par leurs extrémités. Cette meule supérieure M' reçoit les olives par un orifice pratiqué près de son centre I, communiquant avec le réservoir R où l'on met les olives par le conduit cylindrique L.

La machine est mise en action par le vent, l'eau, la vapeur ou par un manége composé de l'attelage A, d'un arbre vertical B et d'un arbre horizontal B'. Ce dernier communique le mouvement à l'arbre A des meules M et M' par l'engrenage conique E, E', et au cylindre S par la courroie Y; ce qui produit la descente graduelle et régulière des olives entre ces meules en y joignant l'action de la vis sans fin S. Les olives ainsi reçues entre les meules sont parfaitement broyées en pâte douce et compacte qui tombe tout autour des meules dans un récipient.

Cette machine est accompagnée d'une presse dite continue qui se compose de trois montants O, O^2, O^3; le premier servant à lier les deux bancs horizontaux H, H' et rendus fixes par les quatre boulons B, B^1, B^2, B^3, lesquels déterminent la force de la machine entière. P et P' sont deux pièces en fonte fixées aux deux montants O^2, O^3. Entre ces deux pièces est une roue d'engrenage E, servant d'écrou, exécutant ses mouvements entre les deux pièces fixes P, P' et mise en mouvement par une manivelle à vis sans fin. Le mouvement de rotation de la roue fait monter ou descendre la vis de pression V, selon que l'on imprime le mouvement dans l'un ou l'autre sens. L'extrémité de cette vis de pression est pourvue d'un volant Q, destiné à accélérer le mouvement d'ascension ou de descente.

X, X' sont des plateaux presseurs sous l'action desquels les cabas C, C' expriment l'huile. Ces plateaux sont essentiellement mobiles au moyen de coulisses. Les bancs H, H' servent de plateaux fixes contre lesquels s'exerce la pression.

L'huile ainsi exprimée est reçue dans un récipient à cet usage par un bec de conduite.

Cette presse est dite continue parce que le mouvement de la vis de pression s'exécutant à volonté de bas en haut et de haut en bas, on a l'avantage de ne jamais interrompre l'action de la machine pendant tout le temps du triturage. M. Girard estime que c'est une économie de la moitié de la main-d'œuvre nécessaire aux machines de pression encore employées pour exprimer l'huile.

§ 10. PROCÉDÉ DE FABRICATION DE L'HUILE D'OLIVES DE MM. CORNEILLE ET SAURIN.

Voici la description du nouveau procédé proposé par MM. Corneille et Saurin, de Draguignan (Var).

Les olives emmagasinées dans une salle au-dessus de l'usine arrivent par petites quantités au moyen d'une manche, sous la meule K, fig. 113, pl. 7.

Des ramasseurs, les ramenant constamment sous la meule, il suffit de quelques minutes pour les broyer au point voulu pour extraire l'huile comestible appelée *huile vierge*, c'est-à-dire obtenue sans le secours de l'eau bouillante.

Pour retirer la pâte de dessous la meule, il n'est point nécessaire d'arrêter le moulin, comme dans le système ordinaire; au moyen du levier M, on descend le levier J, et la pâte, rejetée sur les bords de la mare, tombe naturellement dans les caisses L, L, par les coulisses M".

De nouvelles olives tombent immédiatement après dans la mare, et en continuant ainsi pendant vingt-quatre heures, on peut broyer cent hectolitres environ, c'est-à-dire quatre fois plus que par le système ordinaire.

Un ouvrier prend la pâte dans les caisses et l'introduit dans des escourtins, qu'il porte sous des presses qui sont à côté.

La presse est formée de deux plateaux ou bancs en fonte I, I, et de quatre colonnes en fer qui lient les deux bancs. H est la vis portant son plateau presseur. Y un écrou tournant par l'engrenage Z, et obligeant, par conséquent, la vis à descendre sans tourner.

Pour comprendre l'effet de cette vis, qui descend sans tourner, il faut remarquer qu'elle a, sur une de ses faces, une rainure verticale allant du sommet à la base; cette rainure est large de 3 centimètres, et sa profondeur est de 1 centimètre.

Dans le banc supérieur est une clavette fixe coulissant dans cette rainure. Dans la partie inférieure du même banc se trouve également une rainure de 5 centimètres E (fig. 114) dans laquelle entre une partie de l'écrou D_x maintenue dans cette rainure par un cercle, deux plaques H, H et quatre boulons I. Ce cercle et ces quatre boulons sont suffisants pour retenir l'écrou et la vis pendant que la presse ne fonctionne pas; ils sont de nul effet quand elle marche, attendu qu'alors l'écrou se trouve, par le fait de la pression, poussé vers le banc supérieur qui le supporte.

Pour éviter à l'ouvrier l'ennui de remonter sa pile d'escourtins, qui glisse quand les olives sont aqueuses ou gâtées, on a fixé au banc inférieur des barreaux en fer, formant une cage solide dans laquelle les escourtins sont emprisonnés. Cette cage s'ouvrant par devant, l'ouvrier n'a aucun embarras pour y placer les escourtins.

Au moyen d'une courroie qui passe sur les poulies E, E, on met la presse en mouvement, et, par l'effet des engrenages X, F, Z, on arrive à une pression de 60,000 kilogrammes.

On arrête la presse au moyen du levier D, ou bien en faisant passer la courroie sur une poulie folle, et en se servant pour cela du levier U.

Une courroie, qui fait tourner les engrenages en sens inverse, sert à remonter la vis et diminuer la pression. Le liquide mélangé d'huile et d'eau, qui sort des presses après qu'on a recueilli l'huile vierge, coule dans les cuviers Q, Q, inférieurement placés, par des tuyaux V, V.

Un tuyau de vapeur, partant de la chaudière S, vient donner au liquide la chaleur nécessaire pour faire remonter l'huile à la surface, après quoi on la fait arriver dans le cuvier Q', lié aux deux autres par des tuyaux. Là se termine la fabrication de l'huile d'olives, nous allons décrire maintenant le procédé pour retirer l'huile des marcs.

Les marcs sortis des escourtins sont portés dans la mare B, et soumis à l'action de deux fortes meules A, qui les broient si parfaitement, dans l'espace de quelques minutes, qu'on ne sait plus distinguer le bois de la pulpe. Cette pâte bien homogène est rejetée dans la caisse C par un ramasseur qui fonctionne comme celui que nous avons décrit plus haut.

J est un récipient en cuivre qu'on appelle chauffoir; le fond de ce chauffoir est garni de tuyaux percés de petits trous, par lesquels s'échappe la vapeur qui arrive de la chaudière S. Ce chauffoir est fermé par un tuyau en tôle auquel est adapté un tuyau pour l'échappement de la vapeur.

K est un arbre en fer qui fait mouvoir l'engrenage M; il est armé dans sa partie inférieure J de tringles transversales garnies de dents en forme de râteau.

Le marc mis en poudre est introduit dans le chauffoir; l'arbre K lui imprime un mouvement de rotation, et il reste ainsi exposé à la vapeur jusqu'à ce que la décomposition nécessaire pour entraîner la dernière goutte d'huile soit complète. Après la cuite des marcs, on tire une coulisse X pour laisser sortir toute la partie liquide, qui, par l'entonnoir I, est conduite dans le tuyau G, et de là dans le cuvier F.

La partie liquide écoulée, on retire la grille ou passoire qui se trouve au fond du chauffoir J, en dessus de la coulisse X, et on reçoit alors la pâte brûlante dans l'escourtin Y, qu'on porte dans la cage P pour le soumettre à une forte pression.

L'extraction de l'huile des marcs nécessitant une pression plus considérable que l'autre, on a adapté à l'écrou un engrenage et un levier. Au moyen de l'engrenage et d'une courroie, on fait monter et descendre la vis, et dès que la courroie glisse sur les tambours, ce qui indique que la pression est déjà assez forte, on a recours au levier L^1.

L'arbre ou tour, sur lequel s'enroule la corde du levier, est mis en mouvement par la courroie qui porte sur les poulies S, V. Dès que le levier est près de la colonne droite, l'ouvrier qui surveille la pression lâche la tringle qui fait engrener le pignon P' avec l'engrenage T, et le tour s'arrête. Le levier L^1 est alors repoussé par l'ouvrier vers la colonne C' et une ancre en fer s'accrochant à un des trous qui sont sur l'engrenage, on peut continuer la pression en remettant le tour A' en mouvement.

Tout le liquide qui coule des presses est conduit dans le cuvier F, et, au moyen de la vapeur qui y arrive par le tuyau E, on sépare l'eau de l'huile.

Une fois les escourtins écoulés, on retire les tourteaux qui sont un très-bon combustible et qui peuvent même quoique moins bons que les tourteaux de lin, servir d'engrais à l'arbre qui les a produits.

§ 11. MACHINE A FAIRE L'HUILE, PAR MM. PAWILOWSKI ET AURIGON.

Cette machine se compose d'un cylindre en fonte, dont les pièces intérieures sont disposées de manière que les unes servent à séparer les chairs et la pulpe des noyaux, à remuer l'huile dans chacune des vésicules, à élaborer la pâte et à la chasser par des fentes longitudinales pratiquées dans le cylindre ; les autres servent à broyer les noyaux, à les réduire en pâte aussi fine que l'on veut ; toutes ces opérations se font simultanément.

A, B, fig. 115, pl. 7, est un cylindre en fonte de 82 centimètres de hauteur sur 32 centimètres de diamètre ; c'est la partie principale de la machine, dont la large base A sert à loger la couronne C, fig. 117, qui y est tenue par des vis ; la couronne C est dentelée et sert à broyer les fruits qu'on y introduit. C'est une demi-ellipse en fonte attenante au cylindre par des boulons E, et servant d'appui à l'arbre K qui est vertical et auquel se trouve fixée la roue d'angle R, la couronne intérieure m, n, o, p et le porte-lame P, fig. 116. D est une vis servant à monter ou à descendre l'arbre K pour régulariser la trituration ; l'arbre est appuyé sur la crapaudine. f, f fentes longitudinales par où sort la chair des olives ; leurs ouvertures sont plus petites que le diamètre des noyaux. F, une porte en fonte que l'on ouvre de temps en temps pour enlever les corps étrangers du triturateur. J, plaque en fonte servant à comprimer les olives introduites dans le triturateur. Deux tiges en fer soutiennent la plaque J ; elles sont fixées à la caisse N contenant quelques kilogrammes en poids ; on peut la monter ou descendre au moyen de la corde O et du cric Q, servant à tirer ou à lâcher la corde. R est une roue d'angle ; P, son pignon ; s, s, deux colonnes servant d'appui à l'arbre V, portant à ses deux extrémités les pignons P et y et le volant régulateur W. x, roue dentée de commande fixée sur l'arbre de manége z.

p, fig. 116, pièce conique appelée *porte-lame*, portant à sa surface extérieure des dents longitudinales. c, des lames ou couteaux perpendiculaires à l'arbre K ; ces couteaux servent à élaborer la pâte et à la chasser par les fentes ; ils servent aussi à arrêter les feuilles et les rameaux qui s'introduisent avec l'olive. S, couronne portant à la surface extérieure des dents servant à broyer l'olive ou tout autre fruit ; elle est fixée au porte-lame par des vis intérieures ; elle peut être changée à volonté.

C, fig. 117, couronne portant la denture intérieure ; elle est fixée au cylindre A, et emboîte la pièce S, fig. 116. Ces deux pièces sont essentielles dans la trituration.

§ 12. LAMINOIRS A TRITURER LES OLIVES.

MM. Roulet, Gilly et Chaponnière, de Marseille, ont proposé en 1854, pour broyer les graines oléagineuses, un laminoir composé de cinq cylindres de grandeurs et vitesses différentes. La paire du haut est formée de cylindres cannelés horizontalement sur toute la longueur de leur surface de frottement ; ces cannelures sont exactement divisées de façon à entrer l'une dans l'autre, ce qui produit un déchirement énergique de la graine triturée. En s'en échappant, cette graine tombe dans les trois cylindres inférieurs. Ces trois cylindres sont cannelés verticalement, à cannelures se pénétrant l'une l'autre et parallèles au plan de rotation, et en donnant à ces cylindres des vitesses inégales, on produit une division tellement parfaite de la graine triturée que le travail du moulin devient presque superflu, et que la préparation de la pâte oléagineuse en est beaucoup simplifiée.

Dans la même année 1854, MM. Fressinier et Nallin, à Beaumont (Vaucluse), proposaient l'emploi de quatre cylindres cannelés, fig. 118, 119, 120, pl. 7, pour triturer les olives. Dans leur système, le mouvement d'un manége est transmis à l'un de ces cylindres par l'intermédiaire de quelques roues d'engrenage qui le communiquent aux autres cylindres au moyen de quatre roues de même diamètre montées d'un même côté sur les arbres de ces cylindres, deux de ceux-ci étant susceptibles de s'éloigner ou de se rapprocher d'une étendue donnée au moyen de vis disposées à cet effet. De plus, les portions d'enveloppes cylindriques cannelées, fig. 119, entourent les cylindres dans toutes les parties où les matières à triturer pourraient se dérober à leur action.

Dans les figures 121 et 122 qui représentent une disposition perfectionnée, on a supprimé deux cylindres, mais on a ajouté deux demi-cylindres concaves et cannelés se rapprochant ou s'éloignant à volonté des deux cylindres convexes.

CHAPITRE III.

Huiles d'amandes et de graines.

—

SECTION Ire.

HUILE D'AMANDES DOUCES.

C'est du fruit de l'amandier, *amygdalus communis*, L., qu'on extrait cette huile.

L'amandier croît naturellement dans le nord de l'Afrique : on le cultive en Espagne, en Italie et en France, principalement dans les départements de l'Aude, de l'Hérault et des Pyrénées-Orientales Cet arbre offre deux variétés principales, l'une à amande douce, et l'autre à amande amère : chacune d'elles a des sous-variétés qui sont établies par la forme plus ou moins grosse et plus ou moins oblongue, ainsi que par la dureté de leur coque. Les amandes douces et à coques tendres sont connues sous le nom d'*amandes de dame ;* on les cultive principalement à Gigean, Montagnac, Pézenas dans l'Hérault. Les amandes amères se récoltent plus particulièrement dans l'arrondissement de Narbonne. Dans les villages qui l'avoisinent, toutes les haies et même les chemins sont garnis de ces amandiers. Cette espèce d'amandier croît presque naturellement dans la contrée précitée : il résiste aux grands froids, mais les récoltes qu'il donne sont très-incertaines. Comme sa floraison est très-précoce, il arrive que s'il survient quelques petites gelées, pendant qu'il est en fleur, tout est perdu. On cueille les amandes vers la fin du mois d'août, quand on voit que le péricarpe étant presque sec, s'ouvre de lui-même. Quand on les a cueillies, on les en débarrasse et on les expose à l'air pendant deux ou trois jours pour en achever la dessiccation. Les agriculteurs vendent les amandes au commerce sans en enlever les coques, parce que l'expérience leur a démontré qu'elles se conservent mieux, sans se rancir, et sans que le ver les attaque. Nous avons connu un spéculateur qui en avait dépouillé de leurs coques cent quintaux ; n'ayant pu les placer, elles furent presque entièrement dévorées par les mites en moins de deux ans. L'amande amère, dépouillée de sa coque, donne, pour terme moyen, vingt pour cent d'huile, c'est-à-dire un cinquième. M. Boullay s'est livré à l'analyse des amandes amères ; cent parties lui ont donné :

Pellicules contenant un principe as-
    tringent.   5
Huile   54
Albumine jouissant de toutes les
    propriétés de l'albumine animale. 24
Sucre liquide.   6
Partie fibreuse   4
Eau 3,5
Gomme 0,3
Perte et acide acétique. 0,5

M. Proust avait considéré l'émulsion des amandes comme étant analogue au lait des animaux. L'analyse de M. Boullay semble confirmer cette analogie.

M. Vogel a obtenu, par l'analyse des amandes amères, des produits semblables à ceux qui ont été retirés des douces par le chimiste français, mais de plus une certaine quantité d'acide hydrocyanique.

Extraction de l'huile. — L'extraction de l'huile d'amandes douces qui n'est pas siccative est des plus simples. On doit d'abord choisir les amandes saines, non vermoulues, récentes, autant que possible, et rejeter celles qui sont rances. Après les avoir séparées soigneusement des impuretés qu'elles peuvent contenir, on les introduit dans un sac qu'on remplit à moitié, et on les agite fortement et pendant quelques temps, afin de détacher cette poussière jaune qui recouvre la pellicule : on les crible ensuite pour l'en séparer. En cet état, on les pile dans un mortier jusqu'à ce qu'elles soient réduites en pâte, ou bien on les met en poudre au moyen d'un moulin à bras. On prend cette pâte ou cette poudre ; on la place sur un carré de toile forte, que l'on replie sur lui-même, et on la soumet à l'action graduée d'une forte presse, entre deux plaques légèrement chauffées ; car l'expérience a démontré que lorsqu'elles le sont un peu trop, elles disposent l'huile à rancir. L'huile ainsi obtenue doit être filtrée de suite, et soigneusement conservée à l'abri de l'air ; par le filtre, on la dépouille d'une partie de son mucilage. Je suis parvenu à l'en séparer en plus grande quantité et à la conserver plus longtemps sans se rancir, en l'agitant pendant quelque temps, avec trois fois son poids d'eau tenant en dissolution un vingt-cinquième d'hydrochlorate de soude. L'huile d'amandes douces, bien préparée et extraite des amandes qui ne sont point amères, est d'un jaune doré, ayant une légère odeur et saveur des amandes ; elle rancit facilement et se fige à + 6° C. Sa densité est de 0,917 à 0,920 à + 15°.

Les parfumeurs enlèvent la pellicule des amandes, au moyen de l'eau bouillante, avant d'en extraire l'huile : par ce procédé, elle est plus blanche.

Les amandes amères, traitées par la méthode que nous venons de décrire, produisent une huile en tout semblable à celle des amandes douces ; car, quoiqu'elles donnent à la distillation de l'acide hydrocyanique et une huile âcre et très-amère, il est bien reconnu que ces deux principes sont unis au parenchyme du fruit, et non à l'huile douce. En effet, cette huile ne donne aucun indice de ces deux substances, tandis que le marc délayé dans l'eau exhale une odeur forte d'acide hydrocyanique. M. Planche a fait une observation qui vient à l'appui de cette assertion ; c'est que si on plonge les amandes amères dans l'eau bouillante, pour en enlever la peau, et qu'avant de les passer au moulin et de les soumettre à la presse, on les fasse sécher à l'étuve, l'huile obtenue a une odeur hydrocyanique bien caractérisée.

Dans plusieurs villes du midi de la France, et principalement à Montpellier, on retire des amandes de l'abricotier une huile analogue à celle des amandes douces, et que l'on vend comme telle dans les pharmacies. On peut en extraire de semblables des amandes du pêcher, du prunier, etc. (1).

SECTION II.

HUILE D'ARACHIDE, PISTACHE DE TERRE, NOISETTE DE TERRE, CAHAHUATA DES ESPAGNOLS, ET ARACHIS HYPOGEA DE LINNÉE.

Cette plante paraît être originaire de l'Inde ; elle était connue depuis longtemps des botanistes, avant que les agronomes se fussent attachés à la cultiver. L'Espagne est une des premières contrées d'Europe où on l'ait semée, moins pour en manger les fruits que pour en extraire l'huile. On la cultive à la Caroline, sur la côte d'Afrique, et dans tous les pays situés entre les tropiques ; les nègres en sont très-friands, ils les mangent comme des noisettes ; ils les sèment au commencement du printemps dans le sable qu'ils se contentent de gratter.

L'arachide offre deux variétés bien distinctes, l'arachide de l'Inde et l'arachide d'Afrique. Nous allons les faire connaître successivement.

(1) Il paraît que l'huile de noyau d'abricot est fabriquée en grand dans la Chine, puisque le père d'Incarville écrivit de Pékin, le 15 novembre 1751 (*Abrégé des transactions philosophiques, mélanges, observations et voyages*), que les abricotiers n'y sont cultivés que pour ce noyau, dont on fait une huile excellente pour brûler : « Nous nous en servons, ajoute-t-il, en salade. »

Arachide de l'Inde. — Les feuilles de cette variété sont d'un vert jaunâtre ; son légume est court et ne contient contient qu'une ou deux semences, lesquelles sont arrondies et enveloppées d'une pellicule blanchâtre ; elle est mûre au mois d'octobre ; elle se plaît dans les sols légers et pierreux, et même dans les argileux ; elle s'accommode de toutes les expositions et donne des produits plus abondants que la suivante.

Arachide d'Afrique. — Ses feuilles sont d'une couleur vert sombre ; les légumes sont longs et renferment trois semences, et parfois quatre, qui sont oblongues et rouges en dehors ; elles ne mûrissent pas toutes en octobre ; le froid en empêche de mûrir environ un huitième. Ses semences sont plus grosses et supérieures en poids à celles de l'Inde. Elles aiment une exposition au levant ou au midi, et si le terrain où on les sème n'est pas léger et pierreux ou calcaire, les légumes ne réussissent pas bien. L'arachide de l'Inde fut introduite pour la première fois en Espagne, en 1780, par l'archevêque de Valence. En France, quoiqu'on en eût déjà semé dans quelques jardins, sa véritable introduction paraît due à Lucien Bonaparte, qui, étant ambassadeur en Espagne, en envoya 150 livres à M. Méchain, préfet des Landes, lequel en propagea la culture dans ce département, d'où elle s'introduisit dans ceux de l'Hérault, de la Haute-Garonne, du Var, etc., et par suite en Italie, etc. De ces deux variétés, celle de l'Inde paraît la mieux acclimatée en France.

On sème la pistache de terre vers la fin du printemps ou au commencement de l'été, suivant la température des localités ; on doit faire tremper auparavant ces semences dans l'eau pendant deux jours, afin de hâter la germination. On doit choisir une terre de bonne qualité et exposée au midi, lui donner plusieurs labours, semer de 30 à 35 centimètres de distance, et la couvrir d'environ 5 centimètres de bonne terre. Quand les plants sont assez forts, on les sarcle et on les butte pour augmenter le produit et fortifier la plante ; lorsque la floraison a lieu, les fleurs sont supportées par un long pédoncule, et se tiennent droites pendant quelques jours ; mais dès que le germe est fécondé, elles se courbent vers la terre, reposent à sa surface, et, quand la fleur est tombée, on voit paraître des gousses armées d'une pointe, au moyen de laquelle elles pénètrent dans la terre, où s'opère le complément de la formation du fruit : c'est par conséquent dans la terre qu'on va le recueillir.

Les fleurs qui naissent à l'aisselle des feuilles supérieures avortent ordinairement ; la maturité des arachides est annoncée par la couleur jaune que prennent les feuilles ; on doit alors les tirer de terre, les porter au soleil et les dépouiller de leur gousse.

En France, dans les départements des Landes, de l'Hérault, de la Haute-Garonne, du Var, etc., elle rapporte, terme moyen. . . . .   90 pour 1.

En Espagne, de.. . . . .   100 à 200   —
A Rome   102   —

M. Vallet assure qu'en bien espaçant les pieds et les buttant convenablement, on peut récolter jusqu'à 700 gousses sur une seule plante.

En supposant que la pistache de terre, semée à 30 centimètres de distance, au lieu de donner 112 pour 1, ce qui est le terme moyen des résultats ci-dessus présentés, ne produisît que 50 pour 1, il en résulterait que quatre mètre carrés donneraient une quantité de semences d'arachide qui, contenant la moitié de leur poids d'huile, en produiraient 500 grammes. Le fruit de semences d'arachide a de 25 à 30 millimètres de longueur et 8 à 12 millimètres d'épaisseur ; il est formé par une sorte de coque blanche, mince, veineuse, réticulée, contenant, suivant la variété à laquelle il appartient, de une à quatre semences, dont l'extérieur est d'un rouge vineux et l'intérieur blanc et très-huileux. En Espagne, on les mange comme des noisettes, on les torréfie pour en faire du chocolat : on les fait aussi entrer dans le pain, principalement le tourteau ou résidu de l'huile qui, uni avec un tiers de farine, donne, dit-on, du très-bon pain.

L'huile de l'arachide n'est pas siccative, son extraction

est des plus simple ; elle s'obtient de la même manière que celle d'amandes douces. Cette huile est limpide, inodore, moins grasse que l'huile d'olives la plus fine, d'une qualité égale à la meilleure d'Aix ; elle rancit difficilement, et donne un savon blanc très-sec et inodore.

MM. Payen et Henry fils ont publié, dans le *Journal de Chimie médicale,* un travail sur l'arachide dont nous allons extraire textuellement les détails suivants : nos lecteurs y trouveront les notions les plus exactes sur ses principes constituants ; on nous pardonnera quelques répétitions, elles sont nécessaires pour ne pas en affaiblir l'intérêt.

1950 grammes de ces semences, dépouillées de leurs enveloppes, se sont réduites à 1495 grammes d'amandes, lesquelles sont entourées d'une espèce de peau brunâtre ; elles sont blanches à l'intérieur ; leur saveur, quoique douce, semble se rapprocher de celle des haricots. Les deux chimistes précités ont pilé ces 1495 grammes de semences d'arachide ; les ayant exposés à froid à l'action d'une presse, ils en ont extrait une huile blanche, verdâtre, un peu louche, laquelle est devenue très-claire par la filtration, et a conservé l'odeur de ces amandes. Ayant exposé le résidu à la vapeur, et l'ayant soumis à la presse, à deux reprises, ils en ont obtenu une huile jaunâtre, qui est passée claire au filtre, et avait une odeur désagréable. Le tourteau, séché à l'étuve et traité par l'éther, a donné une huile moins fluide que les deux précédentes.

Récapitulation.

Huile obtenue à froid.		229 gram.
—	à chaud	302
—	par l'éther.	33,1
		564,1
Marc exprimé		792
		1356,1

Si l'on déduit cette quantité de 1356,1 de celle 1495,

on trouve une perte de 138,9 qui doit être attribuée à l'huile qui a imbibé la toile employée pour l'extraire, ainsi que les filtres, la presse, etc. : or, en ajoutant à la quantité d'huile obtenue a été. 564,1

Celle de l'huile imbibant ces objets qui est de. 138,9

On obtient pour poids total de l'huile. . 703,0

Ce qui fait 47 pour cent d'huile ; mais comme Brioli et plusieurs autres ont annoncé qu'ils en avaient extrait 50 pour cent, MM. Henry et Payen font observer qu'ayant opéré sur des amandes qui avaient été fortement desséchées par les fortes chaleurs, il y a lieu de croire que la matière fibreuse et celle caséeuse, en perdant leur humidité, ont retenu plus fortement l'huile et rendu par conséquent son extraction beaucoup plus difficile.

Ces deux chimistes ayant réduit le marc en poudre, l'ayant délayé dans l'eau froide, et l'ayant filtré, ont d'abord obtenu une liqueur laiteuse à laquelle a succédé un liquide fauve et louche, qui donnait par l'acide acétique des caillots volumineux blancs, opaques ; la liqueur filtrée était incolore et transparente ; le précipité lavé donna, outre les produits des substances animales, beaucoup d'acide hydrosulfurique. Nous ne suivrons pas MM. Henry et Payen dans leurs diverses expériences ; nous nous bornerons à dire qu'ils ont reconnu que les semences de l'*arachis hypogea* contenait les substances suivantes, rangées suivant leurs plus fortes proportions, en faisant observer cependant que les deux premières en forment la majeure partie :

Huile.	Matière colorante.
Caséum.	Soufre.
Eau.	Amidon.
Ligneux.	Malate de chaux.
Sucre cristallisable.	Huile essentielle.
Phosphate de chaux.	Hydrochlorate de potasse.
Gomme.	Acide malique libre.

MM. Payen et Henry ayant soumis aux mêmes expériences les amandes douces, y ont également reconnu une grande proportion d'un caséum semblable, du sucre, du soufre, une matière colorante et pas d'amidon.

L'huile extraite à froid est la partie la plus intéressante de ces semences ; elle n'a qu'une légère couleur verte, une légère odeur de rave qu'elle perd par la chaleur ; son poids spécifique est égal à 916,30 ; elle dépose beaucoup de stéarine ; de 3 à 4 degrés — 0 elle se prend en une masse qui n'a plus acquis de consistance.

L'huile extraite à chaud dépose beaucoup plus de stéarine.

L'huile extraite par l'éther est celle qui en donne le plus.

L'huile d'arachide ne se solidifie pas par le nitrate de mercure, mais elle dépose, au bout de quelques jours, une espèce de matière sans consistance, grenue et blanchâtre.

L'huile extraite à froid donne un savon inodore et plus blanc que celui fait avec l'huile extraite à chaud, lequel conserve une odeur désagréable.

MM. Payen et Henry ont exposé, comme expériences comparatives, l'huile préparée à froid et celle d'amandes douces à l'action du gaz oxygène ; la première a paru l'absorber moins vite, ce qui semble indiquer qu'elle doit se rancir moins promptement que la seconde.

Ces deux auteurs l'ont essayée dans la préparation des huiles de toilette ; ils se sont convaincus qu'elle exige moins d'essences odorantes, et qu'elle donne une odeur plus suave que celle d'amandes. D'après cela, elle peut être mise en usage dans la parfumerie fine, pour certains produits, et dans quelques préparations pharmaceutiques, telles que le cérat et diverses pommades ; enfin cette huile contractant un mauvais goût, par l'action de la chaleur, se figeant à une température au-dessous de celle qu'exige l'huile d'olives, et rancissant plus vite qu'elle, a beaucoup moins d'analogie avec celle-ci qu'avec celle d'amandes douces.

La graine d'arachide fournit ordinairement, pour 100 kilog., 30 kilog. d'huile, savoir :

Huile surfine ou de 1re pression. . .	18 kilog.	
— fine ou de 2e pression, à froid.	6	
— de cabas ou de 3e pression, à chaud.	6	
	30	
Tourteaux. 74kil.50	70	
Déchets. 1 50		
	100 kilog.	

La densité de l'huile d'arachide est, à 15°, =0,9163 ; elle n'est pas siccative, et comme l'huile d'olives, se prend en masse par le froid ; à — 3°, elle est devenue complétement solide.

SECTION III.

HUILE DE SÉSAME.

L'huile de sésame est extraite par expression de la graine du sésame jugoline, *sesamum ortientale*, de la famille des bignoniacées, plante qui est originaire de l'Inde, et cultivée en Italie, en Egypte, en Roumélie, etc.

La graine de sésame du Levant rend, dans les fabriques françaises, 50 pour cent d'huile, à savoir : 30 kilog. d'huile surfine par une première pression ; 10 kilog. d'huile fine par une seconde pression du tourteau qu'on a aspergé d'eau froide, et 10 kilog. d'huile ordinaire par une troisième pression du tourteau qu'on a aspergé avec de l'eau chaude. Les sésames de l'Inde ne rendent pas plus de 47 pour cent.

L'huile de sésame surfine est excellente et comestible un peu plus claire et plus légère que l'huile d'olives, mais possédant une saveur légèrement piquante. Elle est sans odeur, d'une saveur faible, non siccative et d'une couleur jaune doré. A 15° C., sa densité est 0,9320, à 17° 0,9210 et à 21°3 0,9184, celle de l'eau à 17°5 étant prise pour unité. Elle commence à perdre de sa transparence et de sa fluidité à 4°C. et se congèle à —5° en une masse blanc jaunâtre, translucide, grasse et de la consistance de l'huile de palme. Son point d'ébullition s'élève à peine à 150°.

SECTION IV.

HUILE DE GRAINE DE COTONNIER, HUILE DE COTON.

Cette huile s'extrait aujourd'hui de la graine du cotonnier bombace, *gossypium usitatissimum*, arbrisseau de la famille des malvacées. Les graines de cotonnier sont renfermées dans une capsule ovoïde, à 3 ou 5 sillons longitudinaux formés par 3 ou 5 loges qui contiennent chacune 3 graines environnées d'un duvet plus ou moins long qui constitue le coton, et dont la chair est verdâtre et remplie d'huile.

Ces graines concassées, puis broyées et chauffées de 75° à 88° C., fournissent en fabrique de 15 à 18 pour cent d'une huile rouge-brun foncé plus ou moins chargée de mucilage et d'albumine, 28 à 30 fois moins fluide que l'eau, et dont la densité est, suivant M. Adriani, en moyenne, de 0,93074 à 12°2 C., et s'est élevée, dans un échantillon, à 0,93169 à 14°. Cette dernière, traitée par la vapeur d'eau à 100° et lavée avec soin à l'eau chaude, a acquis à 10° une densité de 0,93433 qui est à peu près celle de l'huile de lin, huile dont celle de coton brute se rapproche par la saveur, l'odeur et d'autres propriétés, sauf la couleur. L'huile de coton brute se concrète entre — 2° et — 3° ; elle fournit de bons savons durs et mous, et peut servir pour peintures et vernis de couleur sombre.

L'huile de coton raffinée, et dont les bonnes sortes sont presque identiques par la saveur et l'odeur avec l'huile d'olive, se concrète entre 2° et 0°. Sa densité à 16° C. est 0,92647, sa fluidité 17 fois moindre que celle de l'eau. On s'en sert pour la table, pour le graissage des machines, l'éclairage, etc.

Fabricant d'Huiles.   9

M. Adriani a constaté que 100 grammes d'huile de coton brute donnent 291.63 de savon doux, qui renferme de 52 à 65 pour cent d'eau, 9,29 de potasse, et 24,96 d'acide gras. Avec la soude, on obtient 169,33 pour cent de savon à 38,7 d'eau.

Au raffinage, l'huile de coton perd environ 10 pour cent. On raffine aujourd'hui, en Angleterre, des quantités considérables d'huile de coton, qu'on envoie en Italie pour sophistiquer l'huile d'olive. En Amérique, elle sert communément aux usages alimentaires et à l'éclairage.

SECTION V.

HUILE DE GLAUCIE OU PAVOT CORNU.

M. Cloez a depuis peu attiré l'attention sur l'huile qu'on peut extraire par expression de la glaucie (*glaucium flavum*), de la famille des papaveracées, qu'on désigne vulgairement sous le nom de *pavot-cornu*.

Cette plante, qui croît très-bien dans les terrains sablonneux et pierreux des bords de la mer et sur un grand nombre de terrains crayeux et incultes, fournit une huile douce destinée, par ses propriétés, à devenir une utile conquête pour l'alimentation et l'industrie. Nous extrayons les détails suivants du mémoire que M. Cloez a publié à ce sujet.

Un hectolitre de la graine de pavot cornu séchée à l'air libre, pèse 65 kil. 6. La dessiccation complète dans une étuve chauffée à 110°, lui fait perdre 7,97, ou à peu près 8 pour cent de son poids d'humidité qu'elle reprend par une nouvelle exposition à l'air.

Un kilogramme de graine supposée tout-à-fait sèche, renferme 425 grammes d'huile, que l'éther enlève parfaitement et d'une manière complète.

Le même poids de graine simplement séchée à l'air, traitée par l'éther six mois après la récolte, cède à ce dissolvant 391 grammes d'huile ; or, un hectolitre pesant 65 kil. 6 donnerait 25 kil. 65 de substance huileuse, mais on n'en retire en réalité que 20 à 21 kilog. D'après la densité de l'huile, qui est de 0,613, il faut par conséquent 4 hect. 5 de graine pour avoir un hectolitre d'huile, et puisque la récolte s'élève au minimum à 10 hectolitres de graine par hectare, ce sera 190 à 200 kilog. d'huile qu'on récoltera sur cette surface. Le tourteau est un engrais puissant très-riche en phosphates, qui retient encore 8 à 10 pour cent d'huile.

Les frais de culture de la glaucie font revenir la graine à 11 fr. environ l'hectolitre.

Dans la fabrication par la pression à chaud, on obtient facilement 31 à 32 kilog. d'huile par 100 kilog. de graine. Les frais d'extraction pour 100 kilog. d'huile ne dépassant pas 6 fr., les 655 kilog. de graine récoltée sur un hectare produisent 206 kil. 6 d'huile, avec une dépense de 123 fr. 16 c., et en retranchant de cette somme le prix de 445 kil. 4 de tourteaux, dont la valeur peut être de 30 fr., il reste une somme de 93 fr. 16 c., ce qui établit les frais de production de l'huile à 45 fr. les 100 kilog., ou 41 fr. l'hectolitre.

L'huile de glaucie extraite à froid est inodore et insipide, de couleur jaune clair, d'une densité de 0,913. Il s'en sépare par un long repos une matière cristallisable, présentant les caractères de la margarine. Elle peut être employée dans l'économie domestique comme comestible et comme éclairage. Dans les arts, elle peut être utilisée pour la fabrication des savons, ou bien encore pour délayer les couleurs en peinture.

La pression à chaud donne un produit plus coloré, possédant une légère odeur qui rappelle celle de la plante.

Cette huile absorbe lentement l'oxygène de l'air, et de même que toutes les huiles siccatives, elle ne se solidifie pas par l'action de l'acide hypoazotique.

SECTION VI.

HUILE DE BEN.

L'arbre qui produit les semences de ben a été longtemps confondu avec le *Guilandina moringa*, L.; c'est le *moringa aptera*, Gærtn. Il appartient à la *Décand. monogynie*, Lin., famille des légumineuses, et croît en Arabie, à Ceylan, en Egypte, dans les Indes, etc. Les semences de cet arbre sont improprement désignées par le nom de *noix de ben;* elles sont contenues dans un légume long et trivalve, rempli d'une sorte de chair blanche; leur forme est triangulaire; elles ne sont point ailées; enfin une enveloppe dure et de couleur blanche recouvre l'amande huileuse de ben, dont la saveur est amère.

On extrait l'huile de ben de la même manière qu'on prépare celle d'amandes douces. Cette huile jouit d'une propriété bien précieuse, celle de rancir difficilement, même après un certain nombre d'années ; aussi l'emploie-t-on de préférence pour extraire l'odeur fugace de quelques fleurs, telles que celles des liliacées, du jasmin, etc. Quand on la conserve quelque temps, l'huile de ben se sépare en une huile épaisse qui se fige facilement, et en une autre qui est toujours fluide. Cette propriété, et celle de ne point rancir, la font rechercher par les horlogers pour adoucir les frottements des montres, etc.. Densité 0,912 à 15° C.

M. Walter a trouvé que l'huile de ben extraite du *moringa aptera* donnait, par la saponification, quatre acides gras fixes, savoir, de l'acide stéarique, de l'acide margarique, et deux acides particuliers, l'acide benique et l'acide moringique.

SECTION VII.

SUR L'HUILE DE BASSIA OU D'ILLIPÉ.

L'huile de Bassia, qu'on appelle aussi huile d'Illipé, Illipay ou Illipi, est une matière huileuse exprimée des l'amande de diverses espèces du genre *Bassia*, et principalement du *B. latifolia* et du *B. longifolia*, plantes qui végétent dans la partie centrale de l'Himalaya septentrional et diverses localités des Indes orientales. On fait usage de cette huile comme de celle de noix de coco dans la fabrication du savon. Cette huile est jaune, facile à blanchir quand on l'expose à la lumière du soleil ; elle a une odeur faible qui n'est pas désagréable. L'huile du *B. butyracea*, qui est plus rare, est concrète, blanche, d'une saveur très-désagréable et de la consistance du beurre.

L'huile de Bassia entre en fusion à 24°, et à 26° ou 28° elle est complétement fluide. L'alcool, même à l'état bouillant et anhydre, n'en dissout que fort peu, et la portion qui s'est dissoute se dépose par le refroidissement. Dans l'éther elle se dissout aisément et est facilement saponifiée par la potasse. Dans cette saponification, elle donne de la glycérine et un mélange de divers acides gras dont le moins fusible peut, par des cristallisations répétées dans l'éther, être obtenu pur. C'est l'acide *bassiasique* dont la composition est $C^{36} H^{35} + Aq$, qui ressemble à l'acide margarique, mais fond à 70°,5. Dans l'éther, il reste encore en dissolution de l'acide oléique et un autre acide qui n'a pas encore été obtenu à l'état pur.

L'huile d'Illipé est excellente pour faire du savon.

SECTION VIII.

HUILE DE CITROUILLE.

La famille des cucurbitacées fournit un grand nombre d'espèces, parmi lesquelles on trouve le *cucumis melo*, le *cucumis sativus*, le *cucurbita pepo* et le *cucurbita citrullus*, dont les semences sont connues en médecine sous le nom de semences froides. Dépouillées de leur enveloppe, pilées et soumises à l'action de la presse, ces semences de citrouilles ou de melon donnent également une huile douce très-bonne à manger, qui répand une vive lumière avec peu de fumée, et dont la combustion dure plus longtemps que celle des autres huiles.

Sur la côte d'Afrique, on donne le nom de *graine de Bereff* aux semences de la courge-pastèque ou melon d'eau, qui y est très-abondante, et dont on extrait une huile douce propre à divers services.

SECTION IX.

HUILE DE CORNOUILLER SANGUIN, *cornus sanguinea*, L.

Cet arbuste, de la famille des caprifoliacées, recherché
pour l'ornement des massifs en bosquets, à cause de la
belle couleur rouge que prennent ses tiges et ses feuilles
vers la fin de l'été, produit une baie noirâtre, lorsqu'elle
est mûre, qui fixa l'attention de M. Margueron. Cet habile pharmacien en prit 10 kilogrammes qu'il fit étendre
dans un grenier pour les ramollir. Après les avoir réduites en pâte, il les soumit à la presse, et en retira environ 2 litres d'un liquide gras, onctueux, d'une viscosité
semblable à celle de l'huile, d'une couleur verte très-
claire, inodore et sans saveur désagréable; en un mot,
une véritable huile douce propre à servir d'aliment,
ainsi qu'il l'expérimenta. Cette huile brûle avec une belle
lumière, sans fumée ni odeur sensible. La même lampe
garnie des mêmes mèches, successivement remplie d'huile
d'olives et d'huile cornouiller, a brûlé avec la première
pendant deux heures et un quart, et avec la seconde
pendant deux heures et demie.

Cette huile épurée avec soin, en l'agitant avec de l'eau
aiguisée d'acide sulfurique, sert dans l'éclairage et la fabrication des savons; elle possède une saveur forte et désagréable du fruit qui empêche de la faire servir pour la
table, excepté dans quelques parties de l'Italie. Elle n'est
pas siccative.

SECTION X.

HUILE D'ABRICOTIER DE BRIANÇON.

Cette huile, dite aussi *huile de marmotte*, est le produit de l'amande de la prune de Briançon ou prune des
Alpes. On concasse cette amande, on presse la pâte et on
en extrait une huile limpide ayant un goût agréable et
une odeur d'amandes amères, non siccative, qu'on mélange avec l'huile d'olive dans la proportion de 1/6.

SECTION XI.

HUILE DE NOYAUX DE PRUNES.

Cette huile, qu'on extrait des amandes du noyau des fruits du *prunus domestica*, est limpide, jaune brunâtre, d'une saveur légèrement amère, se congelant à — 9° C., non siccative, et d'une densité, à 15° C., de 0,9127.

SECTION XII.

HUILE DE FUSAIN.

La graine de l'*evonymus œuropeus*, fusain, bonnet de prêtre, bonnet carré, fournit une huile âcre, non siccative, qui est employée en Allemagne à l'éclairage.

SECTION XIII.

HUILE DE NOIX.

Quoiqu'on connaisse un grand nombre de noix, on consacre plus particulièrement ce nom au fruit du noyer, *juglans regia*, arbre de la famille des térébinthacées, que l'on cultive dans les parties méridionales de l'Europe; on en trouve aussi dans l'Amérique septentrionale, mais qui sont bien différents des nôtres, et qui se distinguent entre eux par des caractères très-remarquables; le noyer d'Europe offre aussi plusieurs variétés :

1° Le *noyer ordinaire*. C'est la variété la plus commune;

2° Le *noyer à gros fruit* ou *la grosse noix*. Cette variété a les feuilles plus grandes que celles des autres, et les fruits plus gros :

3° Le *noyer à fruit tendre*. La coque de la noix est blanche et facile à casser, c'est la meilleure noix ;

4° Le *noyer à fruit dur* ou la *noix féroce*. La noix est très-petite, très-dure et n'est bonne que pour l'extraction de l'huile; le bois de cette variété est plus dur, plus veiné et plus beau que celui de toutes les autres;

5° Le *noyer à feuilles dentelées*. Ses feuilles sont plus petites que celles des noyers ordinaires, et son fruit plus long; cette variété ne s'élève qu'à une hauteur médiocre;

6° Le *noyer de Saint-Jean*. Cet arbre est ainsi nommé parce que ses feuilles ne commencent à pousser que vers le mois de juin, et que ce n'est qu'à la Saint-Jean qu'elles sont bien développées.

Il y a encore des variétés qu'on ne trouve que dans les jardins de botanique; ce sont les *noyers à petits fruits*, *à feuilles découpées*, *à grappes*, et celui qui donne du fruit deux fois l'an.

Parmi les *noyers d'Amérique* on trouve le *noyer noir de Virginie à fruit long et à fruit rond*, le *noyer blanc de Virginie* ou l'*hickero*, le *noyer de la Louisiane* ou le *pacanier*.

Quand on se propose d'extraire l'huile des noix, il ne faut point les gauler avant leur maturité, comme font quelques propriétaires, cela rend le produit de mauvaise qualité; il faut les recueillir quand elles tombent d'elles-mêmes en quittant leur brou, et ne les porter au pressoir que lorsqu'elles sont bien sèches, deux ou trois mois après la cueillette. Il est inutile de dire qu'on doit enlever avec soin les coques et les membranes qui forment les cloisons internes qui en séparent les quartiers. Les noix ainsi préparées et bien broyées, donnent une huile qui, lorsqu'elle est préparée avec soin, au lieu d'être nauséabonde, est douce, limpide et bonne à manger. Si l'on a recours à la chaleur et qu'on en néglige les préparations, le contraire a lieu. D'un kilogramme de noix, cassées et dégagées de leurs cloisons et pellicules, on retire un demi kilogramme d'huile. On doit la préparer en novembre, décembre et janvier, et l'on peut appliquer à cette extraction les divers pressoirs que nous avons indiqués.

L'huile de noix tient un rang distingué parmi celles dont on fait usage en Europe comme alimentaires et pour les usages domestiques. Cette huile, tirée sans feu, est presque incolore, d'une odeur agréable et d'une saveur analogue à celle des noix ; sa consistance est presque sirupeuse ; par son exposition à l'air elle rancit promptement et devient claire comme de l'eau, surtout quand on la met dans des vases très-larges et peu profonds avec de l'eau au fond. Cette huile, ainsi altérée, s'emploie pour la composition des couleurs fines. Les amandes doivent être portées au moulin le plus tôt possible ; car, lorsque les noix sont cassées et émondées, elles rancissent promptement.

La première huile obtenue est la meilleure, on la nomme *huile vierge*. Quand elle a cessé de couler des sacs ou cabas, on en retire la pâte, on la délaye avec de l'eau bouillante, on la fait chauffer dans une chaudière et on la remet dans les sacs pour les soumettre à une nouvelle pression. L'huile que l'on obtient alors est connue sous le nom d'*huile cuite, huile seconde, huile tirée à feu*. elle est très-colorée, d'une odeur très-forte, elle est très-chargée de mucilage et n'est employé que pour les arts ou l'éclairage. Quelquefois on soumet la pâte à une troisième opération ; le résidu sert à engraisser la volaille.

L'huile de noix vierge a, suivant Saussure, une densité qui varie avec la température, ainsi, à

$$12^0 \text{ C. cette densité est : } 0.9283$$
$$25^0 \qquad\qquad\qquad 0.9194$$
$$94^0 \qquad\qquad\qquad 0.8710$$

à — 15° elle devient visqueuse, et à —27°.5 elle se prend en une masse blanche. L'huile de noix est siccative.

Les noix donnent jusqu'à 50 pour 100 d'huile, qui se fabrique principalement dans les départements du centre et du midi de la France.

SECTION XIV.

HUILE DE NOISETTES.

Les noisettes sont un fruit qui provient d'un arbrisseau de 5 à 6 mètres de hauteur, qui croît dans les bois, que l'on désigne par le nom d'*avelinier, coudrier* et *noiselier* (*corylus avellana*, Lin.) Les noisettes contiennent une amande ronde, de laquelle on extrait, par l'expression, une huile non siccative qui se rapproche beaucoup de celle des amandes douces, quand les noisettes sont récentes. Cette huile est employée pour la parfumerie : on extrait l'huile de noisettes par les mêmes procédés que celle d'amandes douces ou de noix. Sa densité est 0.9242 à 15⁰, et elle se congèle à — 10⁰.

SECTION XV.

HUILE DE CAMELINE (myagrum sativum, *tetradyn. siliculeuse de Linné*).

Cette plante est improprement connue dans le département du Nord sous le nom de camomille ; cette dernière cependant porte le nom de *matricaria camomilla, anthemis nobilis, arvensis*, etc., appartient à la syngénésie et ne donne qu'une huile volatile par la distillation des fleurs, tandis que les graines des *myagrum perenne, rugosum, perfoliatum, sativum, verum*, et *muralis*, donnent toutes une huile douce. La cameline est donc un végétal bien distinct de la camomille ; elle a ses silicules ovales, aplaties, pédonculées, polyspermes ; ses fleurs sont petites et jaunes ; ce n'est que depuis environ soixante ans que sa culture a été introduite dans le département du Nord, et depuis environ quarante qu'elle sert à remplacer le colza et les graines d'hiver qui ont manqué. Cette culture s'est maintenant propagée dans cette contrée, principalement dans les arrondissements de Lille, de Douai, etc.

On sème cette graine dans tout le mois de mai ; on l'enterre à la herse ; il suffit même d'une petite pluie pour la couvrir ; on doit choisir une terre douce et légère, et quand elle est un peu forte on la sarcle ; on scie les tiges comme l'avoine, au commencement d'octobre on les *engarbe*, et quand elles sont bien sèches, ce qui a lieu quatre ou cinq jours après, on les met *en meule* pour les battre à volonté.

Cette plante résiste à l'intempérie des saisons ; ses capsules sont sujettes à éclater, et ses semences donnent autant d'huile que celle du pavot. Cette huile se rapproche de celle de la moutarde; elle se prépare et se dépure de la même manière que celles des autres graines oléagineuses.

L'huile de cameline n'est pas siccative, elle jouit d'une saveur et d'une odeur particulière. Elle est jaune d'or clair et d'une densité de 0,9252 à 15°. Elle ne se congèle qu'à —18°, ce qui fait qu'on la mélange aux autres huiles d'éclairage pour en abaisser le point de congélation, mais elle donne beaucoup de fumée. On en fabrique aussi des savons mous, et on s'en sert en peinture. Les tourteaux de cameline servent à engraisser les oies.

SECTION XVI.

HUILE DE CRESSON ALÉNOIS.

Le cresson alénois, ou cresson des jardins, *lepidium sativum*, croît naturellement presque en tous lieux; il a les feuilles oblongues et multifides, et a la plus grande analogie, par son odeur et sa saveur, avec celui des fontaines. Ses semences sont ovoïdes, petites et striées; elles ont un goût âcre et brûlant. On les sème en mars et avril comme la cameline; pilées, réduites en pâte avec l'eau chaude et soumises à l'action d'une forte presse, elles donnent quatre litres et demi d'huile pour chaque décalitre de graine. Cette huile a une odeur désagréable et rancit promptement; on l'épure et l'on corrige cette altération en la faisant bouillir avec de l'eau, et la décantant de suite. L'huile de cresson est siccative.

SECTION XVII.

HUILE DE MADIA SATIVA.

L'huile qu'on retire du *madia sativa*, plante originaire d'Afrique, mais dont la culture est aujourd'hui introduite en Europe, est d'une qualité supérieure et d'un goût plus agréable que celle qui provient de quelques plantes oléifères. 100 kilogrammes de graines donnent :

Huile.. . . . . 26.24
Tourteaux 70.42
Déchet 3.34
─────────
100·00

Cette huile peut être consommée pour la table, et des expériences ont démontré qu'on pouvait en faire un savon analogue à celui de Marseille.

L'huile de madia, qui est siccative, est jaune foncé, d'une odeur assez agréable et d'une saveur peu sensible. Sa densité est 0,935 à l'état brut, et 0,9286 à l'état épuré par l'acide sulfurique à la température de 15°. Elle ne se solidifie qu'à —25°5 quand elle a été exprimée à froid, et seulement à — 11° quand cette expression a eu lieu à chaud. Brûlée dans les lampes, elle donne une belle flamme éclairante, qui ne charbonne pas la mèche, mais avec une consommation plus forte qu'avec l'huile de colza.

SECTION XVIII.

HUILE DE CHENEVIS OU CHANVRE (cannabis sativa, *Lin.*).

Cette plante est originaire de l'Inde, et de la famille des urticées ; elle a la tige grêle, la feuille digitée, elle est dioïque, c'est-à-dire que certains pieds portent des fleurs mâles et d'autres des fleurs femelles ; on les distingue en ce que le calice des fleurs mâles est à cinq divisions et le calice 0, tandis que celui des fleurs femelles est monophylle, entier, béant par le côté ; corolle 0, style 2, noix bivalve renfermée dans le calice. Le chanvre est cultivé sur presque tous les points en France, et principalement dans la basse Normandie, la Bretagne, la Picardie, la Champagne, la Bourgogne, l'Alsace, la Franche-Comté, le Dauphiné, le Berry, le Maine, etc.

La terre, dans laquelle on sème le chanvre, doit avoir trois ou quatre labours, être de bonne qualité ; on doit

choisir de préférence les terres neuves et basses, les val-
lées, les terres fortes et noires, les sols tourbeux et limo-
neux, etc.; une exposition au midi et à l'abri du vent
est la meilleure. Quand on veut former une chenevière,
on donne un bon labour dans le mois de décembre, un
second vers la fin d'avril, assez profond pour enterrer
toutes les mauvaises herbes; enfin, on procède à un
troisième labour; au même instant des semailles, on herse
fin et l'on y jette un sac et demi de graine par hectare;
on la recouvre de suite, et on passe par dessus le rouleau
si la terre est légère; on doit choisir pour cela un temps
couvert et pluvieux, dans ce cas le chanvre lève dans
quatre ou cinq jours. Dès que l'on a semé une chenevière,
il faut avoir soin d'y placer un grand nombre d'épou-
vantails, car presque tous les oiseaux, les volailles et les
pigeons étant très-friands du chenevis, la ravageraient
bientôt. Dans certains pays, on y pose des enfants qui la
parcourent en agitant des sonnettes; cette surveillance
n'est plus nécessaire du moment que le chanvre a fait ses
deux premières feuilles. Les semences ont lieu dans le
courant des mois de mai et de juin, et la récolte dans
ceux d'août et de septembre : elle se fait en deux fois,
c'est-à-dire que le chanvre mâle étant plus tôt mûr, on
l'arrache le premier; lorsqu'il est arraché on le lie en
gerbes, que l'on fait sécher en les exposant au soleil, et
on bat les sommités pour en faire tomber les semences;
on fait la même opération pour le chanvre femelle.

La graine de chanvre, pour être de bonne qualité, doit
être grosse, lisse, noirâtre, pesante et bien nourrie : il
faut environ 210 litres de cette graine pour semer un
hectare de terre; l'hectolitre de cette graine pèse 51 kilogrammes.

L'huile de chenevis est jaune verdâtre lorsquelle est
fraîche, et jaunit avec le temps ; elle a une saveur âpre,
désagréable; elle ne se congèle qu'à plusieurs degrés
au-dessous de zéro; elle est très-siccative. Pour l'extraire, on torréfie légèrement les semences, on les broie
au moulin, on y ajoute un peu d'eau avant de les soumettre à la presse; au reste, les moyens d'extraction

sont les mêmes que ceux des autres graines oléagineuses.

MM. Boussingault et Moride ont analysé la graine de chanvre qu'ils ont trouvée composée ainsi qu'il suit :

Huile.	33.6	35.65
Matières organiques non azotées.	23.6)	
—— azotées.. . . .	16.3	51.31
Ligneux.	12 1)	
Matières minérales.	2.2	7.39
Eau	12.2	5.65
	100.0	100.00

Ce qui fait voir que cette composition peut varier suivant le sol, la culture, l'ancienneté de la graine, etc.

Quand on a exprimé, par les moyens usités pour les graines, de 15 à 25 pour cent d'huile de chenevis, il reste des tourteaux qui renferment encore 6,3 pour cent d'huile qu'on peut en extraire au moyen du sulfure de carbone ou de certains hydrocarbures.

Sa densité est 0,9252 à 15°, elle épaissit à — 15° et se concrète à 27°5.

SECTION XIX.

HUILE DE COLZA, *brassica oleracea arvensis ; brassica campestris*, L.

Le chou-colza paraît être une des espèces primitives peu altérées ; il ne pomme point, ses tiges sont rameuses, ses feuilles sinuées et étroites, ses fleurs jaunes. Sa culture exige les bonnes terres, bien fumées, et les sarclages; on doit le récolter un peu vert, car il mûrit dans le tas et se bat facilement. M. Castera, propriétaire à Saint-Etienne-d'Orthe, semait en terre de maïs le colza dans les mois de septembre et octobre ; de 6 ares qu'il avait ensemencés, il recueillait 2 hectolitres de graines ou 40 hectolitres par hectare; chaque hectolitre lui donnait 20 kilogrammes d'huile. Le produit ordinaire de l'huile que fournit cette semence, est de 5 hectolitres d'huile par chaque double décalitre.

Ce chou fournit une si grande quantité de semences, qu'on en a trouvé un pied en 1805, dans les environs de Lille, qui portait 4,400 cosses, contenant 172,000 graines.

On sème le colza, en Flandre, dans le mois de juillet; il faut 11 litres 8/10 par hectare ; le champ où on le sème n'est pas celui où on le cultive et le récolte. On arrache les jeunes plantes vers la fin de septembre ou le commencement d'octobre, pour les repiquer dans une autre terre de bonne qualité; il faut 135,200 plantes par hectare.

Le colza est plus particulièrement cultivé dans une partie de nos départements du nord, dans le Brabant et en Flandre. La meilleure graine est celle qui est le plus noire, la plus pleine et la plus onctueuse quand on l'écrase. Pour les semailles, on peut recourir à celle qui est d'une qualité inférieure. On reconnaît les graines qui ont été cueillies avant leur maturité à leur couleur rougeâtre : elles sont moins huileuses que les autres, et doivent être rejetées pour les semences; les meilleures qualités en contiennent toujours un peu. Cette graine perd beaucoup de son poids en se séchant ; dans les fabriques de la Flandre on calcule qu'il en faut quatre hectolitres et demi pour 1 hectolitre d'huile, et 1 hectolitre de graine pèse, année commune, 65 kil.3 ; l'hectolitre de cette huile pèse 91 kil. 9 ; ce qui fait que le colza produit 32 et demi pour cent d'huile, ou bien environ le tiers de son poids. Il reste dans le tourteau environ 14 à 15 pour cent d'huile qu'on peut en extraire par les moyens que nous indiquerons.

L'on prépare cette huile comme celle des autres plantes oléagineuses; elle est jaune, très-visqueuse, et douée d'une odeur analogue à celle des plantes crucifères : lorsqu'elle est dépurée par les procédés que nous indiquerons ailleurs, elle est douce, d'une odeur agréable et d'un poids spécifique égal à 0,913.

Un agronome habile du département du Loiret, M. Bailly, a réussi à extraire de la graine de colza une huile excellente et d'un bon goût, propre à remplacer l'huile d'olives, l'huile d'œillette et autres huiles ou matières grasses employées dans l'économie domestique. Le moyen qu'il emploie pour arriver à ce but est fort simple et consiste principalement à obtenir de la graine de bonne qualité qu'on fait sécher et qu'on bat en plein air pour éviter qu'elle ne fermente, s'échauffe et s'altère, comme cela a lieu dans les greniers où on l'entasse ordinairement, puis avec cette bonne graine à fabriquer l'huile à froid, écrasant entre deux cylindres en fonte, puis triturant sous la meule et enfin plaçant sous la presse la masse pâteuse produite par la trituration.

Nous ferons remarquer en terminant qu'on a pris dans quelques huileries l'habitude de décortiquer la graine de colza, procédé qui ne présente pas de difficulté avec les machines actuelles et qui fournit des huiles plus pures, plus abondantes et des tourteaux, moins chargés d'huile et plus nourrissants pour le bétail.

Cette huile est employée pour l'éclairage, pour la fabrication des savons verts; on la fait entrer aussi dans le savon ordinaire, mais en petite quantité.

On doit à MM. Boussinguault et Moride une analyse de colza de provenances différentes et dont voici le tableau :

	GRAINE d'Alsace.	GRAINE de Saumur.	GRAINE de Belle-Ile.
Huile..	50.00	30.12	38.50
Matières organiques non azotées	12.40		
Matières organiques azotées.	17.40	61.36	55.41
Ligneux.	5.30		
Cendres ou sels minéraux. .	3.90	4.17	3.50
Eau	11.00	4.35	2.56
	100.00	100.00	100.00

L'huile de colza, qui est principalement employée à l'éclairage, a une densité à 15° de 0,9136 et se congèle à — 6° 25. Elle n'est pas siccative et est formée de 46 de stéarine et de 54 d'oléine.

SECTION XX.

HUILE DE FAINE.

On donne le nom de faîne au fruit du hêtre, *fagus sylvatica*. Lin., famille des Amentacées. Cet arbre est très-abondamment répandu dans nos forêts ; il en est même quelques-unes qu'on appelle *d'essence de hêtre* qui en sont presque entièrement formées. Cet arbre vient très-haut et très-gros. Le docteur Tournon en a rencontré un sur les bords de la *Nive*, dans le pays basque, dont le tronc avait 7 mètres de circonférence ; il produisait chaque année 180 kilogrammes de fruit. Je ne donnerai ici ni sa culture ni sa description, parce que la première n'exige aucun soin, et que cet arbre est trop connu pour ne pas regarder ces détails comme superflus. Je me bornerai à dire que le hêtre est un des arbres forestiers les plus précieux, tant à cause de son bois, que l'on applique au charronnage, aux constructions et au chauffage, que pour l'extraction de l'huile de ses graines.

On doit ramasser les semences de faîne vers la fin de septembre, et en opérer de suite la dessiccation en les étendant dans un lieu bien sec et bien aéré, à l'abri du soleil. On peut également aider cette dessiccation, en faisant passer dans le local où elles sont étendues, un courant d'air chaud ; on croit qu'au moyen de cette précaution on extrait beaucoup plus d'huile. Quand ces semences sont sèches, on les vanne pour en séparer les graines vides ou creuses. Quelques personnes les trient à la main ; ce moyen est le meilleur, mais il est trop long et trop dispendieux ; on peut aussi les jeter contre le vent ou recourir au crible au vent.

Les semences de hêtre sont entourées d'une coque ou capsule très-courte, et immédiatement d'une pellicule qui donne un mauvais goût à l'huile ; en général, on prépare cette huile, sans enlever cette coque, mais l'expérience a démontré qu'on perd, dans ce cas, jusqu'à un septième de l'huile qu'on obtiendrait en les en dépouillant. On parvient à les écorcer en les faisant passer par des meules semblables à celle des moulins à farine, mais assez écartées pour qu'il n'y ait que l'écorce d'attaquée; quant à la pellicule, on peut l'en séparer en secouant ces amandes écorcées dans un sac et en les vannant. Une fois qu'on a obtenu ces semences, dans l'état qu'on le désire, on peut les réduire en pâte par divers moyens.

1° En les portant au moulin à pilon, on les écrase à coups modérés, en ayant soin d'y ajouter de l'eau, de temps en temps, pour lier la pâte, qu'on porte ensuite au pressoir, comme celle des autres graines oléagineuses. Il suffit de 500 grammes d'eau pour 7 kil.500 de faîne; la faîne est assez pilée, quand en la pressant entre les doigts, l'huile en sort; il suffit de la soumettre environ un quart-d'heure à l'action du pilon pour obtenir cet effet.

2° En les soumettant à l'action des meules verticales en pierre dure dont nous donnerons la description.

3° Le meilleur moyen est la mouture; quand les graines sont écorcées, on les réduit en farine grossière qu'on passe ensuite à un moulin à farine. Les meules ne s'engraissent point si elles ne vont pas trop vite et que l'air puisse les rafraîchir.

Dès que l'on a obtenu une farine fine, on en fait une pâte avec l'eau, on la soumet à la presse de la même manière que les autres semences oléagineuses, et en recourant aux pressoirs divers que nous avons décrits tant pour l'huile d'olives que pour des semences oléagineuses.. Lorsqu'il n'en sort plus d'huile, on remet le marc sous les meules verticales; on l'arrose avec de l'eau tiède qui favorise la sortie de l'huile en s'emparant du mucilage; on soumet ensuite cette pâte à la presse; la première huile porte le nom d'huile vierge, c'est la meilleure. Quelquefois on ajoute au second résidu qu'on passe à la meule, de l'eau bouillante, pour en extraire une huile d'une qualité inférieure.

L'huile de faîne bien préparée a une couleur ambrée, elle est inodore et a une saveur très-douce, surtout si elle a été préparée avec la faîne séparée de l'écorce et de la pellicule; cette huile est très-bonne comme aliment;

elle peut suppléer à celle d'olives ; elle se conserve mieux que toutes les autres ; on assure qu'elle s'améliore en vieillissant, elle est délicate à cinq ans, et se soutient jusqu'à dix, vingt ans et au-delà.

Tous ceux qui se sont occupés de son extraction ne sont pas d'accord sur les quantités d'huile qu'on peut extraire d'un poids donné de faîne ; les uns en ont obtenu un cinquième, les autres un sixième, enfin, des expériences faites à Mont-de-Marsan en 1793, ont donné 14 kilogrammes d'huile pour 50 kilogrammes de graines, ce qui fait plus d'un quart ; cette différence dans les produits nous paraît due :

1º A l'état du fruit plus ou moins nourri et plus ou moins mûr et sec ;

2º A l'état de finesse de la pâte ou de la farine ;

3º A la bonté des pressoirs ;

4º Aux soins qu'on a pris pour monder la faîne.

Nous croyons devoir ajouter ici le tableau des différentes extractions de l'huile de faîne, tel qu'il a été publié par la commission d'agriculture et des arts. Quant aux procédés accessoires à la fabrication de l'huile de faîne, comme ils se rattachent à ceux des autres graines oléagineuses, nous y renvoyons nos lecteurs.

Tableau des différentes extractions de l'huile de faîne.

La faîne est	avec son écorce	Pilée écrasée ou moulue.	Première expression sans feu. → Avec de l'eau, plus de produit, plus de saveur.
			Deuxième expression avec du feu. → Plus âcre.
	ou	NOTA. Pilée, l'huile est moins douce. NOTA. La première expression rend moitié moins que la seconde.	
	sans écorce	moulue, écrasée ou pilée.	Voyez l'expérience suivante, exactement pour la même faîne, qui donne plus de produit ; c'est le procédé hollandais.

Nota. 3 kil. 50 de farine mondée, pressée sans eau, n'ont donné que 93 gr. 75 d'une huile insipide ; après y avoir ajouté 310 grammes d'eau tiède, le produit a été de 436 grammes d'une huile qui avait le goût de celle d'amandes. Le résidu, chauffé à 30° R., avec 310 autres grammes d'eau chaude, a donné 110 grammes d'une huile trouble ; total 632 grammes.

Autre expérience.

50 kil. 75 de farine de deux ans ont été passés dans un moulin à farine, à bras, à meules écartées pour les concasser ; après les avoir passées deux fois au tarare ou crible à vent, elles ont donné, en farine assez grosse.   30 kil. 70
L'écorce repassée au tarare a produit farine

bise..	3	90
Les écorces ou gros son ont pesé..	15	50
Il y a eu donc un déchet de..	0	625
Total.	50 kil.	725

Mais comme le calcul a démontré que dans cette farine bise il n'y avait que 1 kilogramme d'amandes, il en résulte qu'un 100 de farine non écorcée se compose de :

Amandes..	31 kilog.
Ecorce..	19
Total.	50

On a ajouté à cette farine 2 kil. 80 d'eau tiède ; après l'avoir laissé humecter pendant une demi-heure, on l'a passée, dans des sacs de coutil, à la presse à vis ; après avoir laissé égoutter, pendant quatre heures,

on a obtenu.. . . . . 5 kil. 65 d'huile.
Les tourteaux pilés et humectés avec
   2 kil. d'eau chaude et exposés dans
   une bassine de fer pendant un quart-
   d'heure à 30° R., et soumis ensuite à
   la presse. ont donné. 0   87
               Total. . . . . . . 6 kil. 52

ce qui fait environ 12.8 pour 100, en y comprenant l'écorce. L'huile du premier produit est devenue claire en quatre jours ; sa saveur était douce avec un goût agréable d'amande ; celle du second produit s'est éclaircie plus tard ; elle était plus colorée, la saveur en était moins agréable ; au bout d'un mois elle s'était bonifiée sensiblement. Il résulte de ce qui précède, et de quelques autres expériences, 1º que l'huile de la première pression est en plus grande quantité, plns agréable au goût, moins colorée, et fournit plus de dépôt que celle de la seconde pression ; 2º que toute l'huile de farine écorcée ou mondée, comparativement à celle de chaque pression qui ne l'est pas, est en plus grande quantité, plus agréable au goût, moins colorée, et fournit moins de dépôt.

L'huile de faîne n'est pas siccative ; sa densité à 15º C. est 0,9225, et elle se congèle à — 17º5 en une masse blanc jaunâtre.

SECTION XXI

HUILE DE GALÉOPE.

De temps immémorial on extrait, dans les environs de Bouillon, une huile des semences de *galéope piquant, galeopsis tetrahit*, en les pulvérisant, et les exposant ensuite à la vapeur de l'eau bouillante, les soumettant à la presse entre deux plaques de fer chaudes, et laissant dépurer l'huile par le repos. En 1804, M. Luc a proposé de retirer cette huile de trois plantes de cette famille des labiées. Sonnini les a désignées avec les détails suivants :

1º Le *galéope des champs, galcopsis ladanum*, L., ou bien *ortie rouge, crapaudine des champs*, fleurs à verticilles écartés et rouges, calice sans épine, feuilles lancéolées, rarement laciniées, etc. ; elle croît partout, dans les champs, le long des chemins, etc.

2º Le *galéope piquant, galeopsis tetrahit*, ou *chanvrin, ortie royale :* fleurs rouges, à verticilles supérieurs presque contigus, calice garni de dents, etc., se trouve dans les bois et les champs, près des maisons, sur les bords des chemins, etc.

3º Le *galéope à grandes fleurs, galeopsis grandiflora*, L.; fleurs d'un blanç jaunâtre, feuilles ovales, pétiolées, dentelées, velues, douces au toucher ; elle vient très-bien sur les sols légers et sablonneux.

Comme ces plantes croissent naturellement, il est évident que leur culture serait des plus faciles; leurs semences se récoltent en été et de la même manière que celle du colza.

L'huile de galéope est très-douce et a le goût de noisette; elle peut, dit M. Luc, remplacer en beaucoup de cas l'huile d'olives. Sonnini fait cependant observer que, dans les environs de Bouillon, on ne l'emploie guère qu'à brûler; elle est aussi très-recherchée par les vitriers pour préparer leur mastic. On pourrait la préparer en grand comme celle des autres graines oléagineuses.

SECTION XXII.

HUILE DE JULIENNE (*Hesperis matronalis*).

La première idée de la culture de cette plante est due à M. Delys, sur les notes duquel Sonnini publia un Mémoire très-intéressant dans le tome 1er de la *Bibliothèque physico-économique* (1804). Cette plante appartient à la tétradynamie siliqueuse. Sa tige est droite, cylindrique, un peu velue, rameuse et garnie de feuilles lancéolées, etc. Elle croît naturellement dans les prairies et les lieux ombragés de l'Italie et de plusieurs autres parties méridionales de l'Europe. En France, elle est une de celles qui font l'ornement des jardins. La julienne, comme plante à semence oléagineuse, mérite cependant de fixer l'attention des agronomes, puisque c'est une de celles qu'on exploite pour l'extraction des huiles, et qui en produit le plus. Sonnini rapporte qu'il parvint à retirer de sept pintes de semences de julienne plus d'une pinte d'huile. Les expériences comparatives qu'il a faites pendant plusieurs années sur l'extraction des huiles de chenevis, de julienne et de navette, lui ont donné pour terme moyen :

Une mesure de 19 kilogrammes de graines de julienne. . . . . 8 lit 02 d'huile.

    Id.   *id.* de navette. 5   60

    Id.   *id.* de chenevis. 4   65

M. l'abbé Delys pense que la culture de la julienne est beaucoup plus avantageuse que celle du colza, en supposant même que ses semences donnassent moins d'huile. Les semences des juliennes sont plus petites que celle du colza; mais la quantité que cette plante en donne compense la grosseur de celles de cette dernière.

L'huile de julienne a une saveur amère et âcre; elle se fige comme celle d'olive; elle brûle très-bien, ne se consume pas plus vite que les autres huiles, ne répand pas d'odeur, et produit une vive lumière. Il est bon de faire observer qu'elle donne une fumée noire et abondante, colorant le linge des personnes qui travaillent à la lueur des lampes alimentées par cette huile. Il y a apparence que, par l'épuration, on lui enlèverait ce défaut et une partie de sa saveur.

On sème la julienne dans le mois d'octobre, dans une bonne terre : on la recouvre avec la herse, on lui donne au commencement du printemps un sarclage pour la débarrasser des herbes étrangères; elle fleurit au mois de juin; ses fleurs sont blanches, purpurines ou panachées : elles ont une odeur suave; on arrache la plante quand elle est en maturité parfaite. Les graines qui tombent servent à la renouveler sans aucun soin. « Depuis dix ans que mon terrain est semé de juliennes, dit Sonnini, il n'a cessé de produire avec la même vigueur et le même bénéfice (1). »

Ce qui est digne de remarque, c'est que les froids les plus rigoureux de la Lorraine n'ont produit aucun mauvais effet sur cette plante.

On peut également semer la julienne avec l'avoine ou le sarrasin.

SECTION XXIII.

HUILE DE LIN.

Avant de faire connaître la préparation de l'huile de lin, nous croyons utile de dire un mot de sa culture.

______

(1) Dans ce cas, on doit, au mois de mars, arracher la surabondance des plantes et les planter ailleurs.

Le lin, *linum usitatissimum*, L., exige des terrains différents, suivant que l'on veut avoir de belles et bonnes graines, ou suivant que l'on veut obtenir la finesse des brins. On doit rechercher la terre douce, substantielle, un peu limoneuse, dans un lieu bas et non marécageux. Le lin réussit bien dans une terre un peu forte; mais il sera plus fin et plus soyeux s'il est récolté dans une terre légère. L'une et l'autre terre doivent être amandées et travaillées profondément : les terres sablonneuses, ainsi que celles qui sont trop légères ou exposées sur les lieux élevés ne lui conviennent point à cause de la sécheresse. Au reste, quelle que soit la terre dans laquelle ont ait semé le lin, la température de l'année influe beaucoup sur sa production. En effet, si l'été est chaud, dans des lieux bas et humides il vient très-bien ; il n'en est pas de même dans les lieux secs ou élevés; le contraire a lieu si l'été est humide. En général, il ne faut pas semer deux années de suite le lin dans le même champ, à moins que le terrain ne soit des plus fertiles.

Lorsqu'on veut semer le lin dans une terre, on doit faire en sorte qu'elle soit bien ameublie, et lui donner trois ou quatre bons labours. Le premier a lieu au mois de juillet, dans le midi, et au mois d'août, dans le nord; le second, dans le mois de novembre ; le troisième, au mois de mars, dans le midi, et au mois d'avril, dans le nord ; c'est alors que l'on répand du fumier dans les sillons que l'on recouvre aussitôt : enfin, on laboure, pour la quatrième fois, au moment de le semer.

Dans le midi de la France et dans le centre, on sème le lin au commencement d'octobre : dans le nord, et particulièrement en Courlande, à Riga, en Saxe, en Flandre, etc., on ne sème qu'au printemps. En général, le fil de celui-ci est plus fin, plus délié, plus soyeux; mais l'expérience a démontré que la graine de lin d'automne est la meilleure. La bonne graine de lin doit être courte, grosse, épaisse, rondelette, ferme, pesante, d'un brun clair, et huileuse. Celle qui ne réunit pas ces qualités, et qui a contracté une couleur verdâtre, doit être rejetée tant comme semence que comme destinée à la fabrication de l'huile. La plus estimée est celle de Riga ; on en vend sous ce nom qui proviennent de la Prusse et de la Russie ; la Zélande en produit qui ne le cède en rien à celle de Riga. Des agriculteurs sèment la graine qu'ils ont récoltée ; mais l'expérience a démontré que le changement donnait de meilleurs résultats. La quantité de graine de lin, à semer par hectare, diffère suivant la nature du terrain et l'époque des semailles ; ainsi, le lin du printemps se sème plus clair que celui d'automne. Si l'on veut avoir de la bonne graine on doit semer clair, et employer, en général, 75 kilogrammes de graine pour un peu plus du tiers d'un hectare, tandis que l'on en met 90 lorsqu'on recherche la finesse des fils. En Flandre, on en met le double pour le lin à ramer. Dans le Béarn, on porte cette quantité jusqu'à 150 pour le gros lin, et au-delà pour le petit. Quand la graine est semée, on la couvre avec la herse ; on sarcle quand les herbes ont poussé ; on rame ensuite ce qui a besoin de l'être, et on l'arrache ordinairement par un temps bien sec. Lorsqu'il a pris une couleur jaunâtre, on le réunit en gerbes, que l'on achève de faire sécher au soleil ; après quoi, l'on en sépare la graine et l'on fait rouir la tige. Cette semence doit être exposée quelque temps à l'air, afin que sa dessiccation soit complète.

Lorsqu'on veut préparer l'huile de la graine de lin, il suffit de la piler ou de la réduire en farine, au moulin, et de la soumettre au pressoir ; mais on n'en obtient par ce moyen qu'une petite quantité qui, à la vérité, est la plus pure. Quand on veut la préparer en grand, on la torréfie afin de détruire la grande quantité du mucilage qu'elle contient : on la broie ensuite ; on la chauffe avec un peu d'eau, et on la soumet à la presse ; alors elle est rougeâtre et a une odeur et une saveur empyreumatiques. Cependant la couleur la plus ordinaire de cette huile, quand cette torréfaction n'est pas poussée trop loin, est jaune verdâtre ; elle a une odeur et une saveur particulières ; elle est très-siccative, aussi a-t-elle de nombreuses applications dans la peinture et dans les arts. On doit appliquer à sa préparation en grand les moyens divers que nous

indiquerons pour la préparation des huiles des graines
en général.

Voici qu'elle est, d'après MM. Boussingault et Moride,
la composition chimique de la graine de lin d'été et de
la graine d'hiver.

	GRAINE d'été.	GRAINE d'hiver.
Huile..	39.00	33.96	35.60
Matières organiques non azotées	19.00		
Matières organiques azotées.	20.50	59 48	58.04
Ligneux.	3.20		
Phosphates et autres sels. . .	6.00	3 96	3.56
Eau..	12.30	2.60	2.70
	100.00	100.00	100.00

Quoique très-riche en huile, la graine n'en fournit pas
plus de 20 à 22 pour 100, et il reste un tourteau qui en
renferme encore 12 pour 100 (qu'on peut en extraire par
les moyens que nous indiquerons) et qui est très-riche
en matières organiques, ce qui le fait rechercher pour la
nourriture et l'engraissement des bestiaux et pour la fu-
mure des terres.

L'huile de lin étant éminemment siccative, est d'un
emploi très-étendu en peinture, ainsi que pour la fabrication des vernis. On s'en sert aussi pour fabriquer
des savons.

Sa densité varie, suivant Saussure, ainsi qu'il suit,
avec la température

$$
\begin{array}{llll}
\text{à } 12^{\circ} \text{ C.} & . & . & . & . & . & 0{,}9395 \\
25^{\circ} & . & . & . & . & . & 0{.}9300 \\
50^{\circ} & . & . & . & . & . & 0{,}9125 \\
94^{\circ} & . & . & . & . & . & 0{,}8815
\end{array}
$$

Soumise à une température de — 20° elle ne se congèle

pas et ne dépose pas de stéarine ; mais à — 27° elle se prend en une masse jaune solide.

SECTION XXIV.

HUILE DE MOUTARDE.

Les diverses espèces de moutarde sont susceptibles de donner deux huiles ; l'une qui est volatile et contenue dans l'enveloppe séminale, et l'autre qui est douce et contenue dans les cotylédons. Des diverses moutardes le *sinapis alba* est la seule cultivée en Angleterre dans quelques localités ; en France on la sème aux environs de Villefranche. Dans le midi, et principalement aux environs de Narbonne, elle croît naturellement avec le *sinapis nigra, moutarde noire*. Dans le domaine de *Tauran*, et sur les bords d'une petite rivière, dite la Mayral, elle s'y trouve annuellement en si grande quantité que les paysans vont en ramasser les semences pour les livrer au commerce. En 1820, le propriétaire s'en étant tardivement avisé, en fit couper plusieurs charretées qu'il porta au sol pour en extraire les graines. Cette plante se plaît tellement dans ce terroir que nous en avons vu, avec M. Delille, qui avaient plus de 2^m.50 de hauteur ; l'on voit, d'après cela, combien une exploitation que l'on dédaigne ou que l'on ne connaît pas, pourrait être avantageuse tant comme fourrage que pour l'extraction de l'huile.

La moutarde est très-productive ; elle croît aux environs des maisons et des chemins, ainsi que dans les terres les plus mauvaises et les plus maigres. On la sème vers la fin de mars, et on la récolte vers la fin d'août. M. Fischer, de Creilsheim, dit qu'en ayant semé 500 grammes dans un champ de 38 ares, il en récolta 280 kilogrammes de graines desquelles il garda 750 grammes pour ensemencer l'année suivante. Le reste donna 18 kilogrammes d'huile au moulin par la première pression à froid, et 22 kilogrammes par la seconde à chaud : total 40 kilogr. Cette quantité est inférieure à celle que l'*Oracle de l'agri-*

culture dit qu'on en extrait (tom. I, p. 35), qui est de 30 pour 100. Quant à moi, je n'ai trouvé ces proportions que de 20 à 25 pour 100, ainsi que je l'ai consigné dans mon Mémoire sur la moutarde.

La moutarde a été rangée, par Linnée, dans la pentandrie monogynie; on en compte environ vingt espèces, toutes susceptibles de donner de l'huile; cependant on donne la préférence à la grande ou *senevé ordinaire;* celle du commerce est un mélange des *sinapis alba et nigra :* on regarde cette dernière comme étant plus énergique. La floraison de cette plante dure tout l'été, et les fleurs, en se succédant l'une à l'autre, se montrent jusqu'au sommet de la tige.

L'huile de moutarde est d'une couleur ambrée, et d'une saveur très-douce, cependant M. Thieberge en a obtenu qui était un peu verdâtre, et avait une légère odeur de moutarde, qu'il attribue à un peu d'huile volatile. Cet effet me paraît dû à ce qu'il employa, pour l'extraire, des plaques chauffées, tandis que j'opérais à froid. L'action de l'air sur cette huile n'est pas aussi énergique que sur celle d'olive ; j'en ai conservé pendant deux ans dans un flacon qui n'était rempli qu'aux deux tiers, sans se rancir. Par les plus grands froids de 1808, l'huile de moutarde ne s'est point figée, mais seulement épaissie et décolorée, ce qui la rend précieuse pour l'horlogerie. Ce fait ne s'accorde point avec l'opinion de Fourcroy, qui assure que les huiles qui se figent le plus vite sont les moins altérables, et que celles qui sont difficilement congelables sont les plus sujettes à rancir. Le poids spécifique de cette huile est un peu plus fort que celui de celle d'olives : il est à celui de l'eau comme 0,917 est à 1. 100 parties d'éther en dissolvent 23, tandis qu'il faut plus de 1,000 parties d'alcool à 36° pour en dissoudre une. Unie à la soude caustique elle donne un savon ferme et d'une couleur jaunâtre.

M. Fischer a reconnu que 50 ares de terre médiocre donnent 543 kilog. de graine qui rendent 80 kil. d'huile; laquelle huile dépurée pèse 70 kilog. 10 ares de terre légère et sablonneuse en donnent 440 kilog., lesquelles produisent 72 kilog. d'huile qui, par la dépuration, se réduisent à 62 kilog.

Suivant cet auteur, on peut enlever très-aisément à l'huile de moutarde son mauvais goût, en y ajoutant un tiers de son poids d'eau, dans laquelle on délaie auparavant 16 pour cent de ce liquide, d'argile en poudre et tamisée; on doit avoir soin d'agiter le tout de temps en temps. Au bout de sept à huit jours on enlève l'huile qui surnage le mélange, et qui alors est blanche et de bon goût. Suivant M. Fischer, on parvient, par ce même moyen, à dépouiller toutes sortes d'huiles de leur odeur et de leur mauvais goût.

On extrait dans l'Inde de l'huile de plusieurs autres plantes du genre *Sinapis*, indépendamment des espèces *S. nigra* et *S. alba* qui y sont cultivées; telles sont les espèces *S. juncea, toria, glauca, erysimoides, ramosa* et *dichotoma*.

SECTION XXV.

HUILE DE NAVETTE OU DE RABETTE.

Cette huile est le produit de la graine du *chou-navet,* brassica rapa et du brassica napus, *navets ou navette,* Var.

La navette est cultivée dans un grand nombre de localités, telles que la Picardie, la Brie, la Champagne, l'Artois, l'Alsace, la Normandie, les environs de Cologne, le Brabant, les parties de l'Allemagne qui avoisinent le Rhin, à Gênes, dans le département du Jura, et plus encore à Arbois, où elle se reproduit naturellement dans les champs, les haies, etc. Sa semence est un peu plus petite que celle du colza. Après la récolte du froment on donne un labour à la terre pour enterrer le chaume, et on y sème la navette, du 15 au 30 août. Il est des cultivateurs qui, en hiver, y jettent du fumier frais afin de garantir les plantes des fortes gelées qui les font périr. On n'arrache pas les plans de navette pour les replanter, comme on fait pour ceux de colza, mais, dans la première quinzaine de mars on sarcle et l'on éclaircit les pieds de manière qu'ils soient à une distance de 3 à 5 décimètres, suivant la bonté du sol et la force de la plante. Du 1er au 15 juin on sème dans ces intervalles du maïs ou des pommes de terre.

D'après M. Dumont, le produit de 34 ares, dans l'Arbois, de navette bien soignée, est de 5 hectolitres, qui ne valent jamais moins de 7 fr.65 le double-décalitre. Suivant Gaujat, un hectare de navette rapporte 700 kilog. d'huile.

L'huile de navette est semblable à celle de colza; elle se prépare et se dépure de même; elle est tant soit peu moins visqueuse, jaune pâle, d'une odeur particulière, d'une saveur douce et agréable.

La densité de l'huile de *brassica napus* est à 15° C de 0,9128, et celle du *brassica rapa* de 0,9167. A la température de + 6°, l'huile de navette dépose déjà de la stéarine et à —3°75 elle se prend en une masse jaune qui a l'aspect du beurre. Elle est composée de 46 pour cent de stéarine et de 54 d'oléine, sert aux mêmes usages que les huiles de chenevis, de colza ou de cameline, et n'est pas siccative.

On peut également extraire une huile semblable de toutes les variétés de navets, telles que :

Le navet blanc plat, — blanc-long, — long de Berlin à collet rouge, — long de Berlin à collet vert, — blanc hâtif, — de Belleville, — gros long d'Alsace, — jaune de Hollande, ou navet-abricot excellent, — de Freneuse (préféré à tous les autres pour la table), — de Meaux, — le petit de Berlin, dit *tellau*, — le gris, — le noir, — le rouge, ne tenant à la terre que par un fil, — de Saint-Omer ou d'Artois, très-large, rond et aplati, — ou rable de limousin, — Turneps, — de Saulieu, à écorce brune, — rose du Palatinat, — de Suède; on en mange les feuilles, etc.

Tous ces navets peuvent être semés jusqu'au mois d'août; il en est qui résistent à 7 et 8 degrés de froid au-dessous de 0. Le sol où on les sème exerce beaucoup d'influence sur ces variétés. Celui qui leur paraît le plus convenable est un terrain sablonneux, sec et maigre. Dans

les terres bonnes, ils deviennent plus gros, il est vrai,
mais ils ont moins de saveur.

SECTION XXVI.

HUILE D'ŒILLETTE OU PAVOT, *papaver somniferum*.

Dans le commerce on donne le nom d'*huile d'œillet* ou
œillette à celle qu'on extrait des semences de pavot,
papaver somniferum; elles doivent être petites, noires,
bien nettes, onctueuses quand elles sont écrasées, et avoir
le goût de noisette. Dans la Flandre, on les sème du 15
au 30 avril, et on les récolte vers la fin du mois d'août;
on cultive aussi ce pavot pour en extraire l'huile, dans
les départements du Nord et du Pas-de-Calais, aux environs d'Arras, de Douai, de Lille, en Alsace, etc. M le
comte d'Ourches a introduit cette culture dans le département du Loiret; on y sème les graines du premier septembre au premier octobre, ou, suivant la saison, en
février, mars et avril, dans les champs de pommes de
terre où il réussit très-bien. Il faut cinq litres trente-cinq
centilitres de graines pour ensemencer un hectare de
terrain. L'œillet ou pavot blanc s'élève jusqu'à 1^m.50 de
hauteur, et produit de belles fleurs auxquelles succèdent
des capsules où sont logées les graines. Il faut 5 hectolitres 18 litres de ces graines pour produire un hectolitre
d'huile qui pèse 92 kilog.; dans le département du Loiret, M. d'Ourches en a extrait de chaque double décalitre,
six litres et demi d'huile, ce qui fait environ le tiers.
Cette quantité est beaucoup plus forte que celle que l'on
en retire en Flandre.

L'huile d'œillet pure est moins visqueuse que la plupart
des autres; elle est d'un blanc jaunâtre, inodore, d'un
goût d'amande, et ne se fige complétement qu'à — 18° C.
et conserve longtemps cet état, même quand la tempéra-
rature remonte à —2°. La litharge la rend siccative; cette
huile est très-employée comme aliment; c'est elle qui
est la plus propre à remplacer celle d'olives, lorsqu'elle
est bien dépurée et qu'elle n'a pas cette odeur qu'on

appelle *de feu.* Traitée par les alcalis, elle donne un savon gris ; sa densité est de 0.9249 à 15°C.

Le commerce distingue deux espèces d'huile d'œillette : l'huile blanche qui sert à la table et l'huile rousse qui est une huile de fabrique.

L'huile d'œillette est siccative ; elle brûle mal et ne rancit qu'avec difficulté.

On peut également extraire une huile analogue des pavots suivants :

Papaver *Argemone,* — *Nudicaule,* — *Alpinum,* — *Hybridum,* — *Dubium.* — *Cambricum,* — *Orientale,* etc.

Cette huile se prépare et se dépure comme celle des autres graines oléagineuses.

SECTION XXVII.

HUILE DE PÉPINS DE RAISIN.

On sait depuis longtemps que les pépins de raisin contiennent beaucoup d'huile, et cependant il y a en France peu d'établissements consacrés à cette extraction. Les pépins de raisin paraissent donc absolument perdus ; cependant, en Piémont, dans l'Italie, le Levant, etc., cette exploitation a lieu, puisque cette huile est employée :

A Bergame, depuis. 1770
A Rome et dans les environs d'Ancône, depuis 1782
A Naples, Castellamare et Resina, depuis . . . 1818
En Allemagne, depuis. 1787

En France, divers essais ont été faits sur l'extraction de cette huile ; l'on nous a même assuré qu'on avait vu, en 1800, un moulin d'huile de pépins de raisin établi à Alby de temps immémorial.

Cette fabrication avait paru d'une haute importance, puisque la Société économique de Berne, qui s'en était occupée, avait publié un mémoire fort intéressant sur ce sujet en 1782.

Un an auparavant, la Société Géorgique de Rome avait

fait imprimer un travail très-curieux ayant pour titre : *Memoria sulla maniera di estrare lolio dai vinaccioli dalle granella dell'uva*, in-8°, avec fig., Rome, 1778; où *Mémoire sur la manière d'extraire l'huile des pépins de raisin*, etc.

.. En 1791, on commença à se livrer à de nouveaux essais sur divers points de la France, et même à Paris; ces essais furent très-satisfaisants. Depuis, plusieurs personnes s'en sont occupées et ont obtenu des résultats heureux.

M. Bastilliat a retiré du marc de raisin, de huit tonneaux qu'il passa au crible, deux tonneaux de pépins qui lui donnèrent 16 kilog. d'huile.

M. Rougier de la Bergerie obtint des résultats encore plus avantageux.

En 1823, M. Boudrey, de Molesme, retira du marc de huit feuillettes de vin, 3 hectolitres de pépins, qui produisirent 30 litres d'huile, ce qui fait 10 pour cent.

En 1824, M. Bouchotte, distillateur à Clermont-Tonnerre, parvint à extraire de 15 kilog. de pépins, 3 litres d'huile, ce qui fait plus de 18 pour cent; il est vrai qu'en 1824 la maturité des raisins était plus parfaite qu'en 1823.

L'huile de pépins de raisin a besoin, il est vrai, d'être dépurée : 100 kilog. se réduisent à 75, plus 25 kilog. d'un marc qui peut servir à la fabrication du savon. Cette huile, pour l'éclairage, l'emporte sur celle de noix, et rivalise avec celle d'olive, tant par sa vive lumière que parce qu'elle ne répand ni odeur ni fumée.

Dans le midi de la France, il y a des propriétaires qui récoltent jusqu'à 1500 muids de vin de 48 veltes. Le marc de chaque muid de vin produit, terme moyen, 30 kilog. de pépins, lesquels peuvent donner depuis 3 jusqu'à 5 kilog. d'huile, sans cependant renoncer à la vente du marc, soit pour l'eau-de-vie, soit pour la fabrication du *vert-de-gris*. Or, un propriétaire qui récolte 1500 muids de vin peut extraire des pépins de ses raisins depuis 45 jusqu'à 75 quintaux métriques d'huile, et appliquer le résidu des pépins au chauffage. Il est aisé de juger, d'après ce fait, de l'énorme quantité d'huile qu'on perd annuellement dans les pays de vignobles.

Extraction. — Le procédé qui est usité en Italie, consiste à moudre les pépins de raisin, ainsi que nous l'avons déjà dit, ou bien à les broyer sous une meule verticale semblable à celle des tanneries, des moulins d'huile d'olive, etc., en ayant soin de jeter de temps en temps un peu d'eau chaude sur la poudre, pour éviter l'empâtement de la meule, et en broyant bien fin ces pépins; car la quantité d'huile que l'on en extrait est en raison directe de cette finesse. On passe alors cette poudre dans une chaudière en cuivre, et on y ajoute peu à peu du quart au tiers de son poids d'eau à 50°, que l'on y incorpore de manière à ce que la pâte soit sans grumeaux. On allume alors le fourneau, et on la chauffe à une douce chaleur, que l'on entretient jusqu'à ce qu'on s'aperçoive qu'en pressant cette pâte dans la main il en suinte un peu d'huile entre les doigts : c'est alors le point de cuite. On doit bien faire attention de remuer constamment la pâte dans la chaudière, et de ne pas donner un coup de feu trop fort, parce que l'huile contracterait un goût d'empyreume. Cette pâte est alors placée dans de grandes toiles faites avec du crin et du chanvre, qu'on serre au moyen de sangles, après quoi elle est soumise à l'action d'un pressoir à coins. Lorsqu'il n'en sort plus rien, on porte le résidu sous la meule, et on renouvelle cette même opération. Par ce moyen on extrait de 100 kilogrammes de pépins depuis 12 jusqu'à 20 kilogrammes d'huile. Si l'on voulait tenter cette exploitation en France, il serait peut-être plus avantageux d'employer le traitement par la vapeur, qu'on pratique pour les graines oléagineuses.

Je vais maintenant faire connaître la cause de cette variation dans le produit.

1° Les pépins des raisins blancs sont moins riches en huile que ceux des raisins noirs.

2° Les pépins frais en fournissent beaucoup plus que les vieux. J'en ai examiné qui m'avaient été remis par M. Faure, fabricant de *vert-de-gris* à Narbonne, et qui avaient plus d'un an : je n'ai pu en extraire que 8 pour cent d'huile.

—

3° Les pépins de raisin d'une vigne dans sa plus grande vigueur donnent beaucoup plus d'huile que ceux d'une vieille vigne, et ceux de celle-ci un peu plus que ceux d'une jeune.

4° Les pépins des vignes du Roussillon, de l'Aude et de l'Hérault, donnent 2 pour cent de plus que ceux des vignes de Bordeaux.

Relativement aux espèces de raisin, plusieurs expériences m'ont démontré que la quantité d'huile qui en provenait était relative à chaque espèce : ainsi j'en ai retiré de cent parties de

Raisins noirs.

Grenache, *vitis acino nigro, subrotundo, subaustero.* 0,185

Caragnane, *vitis acino oblongo, subnigro, dulcis et molli.* 0,184

Piquepouil noir, *vitis pergulana, uvá peramplá, acino oblongo, duro et nigro* 0,178

Terret, *vitis uvá peramplá, acino rotundo, nigro, dulce, acido* 0,165

Raisins blancs.

Piquepouil gris, *vitis acinis minoribus, dulcibus et griseis* 0,162

Muscat, *vitis acinis albis, dulcissimis.* 0,155

Muscat romain, *vitis pergulana, acinis majoribus, oblongis, duris et acuminatis* 0,150

Panse, *vitis uvá perampla, acino rotundo, subalbido dulcior :* c'est l'espèce avec laquelle on prépare les raisins secs 0,135

Blanquette ou clarette, *vitis serotina, acinis minoribus, acutis flavis, albidis, dulcissimis.* 0,135

Ugnos, *vitis acino rotundo, albido, flavo, dulce* . . 0,114

Les raisins, sur les pépins desquels ces expériences ont été faites, proviennent du Roussillon et de Narbonne. Les plants des vignes de ces localités sont la caragnane, la grenache, le piquepouil noir et gris, le ribairenc, le terret et la blanquette. Les autres espèces sont beaucoup plus rares.

L'huile des pépins de raisin est d'un jaune doré, quand elle est extraite des pépins récents; elle est brunâtre et a un goût âcre s'ils sont vieux. Dans le premier cas, elle est douce et presque inodore, si elle a été extraite à froid; si l'on a recours à la chaleur, elle conserve une légère saveur acerbe, qu'on lui enlève en l'agitant avec deux centièmes de son poids d'acide sulfurique, et la battant ensuite avec le double de son poids d'eau. Cette huile brûle avec une flamme claire et sans odeur ni fumée; elle ne se fige qu'au-dessous de 0. Exposée à l'action de l'air, elle rancit, devient très-poisseuse, acquiert une couleur brunâtre, et prend une consistance égale à celle de la térébentine épaisse; elle se saponifie très-bien avec les alcalis. 3 kilog., ainsi traités, m'ont donné 5 kil.25 de savon, dont le poids s'est réduit, au bout de trois mois, à 4 kil.62. Ce savon est d'un gris jaunâtre, beaucoup plus mou que celui avec l'huile d'olives, et n'en acquérant jamais la densité.

De ces divers faits, je crois pouvoir conclure qu'il serait avantageux d'extraire l'huile des pépins de raisin, laquelle pourrait être très-utilement employée, tant pour l'éclairage que pour les arts.

Nous terminerons cet article en faisant connaître le procédé de M. Bontoux pour l'extraction de cette huile; le voici :

On fait macérer, dans une lessive alcaline, des pépins qu'on a séparés des marcs; on les lave ensuite et on les transporte dans une trémie placée au-dessus d'un récipient, au centre duquel deux cylindres cannelés dans leur longueur, triturent les pépins, qui tombent et qui, en passant sous une meule, sont humectés et broyés, au point de former une pâte, laquelle étant chauffée à un degré convenable par la vapeur de l'eau bouillante, suivant les qualités, dans un chaudron à trois fonds, est portée sous le pressoir, d'où on en retire une huile propre à l'éclairage.

SECTION XXVIII.

HUILE DE RAIFORT DE LA CHINE.

Toutes les semences de la famille des crucifères sont susceptibles de donner des huiles ; l'une qui est volatile, se trouve contenue dans les enveloppes de la graine, et l'autre, qui est douce, dans les cotylédons. Tous les raiforts sont donc susceptibles d'en produire ; mais il en est une espèce qui a fixé plus particulièrement l'attention des cultivateurs, c'est le *raphanus sinensis, raifort de la Chine*, dont M. de Grandi a introduit la culture en Italie vers 1790 : cette semence donne beaucoup d'huile ; des expériences faites à Venise démontrent que cette huile est excellente, tant pour la cuisine que pour l'éclairage.

Le docteur F. di Oliviero, dit qu'elle est très-bonne pour combattre les affections rhumatismales et pulmonaires, ainsi que les pleurésies et les toux convulsives.

Cette plante ne craint point les plus fortes gelées ; on la sème en septembre, en mai et en juin ; son huile s'altère difficilement : on la prépare comme celle des autres semences oléagineuses.

SECTION XXIX.

HUILE DE RICIN (*ricinus communis*, Lin.).

Le ricin, connu sous les noms de *palma-christi, huile de castor*, est une plante originaire d'Amérique, qui figure maintenant, comme plante d'agrément, dans tous les jardins de l'Europe. Dans quelques contrées de l'Espagne, telles que l'Andalousie, Barcelone et en Algérie, elle s'élève à une grande hauteur et y vit plusieurs années, tandis qu'elle est annuelle en France. Le ricin a d'abord été cultivé en grand dans la Hollande et l'Italie, et, depuis une vingtaine d'années, dans quelques parties du midi de la France, notamment dans les environs de Nîmes. M. Limouzin-Lamotte l'a cultivée aussi dans le département de la Haute-Garonne et les pieds de cette plante se sont élevés, dans ce sol, jusqu'à plusieurs mètres de hauteur.

Le ricin se sème en France vers le commencement de mars, dans les bonnes terres un peu humides, de la même manière que le maïs, mais les semences à une plus grande distance les unes des autres. Si la terre est bonne et que la plante puisse bien se développer, elle acquiert une grosseur telle que l'auteur précité en a vu égaler en volume des arbres qui auraient six fois plus d'âge, et donner jusqu'à 1 kil. 500 de graines. Cette plante doit être sarclée, quand elle a trois ou quatre feuilles ; si les pieds sont trop serrés, on les éclaircit. On doit les chausser comme le maïs, et réitérer cette opération, s'il en est besoin, jusqu'à ce que le premier épi se soit développé. Le ricin produit de neuf à dix épis en grappes ; ils sont d'autant plus longs et plus garnis que la terre est meilleure ; ces épis sont formés par des capsules à trois étages qui renferment chacune une semence de la grosseur d'un haricot moyen. D'après un calcul approximatif qui en a été fait, le produit de chaque semence est, terme moyen, de 8 à 900 pour 1 : ces semences épluchées fournissent plus de la moitié de leur poids d'huile.

La culture du ricin offre un autre avantage, c'est qu'on peut semer, entre les pieds des plantes, des haricots, des pois ou du maïs.

Préparation de l'huile de ricin par le procédé de M. Planche. Cet habile pharmacien a préparé en grand cette huile de la manière suivante. Après avoir criblé les semences de ricin, et les avoir mondées à la main, il les met dans un vase, dans lequel il verse ensuite de l'eau chaude pour les laver : il fait couler ensuite cette eau, qui est fortement colorée, et renouvelle ces lotions jusqu'à ce que le liquide sorte incolore Après que ces semences ont été agitées sur un tamis, il les fait réduire en pâte très-fine dans un mortier de marbre, et en forme une émulsion en y ajoutant suffisante quantité d'eau froide ; après quelques minutes de repos, il décante cette émulsion et lave le résidu avec de nouvelle eau froide, et ajoute cette émulsion à la première ; il les passe ensuite à travers un tamis de crin très-fin, les verse dans une bassine d'argent et les porte à l'ébullition ; au bout d'un quart-d'heure, il se rassemble à la surface, une substance huileuse épaisse, qu'il enlève soigneusement. M. Planche fait ensuite bouillir cette huile dans une bassine d'argent jusqu'à ce que le mucilage, coercé par la chaleur, oblige l'huile à l'abandonner ; lorsqu'elle est ainsi privée de toute humidité, il la verse sur un linge fin, à travers lequel elle passe claire, blanche et très-douce.

Procédé de M. Faguer. — L'on sait que les procédés d'extraction de l'huile de ricin peuvent avoir lieu par simple expression, par l'ébullition dans l'eau ou par celle de l'ébullition de l'émulsion. M. Faguer a proposé une autre méthode basée sur la propriété dont jouit l'alcool de dissoudre l'huile de ricin et d'en séparer le mucilage. En conséquence, il reduit en pâte les semences de ricin, mondées de leurs enveloppes, et ajoute à cette pâte 125 grammes d'alcool par 500 grammes ; il soumet ensuite le mélange à la presse entre des coutils, retire, par la distillation, la moitié de l'alcool employé, et lave ensuite à plusieurs eaux l'huile résidu de cette distillation, afin de séparer le reste de l'alcool. L'huile étant séparée de l'eau, il en dégage l'humidité en la plaçant sur un feu doux, et il la filtre ensuite dans une étuve chauffée à 30°.

Cette huile, ainsi obtenue, est très-belle et très-douce ; si on ne sépare pas les enveloppes de la semence, elle est un peu colorée, quoique ayant cependant la même saveur. M. Faguer a retiré de 500 grammes de semence mondée, 312 grammes d'huile, et de celle non mondée, 28 gram. ; M. Henry en a même obtenu des quantités plus grandes par le même moyen qui, d'après cela, paraît donner beaucoup plus d'huile que les anciens procédés.

Aujourd'hui, dans le midi de la France et en Algérie, l'expression de l'huile de la graine de ricin se fait entièrement à froid et sans intermédiaire, procédé qui fournit une huile presque incolore, inodore, et douée seulement d'une saveur faible et bien plus supportable que celle de l'huile extraite par les autres procédés.

Cette huile, faite à froid, est épaisse, un peu filante, légèrement jaune et siccative.

Saussure, qui en a recherché la densité à diverses températures, a trouvé :

à 12° C. 0,9699
à 25° C. 0,9575
à 94° C. 0,9081

L'huile de ricin ne se congèle et ne se prend en masse qu'à — 18° C.

On doit à M. Geiger une analyse de la graine de ricin à laquelle il a trouvé la composition suivante :

Huile. 46.19
Amidon. 20.00
Albumine. 0.50
Gomme.. . . . . 4.31
Résine brune et principe amer. . 1.91
Fibre ligneuse.. . . . . 20.09
Eau.. . . . . 7.09

              Total. 100.00

On extrait encore de l'huile de castor à la Martinique de diverses espèces de ricins, tels que le *Ricinus sanguineus*, *R. rutilans*, *R. americanus*, *R. lividus*, *R. spectabilis* et *R. lividus*.

SECTION XXX.

HUILE DE TOURNESOL.

Le *tournesol* ou *soleil* est designé par les botanistes sous le nom d'*hélianthus annuus*. On cultive cette plante dans nos jardins ; il serait très-facile de la ranger dans la grande culture : sa tige s'élève jusqu'à 2^m.50 de hauteur ; elle est forte, et, vers le milieu, elle se divise en rameaux qu'accompagnent de larges feuilles lancéolées et couvertes de poils. Les fleurs ressemblent au disque du soleil ; elles ont quelquefois jusqu'à 1^m.50 de circonférence; elles sont situées à l'extrémité des rameaux et de la tige principale ; celle qui est au bout de celle-ci est plus grosse et plus élevée, toutes s'inclinent vers le sud et portent un grand nombre de semences qui succèdent aux fleurons, et qui sont disposées sur le réceptacle commun. Ces semences sont très-blanches et recouvertes d'une enveloppe dure et d'un noir luisant : dépouillées de cette enveloppe et réduites en pâte, elles donnent plus de 15 pour 100 d'une huile blanche et douce qui se rapproche beaucoup de celle de citrouille, a une densité, à 15° C., de 0.972 et se solidifie à — 16°.

SECTION XXXI.

HUILE DE MAÏS (*Zea maïs*).

On fabrique aux Etats-Unis, une liqueur fermentée avec de la farine de maïs et d'autres graines, mais quand on emploie le maïs seul sans le mélanger à du seigle, on obtient une huile grasse qui vient surnager à la surface des cuves de fermentation et se trouve mêlée à l'écume. On l'enlève et on la laisse déposer ; elle se clarifie, on la décante, et elle devient immédiatement propre à l'usage. Elle est limpide, d'une teinte jaune d'or léger et n'a ni mauvais goût ni mauvaise odeur. Elle est très-bonne à brûler dans les lampes et peut être utilement employée a graisser les machines.

SECTION XXXII.

HUILE DE MARRON D'INDE.

Depuis longtemps on a essayé d'employer utilement le fruit des marronniers d'Inde (*æsculus hippocastanum*), et un examen de ce fruit a démontré qu'il contient deux huiles différentes, l'une verdâtre dans l'écorce, et l'autre jaune orangé dans la masse ou pulpe blanche intérieure.

Voici la manière d'opérer pour extraire du marron une huile qui paraît être un mélange de celle de l'écorce et de celle de la pulpe.

On broie le marron, écorce et pulpe, et on forme une farine qu'on met en ébullition avec de l'eau aiguisée d'acide sulfurique. Cet acide transforme cette pulpe amylacée en glucose, qu'on rapproche par la concentration, et à la surface duquel s'élève l'huile qu'on recueille. La quantité de cette huile, dans un traitement en grand, ne s'élève pas à plus de 1 à 1 1/2 pour 100.

Cette huile est brun verdâtre, d'une odeur empyreumatique, d'une saveur amère, et d'une odeur qui caractérise le marron d'Inde et est employée avec succès dans quelques affections névralgiques et rhumatismales.

SECTION XXXIII.

HUILE DE SAPIN.

Elle s'extrait en grand dans la Forêt noire, des semences épluchées du *pinus abies*. Elle est limpide, siccative, d'un jaune doré, d'une odeur de térébenthine et d'une saveur résineuse. Elle se dessèche rapidement à l'air, se solidifie à — 19° et a un poids spécifique de 0,9258 à 15°. Elle s'épaissit déjà à — 15°. On l'emploie dans la préparation des vernis et des couleurs.

SECTION XXXIV.

HUILE DE PIN.

Elle s'extrait des semences du *pinus sylvestris*, et aussi du pin à pignon, *pinus pinea*. Elle est siccative, jaune brunâtre, d'une odeur et d'une saveur analogues à l'huile précédente et se dessèche aussi rapidement qu'elle. A — 27°, elle commence à se troubler. Elle se solidifie à — 30°. Son poids spécifique est 0,9312 à 15°.

SECTION XXXV.

HUILE DE MÉDICINIER.

Le jatropha cathartique (*jatropha curcas*, Linn.), vulgairement appelé médicinier, pignon de Barbarie, pignon d'Inde, grand haricot du Pérou, est un arbrisseau très-touffu, de la hauteur de nos figuiers, rempli d'un suc laiteux, âcre, astringent, des contrées chaudes de l'Amérique et de l'Afrique, qui exhale une odeur intense et narcotique. Son fruit ovale, de la grosseur d'une petite noix, jaune, puis noirâtre, renferme sous une écorce épaisse et coriace, trois coques bivalves blanchâtres, monospermes. L'amande pressée entre les doigts, exhale une matière huileuse fortement purgative et émétique. Ces semences, soumises aux mêmes opérations que l'arachide et les graines, abandonnent une huile qui peut servir dans la fabrication des savons, le graissage des machines, le cardage et la filature de la laine et la teinture. Cette huile est limpide, jaunâtre, brûle bien, sans odeur ni fumée et se saponifie très-bien.

Nous terminerons ici la nomenclature des huiles qu'on rencontre le plus communément dans le commerce, mais il y en a encore un bien plus grand nombre qu'on extrait de diverses parties des plantes, et surtout des graines dont on fait usage en médecine et quelquefois dans les arts, quand elles sont abondantes et à bas prix, tels sont l'*huile de croton*, qu'on extrait de la graine du *croton tiglium* de la famille des euphorbiacées, et qui est corrosive, vénéneuse et fortement drastique; l'*huile d'épurge*, produit de la graine de l'*euphorbia lathyris*, qui est douée d'une saveur âcre, d'une odeur particulière et est fortement purgative. L'*huile de belladone*, extraite des graines de l'*atropa belladona*, de la famille des solanées, qui est limpide, jaune doré, inodore et fade, servant à l'alimentation et à l'éclairage; l'*huile de lentisque*, qu'on recueille des amandes du *pistacia lentiscus*, de la famille des térébinthacées, est verdâtre, assez aromatique et sert principalement à l'éclairage. L'*huile de tabac*, produit de la graine du *nicotiana tabacum*, de la famille des solanées, qui est limpide, jaune verdâtre, inodore et fade, etc.

M. Hervé-Mangon a cultivé pendant 3 années consétives, quelques plantes dont les graines peuvent fournir de l'huile, telles que le *cheiranthus annuus, reseda luteola, lepidum virginianum, iberis amara, madia viscosa, ma-*

daria elegans, le *thlaspi*, etc., et fait remarquer que l'extraction, pour quelques-unes de ces graines, ne se fait bien qu'après qu'elles ont été décortiquées, opération que l'on pratique maintenant pour le colza lui-même, dans quelques huileries, et qui ne présente plus de difficultés avec les machines actuelles.

On extrait aussi dans l'Inde, au Brésil, à la Guyane, à Otahiti, etc. : 1° une huile fluide de l'*astrocaryum vulgare*, dite *graisse d'aoura*, qu'on mange et dont on fait du savon ; 2° du *calophyllum calaba* ou *huile galba* qu'on brûle ; 3° du *moringa pterigosperma*, dite *ben-aile*, qui a été introduit aussi à la Martinique, et fournit une huile très-fluide qui ne rancit pas ; 4° du *xylocarpus carapa* ou *huile de carapa*, qu'on pourrait obtenir en très-grande abondante ; 5° du *virola sebifera*, dite *huile de Yamaden*, abondante à la Guyane ; 6° de l'*aleurites triloba*, *huile de Bancoul*, de Tahiti, qui est très-siccative ; 7° de l'*onocarpus bacaba* ou *huile Camou* dans l'Inde, dont on se sert à la Guyane pour la table et la fabrication du savon, et une foule d'autres graines, dont l'énumération nous entraînerait trop loin.

Nous ferons remarquer enfin qu'on donne aussi le nom d'huile, telles que huile de palme, huile de coco, à des substances concrètes à la température ordinaire, qui ne sont pas des huiles proprement dites, mais sur lesquelles nous entrons dans des détails étendus, dans notre *Manuel de la fabrication des acides gras et des bougies stéariques.*

SECTION XXXVI.

RÉSUMÉ SUR L'HUILE DES GRAINES OLÉAGINEUSES.

Nous avons déjà fait connaître que l'huile d'olives est la seule huile douce qu'on trouve dans nos climats dans la drupe du fruit. Celle des graines oléagineuses n'existe que dans les cotylédones des semences, et nul exemple n'a encore démontré qu'une graine monocotylédone en contienne. L'huile douce, car les graines en contiennent souvent une de volatile qui est unie à leur enveloppe, comme dans les moutardes, les raiforts, etc., l'huile douce, dis-je, se trouve dans ces semences avec de la fécule et une espèce de mucilage qui les rend miscibles à l'eau, en lui communiquant cet aspect laiteux qu'on nomme *émulsion*. Nous avons exposé précédemment les propriétés physiques et chimiques des huiles en général ; nous y renvoyons nos lecteurs. Nous nous contenterons de dire que celles qu'on extrait des graines oléagineuses offrent quelques nuances dans leurs propriétés, que nous avons fait connaître lorsque nous nous en sommes occupé partiellement. Comme leur mode de préparation est, à peu de chose près, identique, on pourra faire, à celles que nous avons passées sous silence, comme étant d'un moindre intérêt, les mêmes applications qu'à celles dont nous avons parlé de préférence, tant à cause de leur utilité que de la plus grande quantité qu'on peut en fabriquer.

Plusieurs huiles des semences oléagineuses, bien préparées, peuvent être employées comme aliment ; les autres sont appliquées à l'éclairage, à la fabrication des savons mous et dans les arts. C'est principalement dans les départements du nord de la France qu'on les prépare, et c'est, pour ce pays, une branche importante d'agriculture et d'industrie.

SECTION XXXVII.

ÉLAÏOMÈTRE BERGOT.

M. Bergot a imaginé un appareil d'une grande simplicité qu'il nomme *élaïomètre*, et à l'aide duquel on peut, par une série de manipulations qui ne présentent aucune difficulté, reconnaître en peu de temps quelle est la richesse en huile d'une graine oléagineuse quelconque. Cet appareil, qui offre aux fabricants d'huile de graines, ainsi qu'aux agriculteurs, l'avantage de les éclairer, dans leurs nombreuses transactions, sur leurs intérêts respectifs, a été présenté pour la première fois par l'auteur, en 1859, dans l'une des séances de la société d'agriculture et de commerce de Caen. Depuis cette époque, il est entré complétement dans le domaine de la pratique, et l'auteur a reçu différentes récompenses, au nombre desquelles la médaille d'or que lui a décernée le ministre de l'agriculture, du commerce et des travaux publics, lors du concours général et national d'agriculture qui s'est tenu à Paris, en 1860.

Fig. 123 et 124, pl. 7 : vues des deux parties de l'appareil disposé pour l'opération.

Fig. 125, 126, 127, 128, 129, 130 : détails se rapportant à la figure 124.

Fig 131 : section verticale d'un petit moulin servant à moudre la graine à essayer.

A. Vases en verre à deux tubulures (fig. 123).

B. Cylindre également en verre, terminé vers le bas par un étranglement cylindro-conique, s'ajustant à l'émeri sur la tubulure verticale du vase A ; lorsqu'on opère, on recouvre ce cylindre d'un couvercle en laiton.

C. Tige métallique placée à l'intérieur du cylindre B et portant un bouchon servant à intercepter plus ou moins l'orifice intérieur de ce cylindre.

D. Diaphragme fixe percé de trous et rivé à la tige C.

E,E. Diaphragmes mobiles également percés de trous.

F,F. Rondelles de feutre se plaçant sur chacun des diaphragmes mobiles ; on les a séparées de ceux-ci dans la figure afin de les désigner plus facilement.

G, petite pompe aspirante en laiton, montée sur la seconde tubulure du vase A et s'y adaptant au moyen d'un bouchon de caoutchouc.

H, petite chaudière en cuivre (fig. 129), dont le couvercle fixe porte à sa partie supérieure une ouverture pour l'introduction de l'eau et la sortie de la vapeur.

I, lampe à alcool (fig. 127) servant à chauffer la chaudière H, et garnie, à sa base, d'une petite cuvette.

J (fig. 126), cylindre en laiton se posant sur la cuvette de la lampe I qu'il enferme complétement, et recevant à sa partie supérieure la chaudière H, qui s'y trouve retenue par un rebord circulaire dont son couvercle est muni. La lampe et le cylindre constituent le fourneau de l'appareil, et les choses sont disposées pour opérer, ainsi que l'indique la figure 124. Le cylindre J porte une série de grands trous garnis de toile métallique pour le passage de l'air qui doit alimenter la lampe.

K (fig. 125), manchon en laiton supportant le fourneau et la chaudière pour les élever au-dessus de la table sur laquelle on opère.

L (fig. 128), poignée mobile servant à saisir le cylindre J, pour l'enlever, ainsi que la chaudière, de dessus la lampe à alcool.

M, capsule en cuivre étamé (voir la section verticale, fig. 130) s'ajustant sur un vase dit bain-marie N.

O, tubulure adaptée à la partie inférieure du bain-marie N, et servant à l'introduction de la vapeur fournie par la chaudière H.

P (fig. 124), tube en caoutchouc s'adaptant, d'une part, à la tubulure O du bain-marie, et, d'autre part, à un bouchon de caóutchouc qui sert à fermer l'orifice du couvercle de la chaudière.

Manière de se servir de l'appareil. — Première partie de l'opération. — On prend 100 gr. de la graine à essayer, et on les réduit en farine au moyen du petit moulin representé figure 131. On retire ensuite du cylindre B (fig. 123) les deux diaphragmes mobiles avec leurs rondelles de feutre ; on verse sur le diaphragme fixe la moitié de la matière ; on recouvre avec le premier diaphragme garni de son feutre, puis on met le reste de la matière et l'on place le second diaphragme. Cela fait, on verse sur le tout une première quantité de bisulfure de carbone qui, en traversant les diaphragmes, pénètre régulièrement dans la masse et la mouille complétement.

Après quelques minutes, on fait le vide avec la petite pompe aspirante ; la pression atmosphérique venant à comprimer la matière, le bisulfure de carbone s'écoule dans le vase à deux tubulures, en entraînant avec lui l'huile dont il s'est chargé. On verse une nouvelle quantité de bisulfure de carbone, puis on pompe encore, et l'on continue ainsi jusqu'à ce que le sulfure qui s'écoule soit tout-à-fait incolore.

Pour s'assurer que la graine a été dépouillée entièrement de son huile, on enlève le cylindre B et on reçoit sur du papier quelques-unes des dernières gouttes de liquide qui s'échappent. Le bisulfure de carbone ne tardant pas à s'évaporer, s'il ne contient plus d'huile, le papier ne devra pas rester taché. Dans ce cas, la première partie de l'opération se trouvera terminée ; dans le cas contraire, la persistance des taches indiquera qu'il reste encore de l'huile à extraire, et on devra continuer à agir avec le bisulfure de carbone.

M. Bergot indique que, de tous les liquides dissolvant les corps gras, c'est le bisulfure de carbone désinfecté qu'on doit préférer, parce qu'il joint à l'avantage du bon marché la propriété d'agir rapidement. La quantité maxima nécessaire à un essai est de 400 à 450 grammes pour 100 de graine ; mais, si l'on avait le temps de laisser l'imbibition de la matière s'opérer lentement, c'est-à-dire d'attendre une heure ou deux avant d'agir avec la pompe, 250 à 300 grammes seraient suffisants. A défaut de bisulfure de carbone, on peut employer de l'éther sulfurique rectifié, de la benzine ou chloroforme.

Deuxième partie de l'opération. — Il s'agit maintenant de séparer du bisulfure de carbone l'huile qu'il a entraînée, afin de pouvoir déterminer son poids.

Les choses étant disposées ainsi que l'indique la figure 4, on met de l'eau dans la chaudière jusqu'aux trois quarts de sa capacité, et on allume la lampe à alcool pour produire de la vapeur. Pour empêcher l'alcool de s'échauffer, on doit avoir soin de verser de l'eau dans la petite cuvette dont la lampe est munie ; cette précaution a en même temps pour but de créer une fermeture hydraulique, qui rend plus hermétique la jonction de la lampe et du cylindre qui porte la chaudière. Une autre précaution importante, c'est de placer sous la lampe le manchon qui sert à l'exhausser ; de cette manière, l'air peut toujours arriver jusqu'à la flamme, et les vapeurs de bisulfure de carbone qui, en vertu de leur densité, se répandent sur la table, ne risquent pas de l'éteindre.

Après avoir placé l'appareil sous une cheminée ou en plein air, afin de ne pas être incommodé par les vapeurs de sulfure de carbone, on verse, dans la capsule qui recouvre le bain-marie, le liquide contenu dans le vase A. Sous l'action de la vapeur qui arrive, le liquide ne tarde tarde pas à entrer en ébullition, et le sulfure s'évapore. Cette évaporation dure environ de 20 à 25 minutes; la cessation de l'ébullition et l'absence de toute odeur, même après qu'on a agité avec une baguette de verre, indiquent du reste que tout le sulfure a disparu. Cependant, pour éviter toute chance d'erreur, on enlève, en dernier lieu, la chaudière du fourneau, et on la remplace par la capsule qu'on y laisse jusqu'au moment où l'huile est près d'entrer elle-même en ébullition. A ce moment, la capsule ne contenant plus que de l'huile, on la pèse avec le liquide, et le poids trouvé, diminué de celui de la capsule (1), indique par conséquent la teneur de la graine, exprimée en centièmes de son poids, puisqu'on a opéré sur 100 grammes de matière.

On a supposé, dans ce qui précède, que la capsule pouvait contenir en une seule fois tout le liquide provenant du vase A; lorsqu'il n'en est pas ainsi, on évapore en deux fois et on ajoute les résultats des deux pesées.

On pourrait faire la contre-épreuve de l'opération en chauffant la graine épuisée retirée du cylindre B (fig. 123) et en constatant son déchet au moment où l'odeur du sulfure a disparu. Lorsque la graine qu'on a essayée est de récolte récente, elle contient certains principes aqueux dont on peut déterminer la proportion en continuant la dessiccation; on connaît ainsi la perte que cette graine pourra éprouver en magasin.

L'emploi du sulfure de carbone nécessite une certaine prudence, en raison de la facilité avec laquelle il prend feu; il est donc bon que l'opérateur ait toujours à sa

____

(1) Dans chaque appareil, le poids de la capsule est indiqué par un chiffre poinçonné, en sorte qu'on n'a jamais qu'une pesée à faire.

Fabricant d'Huiles. 13

portée un linge mouillé. Lorsque par hasard le sulfure
s'enflamme, on éteint immédiatement la lampe ou on recouvre la capsule avec le linge mouillé, ou, à son défaut,
avec un couvercle capable d'intercepter le contact de
l'air.

L'évaporation du sulfure de carbone, au lieu de se faire
par la vapeur, pourrait être obtenue au moyen de l'eau
bouillante; de cette manière, on serait sûr d'éviter toute
chance d'accident. Dans ce cas, on emploierait, au lieu
de bain-marie, un appareil se composant d'un réservoir
cylindrique en fer-blanc porté sur un trépied, muni à
sa partie inférieure d'une tubulure et ouvert pour recevoir la capsule d'évaporation; enfin, un robinet de vidange serait placé à la partie inférieure. Pour opérer,
on verserait le liquide à évaporer dans la capsule, puis,
par la tubulure, on introduirait, dans le réservoir cylindrique, de l'eau bouillante qui ferait entrer le sulfure en
ébullition, et qu'on renouvellerait chaque fois que l'é-
bullition cesserait et jusqu'à ce que tout le sulfure ait
disparu. A la fin de l'opération, on ferait, comme ci-dessus, chauffer un instant la capsule à feu nu, ce qui ne
présenterait aucun danger, puisqu'il ne pourrait jamais
rester assez de sulfure pour s'enflammer.

M. Bergot a essayé, avec son appareil, un grand nombre
d'espèces de graines, non-seulement au point de vue de
leur richesse en huile, mais encore sous le rapport de la
quantité d'eau qu'elles retiennent; les résultats qu'il a
obtenus et que nous donnons d'après lui se rapportent
tous à 100 parties de graine.

		Eau.	Huile.
1. Colza ordinaire, Quettehou (Manche)		7	45
2. — parapluie, Neubourg (Manche)		3 1/2	44
3. — ordinaire du Hâvre		4	44
4. — ordinaire, Neubourg (Eure)		3 1/2	43

	Eau.	Huile.
5. — ordinaire, Lisieux (1re récolte)	5 1/2	43
6. Petit du Nord, Caen, Tilly-la-Campagne	8	42
7. — ordinaire, id., id. . . .	8	42
8. — parapluie, id.. id. . . .	8	42
9. — ordinaire, id., Noyers .	5	42
10. — ordinaire , Conches (Eure)	5	42
11. — ordinaire , Pontrieux (Côtes-du-Nord) . . .	10	40
12. — rouge de l'Inde (Bombay)	1 1/2	40
13. — Blanc de l'Inde, Kursachée	3 1/2	40
14. Graine de lin , Marigny (Manche)	7	34
15. Colza ordinaire , Fauville (Seine-Inférieure) .	7	42
16. — ordinaire , Criquetot (Seine-Inférieure) . .	7	42
17. — ordinaire, Saint-Paer (Seine-Inférieure) . .	7	41
18. Pavots blancs, Garselles (Calvados)	4	46
19. Arachides	4	38
20. Beref (melon d'eau) du Sénégal	4	36
21. Pavot œillette du Nord . . .	4	50
22. Moutarde des champs (*sinapis arvensis*)	6	15 à 42
23. Moutarde blanche	6	30
24. Chenevis	8	28

	Eau.	Huiles.
25. Moutarde noire.	8	29
26. Cameline	7	35
27. Graine d'Odessa	4	21
28. Sésame	0	53
29. Courges (semences froides).	4	36
30. Noix de palme mondées. . .	4	46
31. Nigre de l'Inde.	4	40
32. Rabette	4	44
33. Colza ordinaire de Bordeaux.	7	43
34. Colza à fleurs blanches de Sibérie.	6	40
35. Semences de nerprun	0	16
36. Semences de petites groseilles.	0	26
37. Semences de pommes	0	25
38. Faînes.	3	24
39. Noix de couloucounet mondées.	0	67
40. Soleil (grand).	0	15
41. Ravison.	4	22
42. Noix d'acajou, amandes. . .	0	40
43. — péricarpe. . .	0	42
44. Noyaux de cerises.	0	42
45. Semences d'oranges douces.	0	40
46. Semences de coloquinte. . .	0	16

SECTION XXXVIII.

APPAREIL A ANALYSER LES GRAINES ET A ÉVALUER LEUR RENDEMENT, DE M. MAUMENÉ.

Il est souvent utile d'analyser les graines oléagineuses et d'évaluer leur rendement, et voici pour cet objet un petit appareil imaginé par M. Maumené et qui remplit très-bien le but.

Dans l'allonge D, fig. 132, pl. 7, on introduit 100 gram. de graines broyées, maintenues par une mèche de coton. Le ballon B reçoit 400 à 500 grammes d'éther ou de sulfure de carbone (ou mieux de chloroforme qui est plus cher, mais dont on ne peut rien perdre, et qui n'est pas inflammable). On chauffe au bain-marie ; les vapeurs montent par le tube T, se condensent presque entièrement dans le ballon M et retombent liquéfiées sur la graine. Les vapeurs non condensées vont en M' et en M″, dont le bouchon porte un tube de sûreté muni d'une soupape (ou simplement une ampoule de verre à deux longues pointes, pour empêcher les projections de l'eau contenue dans la boule). Les tubes plongent jusqu'au fond des ballons M', M″. Il se condense très-peu de chloroforme en M' et pas du tout en M″, excepté quand la chaleur s'élève trop, mais on le voit facilement et on y remédie sans aucune peine en fermant le fourneau et enlevant l'eau chaude. Au besoin même, on verse de l'eau froide sur le ballon B, immédiatement tout le chloroforme contenu en M' est aspiré en M' et de M' en M. Les pertes d'éther et de chloroforme sont nulles, et cet appareil accomplit en peu de temps un lavage parfait.

Quand les gouttes de chloroforme tombent depuis quelque temps bien incolores dans le ballon B, on arrête. On introduit le liquide de ce ballon dans un petit alambic tout semblable à ceux employés pour les essais des vins, et on fait distiller le chloroforme. L'huile reste comme résidu et on en prend le poids.

CHAPITRE IV.

Fabrication des huiles de graines.

PREMIÈRE DIVISION.

La préparation de l'huile extraite des graines peut s'opérer de diverses manières, suivant qu'on fait l'opération en grand ou en petit. Dans le dernier cas, ii suffit de les piler et de les soumettre à l'action d'une bonne presse. Il n'en est pas de même lorsqu'on les prépare en grand, car on doit alors s'attacher à retirer le plus de produit possible, avec le moins de temps et le plus d'économie, en s'efforçant, en même temps, d'améliorer la qualité du produit. Il est plusieurs circonstances, ou mieux conditions, dont les unes sont favorables et les autres indispensables pour opérer fructueusement cette extraction : nous allons en présenter les principales :

1° Le *broiement*. Cette opération s'opère par le pilon, par les cylindres ou par la meule du moulin à huile dit *tordoir*. Il est aisé de voir que plus les graines oléagineuses seront réduites en poudre ou en pâte fine, plus il sera facile d'en extraire l'huile, à raison de la rupture des membranes qui la retiennent. On a cherché à se passer de ces moyens en appliquant aux graines oléagineuses la vapeur de l'eau bouillante ; nous parlerons de ce procédé. Nous ajouterons ici que, comme les tordoirs ne sont pas toujours mus par l'eau, mais plus souvent par le vent, surtout dans le département du Nord, ainsi que nous aurons occasion de le voir, on pourrait les faire mouvoir par la vapeur quand le vent cesse de souffler.

2° La *chaleur*. Il est plusieurs graines oléagineuses, comme celle de lin, etc., qui contiennent une si grande quantité de mucilage, qu'une torréfaction préliminaire est indispensable pour faciliter l'extraction de leur huile. Dans ce cas, on doit faire attention à ménager bien le feu, afin de ne pas brûler les graines. Cette torréfaction doit être conduite par une main exercée, car pour peu qu'elle ait dépassé le point, l'huile acquiert de mauvaises qualités.

3° *L'eau bouillante* ou *la vapeur d'eau*. Il est des graines qui se réduisent en une poudre sèche, d'où l'on ne parviendrait que difficilement à extraire l'huile sans l'addition de l'eau bouillante et sans les faire chauffer un peu avec le même liquide : l'huile des pépins de raisin nous en offre un exemple. En général, les graines oléagineuses réduites en pâtes, au moyen d'un peu d'eau chaude, et chauffées avec ménagement, donnent beaucoup plus aisément leur huile.

4° *L'expression*. Il est aisé de voir que l'huile étant logée entre les cellules des végétaux, on la fera sortir d'autant plus vite et en quantité d'autant plus grande qu'on exercera sur elle une plus grande compression, d'où dérive cette conséquence qu'un excellent pressoir influe singulièrement sur les produits de ces opérations. On peut appliquer ceux que nous avons indiqués pour la fabrication de l'huile d'olives, ou bien ceux qui sont mus par la vapeur, que nous ferons connaître.

D'après cet exposé, il sera facile de concevoir la fabrication des huiles des graines oléagineuses. En effet, après qu'on les a choisies bien mûres, saines, récentes et de bonne qualité, on les laisse bien sécher afin de ne pas empâter trop la meule. On les porte alors au moulin ou tordoir, et on en forme de suite une pâte avec un peu d'eau chaude, que l'on soumet à l'action d'une bonne presse, après avoir enfermé cette pâte dans des cabas ou dans des toiles. Nous ne décrirons point ici la forme des moulins à huile anciens ni des pressoirs; ils sont trop connus surtout dans les lieux où l'on fabrique ces huiles. Nous avons pensé qu'il valait mieux faire connaître les perfectionnements ou les inventions que l'on a présentés sur le même sujet, c'est le meilleur moyen d'être utile et d'intéresser ; nous présenterons auparavant, dans trois tableaux, l'état des tordoirs qui existaient il y a quelques années dans les divers arrondissements du département du Nord, leur exploitation, et l'état des dépenses.

Etat des tordoirs ou moulins à huile de divers arrondisse-
ments du département du Nord.

NOMS des ARRONDISSEMENTS.	NOMBRE DES TORDOIRS MUS	
	par le vent.	par l'eau.
Bergues (environs).	22	0
Hazebrouck.	44	2
Lille.	264	3
Cambrai.	25	8
Avesnes.	1	1
Douai	56	13
TOTAL.	412	27
Ensemble. . . · . . .	27	
	439	

Il est bon de faire observer, 1° que les tordoirs de Lille
sont en activité toute l'année et tant qu'il fait du vent ;
2° que les tordoirs à eau font le double d'ouvrage que les
tordoirs à vent ; 3° qu'il existe aussi, dans les mêmes
arrondissements, des tordoirs mus par des chevaux, et
dont les produits servent à la consommation locale ;
4° que les tordoirs à eau font partie d'usines ou moulins
à farine ; 5° enfin qu'on a fait pour la prospérité de la
fabrication de ces huiles, l'application des systèmes à la
vapeur aux tordoirs à vent, double moyen qui les met
en action toute l'année.

TABLEAU

De l'exploitation des moulins à huile du département du Nord.

ARRONDISSEMENTS.	NOMBRE de tordoirs.	QUANTITÉS D'HECTOLITRES FABRIQUÉS EN HUILES DE				
		colza.	œillette.	lin.	cameline.	chenevis.
Bergues (environs).....	22	1359		1941		
Hazebrouck.........	46	3180		4620		
Lille.............	267	45200	27000	16200	10800	10800
Cambrai..........	33	2376	1584			
Avesnes..........	2	120	80			
Douai............	69	6560	4100	2460	1640	1640
Totaux..., ...	439	58795	32764	25221	12440	12440

Récapitulation du produit des moulins ou tordoirs.

DÉSIGNATION.		QUANTITÉS.	VALEUR d'un hectolitre.	VALEUR de cent tourteaux.		VALEUR TOTALE.
Huiles de.....		hectolitres.				
	colza......	58,795	85			4,997,575
	œillette.....	32,764	96			3,145,344
	lin.......	25,221	104			2,622,984
	cameline....	12,440	92			1,144,280
	chenevis....	12,440	87			1,082,280
Tourteaux de.. .		tourteaux.				
	colza......	764,3350		12 fr. 50 c.		917,202
	œillette.	524,2240		10		524,224
	cameline....	199,0400		10	50	208,992
	chenevis....	398,0800		10	50	417,984
		kilogrammes.		les 100 kilog.		
	lin.......	456,5000		18 fr.		821,700
Total.						15,882,765

Etat des dépenses.

OBJETS DES DÉPENSES.	QUANTITÉ.		VALEUR.	
Graines de { colza.	264,577 hect.	50	4,799,435 f.	85 c.
œillette.	169,717	52	3,090,556	4
lin.	163,936	50	2,950,857	
cameline.	75,137	60	1,118,047	
chenevis.	123,529	20	1,235,292	
Salaire des ouvriers (1).			398,449	16
Feu, lumière, étrindelles, malfils, fil d'Anvers, vieux oing			175,075	
Futailles.			495,810	
Loyer, impositions, entretien des tordoirs et des bâtiments			582,200	
TOTAL.			14,845,722 f.	05 c.

Balance.

Produit de la fabrication.. . . . . 15,882,765 fr. » c.
Dépense. 14,845,722 05

Bénéfice.. . . . . 1,037,042 95

(1) Le salaire moyen des ouvriers a été évalué par M. Dieudonné, à 50 centimes par hectolitre de graines converties en huile. Il a augmenté depuis.

SECTION Iʳᵉ.

EXTRACTION DES HUILES DE LIN, DE COLZA, D'ŒILLETTE, DE CAMELINE, DE CHENEVIS, DANS LE DÉPARTEMENT DU NORD.

Les huiles que l'on fabrique dans les départements du nord de la France, sont principalement celles de *lin*, de *cameline*, de *colza* et d'*œillette*. Sur quelques points de ces départements, on s'occupe aussi de l'extration de celle de *chenevis* ; ces fabrications s'exécutent à l'aide de moulins à vent, et, lorsque les localités le permettent, de moulins à eau ; enfin, depuis quelques années, on compte plusieurs établissements dans lesquels on emploie la vapeur. Ces divers moulins sont connus sous le nom de *tordoirs*, et les ouvriers sous celui de *tordeurs*.

On fait usage de deux sortes de moulins à vent ; les uns sont bâtis en bois, les autres sont en pierre ; dans les premiers, les graines sont écrasées à moitié, à l'aide d'espèces de pilons de bois au nombre de cinq, dont le bout est recouvert d'une armure de fonte, qui tombent dans des mortiers de même nature, encastrés dans une forte pièce de bois (1).

Après cette opération, pendant laquelle on ajoute quelquefois un peu d'eau, lorsque les graines sont trop sèches, la poudre pâteuse que l'on obtient est soumise à l'action de la chaleur sur une plaque de fer entourée d'un cercle mobile de même métal. L'appareil se nomme *payelle* ou *poële* ; on se sert d'un feu clair de bois ou de charbon de terre ; une lame de fer horizontale, placée près du four de la *payelle*, attachée par son milieu à une tige adaptée au système, remue la graine et l'empêche de s'altérer. La température que l'on fait éprouver aux graines varie selon leur nature ; celles du colza sont chauffées plus que toutes les autres ; celles d'œillette, destinées aux usages de la table, à la première pression, ne le sont pas du tout ; ce n'est qu'au *rebas* qu'elles subis-

---

(1) On donne à ces pilons le nom d'*étampes*.

sent cette opération. Les ouvriers habitués à ces manipulations ne se trompent jamais, la main leur sert d'indice. On estime que la chaleur que les semences éprouvent dans cette circonstance est de 45 à 60° centig.; quoi qu'il en soit, on sent combien est vicieux le mode que nous venons d'examiner ; aussi dans les usines, où l'on emploie la machine à feu, les graines ne sont chauffées que par la vapeur, comme nous le dirons plus bas. Cette importante amélioration date de peu de temps.

Après avoir été chauffées, les graines sont versées dans des sachets de laine croisée que l'on nomme *malfil*; à l'aide de la main, on distribue également la poudre, on reploie l'ouverture du sachet sur elle-même, et on le place sur une étoffe (1) de crin façonnée en baudes, à côtes saillantes, qui enveloppe tout le sachet, et on soumet à l'action de la presse. Les tourteaux qui en résultent pèsent environ 8 kilogrammes ; cette première pression porte le nom de froissage.

La presse dont on fait principalement usage est celle dite à coin ; elle se compose d'un bloc de bois, long de 3ᵐ.70, placé horizontalement, solidement fixé sur deux pièces en bois par le bas et par un fort bâtis par le haut ; on a creusé deux parties distinctes, d'une forme un peu conique, dont une partie est garnie en tôle, toutes deux égales en longueur et en largeur, 87 centimètres de long et 18 centimètres de large. Deux forts boulons en fer traversent dans la largeur chaque partie ; deux pièces de bois que l'on appelle *fourneaux*, s'appuient sur ces boulons. Lorsque l'on veut opérer, on place un *sachet* (2) avec une *étrindelle*, un *fourneau*, une planche conique (*wande*), et une autre pièce en bois (*la clé*), ensuite le *coin* ; vient encore une *wande*, un *fourneau* et le *sachet* ; c'est ce qui compose la première partie de la presse ; un parallélipipède en bois, sorte de pilon (*l'aye*),

(1) Cette étoffe se nomme *étrindelle*.

(2) Le sachet est appuyé contre une plaque en fer, qui empêche l'imbibition de l'huile par le bois; on donne à cette plaque le nom de *pamelle*.

Fabricant d'Huiles.   14

enfonce le coin, et lorsque celui-ci est arrivé au bout de
sa course, un autre parallélipipède, semblable au premier (*la fausse aye*), tombe sur la *clé*, qui est plus élevée
que le *coin* de 13 à 16 centimètres, et desserre la presse.

L'huile est reçue dans un réservoir placé au-dessous
du moulin où on la met en tonne ; les deux *fourneaux*, la
clé, les *wandes* et le *coin*, en style de tordeurs, portent
le nom d'*harnard :* une presse compte deux *harnards*.

La deuxième partie de la presse est en tout semblable
à celle dont nous venons de donner la description ; elle
sert à obtenir une seconde pression ; la manipulation em
est la même, l'opération se nomme le rebas ; les étrindelles que l'on y emploie sont plus petites que dans la
première ; les tourteaux que l'on retire ont 38 centimètres de long, 10 millimètres d'épaisseur ; il sont à côtes
ont environ 16 centimètres de large vers le milieu, c'
leur forme est conique ; ce sont ceux qu'on livre au commerce. Le froissage terminé, les graines contiennent encore une grande quantité d'huile, on reporte les tourteaux, que l'on brise sous les pilons, ensuite dans la
payelle, et enfin à la presse on finit le *rebas* (1).

La plupart des moulins à vent, bâtis en briques, travaillent d'après le mode dont nous venons de parler.
Dans un certain nombre, on a remplacé les pilons par
deux meules verticales en pierre dure, ordinairement en
marbre noir qui abonde sur quelques points du département, tournant sur elles-mêmes, sur une autre fixe (le
bassin), placée horizontalement : une tringle en bois ramène continuellement les graines sous les meules. On
trouve qu'à l'aide des meules on obtient des produits plus
soignés, plus abondants, et que le travail se fait plus vite.

Dans les moulins à eau, la division des graines s'exécute soit à l'aide des pilons, soit au moyen des meules.
Dans quelques-uns, au lieu de chauffer les graines à feu
nu, avant la pression, elles sont chauffées par la vapeur.

Nous avons dit plus haut que, depuis un certain nombre d'années, on comptait plusieurs usines à huile, où

(1) Les semences de *chanvre* ne sont soumises en général qu'à une
seule pression.

l'on employait la force motrice de la vapeur pour la fabrication. Nous en avons visité une à Valenciennes, construite par les soins de M. *Hallette*, habile mécanicien à Arras, dans laquelle la machine à feu, de la force de huit chevaux et de trois atmosphères et demie de pression, fait mouvoir deux paires de meules, deux cylindres pour préparer la graine, une presse dite *muette*, qui sert au froissage, deux presses hydrauliques d'un grand effet, perfectionnées par M. Hallette pour le *rebas*, et quelques accessoires. Voici le procédé général que l'on emploie, procédé qui rentre dans celui dont nous avons déjà parlé.

Les grosses graines, comme celles de *chanvre*, de *colza*, etc., tombent d'une trémie sur deux cylindres de fonte tournant sur eux-mêmes, où elles éprouvent une division préparatoire. On les porte ensuite sous les meules, ainsi que les petites, auxquelles on ne fait pas subir la première opération ; on ajoute de l'eau si l'état de siccité de la graine l'exige. Lorsque la poudre est suffisamment fine, on la chauffe à la vapeur dans un vase en fonte, à double enveloppe, de forme légèrement conique, qui communique à la chaudière et à la machine à l'aide d'un tuyau. Un robinet placé à la base du vase sert à se débarrasser de l'eau condensée, un autre robinet disposé sur le tuyau, sert au contraire à l'introduction de la vapeur. Une tige de fer, dont la base est en spirale, tournant continuellement sur elle-même, permet à la graine de s'échauffer également. Une porte pratiquée sur un des côtés de ce chauffoir, aide l'ouvrier à retirer la graine pour la mettre en sac. C'est alors que l'on fait usage de la presse muette, dans laquelle on place deux étrindelles ; une noix, faisant un quart de tour de chaque côté, détermine la pression.

On reporte de nouveau le tourteau sous les meules ; on chauffe et on termine le *rebas* par la presse hydraulique.

Le procédé employé pour l'épuration des huiles de colza, et que l'on pratique aussi en grand, est connu depuis longtemps ; celui dont quelques personnes font usage pour l'huile d'œillette, quoique recommandé par plusieurs chimistes, ne l'est point également. L'huile mélangée à une solution d'alun et à une portion de gros sablon, est placée dans un tonneau tournant sur son axe; on chauffe soit avec de la vapeur, soit avec de l'eau bouillante, et on abandonne au repos dans un vase conique. On se contente aussi quelquefois de l'eau bouillante avec du sablon; d'autres, de la simple reposition.

SECTION II.

PROCÉDÉS ET APPAREILS DIVERS POUR LA FABRICATION DES HUILES ET DES GRAINES.

———

§ 1. *Meules verticales en pierre dure.*

L'on fait usage avec succès, pour écraser toutes sortes de graines, d'une ou deux meules verticales en pierre dure, fig. 16, pl. 1, d'un diamètre d'environ $2^m.20$, jusqu'à 52 à 54 centimètres d'épaisseur. L'axe de ces meules est fixé à un châssis, qui embrasse un axe vertical tournant sur pivot, et placé au centre d'une forte table de pierre. Le mouvement de rotation, qu'on lui communique, imprime à chaque meule deux mouvements.

1° Le mouvement de rotation sur elles-mêmes.

2° Celui qu'elles subissent en décrivant un cercle sur la table de maçonnerie sur laquelle elles roulent.

L'axe de chaque meule doit être ajusté de manière que la meule puisse hausser ou baisser, suivant le besoin.

L'une de ces pierres ou meules est plus rapprochée de l'arbre vertical que l'autre, de manière qu'elles occupent une plus grande étendue sur la table, et écrasent plus de graines. A l'aide de deux ramasseurs qui suivent les meules dans leur mouvement, et conduisent sans cesse les graines sous leur passage, elles sont écrasées dans tous les sens : le ramasseur extérieur est garni d'un chiffon de toile qui frotte contre la bordure ou contour de la table, et entraîne le peu de graines qui seraient restées dans l'angle de ce contour. L'opération des meules donne une graine bien écrasée, sans l'échauffer, et par conséquent elle fournit à la presse ou au tordage beaucoup plus d'huile vierge, c'est-à-dire tirée sans feu.

Ces meules verticales sont employées pour l'extraction de l'huile de toutes les semences oléagineuses; leur emploi serait également très-utile pour celle d'olives.

§ 2. *Moulin à huile ou tordoir*.

Lorsqu'on a un moteur tel que l'eau et le vent, on en fait usage pour établir des batteries de pilons adaptés à un arbre ou tournant garni de cames.

Une des batteries de pilons sert à broyer les graines dans des pots ou mortiers de bois, tandis que l'autre est destinée à faire jouer les coins de la presse.

La pièce la plus essentielle d'un tordoir, après l'arbre du premier moteur, est une grosse poutre de bois de hêtre, d'orme ou de chêne, d'environ 4 mètres de longueur sur 65 centimètres d'équarrissage; à la distance de 33 centimètres de l'une des extrémités de cette poutre sur la gauche, on a creusé quatre pots ou mortiers, disposés sur une même ligne, distants l'un de l'autre, et de 16 à 18 centimètres de diamètre.

Les quatre mortiers occupent un espace d'environ 1^m.50, un peu plus du tiers de la poutre; le reste de l'arbre à droite est ordinairement la tête de la culée; on y a creusé, à 65 centim. de distance des pots, une auge rectangulaire de 65 centim. de long, 1 mètre de large et 55 centim. de profondeur. On nomme cette auge *la laye*; au fond de la laye, et vers chacune de ses extrémités, on a creusé deux rigoles pour faciliter l'écoulement de l'huile dans des vases placés au-dessous du massif.

Le reste du bloc, sur la droite, est conservé dans son entier et dans toute son épaisseur.

Au-dessus du bloc, on a établi deux moises fixées par leurs extrémités sur les traverses du bâtis du tordoir.

La première moise est élevée au-dessus du bloc d'environ 1 mètre, et l'intervalle de celle-ci à la seconde est d'environ 1^m.30; les deux moises servent à maintenir et à guider les deux batteries de pilons, qu'un même arbre de la roue du premier moteur met en jeu, au moyen des cames dont il est muni.

Le nom de *pilon* indique assez sa destination, celle de piler les graines. C'est une solive de bois de hêtre d'environ 4 mètres de long, sur 16 à 18 centimètres d'équarrissage dans la partie supérieure qui traverse les moises; la partie inférieure, qui joue dans les pots ou mortiers, est arrondie sur la longueur de 50 centimètres, et se réduit à un diamètre de 14 centimètres. Vers l'extrémité elle est cerclée d'une virole de fer de 12 millimètres d'épaisseur, et de 6 centimètres de largeur; le bout est ferré de plusieurs clous à grosse tête.

La chute ou portée de chaque pilon est d'environ 50 centimètres, mesurés du fond du mortier.

Quand les faînes ou les graines sont convenablement pilées, on arrête l'action du pilon au moyen d'une corde attachée à l'extrémité d'une sorte de bascule ou levier à charnière, qui retient le pilon à l'instant, etc.

§ 3. *Moulins à bras.*

Les moulins à huile mus par l'eau ou le vent sont les plus économiques; cependant, comme il en est qui sont mus à force de bras, nous croyons devoir les faire connaître. Ces moulins se composent :

1° D'un mortier de bois dur, avec un pilon qu'on met en mouvement au moyen d'une manivelle dont l'axe est un cylindre muni de deux cames.

2° D'un bloc en bois contenant la laye et ses accessoires pour presser deux gâteaux à la fois avec un seul coin placé au milieu et dans une disposition horizontale; on enfonce le coin avec un maillet suspendu au plancher, il agit à l'instar du bélier.

Nous allons maintenant faire connaître les améliorations apportées dans cette fabrication, par divers constructeurs et inventeurs.

§ 4. *Perfectionnements divers dus à* MM. HALLETTE et DEMINAL.

Moyen pour mettre en mouvement les meules d'un tordoir à huile. — Figure 17, pl. 2. Elévation du système de meules en position pour fonctionner.

Figure 18. Coupe verticale par le centre du système.

A, meule horizontale fixe. B, rebord en bois de la meule A. C,C, les deux meules verticales. D, châssis conducteur des meules verticales C. E, arbre vertical à pivot, autour duquel le châssis D fait sa rotation; il est rond à l'endroit où il est embrassé par le châssis. F, lanterne montée sur son arbre G, et donnant le mouvement qu'elle reçoit du moteur. H, double rouet, recevant le mouvement de la lanterne, et le communiquant aux meules verticales. I, les deux axes en fer des meules verticales fixées aux châssis D. J, pièce de bois barrée, percée à son centre d'un trou qui reçoit l'axe I ; à chaque extrémité de cette pièce de bois, qui fait partie de l'axe des meules verticales, est un collet en cuivre K pour empêcher l'usure. L, support de l'arbre G de la lanterne. M, sommier portant la crapaudine en cuivre N, qui reçoit le pivot supérieur de l'arbre vertical E. O, guide qui ramène la graine sous les meules verticales. P, trappe par laquelle on retire la graine écrasée.

Presse à coin. — *a*, fig. 19, bloc en bois d'orme ou de noyer, garni de ferrures nécessaires pour le faire résister à l'effet de la percussion. Sur le centre de ce bloc est pratiqué un trou ou mortaise, où se fait la pression par les pièces de bois *b*, au moyen du coin *c*. *d*, pièce de bois disposée d'une manière contraire au coin *c* et servant à desserrer la presse. *e*, montant de la charpente qui maintient les hies *h*.

f, deux châssis formés chacun de deux pièces de bois fixées sur les montants *e*, à 20 centimètres de distance l'un de l'autre, au moyen des boulons d'assemblage *g* portant écrous. *h*, deux hies ou moutons, percés chacun d'une mortaise de 1 mètre de long, dans laquelle est un rouleau de fer *i*, traversé par un axe. Ce rouleau, mobile sur son axe, est destiné à résister à la pression de la came en fer *j*, fixée sur l'arbre moteur *k*; chacune de ces hies glisse entre huit rouleaux *l*, en bois, dont quatre sont ajustés au châssis du haut, et quatre à celui du bas; ce qui exige pour la manœuvre des deux hies, seize rouleaux, dont huit sont compris entre les deux pièces du bois qui forment le châssis *f*, quatre au châssis supérieur et quatre à l'inférieur. Les huit autres sont placés au-dessus desdites pièces de bois et soutenus par des supports en fonte *m. n*, boîtes formées de deux planches en bois, assemblées à clavettes, renfermant le ressort à boudin *o*, et la tige cylindrique de la hie qui le traverse; ce ressort est fait avec une verge d'acier de 2 centimètres sur 7 millimètres; sa force est de 100 kilogrammes au moins; lorsque la came élève la hie, il se reploie sur lui-même, et aussitôt qu'elle est sortie de la mortaise, ce ressort n'éprouvant plus de résistance, s'allonge brusquement et précipite la hie qui déjà, par son propre poids, tend constamment à tomber. *p*, deux traverses d'assemblage. La came *j* décrit à son extrémité un cercle de 1 mètre de diamètre; elle occupe, par son inclinaison, les tiers d'un cercle de même rayon qu'elle.

Système de meules perfectionné. — Ce perfectionnement consiste à ne faire courir qu'une seule meule verticale A, fig. 20, sur chaque meule horizontale B : pour cela, le châssis C, conducteur de la meule verticale, est garni intérieurement de roulettes en fer, ajustées horizontalement dans les traverses et les côtés des châssis, et frottant contre un collier en fer ajusté sur l'arbre vertical D, ce qui adoucit le frottement. Sur le même arbre vertical D est encore ajusté un plateau en fer E, sur lequel se promènent deux roulettes F, dont les écharpes sont fixées au châssis C qu'elles soutiennent. Toutes les autres parties de ce système de meules étant disposées de la même manière que dans leur premier système, nous n'en donnerons pas l'explication.

La meule verticale, disposée comme nous venons de le voir, parcourt, dans un même temps, un chemin double de celui parcouru par les deux meules réunies, et fait, par conséquent, autant de besogne que ces deux dernières. Les deux meules réunies ne peuvent avoir une célérité plus grande que la moitié de celle qui est seule, par la raison que deux meules ne sont jamais d'un diamètre et d'un écartement toujours égal, ce qui produit des frottements qui ralentissent leur marche.

Les meules doubles, montées d'après les figures 17 et 18, sont plus de moitié moins pesantes que celles montées comme on le fait ordinairement; mais la meule simple, obviant à tous les inconvénients, permet de n'employer que le tiers de la force des autres moulins pour obtenir les mêmes résultats.

Fabrication des huiles de graines, procédé
HALLETTE *fils.*

Ce perfectionnement consiste : 1º dans la forme du châssis conducteur des meules verticales, fig. 21 et 22, pl. 2.

Les roulettes dont il est question dans le premier perfectionnement, sont ici remplacées par quatre pièces de fer *b*, ajustées sur les faces latérales intérieures du châssis, qui approchent de l'arbre vertical *a*, et frottent légèrement contre un cercle ou bague en fer *c*, fixé sur cet arbre; cette bague et les quatre pièces de fer sont arrondies de manières que chacune des pièces de fer n'ait qu'un seul point de contact avec la bague. Les poulies trotteuses qui, auparavant, faisaient leur révolution sur un plateau fixé horizontalement sur l'arbre vertical, n'ayant pu résister plus de trois à quatre mois, sont remplacées par les arcs-boutants *d* portant roulettes, fig. 22, qui viennent s'appuyer sur l'arbre vertical *a*, et rendent le châssis bien moins sujet à vaciller. 2º Dans les engrenages qui sont maintenant en fonte. 3º Dans les tourillons et pivots des arbres horizontaux et verticaux; les pivots des arbres verticaux sont des pièces de fer ayant là forme de deux cônes réunis par leur base, comme on le voit en *e*, fig. 22. Les tourillons des arbres horizontaux sont disposés comme on le voit fig. 23;

cette figure montre aussi la manière dont les arbres sont consolidés, à leurs extrémités, par des cercles de fer *f*, avec des croisillons. Lorsque les pivots des arbres verticaux sont usés d'un bout, on peut les retourner de l'autre, puisque la pointe qui entre dans l'intérieur de l'arbre est la même que celle qui entre dans la crapaudine.

Cames destinées à élever des pilons, foulons, bocards, marteaux, etc. — Ces cames sont construites de manière à embrasser les arbres qui les portent : ce qui évite les entailles, qui endommagent ordinairement les arbres à cames (fig. 24).

Roues à augets. — La roue à augets se compose d'arbre horizontal et d'un robuste assemblage de charpentes servant à fixer la roue sur son arbre. La surface des cercles forme les joues de la roue à augets qui sont formées de segments croisés à moitié de leur longueur, et fortement boulonnés ensemble. Ceux de ces segments qui forment la partie intérieure, et dans lesquels sont assemblés les bouts de ces augets, ont environ 5 à 6 centimètres d'épaisseur ; ceux de dehors n'ont que 4 centimètres ; des douves fixées sur les joues servent de fond aux augets. Entre chacune de ces douves, et dans toute leur longueur, est une ouverture, inclinée pour donner passage à l'air chassé par l'eau, et éviter par ce moyen l'effet de la compression. On voit que ces ouvertures prennent naissance à la partie supérieure du fond de chaque auget, pour qu'il ne reste plus d'air lorsqu'ils sont pleins et qu'il en rentre à mesure que l'eau sort des pots ou augets ; un plancher fixe retient l'eau dans les pots jusqu'au bas de la roue, et une vanne courbe formée de fortes douves en chêne, soigneusement jointes, à languettes, est solidement boulonnée sur deux arcs de cercle en fer. Cette vanne glisse dans des rainures pratiquées dans deux fortes pièces de bois, dont la courbe est parallèle à celle de la vanne ; c'est sur ces pièces de bois que le plancher est fixé solidement ; un chapeau de la vanne dirige l'eau dans les augets : il est recouvert d'une plaque de métal qui empêche les angles de s'user par le frottement de l'eau, et un cric, au moyen d'une crémaillère, fait mouvoir la vanne, qui s'abaisse au lieu de s'élever, comme cela est d'usage, pour faire arriver l'eau dans tous les moulins, ce qui donne la facilité d'élever la chute aussi haut que le niveau de l'eau le permet; un poteau sert d'appui au sol de la vanne de décharge, et un petit pont pour arriver aux vannes.

Presse muette. — Le principe de cette presse, représentée fig. 25, 26 et 27, pl. 2, repose sur l'effet produit par deux excentriques ayant chacun leur axe particulier, et donnant la pression qu'on obtient ordinairement par des coins.

Fig. 25. Plan de la presse vue par-dessus.

Fig. 26. Coupe verticale suivant R S, fig. 25,

Fig. 27. Coupe verticale suivant T U, fig. 25.

A, bloc en bois d'orme, percé au centre d'une grande mortaise, appelé *laye*, renfermant tout le système de la presse ; on peut garnir cette mortaise d'une caisse en fer, ce qui est préférable. B, axes des deux excentriques, portant chacun, à l'une de leurs extrémités, une roue en fonte C. du même diamètre, du même nombre de dents, et engrenant ensemble. Ces axes tournent dans des coussinets en fonte. D, les deux excentriques : ce sont deux fortes pièces de fonte en forme de rectangle, dont les angles sont arrondis, ayant en longueur le double de leur largeur. E, plaque de fonte en forme de coussinets interposés entre les excentriques et la matière à presser, et contre lesquelles les excentriques exercent leur pression. F, *étrindelles* en crin qui enveloppent les sacs renfermant la matière à presser. G, grande roue dentée, portée par l'axe de l'excentrique supérieure, et fixée à la roue C, placée sur cet axe, par quatre boulons à écrous *h*; elle donne le mouvement aux deux excentriques : sa vitesse doit être d'un quart de tour pour soixante-dix secondes. Le premier quart de tour produit la pression, et le second produit l'état inverse. Des courroies *i*, fixées aux coussinets E, servent à les ramener contre les excentriques lorsque la presse est desserrée. J, vis sans fin,

donne le mouvement à la roue G ; elle est montée sur
l'arbre K, portée par deux coussinets *l*, ajustés sur les
traverses *m*, fixés d'un bout dans le mur, et de l'autre
aux montants *n*. O, grande poulie à gorge plate, placée
à l'extrémité de l'arbre de la vis sans fin, auquel elle
imprime le mouvement qu'elle-même reçoit d'un moteur,
au moyen de la courroie P. Q, table sur laquelle l'ouvrier prépare les objets qu'il veut presser.

Appareil à chauffer la graine. — M. Hallette fils a imaginé un appareil pour faire chauffer les graines au plus
haut degré, très-également et sans les exposer à acquérir, comme il arrive (même sur les fourneaux hollandais),
le goût de grillé. Son appareil, vu en coupe verticale,
fig. 28, chauffe les graines par la vapeur concentrée ; un
fourneau et une chaudière de très-petite dimension peuvent alimenter cinq ou six appareils semblables ; la consommation de la vapeur étant presque nulle, puisqu'il
ne s'en perd par la condensation, que lorsque l'on verse
dans le vase de la graine froide, et par la soupape de
sûreté placée au bout du petit axe, que lorsque la pression est trop grande. L'appareil se compose d'un cylindre
a, fermé par ses extrémités, ayant ses deux axes ou
tourillons creux ; à l'extrémité de l'un d'eux vient s'a-
juster le tuyau *b* de la chaudière, autour duquel l'axe
creux tourne à frottement doux ; on empêche la vapeur
de sortir par ce point en employant les moyens en usage
pour les pistons des machines à feu. A l'extrémité de
l'autre axe est vissée une soupape conique *c*, pressée
par un ressort à boudin ; cette soupape s'ouvre extérieurement en cédant à l'effort de la vapeur, lorsque la
concentration est trop forte ; dans cette même soupape
il en a placé une plus petite, qui a un effet inverse, et
qui s'ouvre à l'intérieur pour permettre à l'air atmosphérique d'entrer dans le cylindre, si par une cause
imprévue, le vide venait à s'y établir.

Dans l'intérieur de ce cylindre est un vase en forme
d'œuf *d*, joignant, par le plus petit de ses bouts, l'une
des faces latérales du cylindre où il est soudé ; cette partie de l'œuf est tronquée, et forme l'embouchure du

vase, qui se prolonge à l'extérieur en forme d'entonnoir, que l'on bouche hermétiquement. A l'extrémité diamétralement opposée, se trouve un tube *e*, qui s'assujettit au cylindre, et vient sortir en dehors d'une quantité égale à la longueur de l'entonnoir; dans le bout de ce tube est vissé un robinet qui s'ouvre et se ferme alternativement par un moyen simple, pour laisser échapper, quand on le veut, la vapeur produite par l'humidité de la graine.

Tout cet appareil est en cuivre ou en fonte; et, pour conserver la chaleur, il est renfermé dans une espèce de tonneau *f*, de dimension un peu plus grande, afin qu'il existe un vide entre leurs parois; ce vide est rempli de plâtre mêlé avec de la courte paille d'avoine. Sur ce tonneau est une poulie à gorge plate, sur laquelle passe une courroie, qui communique à la machine un mouvement de rotation par secousses, au moyen d'une roue à rochets très-éloignés, afin de forcer la graine à se mouvoir dans le vase.

Cet appareil se place au-dessus des deux entonnoirs jumeaux, fig. 30, où sont attachés les sacs dans lesquels on presse la graine; lorsqu'on veut les remplir, comme on n'a mis dans l'appareil que la graine nécessaire pour les deux sacs, il suffit d'ouvrir le vase, de le tenir un instant renversé pour que la graine sorte et se divise également, en tombant sur l'angle formé par la réunion des deux entonnoirs; ensuite on lâche l'appareil, on lui laisse faire un demi-tour, on l'arrête de nouveau; alors son embouchure se trouve sous l'entonnoir supérieur, qui sert à y verser la graine; on le rebouche, et on le laisse tourner jusqu'à ce que l'on pense qu'il est assez chaud; ce qu'on peut encore juger à la vapeur qui s'échappe, comme on l'a dit, par le robinet, chaque fois qu'il passe sous l'entonnoir supérieur, où une de ses branches est arrêtée par un crochet en fer qui le tient ouvert aussi longtemps qu'on le veut.

Cet appareil est, comme on le voit, à l'abri de tout danger par ses soupapes de sûreté; d'un autre côté, il remplit son but, et on peut y chauffer la graine sans

Fabricant d'Huiles.   15

craindre de la gâter, à quatre-vingt-dix degrés et plus ;
en outre, la consommation du combustible est réduite de
plus des trois-quarts, lorsqu'il y a plusieurs appareils
pour une même chaudière, et l'augmentation des produits en huile, paie seule, dans la première année, les
frais de son établissement.

§ 5. *Procédé de* M. ECOUCHART.

M. Ecouchart, de Dôle, a proposé un nouveau procédé
qui, tendant à supprimer les meules, cylindres et pilons,
rendrait la fabrication des huiles des graines très-écono-
mique. Ce procédé consiste à prendre un grand cylindre
vertical, dans lequel on introduit les graines ; on fait passer, dans cette machine, de la vapeur d'eau qu'on dégage
d'une chaudière à vapeur ; cette vapeur doit avoir une
température assez élevée pour réduire les graines en pâte.
La chaudière fournit ensuite de l'eau bouillante, qu'on
force, au moyen d'une pompe foulante, à s'introduire dans
la pâte ; l'huile en est ainsi complétement chassée par
l'eau qui remplit sa place ; après l'opération, il ne reste
plus que la partie fibreuse et le mucilage.

§ 6. *Machine à broyer les graines oléagineuses,* *de* M. MOULINÉ.

Fig. 38, pl. 3, plan de quatre paires de cylindres servant à moudre les graines propres à faire de l'huile.

Fig. 39, élévation de cette même machine.

a, patins en bois liés par des traverses inférieures *b*;
c, montants formant les quatre pieds de chaque laminoir
ou paire de cylindres. *d*, *e*, traverses supérieures liant les
montants *c*. *f*, jambes de force dont les extrémités supérieures s'assemblent aux traverses *e*. *g*, quatre fortes traverses solidement boulonnées aux montants *c* des quatre
laminoirs, pour les lier ensemble d'une manière invariable. *h*, quatre paires de cylindres horizontaux en fer. *i*,
quatre lanternes de six fuseaux, montées chacune sur un
axe *k*, qui est disposé de manière à se fixer à volonté à
l'axe d'un des cylindres *h*, pour lui imprimer le mouve-

:ment, qui est ensuite communiqué à l'autre cylindre par un engrenage *l*, formé de deux roues dentées. L'autre extrémité de chacun des axes *k* tourne dans les traverses *g*. *m*, roue ordinaire de manège placée entre les quatre laminoirs, et faisant tourner les lanternes *i*. Les axes des cylindres *h* tournent dans des coussinets en cuivre, qui peuvent s'éloigner et se rapprocher à volonté. Les grands boulons qui assemblent les traverses *g* avec les pieds des laminoirs servent de coulisses à ces coussinets. *n*, trémies qui conduisent les graines sur les cylindres *h*.

Le mouvement est imprimé à la roue de manège au moyen d'un cheval par chaque paire de cylindres; ces animaux font autant d'ouvrage dans un quart-d'heure qu'en ferait une meule ordinaire dans l'espace de trois heures. A l'aide de ce moulin, on peut se dispenser de tamiser la farine, parce qu'aucun grain ne peut passer entre les cylindres sans être parfaitement moulu ou broyé, tandis qu'avec la meule ordinaire on est obligé de tamiser et de reporter les graines qui n'ont pas été broyées, pour les soumettre de nouveau à l'action de la meule.

Il est à remarquer que, pour broyer la graine de lin, il faut un roulage de cylindre autre que celui exigé pour les graines de colza, de rave et autres du même genre, par la raison que la pellicule de la graine de lin est très-coriace. Pour la graine de lin, celui des deux cylindres qui est mené par la roue du manège doit faire trois révolutions pendant que l'autre cylindre n'en fait qu'une : à cet effet, on se sert d'une lanterne de six fuseaux, ajustée carrément à l'extrémité du pivot du cylindre mené par la roue du manège, et à celui qui lui est parallèle on adapte une roue de huit dents.

Pour la graine de colza et autres graines rondes, il suffit que le premier cylindre, ou celui qui reçoit l'action de la lanterne, fasse deux révolutions pendant que le second cylindre en fait une. Une lanterne de huit fuseaux, adaptée au premier cylindre, et une roue de seize dents placée au second cylindre, produisent cet effet.

§ 7. *Pressoir horizontal à huile, composé de douze presses.*

Fig. 40, pl. 3, élévation latérale de ce pressoir.

Fig. 41, plan de cette machine.

a, forte pièce de bois en forme de banc, sur laquelle sont montées toutes les parties qui composent le pressoir. *b*, douze auges coniques en bois de chêne, garnies chacune de trois forts cercles, et destinées à recevoir la farine. *c*, six pièces de bois au moyen desquelles on exerce la pression ; elles glissent le long des quatre traverses en bois *d*, qui leur servent de guides. Ces pièces de bois portent, chacune, deux cônes pleins *e*, qui pressent la farine. *f*, vis en fer portant des écrous en cuivre *g*, au moyen desquels on fait entrer, à volonté, les cônes *e* dans les auges *b*, pour leur faire presser la farine. *h*, colliers en fer qui retiennent les écrous *g*, et font que les pièces *c* sont rappelées lorsqu'on détourne les écrous. *i*, demi-cercles en fer servant de supports aux auges *b*.

Fig. 42, plan des leviers avec lesquels on serre les presses.

k, roue en bois de 10 centimètres d'épaisseur, garnie de deux forts cercles de fer ; entre ces deux cercles sont plantées dix-huit dents également en fer, de 2 centimètres d'épaisseur sur 3 centimètres de largeur, enfoncées dans le bois de 9 centimètres de profondeur, où elles sont chassées à grands coups de marteau, afin qu'elles aient la plus grande solidité. Au centre de la roue est pratiqué un trou carré, dans lequel se loge la tête des écrous *g*, des figures 40 et 41. *l*, *m*, leviers en bois garnis en fer, mobiles autour des pivots *n*, qui sont fixés très-solidement aux pièces de pression *c*. *o*, cliquets en fer, appuyant contre les dents de fer de la roue. *p*, fig. 40, auge placée sur le banc *a*, en position pour enlever le pain qui a été pressé. *q*, levier ou barre de bois qui sert à enlever le pain. *r*, point d'appui du levier *q*. *s*, crochet fixé par un piston à vis sur la pièce qui retient l'auge pendant qu'on force le levier pour enlever le pain.

Deux lames d'acier à couteau, qui ne sont pas figurées

dans les dessins, sont fixées sur le bas de la trémie chacune par trois vis; elles reposent sur toute la longueur supérieure des auges, afin d'en détacher la farine qui resterait toujours attachée sur les cylindres sans cette précaution.

§ 8. *Presse hydraulique en fonte, à double effet et à mouvement continu, pour l'extraction des huiles de graines et de fruits, par M. L.-A.-J. Hallette.*

Cette presse hydraulique, pour la fabrication des huiles, a pour but de parer aux graves inconvénients que l'on reproche à toutes les presses hydrauliques ou muettes qui ont été essayées dans cette fabrication. Ces inconvénients sont : 1° la nécessité de mettre la presse en action ou de l'arrêter à chaque pression; 2° de perdre un certain temps à desserrer la presse; 3° d'éprouver dans toutes les presses hydrauliques, soit que la pression s'exerce de bas en haut, ou de haut en bas, une très-grande difficulté à y placer les sacs ou cabas dans lesquels sont renfermées les substances à presser ; de donner difficilement aux résidus, qui sont d'une grande valeur, la forme en usage dans le commerce; 4° enfin, d'exiger des soins et des attentions de la part des ouvriers, de la régularité dans la quantité de matière soumise à l'action des machines, afin d'éviter leur rupture en pressant trop, ou une perte de produits en ne pressant pas assez.

La presse dont nous allons donner la description, remédie à tous ces inconvénients; elle offre en outre l'avantage de ne pas changer l'habitude des ouvriers, en leur laissant une manœuvre à peu près semblable à celle qu'ils opèrent dans les machines anciennes.

Fig. 43, pl. 3. Elévation de la presse et de tout son système.

Fig. 44. Plan supérieur ou vue par-dessus.

Fig. 45. Coupes verticale et longitudinale, par le milieu.

Fig. 46. Coupes verticale et transversale, par le milieu.

Section faite verticalement, suivant la ligne ponctuée A B, fig. 43.

a, fig. 45, 46, cylindres à deux chambres, dans lesquels se meuvent les pistons *b*, fig. 46 de la presse, qui sont horizontaux.

c, plateaux ou *wardes*, derrière lesquels les matières sont comprimées. *d*, coffres dans lesquels se placent les sacs et *étrindelles* renfermant les matières soumises à la pression. *e*, tubulures ou petites ouvertures circulaires, par lesquelles s'échappe l'huile ou tout autre produit de l'extraction. *f*, enveloppes renfermant et consolidant les coffres. Ils forment, au moyen de trois ceintures en fer forgé *h*, qui les réunissent et les embrassent, un seul corps avec le cylindre, d'une solidité à toute épreuve; ces ceintures sont assemblées par des clefs *i*. *k* pompes d'injection. *l*, tuyaux d'injection communiquant avec le cylindre.

o, fig. 46 et 47, tuyaux réunissant les pompes avec le robinet régulateur à deux émissions et à décharge. *m*, tuyau de décharge. *n*, pistons des pompes d'injection. *p*, balancier qui communique le mouvement aux deux pistons. *q*, levier moteur, qui prend, suivant le besoin, les positions oblique, verticale et horizontale.

r, fig. 46, 47 et 48, robinet mécanique au moyen duquel, sans interrompre l'action du moteur, la presse travaille comme on va le dire un peu plus loin. *s*, roue communiquant un mouvement de rotation continue à la clef du robinet. *t*, roue à rochet, dans les dents de laquelle est engagé un cliquet qui obéit et suit le mouvement du balancier. Le rouage, muni de son encliquetage, se voit séparément, sur une échelle double, de face et de profil, fig. 48.

u, soupape de sûreté. *v*, petite bâche contenant l'eau ou l'huile qui sert à l'injection. *x*, bâti en fonte, qui renferme tout le mécanisme des pompes et du robinet à double émission et à décharge alternative. *y*, fig. 45, tirants qui réunissent les deux pistons, et les obligent toujours à marcher dans un sens inverse.

Jeu de cette machine. — Supposons que l'on ait placé dans la cavité *d* quatre cabas, sacs ou *étrindelles*, renfermant les matières que l'on se propose de pressurer, ils doivent être séparés par des plaques en cuivre ou en fer, de quelques millimètres d'épaisseur ; si un moteur quelconque met en mouvement le levier q, le balancier p, monté sur le même axe, fait mouvoir les deux pompes, et la dent ou cliquet qu'il porte fait, à chaque coup de balancier, tourner d'une dent la roue à rochet t, qui transmet son mouvement à la clef du robinet, qui alors ne permet la communication du fluide foulé par les pompes, qu'avec le dessus du piston qui doit presser, et ouvre, en même temps, une communication entre la chambre du piston qui doit desserrer et le tuyau de décharge m. Il est bien entendu que les mouvements du robinet sont calculés de telle sorte que la pression a lieu dans un temps quelconque, et pour que cette pression reste exercée à son maximum pendant un temps jugé utile à l'écoulement des produits ; enfin, de manière qu'une direction nouvelle établisse les accès de l'eau sous l'autre piston, qui trouve en même temps une communication couverte avec le tuyau de décharge.

La disposition des soupapes de sûreté ou d'arrêt, qui sont renfermées sous une custode ou enveloppe en toile métallique très-forte, et de manière dont la communication de mouvement puisse s'établir, mettent, pour ainsi dire, l'ouvrier dans l'impossibilité d'avarier sa presse. Il faudrait qu'il existât une disproportion très-grande dans les masses soumises à la pression, pour qu'elle ne pût pas atteindre son maximum, qui, dans la nouvelle presse, peut être fixé à 100,000 et même à 150,000 kilogrammes, ce qui est beaucoup au-dessus du besoin, si on envisage que la surface pressée n'est pas le huitième de celle d'une presse employée à la fabrication du sucre de betterave.

Cette pression paraîtra sans doute extrême et de beaucoup excéder les besoins ; car si on la compare à celle que l'on exerce dans les presses hydrauliques anglaises employées dans un moulin à huile, à Lille, lorsqu'elles agissent sur un même nombre de tourteaux (ou gâteaux), mais rangés à plat et quatre par quatre sur un plateau divisé par des lames de champ, on trouvera que le rap-

port des surfaces est comme six est à un ; et, comme l'effet
de pression relatif pour chaque point est en raison inverse des surfaces, il en résulte que les tourteaux, dans
cette presse, sont six fois plus pressés que ceux des presses
anglaises dont je viens de parler.

§ 9. *Presse muette par excentrique alternatif, avec appareil fumivore, applicable aux huiles de graines, et
mise en mouvement par la vapeur, par M.* EDWARD
HALL.

La presse excentrique à mouvement de rotation offre
de graves inconvénients : par exemple, elle ne se prête
point à la variation de la charge, soit par la quantité de
graine, soit par la dimension des sacs ou des étrindelles
qui changent par le service : il résulte de là, une perte
considérable d'huile. Cette presse occasionne encore une
perte de plus de la moitié du temps, qui a lieu pendant
le commencement du mouvement, qui n'exerce pres-
qu'aucune pression. Ainsi, la presse muette, à mouvement excentrique continu, a le double défaut de laisser
de l'huile dans les tourteaux, à cause de l'inégalité de la
pression à laquelle ils sont soumis, et de mal employer
le temps ; ce qui augmente l'intérêt du capital d'établissement, la main-d'œuvre et la puissance mécanique.

Le système de presse muette par excentrique alternatif
qu'on va décrire, n'a point ces désavantages ; par son
usage, on obtient une pression parfaitement égale, malgré la variété de la dimension des sacs et la quantité de
graine dont ils sont chargés, parce que le moteur qu'on
emploie est de la vapeur d'eau à une pression constante,
agissant par le mécanisme des intermédiaires dont les dimensions sont invariables : de là résulte que cette presse,
une fois établie sur les meilleures proportions pour extraire toute l'huile des graines qu'elle contient, donne
toujours les mêmes résultats, elle rend constamment des
tourteaux également bien épuisés, toutes choses égales
d'ailleurs ; elle permet d'employer mieux le temps que
par le mouvement continu uniforme, parce que le com-

mencement de la pression étant peu résistant, est opéré par la vapeur avec une grande rapidité, qui ne diminue qu'à mesure que la pression augmente, jusqu'au point où le moteur s'endort et finit par s'arrêter pour laisser écouler l'huile.

Au moyen d'un double appareil disposé de manière à ce qu'une paire d'excentriques est desserrée quand l'autre est pressée, on peut enlever les tourteaux épuisés pendant que les tourteaux neufs fournissent leur huile, de sorte que le temps est employé en entier utilement. C'est ici un grand avantage d'employer la vapeur; car, après qu'elle a fourni la force motrice nécessaire à l'opération, elle peut être employée à échauffer la graine, ce qui évite la dépense du combustible que l'on fait ordinairement.

Description de la presse. — Cette presse est composée d'une caisse en fonte de fer, offrant une case à chacune de ses extrémités; au milieu de ces cases, se trouvent des excentriques, à droite et à gauche desquelles sont les étrindelles qui contiennent la graine à presser. Ces excentriques reçoivent le mouvement de deux manivelles ou roues, qui sont mues elles-mêmes par deux tiges descendant d'une traverse placée à l'extrémité de la tige d'un piston, que la vapeur fait mouvoir alternativement de haut en bas et de bas en haut, dans un cylindre où cette vapeur est introduite à volonté par les moyens connus pour produire cet effet.

Le parallélisme du mouvement est obtenu par l'addition de deux roues dentées, qui mettent en communication les pignons des excentriques.

§ 10. *Procédé pour extraire les huiles, au moyen de plateaux circulaires, et par l'application d'une machine hydraulique, par M. J.-M. CORDIER.*

Fig. 49, pl. 4, vue de face de plusieurs plateaux placés l'un sur l'autre, prêts à recevoir la pression sur un ancien pressoir muni de la machine hydraulique.

Fig. 50, vue de face de plusieurs plateaux placés l'un sur l'autre, ayant reçu la pression sur un pressoir à jumelles fixes, muni de la machine hydraulique.

Fig. 51, vue de face d'un ancien pressoir double à jumelles fixes. Les corps de la machine hydraulique sont placés dans les trous des anciennes vis; on peut faire agir les deux gros pistons à la fois avec la même petite pompe d'injection. Si l'on veut faire agir un seul gros piston, ou bien les faire manœuvrer l'un après l'autre alternativement, on ferme et on ouvre les petits robinets de communication a, b, fig. 51; il faut les ouvrir lorsqu'on veut opérer la dépression.

Fig. 52, coupe verticale du corps du gros piston et de la petite pompe d'injection.

Fig. 53 et 54, coupe verticale et plan d'un des plateaux.

La machine hydraulique se compose d'un gros corps de pompe en fonte ou en bronze, d'un gros piston de fonte et d'un petit corps de pompe en bronze, avec son piston en fer, qu'on fait agir au moyen d'un levier de fer forgé. Le gros corps est de forme circulaire, fermé d'un côté et ouvert de l'autre, pour livrer passage au gros piston cylindrique, bien calibré et poli. La partie de ce gros corps par où entre le gros piston, est bien alaisée et garnie d'un cuir imperméable à l'eau, et embouté. Le gros corps et son piston sont placés sous l'arbre supérieur du pressoir. La pression s'opère de haut en bas par l'injection de la petite pompe mue par le levier; cette injection est faite avec de l'eau ou de l'huile: elle force le gros piston à faire subir une très-forte pression aux matières soumises à son action. Le diamètre du gros piston et l'épaisseur des parois du corps peuvent varier suivant que le cadre du pressoir auquel on peut appliquer la machine est plus ou moins fort. Le diamètre du petit piston de la pompe d'injection se proportionne également à la force du pressoir, ainsi que la longueur du bras du levier où s'applique la force motrice.

Les dimensions de la figure 52 donnent, aux parois du corps, 6 centimètres d'épaisseur sur 65 centimètres de longueur; au gros piston, 22 centimètres de diamètre sur 65 centim. de longueur; au diamètre du petit piston, 2 centimètres, et à la longueur du bras du levier, 87 centim.

Les plateaux se composent de pièces de fer rondes, de 6 à 7 millimètres d'épaisseur, ils vont en diminuant de l'un à l'autre. Ces plateaux, dont le nombre est arbitraire, portent chacun un cercle de fer percé d'une grande quantité de petites fentes. Ce cercle porte un rebord à sa partie inférieure, formé par un autre cercle très-étroit, d'égale épaisseur ; ces deux cercles sont fixés au plateau. Les plateaux sont coniques, c'est-à-dire qu'ils sont élevés dans le milieu d'environ 1 1/2 centimètre.

La pâte oléagineuse se place sur chaque plateau dans une toile ou dans un tissu de crin ou tout autre tissu. On place ensuite les plateaux l'un sur l'autre, et lorsque la pâte éprouve la pression, en s'étendant graduellement du centre vers la circonférence des plateaux, l'écoulement de l'huile ou du suc se fait avec beaucoup de facilité. Par ces moyens, on abrége du temps et on obtient une plus grande quantité de liquide que par les procédés connus.

Manière de faire fonctionner la machine. — On fait agir le levier de la petite pompe d'injection de la machine hydraulique du pressoir, pour donner aux matières oléagineuses la pression convenable ; on accroche la tige c, qui fait soulever la bascule à peson qui opère la dépression ; l'eau renfermée dans le corps retourne dans la bâche d, en faisant tourner sans effort les vis du pressoir, fig. 49, si on emploie un cadre de pressoir de cette forme. Aux pressoirs fig. 50 et 51, il suffit de laisser agir les contre-poids d'eux-mêmes ; par ce moyen, le gros piston est obligé de rentrer dans le corps. On enlève ensuite les plateaux l'un après l'autre ; si c'est de la pâte oléagineuse sur laquelle on opère, on la remue et on verse de l'eau chaude par-dessus. On répète cette opération sur chacun des plateaux ; on les replace successivement l'un sur l'autre, comme si l'on opérait avec des cabas ; on fait jouer de nouveau le levier de la petite pompe d'injection, pour opérer une nouvelle pression. Cette opération se renouvelle autant qu'on le juge convenable.

§ 11. *Moulin à huile hollandais.*

Le moulin à huile hollandais est regardé comme un des
plus parfaits ; il a été longtemps et est encore employé
dans quelques localités du département du Nord ; mais
il n'est presque point connu dans le midi de la France.
Les moulins de recense, pour les huiles d'olives, lui sont
même fort inférieurs. Dans l'Artois, la Flandre, le Brabant et toute la Hollande, ces moulins sont mus par le
vent. Cependant, quand le local le permet, il est bien plus
avantageux de leur donner l'eau pour moteur, tant à
cause de l'inconstance du vent, que de son manque
total.

Description. — A. 1. Fig. 55, pl. 4. Roue à aube mue par
un courant d'eau. Le diamètre de cette roue est relatif à
la masse d'eau, qui en est le moteur général ; moins sa
chute sera haute, ou moins on aura d'eau, plus les aubes
seront larges, et le diamètre de la roue diminuera.
2. Dormant sur la maçonnerie avec le pivot de l'arbre
tournant. 3. Chute d'eau supposée et vue par derrière.

B. 1. Fig. 56. Roue dentée, mue par la roue à aubes
composée de 52 dents, le pas de 14 centimètres. 2. Lanterne du rouet, mise en mouvement par la roue dentée.
Cette lanterne a 78 dents, dont le pas est de 14 centimètres. 3. Arbre tournant, destiné à élever les pilons.
Cet arbre est garni de grandes dents, ou élevées sur sa
circonférence, et les pilons tombent deux fois par révolution de la roue mue par le courant d'eau. 4. Charpente,
avec la pierre, ou grenouille de cuivre, placée et assujettie sur le dormant, pour supporter l'arbre tournant ;
le tout marqué par des points, pour éviter la confusion.
5. Maçonnerie portant le dormant de l'arbre de la roue à
aube, supportant l'équipage du haut. 6. Pivot entrant
dans un heurtoir, ou plaque d'acier, pour retenir l'arbre
à sa place.

Fig. 57. 1. Six pilons dont les divisions sont indiquées
dans les figures suivantes. 2, Pièces appliquées sur les
pilons et les pièces de traverse. Ces premières pièces forment des coulisses qui maintiennent les pilons dans leur

aplomb et dans leur place. 3. Deux pièces de traverse assujetties par des boulons de fer dans les montants. 4. Queues des mentonnets des pilons, qui répondent aux bras des élèves de l'arbre. 5. Pièce transversale, seulement par-devant, pour adapter les élèves et pour arrêter les pilons 14. 6. Solive à une distance des pilons, sur laquelle sont attachées les poulies qui supportent la corde pour enlever et arrêter les pilons. 7. Poulies avec les cordes. 8. Pilon pour frapper le coin qui presse ou tord l'huile. 9. Pilon pour frapper sur le défermoir qui fait lâcher le coin. 10. Deux pièces de traverse avec les pièces entre-deux qui forment des coulisses en bas. 11. Rouet destiné à mouvoir la spatule dans la payelle ou bassine, pour remuer et retourner la pâte sur le feu ; il est composé de 28 dents, dont le pas est de 9 centimètres. 12. Quatre montants attachés au bloc, et supérieurement aux poutres et solives du bâtiment, servant à contenir et affermir ensemble tout l'équipage. 13. Six creux pour les six pilons. 14. Bas des six pilons, garnis d'une chaussure de fer. 15. Planche par derrière, de champ, inclinée en renversant, pour empêcher la graine de sauter, de tomber par terre et de se perdre. On le garantit par-devant de la même manière. 16. Creux pour passer ou tordre la farine de la graine, après qu'elle est sortie pour la première fois de dessous les meules. 17. Creux, à l'autre extrémité du bloc, pour tordre la farine après qu'elle a passé pour la seconde fois sous les pilons. 18. Equipage pour supporter l'arbre des pilons. 19. Rouet à l'extrémité de l'arbre des pilons pour mouvoir les meules, composé de 20 à 30 dents, dont le pas est de 14 centimètres. 20. Pivot heurtant contre un heurtoir affermi dans le montant de l'équipage, et simplement marqué par des points. 21. Bassins destinés à recevoir l'huile. 22. Pièces de support, assises sur le terrain, sous le bloc.

Mécanisme et élévation des meules. — Fig. 58. 1. Arbre vertical qui traverse la roue dentée et le châssis des meules qui tournent sur le champ. 2. Roue horizontale, mise en mouvement par le rouet 19 de la figure 57. Cette

roue est composée de 76 dents dont le pas est de 14 centimètres. 3. Châssis des meules tournantes. 4. Pierre ou la
meule tournante, nommée intérieure, parce qu'elle est le
plus près de l'arbre. 5. Pierre ou meule extérieure. .
6. Ramasseur intérieur, qui conduit la graine sous la
meule extérieure. 7. Ramasseur extérieur, qui conduit
la graine sous la meule intérieure, en sorte qu'il est sans
cesse remué, retourné, écrasé en dessus et en dessous. .
Il est garni d'un chiffon qui frotte contre la bordure 10,
afin de ramasser le peu de graines qui resteraient dans
l'angle de ce contour. 8. Extrémité de l'essieu de fer qui
traverse l'arbre vertical, et sur lequel tournent les meules,
de sorte que ces dernières ont deux mouvements simul-
tanés. Le trou des meules, et même ceux des oreilles des
châssis, ne doivent pas être justes, afin que les meules
puissent un peu balancer quand elles rencontrent une
épaisseur de graines plus considérable. 9. Oreilles qui
conduisent les deux extrémités de l'essieu. 10. Contour
ou rebord de la table qui empêche la déperdition des
graines chassées par les meules. Il est en bois. 11. Table
ou pierre gissante, ou la meule posée à plat, sur laquelle
tournent les deux meules perpendiculaires, et sur laquelle
on met le graines à écraser. 12. Maçonnerie solide, sur
laquelle est posée la meule gisante, laquelle doit être
bien assujettie, et dans le niveau le plus exact.

Fig. 59. L'arbre tournant avec les cames ou mentonnets
à élever les pilons. 1. Deux endroits arrondis, garnis de
lames de fer enchâssées exactement au niveau du bois,
pour tourner sur une pierre dure, ou sur une grenouille
de cuivre fondu, etc., parce que le jeu des pilons et le
tremblement ne pourraient être supportés par des pivots
enchassés aux extrémités, comme dans la machine ordinaire. 2. Deux pivots heurtoirs, pour heurter en tournant
contre une plaque d'acier qui empêche que l'arbre ne
vacille. 3. Rouets pour mouvoir la spatule. 4. Mentonnets pour la presse, ou tordoirs de rebatage. 5. Mentonnets pour élever les six pilons.

*Tracés des mentonnets sur l'arbre tournant, l'arbre étant
déployé dans toute sa circonférence.* — Fig. 60. On mar-

que les quatre lignes mitoyennes, qu'on appelle les quatre pôles mitoyens, numérotés 1, 2, 3, 4. On commence ensuite par une ligne mitoyenne, et l'on partage la longueur de l'arbre sur la circonférence, en 12 parties égales; la circonférence est ensuite partagée en 7 portions, savoir: 6 pour les pilons, et une pour le fermoir et défermoir du rebattage, ou second tordoir. Elles sont indiquées dans cette figure par les nombres 1, 2, 3, 4, 5, 6, 7. Le fermoir et le défermoir du premier tordage ne se comptent plus dans la mesure de la marche. On place ensuite trois mentonnets, pour chaque plan, et trois pour le fermoir et défermoir du second tordage. Le fermoir et défermoir du premier tordage est une cheville et demie, c'est-à-dire une pour le fermoir et une demie pour le défermoir, de sorte que le défermoir frappe deux fois et le fermoir une dans une révolution de l'arbre.

Fig. 61. Arbre divisé en 21 parties égales, avec les 4 lignes mitoyennes marquées par des points.

Fig. 62. Manière dont l'arbre est divisé en 21 parties, avec les 4 lignes mitoyennes marquées par des points qui forment la croix.

Pour placer les chevilles, on a soin de les mettre vis-à-vis des mentonnets des pilons, où elles doivent agir, et dans chaque point de distance couper la division. La cheville et demie du premier tordage, du côté où elle est double, se place sur la ligne mitoyenne qui tombe entre les nos 10 et 11; ensuite, l'on commence, à gauche, à disposer les chevilles pour les pilons. Si l'on compte à gauche, ce premier pilon porte sur les chevilles 4, 1, 8, 15; le second, sur les chevilles 4, 11 et 18; le troisième, sur les chevilles 7, 14 et 21. On voit, dans le dernier, les deux demi-chevilles ne faire qu'un dans la circonférence. Le quatrième porte sur les nos 3, 10 et 17; le cinquième, sur les nos 6, 13 et 20; le sixième, sur les nos 2, 9 et 16; la septième cheville, destinée pour le fermoir et le défermoir du second tordage, se place sur les nos 5, 12 et 19.

Les pilons pour tordre et presser l'huile s'élèvent à 54 centimètres de hauteur, et ceux qui tombent dans le

creux, à 19 centimètres. Ces creux ont 35 centimètres de
profondeur.

Arbre à chevilles, vu de profil. — Fig. 63. 2. Arbre mû
par la roue à aubes, et mis en mouvement par le courant
d'eau. 3. Roue dentée, mue par la roue à aubes, et caractérisée par des pointes. 4. Roue de l'arbre aux pilons,
marquée par des points. 5. Maçonnerie. 6. Dormant.
7. Montant et dormant pour supporter l'arbre des
pilons.

La meule sur la table et sur la pièce gisante. — Fig. 64.
1. Maçonnerie. 2. Meule tournant sur champ. 3. Meule
emboîtée pour empêcher que la graine ne tombe à terre.
4. Partie du châssis du côté du plat de la meule. 5. Arbre
droit qui donne le mouvement. 6. Oreille enchassée par
le haut dans le châssis.

Les mêmes parties vues par-dessus et à vol d'oiseau. —
Fig. 65. 1. Meules tournantes. 2. Pierre gisante. 3.
Châssis. 4. Bras qui enveloppent l'arbre perpendiculaire.
5. Essieu qui traverse la pierre. 6. Ramasseur extérieur.
7. Ramasseur intérieur.

La table ou *pierre gisante.* — Fig. 66. 1. Couloir.
2. Bordure en bois de 16 centimètres de hauteur 3. Vanne
ou trappe qu'on ouvre à volonté pour faire tomber la farine, c'est-à-dire la graine moulue. 4. Cercle que décrit
la meule en tournant. 5. Cercle que décrit la meule intérieure. On voit par là que les deux meules ne roulent
pas sur la même place. 6. Ramasseur extérieur. 7. Ramasseur intérieur. 8. Ramasseur pour faire tomber la
farine par la trappe n° 3. On voit, dans cette figure, deux
traits près du n° 7, et une croix depuis les deux traits
jusqu'au n° 8. Or, cette partie reste soulevée pendant
tout le temps que les meules broient les graines. Lorsqu'elles sont suffisamment broyées, on laisse tomber l'extrémité de ce ramasseur intérieur sur la table.

Fig. 67. — 1. Arbre tournant, pour élever les pilons.
2. Trois chevilles à élever les pilons. 3. Roue pour la spatule, composée de 28 dents. 4. Autre roue, qui engrène
dans la première, composée de 20 dents, lesquelles, ainsi
que celles de la précédente, sont espacées de 9 centimè-

tres. 5. Essieu tournant. 6. Autre roue, à l'extrémité de l'essieu, composée de 13 dents. 7. Roue du haut de la verge de la spatule, composée de 12 dents. Le pas de ces deux dernières roues est de 8 centimètres. 8. Deux pièces que traverse la verge de fer de la spatule, de façon à pouvoir tourner librement dans les ouvertures, et hausser et baisser à volonté. 9. Pièce mobile, par laquelle passe la verge, et où elle tourne librement. La verge, dans cet endroit, est garnie d'un bouton ou rebord, qui appuie sur la pierre mobile, et par lequel elle est élevée ou abaissée à volonté. 10. Pièce mobile pour lever la spatule et la verge pour les engrener et dégrener. La pièce 9 est fixée en *a* et en *b* dans une coulisse. 11. Un pilon. 12. Un mentonnet attaché au pilon. 13. Les deux pièces de traverse à laquelle est attaché le bras pour élever, arrêter et tenir le pilon suspendu. 15. But pour arrêter les pilons par le moyen de la corde. 16. Solive à une distance des pilons pour attacher la poulie par laquelle passe la corde. 17. Poulie sur laquelle passe la corde. 18. Corde pendante du côté de l'ouvrier. 19. Deux pièces de traverse. 20. Bloc des creux des pilons. 21. Bassin à recevoir l'huile. 22. Fourneau à chauffer la farine des graines. 23. Bassin ouvert par dessous, dans lequel on place le sac destiné à recevoir la farine dont on doit extraire l'huile, après qu'elle a été chauffée. 24. Spatule qu'on laisse tomber dans la payelle ou bassine, pour retourner la farine pendant qu'elle est sur le feu.

Plate-forme de l'ouvrage sur le terrain. — Fig. 68. — 1. Fourneau à échauffer la farine. 2. Bassin divisé en deux parties, sous lesquelles on suspend les deux sacs pour verser la farine derrière la payelle, de sorte qu'elle tombe en deux portions égales. 3. Payelle ou bassine, sur le feu, avec la spatule dans le fond. 4. Boîte sur laquelle est posé un couteau pour rogner les rives ou bords des tourteaux, quand ils sortent du sac, après la presse, et dans laquelle tombent ces débris de tourteaux. 5. Tordoir ou presse pour le second tordage. 6. Tordoir du premier tordage, parce qu'il est plus près des meules. 7. Six creux pour les pilons. 8. Planche sur champ, pour empêcher la graine de tomber. 9. Meule gisante. 10. Centre de la meule gisante. 11. Planche garnie d'une bordure pour empêcher la farine de tomber.

Bloc avec les trous des pilons et les tordoirs coupés. — Fig. 69. — 1. Les six pilons. 2. Les six creux avec une plaque de fer dans le fond. 3. Le fermoir qui frappe sur le coin du premier tordage. 4. Le fermoir qui frappe sur le coin du second tordage. 5. Le défermoir du premier tordage qui frappe sur le coin à défermer. 6. Le défermoir du second tordage qui frappe sur le coin à défermer. 7. Coin à défermer. 8. Coin à fermer. 9. Coussinets de bois entre le fer et le coin. Deux plaques de bois de 54 millimètres d'épaisseur, se placent entre le coin à fermer et le coussin et le défermoir. 10. Senails entre lesquels on place le sac contenant la graine. 11. Fontaine par où coule l'huile. 12. Bassin pour recevoir l'huile. 13. Plaque de fer qui se place à plat sur les coins, les coussinets et les glissoirs. 14. Pièces de bois sur lesquelles est posé et assujetti le bloc. 15. Bloc en deux pièces jointes ensemble dans le milieu, garnies de bandes de fer. Il doit être également garni aux deux extrémités. 16. Corde pour laisser descendre le coin ou défermoir à la hauteur convenable, afin qu'il puisse défermer.

Senails entre lesquels on passe les sacs garnis de farine. Fig. 70. — 1. Deux fers nommés chasseurs de plat. 2. Les mêmes vus du champ ou sur les côtés. 3 Plaques de fer qui se placent sur la longueur. 4. La fontaine. Les senails se placent de la même façon que dans la figure. Il s'agit seulement de réunir les deux bouts qui répondent à la fontaine, en redressant les quatre extrémités. 5. Les sacs dans lesquels on met la farine pour tordre. Ces sacs sont de crin, de laine et de toile; les coutures doivent se trouver sur le plat et non sur les bords; sinon elles pourraient crever. 6. Le crin entre les plis duquel on renferme le sac. Quand ce sac est plein, on place sa base en *a*, l'autre bout en *b*; on replie ensuite l'extrémité *d* jusqu'en *a*. L'ouverture *c* sert pour l'empoigner, le placer sur le tordoir et le retirer. 7. Pilon garni de sa virole ou chaussure de fer. 8. Clous qui s'enfoncent dans le bout du bois du pilon lorsqu'il est entouré de sa virole ou chaussure. 9. Pièces qui servent à élever les pilons ou à les arrêter. 10. Pilon pour le tordoir. 11. Mortaises dans lesquelles se placent les mentonnets qui répondent aux bras des leviers sur l'arbre tournant pour élever les pilons.

La presse ou le tordoir. — Fig. 71. — 1. Les coussins. 2. Le coin à défermer. 3. Le coin à fermer ou à tordre. 4 et 5. Les deux glissoirs en bois. C'est au moyen de cette machine que les Hollandais préparent leur huile de graines ; ses effets sont excellents. En Flandre, il y a des moulins construits sur les mêmes principes, mais qui manquent, les uns de pilons, les autres de mortaises.

§ 12. *Moulin à froisser et triturer les graines oléagineuses,*
par MM. DANGLES et BIENBAR.

La figure 75 *bis*, pl. 5, représente la machine en élévation.

La figure 76 la représente en élévation et en coupe par la ligne $x\,x$.

La figure 77 représente la meule tournante vue en plan.

La figure 78 représente la meule fixe, en plan, avec une portion de la meule tournante.

La machine est composée des parties suivantes :

1º De la meule tournante ; 2º de la meule fixe ; 3º des distributeurs de graines ; 4º du pivot pour supporter la meule tournante ; 5º du pivot de pression pour maintenir la meule tournante contre la meule fixe ; 6º des pièces d'appui et d'attache pour exercer ladite pression ; 7º des pièces formant ensemble le moyen d'action ; 8º des pièces qui servent à faire ouvrir les distributeurs de graines. 9. Des pièces destinées à faire fermer les distributeurs des graines. La marche de la machine est ainsi qu'il suit :

Par les tuyaux k, k, qui communiquent avec les graines emmagasinées sur le grenier ; ces graines passent dans les tuyaux carrés l, l, et se répandent sur un fond en bois m, qui est ferré en deux endroits n, n ; par ces ouvertures, les graines s'introduisent dans les réservoirs o, o, qui communiquent avec les clapets introduc-

teurs *c, c* ; arrivées aux clapets introducteurs, ces graines sont forcées de se répartir, par la circulation de la
meule mobile *a*, sur le meule fixe *b*, et sont évacuées dans
la direction des cannelures vers le centre, à l'inverse
des meules à l'anglaise ; le mouvement de la meule mobile est imprimé par l'ensemble des pièces *g, g*. Les clapets introducteurs sont destinés à obvier à l'encombre-
ment des ouvertures par où s'introduisent les graines. .
Ces clapets sont unis par une équerre à renvoi *c'* et *c"* ;
cette équerre est fixée sur l'axe des clapets et rencontre
sur son chemin les pièces de cormier *h, h*, et celles *i, i,*
destinées à faire ouvrir les clapets. Les meules sont composées chacune de seize segments en fonte blanche dont
l'ajustement ressort de la coupe en élévation, fig. 77.

Les dispositions particulières de cette machine sont
les suivantes :

1º Un système de froissage des graines oléagineuses
par des appareils pivotant, à l'instar des moulins à blé
dits à l'anglaise, et dans lequel le pivotage n'est qu'un
perfectionnement de la suspension des meules à l'anglaise. 2º L'application et la composition des meules arti-
ficielles, résultant de l'ensemble de la figure 76, indiquant
l'encastrement à queue d'aronde des segments dans la
meule mobile et la meule fixe. 3º La répartition des
graines par différentes ouvertures pratiquées dans la
meule mobile, au moyen des clapets introducteurs *c, c,*
pour la répartition des graines, de manière à former une
alimentation régulière à tout le système de cannelures. .
4º La transmission de mouvement qui résulte des allu-
chons de la meule mobile *a*, qui, en opposition des meules à l'anglaise, reçoit son mouvement à la circonférence
et non au centre.

Les avantages qui résultent de l'application de cette
machine dans la fabrication des huiles, sont, suivant l'inventeur : économie de 25 pour 100 en force motrice ; économie de 25 pour 100 en main-d'œuvre. Sur 100 kilogrammes d'huile obtenus d'après l'ancienne méthode, il
y a un avantage de 6 pour 100 par l'application de cette machine. Sur la quantité d'huile obtenue, les trois quarts le

sont à froid. Ces machines sont d'une extrême solidité et prennent peu d'espace et de temps pour la pose.

§ 13. *Machine à triturer les graines oléagineuses, par M. LECOMTE-GRIOTTERAN.*

Cette machine que l'on voit, fig. 79, 79 *bis*, 79 *ter*, pl. 5, en élévation sur trois faces, se compose d'un système de onze rouleaux en fer qui présentent huit points de contact : ils sont animés de quatre vitesses différentes. Le premier moteur, dans cette machine, est un rouleau *a*, de 65 centimètres de diamètre sur 32 centimètres de table, traversé par un arbre en fer de 11 centimètres de diamètre, qui reçoit, par le secours d'un pignon, l'action d'une machine hydraulique ou d'une machine à vapeur de la force de quatre chevaux : ce rouleau communique avec six rouleaux *b*, dont le diamètre et la table sont de 33 centimètres par le moyen d'une roue dentée *c*, de 66 centimètres de diamètre.

Les deux rouleaux inférieurs *d* sont de même proportion que les six rouleaux *b* ; ils engrènent, à l'aide d'une roue de 1 mètre de diamètre, avec la roue *e*, de même dimension que celle *c*. Les deux rouleaux supérieurs *f*, de 0m.33 de diamètre et 1 mètre de table ou de longueur, engrènent, par le secours d'une roue de 0m.70, avec la roue *g*, de 1m.62 de diamètre. Toutes les roues désignées par la lettre *h* sont de même diamètre, et ne servent qu'à transmettre le mouvement aux rouleaux jumeaux. Comme on l'a déjà dit, quatre vitesses différentes sont imprimées par l'arbre du rouleau *a*, sur lequel sont fixées les roues dentées *c*, *e*, *g*. Une trémie, qui n'est pas figurée sur les dessins, contient la graine destinée à la trituration. Cette graine tombe, par un tuyau de 12 millimètres de diamètre, sur une coulisse de 1 mètre de largeur, qui la conduit sur les rouleaux supérieurs, où elle se concasse ; une seconde trémie, placée dessous, conduit la graine sur les deux rouleaux supérieurs *b*. Cette même graine est entraînée par le mouvement de rotation du rouleau *a*, qui l'oblige de passer par les quatre autres rouleaux *b*, d'où elle se rend enfin, par les rouleaux inférieurs *d*, dans un état

complet d'impalpabilité. Il résulte de ce moyen de trituration, sans manutention, que 50 hectolitres de graine
oléagineuse (colza, par exemple) sont disposés à être ap-
pliqués à la torréfaction, et, par suite, à l'expression,
dans l'espace de vingt-quatre heures.

Tout le système des rouleaux doit être renfermé dans
une caisse en planche, de manière que la graine ne puisse
s'échapper, et qu'elle soit obligée de passer par les huit
points de contact que présente la machine. Des raclettes
de bois ou de fer, disposées en bascule à l'aide de leviers
armés de petits contre-poids, pressent légèrement contre
chaque rouleau, immédiatement auprès des points de
contact, et détachent la farine dont ces rouleaux s'empa-
rent.

§ 14. *Moulin pour la fabrication des huiles,*
par MM. Anspach *et* Valentin.

Il se compose d'une noix en fonte, d'environ 0^m.32 de
diamètre, conique et montée sur un axe horizontal, qui
reçoit le mouvement d'une roue hydraulique ou de tout
autre agent; cette noix doit faire environ dix tours par
minute; elle tourne dans une partie conique, concave,
formant la matrice, et qui est fixée d'une manière iné-
branlable à un encadrement en charpente, au moyen de
sa base et de quatre boulons à écrous sur les côtés. Une
ouverture est pratiquée dans la partie supérieure de la
matrice, et sert à introduire les graines oléagineuses destinées à être broyées entre les dents de la noix et de la
matrice.

A cet effet, la partie conique de l'une et de l'autre est
divisée en trois portions de largeurs différentes : celle du
milieu, la plus forte, se compose de longues dents très-
peu saillantes, destinées à établir la compression des
graines engagées dans les creux; les deux autres parties,
beaucoup plus étroites, sont garnies de dents ou clous
plus serrés et plus fins, lesquels ont pour objet d'achever
le déchirement des graines, et d'empêcher qu'elles ne
sortent avant d'avoir été réduites au degré de finesse obtenu par les autres procédés; il est essentiel d'ajouter

que les dentures fines qui se trouvent à l'extérieur de la
noix et de la matrice appartiennent à des portions de surfaces coniques dont les arêtes doivent être très-inclinées
sur l'axe, en sorte qu'elles sont presque des cylindres
parallèles à l'axe de rotation. Ces dentures, d'ailleurs,
ainsi que celles du coin intermédiaire, sont dirigées en
sens contraire dans la noix et dans la matrice, comme
cela a lieu dans les moulins à café ordinaires, disposition
dont on sent parfaitement l'objet.

Pour rapprocher à volonté la noix de la matrice, on a
eu soin de faire porter l'extrémité de l'arbre de cette noix
du côté de la grande base du cône sur la pointe d'une vis
traversant l'une des faces des châssis d'assemblage, à peu
près comme cela se pratique dans le tour ordinaire ; à cet
effet, l'on a laissé à cet arbre la faculté de glisser dans
ses coussinets placés sur la face parallèle des châssis. Il
est d'ailleurs entendu que cet arbre est terminé par un
manchon, ou de toute autre manière, de façon à lier son
mouvement avec celui de l'arbre moteur en maintenant
le jeu convenable entre les deux arbres.

On conçoit maintenant que la graine, venant descendre
par l'ouverture supérieure de la trémie où elle était placée, s'insinue entre le cône intermédiaire de la noix et de
la matrice, est déchirée et comprimée, l'huile coule le
long des creux formés par la grande denture, et se rend
vers le petit cercle de la noix, ainsi qu'une petite portion
de graine écrasée que l'on a soin de séparer par un tamis
en fil-de-fer placé au-dessous ; les parties écrasées, et
qui ont subi la compression, sortent, en majeure partie,
par le grand cercle de la noix, mais sans conserver
d'huile, du moins à l'état liquide. Ces faits peuvent être
considérés comme un résultat constant de l'expérience,
quoique, peut-être, ils soient difficiles à expliquer théo-
riquement.

On conçoit néanmoins que la graine, quoique parfaitement écrasée et divisée après sa pression au travers des
dentures extérieures et finies de la noix, doit encore conserver une certaine quantité d'huile : c'est pourquoi on
la soumet à une nouvelle pression par les procédés ordi-

naires, mais sans qu'on soit obligé de la faire chauffer, car la matière, en sortant de la noix, conserve suffisamment de chaleur pour subir l'opération avec avantage.

En résumé, voici, suivant l'inventeur, les avantages que présente ce procédé, sur tous ceux en usage : 1° Il ne faut qu'une place d'un mètre et demi carré pour loger cette machine ; 2° mue par l'eau, elle réduit, en vingt-quatre heures, 16 hectolitres de colza ou navette, qui sont pressés au même instant ; 3° le colza ou navette, sec, se moud, et l'huile se trouve au même instant faite, sans que l'on soit obligé d'y mettre de l'eau ; l'écrasement de la graine est égal et accéléré ; ces deux perfectionnements exemptent les huiles d'une couleur louche et d'un mucilage fâcheux et nuisible ; 4° toutes les graines, en sortant de l'appareil, produisent autant d'huile que si elles étaient chauffées, mais, si elles sont restées un certain temps sans être pressées, il faut alors les chauffer à un degré de chaleur très-doux ; 5° on ne repasse jamais les tourteaux, parce qu'il n'y reste rien d'oléagineux ; 6° l'huile à froid et à chaud est claire en sortant de la presse et ne produit, par conséquent, pas la vingtième partie de dépôt en l'épurant, en comparaison de celle faite aux autres huileries, non compris une augmentation d'un quinzième en quantité.

§ 15. *Moulins en fer pour les graines oléagineuses,*
par M. PECQUEUR.

Les figures 80 et 81, pl. 5, représentent, sous deux vues, un moulin à axe horizontal, à meules plates et à double mouture.

Les figures 82, 83 et 84 représentent deux moulins à axe vertical et à meules coniques, dont l'un est à simple mouture, et l'autre à double mouture.

Le mouvement propre à ces moulins est la rotation continue ; ainsi, sous ce rapport, ils ressemblent à la plupart des moulins en pierre, en fonte et en fer qui ont été faits jusqu'ici.

Ce qui les caractérise est la qualité précieuse de moudre les graines grosses, telles que celles de colza, de navette, de pavot ou œillette, de lin , etc., sans s'empâter.

Les meules mobiles sont dans toutes les figures affectées des lettres A, A, et les meules fixes le sont des lettres B, B.

La taille est semblable dans les meules fixes et mobiles ; elle consiste, comme on le voit, fig. 81 et 82, à former, à de petites distances les unes des autres, de petites rainures en forme de gouttières, lesquelles sont creusées en *m m*, c'est-à-dire du côté de la prise de la graine, d'une quantité égale à la moitié d'un cercle, et vont en diminuant de profondeur à mesure qu'elles s'approchent du bord *n n*, c'est-à-dire du côté de la sortie, pour y venir finir à zéro de profondeur. Elles sont élargies tout d'un coté, comme on le voit au bord supérieur de chaque meule, et y forment des poches qui permettent aux graines de s'engager entre les meules.

Les rainures aux meules mobiles comme aux meules fixes sont inclinées sur un plan qui passera par l'axe du moulin d'environ 40 degrés ; mais elles sont inclinées en sens opposé, de sorte qu'elles se croisent sous un angle double ou sous un angle de 80 degrés environ. L'effet de cette inclinaison des rainures et de leur diminution de profondeur est nécessairement (en faisant tourner les meules A, A dans le sens indiqué par des flèches) de forcer les graines engagées dans les meules à descendre, à se serrer et à sortir du côté opposé toutes broyées ou écrasées, ou moulues, comme on voudra le désigner.

La figure 80 présente une coupe verticale du moulin à axe horizontal, et la figure 81 une autre coupe du même moulin, à angle droit avec la première.

La meule mobile A, A est fixée à l'arbre C, C, et tourne avec lui. Cet arbre C, C, étant supporté sur un bâti dans des coussinets par ses tourillons G, G, pourra être mis en mouvement au moyen d'une manivelle montée sur le carré H. La meule mobile A, A est taillée des deux côtés, et les meules fixes B', B' et B, B n'ont chacune qu'un coté de taillé, celui qui correspond à la meule mobile. Ces meules fixes B', B' et B, B sont maintenues dans leur écar-

Fabricant d'Huiles.17

tement convenable par les quatre traverses T, T, on les rapproche ou on les éloigne parallèlement pour moudre plus fin ou plus gros, en serrant ou en desserrant les écrous V, V, lesquels ont la forme de roues dentées, et s'engrènent tous les quatre dans une roue centrale W, afin qu'ils tournent d'une même quantité quand on veut serrer ou desserrer le moulin. La meule B, B est percée de quatre ouvertures dont deux O, O sont vues en coupe. On fait tomber la graine que l'on veut moudre dans le moulin par l'ouverture O. Une tôle bouche les trois autres ouvertures. Afin que le moulin s'use également, on change de loin en loin les meules fixes de position, et l'on fait tourner la tôle de manière à ouvrir l'ouverture O la plus élevée pour y faire passer le grain à mesure qu'il se moud.

Les figures 82 et 83 appartiennent au moulin à arbre vertical et à simple moulage, et la figure 84 au moulin à double moulage.

La figure 82 représente l'ensemble du moulin à simple moulage ; mais la meule mobile A, A est représentée en coupe pour laisser voir la taille de la meule fixe B, B. La meule mobile A, A est fixée sur l'arbre C, C, lequel traverse la meule fixe ; celle-ci maintient cet arbre dans son centre au moyen du manchon D qu'elle porte.

Les bras E, E ne forment qu'une pièce avec la meule fixe, et servent, comme on le voit, à porter l'arbre moteur F, qui, au moyen des roues d'angle G et H, transmet son mouvement de rotation continu à la meule A, A. Ces mêmes bras servent encore à fixer la machine sur un bâti J, J et à fermer ou à ouvrir plus ou moins les meules, par le moyen de la traverse I des boulons K, K et des écrous V, V, pour moudre plus ou moins fin. O, O, cercle en tôle pour empêcher de sauter par terre la graine que l'on fait tomber dans le moulin pour l'alimenter.

La meule B, B, B' B', fig. 84, est composée de deux pièces ; l'une B, B est, à peu de chose près, semblable à la meule fixe du moulin, fig. 82, sinon qu'elle n'a pas de bras E, E, et l'autre B', B' est un cercle portant un croisillon qui vient s'ajuster sur la première, au moyen de vis et portant quatre oreilles E, E, E, E, qui servent à fixer le moulin sur un bâti.

Ces deux parties de la meule fixe sont dentées, l'une en dedans et l'autre en dehors, de la même manière qu'il a été expliqué. La meule mobile A,A de ce moulin est semblable à la meule mobile du précédent ; mais elle est taillée des deux côtés et elle travaille en dedans et en dehors. Elle est fixée à l'arbre C au moyen de l'embase de ce dernier et de vis.

Ce moulin doit être muni d'une tôle semblable à la tôle O,O, et d'une trémie comme celle dont il a été parlé dans la description du premier moulin, mais disposé de manière à verser la graine sur les deux cercles moulants. Les deux écrous V,V servent, comme dans le précédent, à rapprocher ou à éloigner les meules pour moudre à volonté plus ou moins fin.

§ 16. *Presse horizontale pour la pression des graines oléagineuses,* par MM. Sudds, Adkins et Barker.

Fig. 85, 85 *bis* et 86, pl. 5. Les dessins représentent le plan, la coupe en long et la coupe transversale d'une presse à huile.

a est une lumière en fonte à chaque bout de la presse, pour recevoir la graine destinée à la pression. *b*, quatre barres en fer forgé pour tenir l'écartement des lumières *a*, et d'une force suffisante pour résister à la pression qui doit être donnée. *c* est une vis en fer forgé ou en fonte de fer placée horizontalement. *d* est une partie carrée ou ronde au milieu de la vis pour recevoir le pignon droit *e*, qui reçoit le mouvement de la force motrice. *e* est un pignon droit. *f* est une partie de la vis filetée, à gauche, d'un ou plusieurs filets. *g* est l'autre partie de la vis filetée, à droite, d'un ou plusieurs filets. *h*, tourillon à chaque bout de la vis pour la supporter. *i*, boîtes à vis en cuivre ou en fonte, filetées, l'une à droite et l'autre à gauche, pour marcher sur la vis *c*. *d'*, quatre bras ou branches en fer ou en fonte attachées, par un bout, aux deux boîtes en cuivre ou en fonte par le moyen de joints traversés de boulons, et de l'autre bout, assemblées, également par des joints, à deux forts plateaux *e'*, qui reçoivent la pression de la vis *o*. *e'*, deux forts plateaux en fonte.

Le mouvement étant donné à la vis posée à travers la presse, les deux écrous ou boîtes placés aux extrémités s'avancent et s'approchent vers le milieu de ladite vis.

§ 17. *Appareil chauffoir des graines oléagineuses*, par MM. ROSSIGNOL.

Dans les usines destinées à l'extraction des huiles de graines, trois systèmes de chauffoir sont en usage : 1° à feu nu ; 2° à la vapeur, suivant le procédé Halette, d'Arras, v. p. 168 ; 3° au bain-marie ordinaire. Le premier est le plus défectueux, en ce qu'il est impossible d'obtenir une torréfaction convenable et uniforme de la pâte ; que la brasse mécanique ou la spatule de l'ouvrier s'emploie à paralyser l'action du feu, le chauffage n'est jamais assez bien dirigé pour que l'absorption des parties huileuses puisse être empêchée ; dans tous les cas, l'huile contracte un goût de ranci qui la rend presque impropre à l'usage du ménage, et donne une consistance ou mucilage, qui fait qu'elle résiste davantage à l'action de l'acide sulfurique lors de son épuration.

Ces vices résultent de ce que le déplacement de la matière dans le chauffoir n'est jamais complet ; que, le fût-il, le feu direct donne une chaleur trop active pour obtenir une torréfaction lente, graduée et énergique tout à la fois.

Le second système est moins défectueux ; la pâte, dans l'appareil Halette, est chauffée au moyen de la vapeur renfermée dans une enveloppe en fonte ; une brasse l'agite, afin que, déplacée, elle chauffe uniformément et l'empêche de sécher les parties les plus en contact avec la chaleur ; mais rien n'indique le degré de chaleur procuré, et si son ardeur est suffisante pour torréfier comme il convient. Il s'ensuit qu'elle peut devenir nuisible ; elle le sera toujours si la pâte demeure en contact trop longtemps avec la chaleur ; car, quel que soit le moyen qui la procure, le corps en contact doit sécher, s'il n'est pas mis en rapport avec un élément qui puisse compenser la déperdition opérée, ou même l'empêcher. On conçoit, d'ailleurs, que ce mode de chauffage est lent, quel que soit le degré de force de la vapeur, et que la chaleur ne peut avoir assez d'énergie pour opérer une torréfaction complète.

Le troisième système offre les inconvénients des deux premiers, et sa disposition ne permet pas de chauffer une grande quantité de pâte à la fois, et surtout en toute sécurité.

Le nouveau procédé, aux meilleurs résultats procurés par ces deux derniers moyens, joint les avantages précieux d'exiger un appareil peu dispendieux ayant toujours une valeur intrinsèque, d'économiser la main-d'œuvre et le combustible, de ne soumettre à aucune surveillance, de conserver aux huiles leur goût naturel, enfin de n'absorber aucune matière ni la dénaturer.

C'est dans la combinaison et la réunion de ces deux derniers que le nouveau a été trouvé.

L'appareil est un peu volumineux : un fourneau propre à une fabrique de deux pressoirs, chauffe, au moyen de ce procédé, la quantité de pâte nécessaire au service de douze pressoirs ; la pâte peut être chauffée en dix minutes, au degré voulu pour le service de trois presses à la fois, ou peut être chauffée une heure entière et plus dans le chauffoir, sans courir le moindre danger ; elle n'est point en contact avec l'action directe du feu ; si la vapeur agit directement sur elle, l'influence de cette dernière est paralysée par une reverbération douce qui absorbe l'humidité produite par cet agent. Ce sont les actions simultanées de la vapeur et de la reverbération qui permettent de laisser sans danger le chauffoir chargé de matière à chauffer ; l'une neutralisant l'autre, il s'ensuit évidemment que la chaleur produite par elles deux ne peut jamais excéder un terme moyen, et c'est juste celui nécessaire à l'extraction des huiles.

Ainsi cet appareil, se servant lui-même de régulateur de chaleur, résout, suivant M. Rossignol, toutes les difficultés que présentaient les chauffoirs employés jusqu'à ce jour.

L'appareil est simple, capable d'être réparé par l'ouvrier le plus inhabile, à l'abri de toute explosion, et si une soupape de sûreté y est ajustée, ce n'est que par un excès de précaution que jamais un malheur quelconque ne viendra justifier, car il faudrait que l'incrustation produit par la vapeur fermât tous les orifices par lesquels elle s'échappe, pour que cette soupape pût être utile.

Fig. 87 et 87 *bis*, pl. 3. *a*, fourneau en briques ou en fonte, contenant l'appareil. *b*, chaudière en contact avec le feu, et contenant de l'eau. *c*, chaudière placée dans celle *b*, et laissant un vide entre elles deux dessus et de côté; ces deux chaudières, qui peuvent être construites en fonte, fer ou cuivre, sont réunies par le haut, et fixées ensemble par leur rebord au moyen de cercles en fer boulonnés, pour empêcher la vapeur de s'échapper par ce joint. *d*, couvercle recouvrant la chaudière *c*. *e*, tamis à cercles en bois ou métal, garnis en dessous d'une toile métallique ou autre, placés les uns sur les autres dans la chaudière *c*, et contenant la pâte ou matière triturée ; ces tamis sont séparés les uns des autres par des tasseaux ou traverses fixés au fond de chacun pour établir entre eux une circulation de vapeur. *f*, tube intérieur par lequel la vapeur s'introduit de la chaudière *b* dans la chaudière *c*, et qui la distribue soit au fond de cette dernière, soit dans les intervalles qui existent entre chaque tamis et tout autour de ceux-ci contre les parois de cette même chaudière *c*, la vapeur agissant ainsi en tous sens, sur la pâte que contiennent ces tamis. *g*, tube extérieur servant à alimenter d'eau la chaudière *b*. *h*, robinet de décharge de l'eau. *j*, tube en verre indiquant la hauteur de l'eau dans la chaudière *b*. *k*, soupape de sûreté pour parer à tout accident et à une trop forte température de vapeur. *m*, hauteur de l'eau dans le chaudière *b*.

§ 18. *Machine à moudre les graines oléagineuses,* par M. VENET.

Parmi tous les moyens employés pour concasser ou moudre les graines oléagineuses, pas un, suivant M. Venet, ne donne un résultat entièrement satisfaisant. Le moulin à cylindre est généralement adopté, mais il a plusieurs inconvénients, tels que ceux d'exiger la force de cinq à six chevaux, de s'user en peu de temps, de laisser une certaine quantité de graines sans être atteintes, et enfin d'obliger à soumettre la mouture à l'action des meules; mais ces meules, tout en améliorant la mouture, laissent encore échapper quantité de graines sans être écrasées.

« Notre machine, dit l'inventeur, remplace les cylindres et les meules, et n'exige pas la force entière d'un cheval : cet avantage seul suffirait pour la faire préférer à tout ce qu'on a fait jusqu'ici pour moudre les graines oléagineuses, si elle n'avait encore ceux de ne laisser échapper aucune graine à son action, de donner à la mouture le degré de pulvérisation convenable et de n'exiger que très-rarement des réparations, d'ailleurs peu dispendieuses.

« Cette machine se compose d'une auge circulaire en fonte, dans laquelle roulent six boulets de même métal, maintenus par leur axe dans des chapes garnies de coussinets en cuivre ; le nombre des boulets peut être augmenté ou diminué suivant le besoin : un arbre vertical, garni d'une poulie, reçoit la courroie du moteur ; un entonnoir en zinc, fixé à l'arbre, au-dessous de la poulie, et deux conduits de même métal, conduisent les graines dans les trémies de chaque train de boulets (ces boulets, comme nous l'avons dit, sont en fonte ; cependant, ils peuvent être construits de toute autre matière pour laquelle nous nous réservons le bénéfice de l'invention). Un caisson circulaire en bois reçoit la mouture qui se trouve chassée hors de l'auge par les ramasseurs ; enfin la machine tout entière est portée par un bâti en charpente.

« Si l'on voulait obtenir de notre moulin une plus grande quantité de mouture, il suffirait d'augmenter le nombre des trains de boulets, qu'on pourrait porter jusqu'à quatre.

« Fig. 88, pl. 6, coupe en élévation de la machine.

« A,A, auge circulaire. B,B, boulets dans leurs chapes C,C. D,D, traverses ou chapeaux de chapes. E,E, support du cercle presseur K, qui reçoit la pression de la vis E. F, bande de fer méplat, vue de champ, fixée sur la chape du milieu en *c*, de chaque train de boulets. Un trou carré est pratiqué au milieu pour recevoir l'arbre I. H, caisson circulaire destiné à recevoir la mouture chassée de l'auge. I, arbre armé, à sa partie supérieure, d'une poulie en bois portant la courroie de communication au moteur; son extrémité inférieure est terminée par un pivot reçu dans la crapaudine *i*, fixé au centre des croisillons de l'auge. L, entonnoir en zinc fixé par son manchon à l'arbre I. M, conduit communiquant au grenier, et par lequel les graines arrivent dans l'entonnoir, et de là dans les trémies par les conduits qui sont armés de soupapes pour arrêter à volonté la descente de ces graines. N, poutre dans laquelle est reçue la partie supérieure de l'arbre. O, poulie en bois portant la courroie *p*, cour communiquer au moteur. S, bâti de la machine.

« Fig. 89, coupe de face de l'un des trains de boulets. A,A,A, boulets. A',A',A', décrottoirs des boulets. D, chapeau des chapes. G, ramasseur pouvant être haussé ou baissé à volonté au moyen des pas de vis de sa tige. I, trémies fournissant les graines à l'auge; elles se voient également fig. 88. K, cercle presseur agissant sur les galets *q,q*. R, chapes des galets faisant corps avec le chapeau D. S, régulateur de la couche des graines dans l'auge. T,T,T, soc pour remuer la mouture à la suite du passage des boulets. »

§ 19. *Machine à décortiquer et vanner diverses graines,*
par MM. ROUSSEAU.

Cette machine, appliquée spécialement à l'arachide, est représentée sous trois aspects principaux : la figure 90, pl. 6, est une élévation latérale, la figure 91 est une vue de face, et la figure 92 est une coupe longtitudinale pour faire bien comprendre le parcours de la graine et les opérations auxquelles elle se trouve soumise dans ce parcours.

A,A', divers montants qui constituent le bâti de la machine. B,B', enveloppe cylindrique d'un ventilateur, dont les joues B,B' se prolongent jusqu'à l'extrémité opposée de la machine. L'axe principal C est muni, à chaque bout, d'une manivelle D pour faire fonctionner la machine ; cet axe porte, d'un côté, une roue de commande E, qui commande le rouleau denté G et le ventilateur H : cette double fonction est opérée par la roue d'engrenage I, montée sur l'axe du rouleau G, et par la roue intermédiaire J et le pignon *l* placé à l'extrémité de l'axe du ventilateur. Un volant *m*, monté sur l'axe du rouleau à dents de scie G, du côté opposé au pignon J, a pour objet de régulariser la fonction de ce rouleau. Le ventilateur aspire l'air par des cannelures *n,n* pratiquées sur les joues B',B' de l'enveloppe ; son objet est de séparer, par un courant d'air vif et multiplié, la cosse de la graine.

Le rouleau déchireur de la cosse G est en fonte, portant sur son contour, à des distances égales, des rainures ou entailles parallèles à son axe. Dans ces entailles sont ajustées des lames de scie à denture convenable ; à la hauteur du centre de ce rouleau et sur le côté, à une distance de quelques millimètres, est disposé un battant O le long duquel, et parallèlement au rouleau G, sont implantées des lames de scie semblables à celles du rouleau. Les lames du rouleau se meuvent avec ce dernier, mais les lames du battant O sont fixes, et c'est au passage de la graine entre le rouleau et le battant qu'elle se trouve dépouillée de sa cosse ; toutefois, la distance du montant des lames du rouleau est réglée au besoin, et, à cet effet, son extrémité supérieure est mobile, à charnière, sur une devanture fixe *p*, tandis que, vers le bas de ce montant, sont disposées des vis de rappel *r,r*, qui permettent d'augmenter ou diminuer, suivant le cas, l'écartement des lames du rouleau et du battant, pour attaquer plus ou moins la cosse de la graine.

Les graines de l'arachide qui doivent être soumises à l'action de cette machine, se versent dans l'auge M, dont le fond est incliné pour faciliter leur chute dans une seconde auge N, par une ouverture à porte mobile *q*, disposée au bas de l'auge M. L'auge N est soumise à un mouvement latéral, alternatif, nécessaire pour l'écoulement des graines sur le rouleau déchireur, par l'ouverture *t*, ménagée à l'extrémité de cette auge.

Un mouvement semblable est aussi communiqué au tamis P, par une disposition mécanique qui leur est commune.

Ainsi les deux tringles u, u', l'une verticale et l'autre horizontale, fig. 92, sont liées, à rotation, au tourillon d'une manivelle à petite course v, montée sur l'axe du ventilateur : la tringle u, dans son mouvement ascensionnel alternatif, communique, par un levier de sonnette, un mouvement de va et vient horizontal à l'auge N, qui est suspendue par des courroies x, x ; la tringle u' se termine sous forme de fourchette pour embrasser la saillie d'un axe à pivot y, muni vers le haut d'une seconde saillie qui, par l'intermédiaire d'une équerre, fait aussi osciller latéralement le tamis P, à l'instar du tic-tac des moulins : ce mouvement de sasser, imprimé à l'auge N et au tamis P, détermine dans la première, la chute successive des graines sur le rouleau, et dans le second, la séparation des graines d'avec les cosses, séparation favorisée par le ventilateur qui chasse au loin les cosses, et permet aux graines de passer sur le treillage en fil de fer du tamis, pour se déverser, par les plans inclinés R, R, dans des récepteurs que l'on peut placer, au besoin, sous la machine.

Quoique cette machine puisse fonctionner par une seule manivelle, cependant, pour éviter le renouvellement répété de l'homme qui la fait mouvoir, l'emploi des deux manivelles est préférable.

Les caractères distinctifs de cette machine sont : 1° déchirement de la coque, entre les lames dentées d'un rouleau mobile et celles d'une plaque fixe, quoique variables de position ; 2° combinaison d'un double mouvement de sasser, imprimé à l'auge N et au tamis P ; 3° l'addition d'un ventilateur qui facilite la séparation des cosses d'avec les graines.

§ 20. *Perfectionnements aux coins employés dans les huileries,* par M. GERVAIS.

L'emploi du coin pour produire la pression nécessaire dans les fabriques d'huile, présente des avantages réels quand le coin est bien fait ; d'abord par la simplicité de cet agent, et ensuite par l'habitude qu'ont les ouvriers de s'en servir. Jusqu'à présent on ne s'est servi, pour cet usage, que de coins en bois, et ils ne sont pas exempts d'inconvénients. Il faut, en effet, avoir une grande provision de ces bois pour qu'ils soient secs, autrement ils se détruisent très-vite ; d'ailleurs la pression ne peut être qu'en raison de la résistance qu'ils opposent, et on est paralysé dans ce que l'on pourrait faire pour obtenir une extraction plus considérable. Le perfectionnement consiste à faire des coins en fonte de fer au lieu de bois; on obtient ainsi des résultats bien plus supérieurs et on n'a plus de dépense de bois.

La partie latérale de ces coins étant bien plane, les jumelles en bois ne se déforment pas. Le coin restant toujours le même et une espèce de graisse lubrifiant constamment sa surface, il en résulte qu'il ne peut gripper, ce qui arrive fréquemment quand on fait agir bois contre bois. Un autre avantage, c'est l'économie du travail et du salaire d'un ouvrier constamment occupé à réparer les coins, qui changent de forme, exercent une pression inégale et produisent des résultats différents. Enfin, et comme conséquence de ce qui précède, par ce moyen il n'y a plus de chômage, ce qui est d'une grande importance.

Le métal préférable est la fonte de fer, parce qu'elle réunit au bon marché l'économie dans la fabrication et toute la résistance convenable.

Le coin est creux ; il a plusieurs compartiments (ou cavités) réservés intérieurement pour en diminuer le poids ; les faces pressantes sont réunies par les cloisons opérant la division des compartiments, ce qui leur assure la force convenable ; deux trous sont ménagés sur les côtés pour permettre à l'air de sortir lors du moulage et pour extraire la terre des noyaux ; ils sont également indispensables pour que l'air puisse circuler à l'intérieur et empêcher le métal de s'échauffer.

Fig. 93, pl. 6, coin vu par terre ou en projection horizontale.

Fig. 94, le même vu de champ.

a, surfaces pressantes du coin réunies par les cloisons *b. c*, compartiments réservés pour rendre le coin plus léger et permettre à l'air de circuler intérieurement. *d*, trou réservé pour l'introduction d'une lanière pour relever le coin quand cela est nécessaire, ce trou traverse le coin de part en part; *e*, trous pratiqués pour permettre de retirer la terre fermant le tuyau et servant à introduire l'air dans le coin. *f*, biseau du coin facilitant son introduction entre les jumelles.

§ 21. *Presse à grille servant à l'extraction des huiles,*
par M. BÉRARD.

La méthode suivie jusqu'à ce jour pour extraire l'huile de graines par la presse hydraulique ordinaire présente, d'après M. Bérard, de nombreux inconvénients; un des principaux est, sans contredit, l'emploi du cabas de crin, dont la dépense s'élève à une somme assez considérable. En effet, la pression à laquelle on soumet la pâte dans ces cabas a pour résultat inévitable d'en affaiblir les bords, qui, après s'être prêtés à l'extension, ne tardent pas à se rompre. Alors la pâte qui s'y trouve renfermée n'étant plus retenue par les côtés où la pression se fait le plus sentir, s'en échappe de toutes parts, ce qui cause, outre la perte des cabas, une diminution réelle dans le rendement en huile. Cet inconvénient augmente avec la proportion d'eau introduite dans la pâte, et l'expérience a démontré que l'eau incorporée est indispensable pour faciliter l'extraction de l'huile et contribuer à une plus forte production.

Ce qui précède indique suffisamment que les bords et les coins des cabas ne reçoivent aucune pression, et dès lors le tourteau ou résidu que l'on en retire fournit des rognures que l'on est obligé de soumettre à une nouvelle opération pour en extraire l'huile qui s'y est ramassée. Il en résulte ainsi une perte de temps évaluée au quinzième du travail; or la perte de temps équivaut, pour le fabricant, à une diminution de produit.

La presse à grille a pour objet de remédier aux graves

inconvénients signalés ci-dessus : 1° Elle réduit de plus des deux tiers la dépense des cabas de crin ; 2° elle procure une économie de temps, de main-d'œuvre, et produit une augmentation dans le rendement, puisque, dans le même temps, l'on peut triturer une plus grande quantité de graines, égale au cinquième du travail ordinaire ; 3° enfin elle permet d'activer le fabrication par la possibilité d'incorporer dans la pâte une plus grande proportion d'eau en évitant les inconvénients auxquels donne lieu cette incorporation.

Description de la presse à grille. — La nouvelle presse ne diffère de celles qui sont employées à Marseille que par une cage ou grille en fer établie verticalement entre les quatre colonnes, prenant son appui au chapeau et sur la plate-forme du manchon ou corps de la presse. Cette cage est formée par la réunion de petits barreaux posés de champ, et laissant entre eux un intervalle suffisant ; l'huile qui y arrive s'écoule le long des quatre faces intérieures de la cage et vient se réunir dans une rigole qui la conduit au dehors. Le carré intérieur formé par la grille sert de guide au plateau, et le force, malgré le nombre de cabas superposés, à monter suivant une ligne verticale. La pression se fait d'une manière plus complète en ce qu'elle s'exerce uniformément sur toutes les surfaces des cabas, qui conservent ainsi une position parfaitement horizontale.

On n'a plus à craindre alors, comme il arrive souvent, que les cabas, glissant l'un sur l'autre, ne se portent tous d'un côté, ce qui amène une prompte rupture sur ce point, et l'on sait qu'un cabas qui a été brisé ne peut plus supporter l'effort de la pression, malgré les fréquents rapiécetages, et qu'il est mis bientôt hors de service.

Manière d'opérer. — Le service de la presse à grille se fait comme celui des autres presses. Quand tout l'espace vide est rempli par les cabas et les plaques qui servent à séparer ceux-ci, on ferme la porte antérieure de la grille, que l'on a eu le soin de développer contre l'une des colonnes. Au fur et à mesure de la pression, l'huile, ainsi qu'il a été dit, s'écoule dans les espaces

laissés entre chaque barreau, on se rend dans la rigole
placée au bas. La pression terminée, on ouvre la porte
et on procède à une nouvelle opération.

Il est facile de concevoir que les cabas, parfaitement
maintenus par les quatre côtés de la grille, ne peuvent
s'étendre comme aujourd'hui, et doivent résister longtemps à l'usure qui en est la conséquence.

Fig. 95, pl. 6, presse à grille vue en élévation.

a, manchon de la presse. b, chapeau contre lequel les
cabas viennent s'appuyer pendant la pression qui s'opère
de bas en haut. c, colonnes. p, piston. d, plateau sur
lequel se placent les cabas et les plaques. g, grille dont
la face du fond seule est visible d'un côté et de l'autre du
piston p. o, bec d'écoulement pour l'huile. r, récipient
dans lequel se rend l'huile au sortir de la rigole.

Fig. 96, coupe horizontale, suivant la ligne xy; elle
indique les vides laissés entre chaque barreau et qui
servent de conduits d'écoulement à l'huile.

a, manchon. c, colonnes. e, rigole qui sert de base à
la grille et où l'huile vient se réunir. Cette rigole, dans
l'application de la grille aux presses actuellement exis-
tantes, est remplacée par un récipient en fonte qu'on
pose sur la plate-forme du manchon, et qui est à jour au
centre, pour permettre au piston p de fonctionner librement. Cette rigole, telle que le plan l'indique, fait un seul
et même tour avec le manchon dans les presses neuves
et qui remplacent celles actuelles. g, grille dont il est
facile de comprendre le but. La porte est ouverte et
appuyée contre l'une des quatre colonnes. o, bec d'écoulement pour l'huile qui se rend dans le réservoir r.

§ 22. *Perfectionnements dans l'extraction des huiles, par MM. H. Bessemer et J.-S.-C. Heywood.*

Les perfectionnements qu'on va faire connaître consistent principalement dans les points suivants: 1° Un
appareil mécanique propre à l'extraction des huiles et
des corps oléagineux des matières qui les renferment..
2° Un traitement particulier des huiles et des corps oléagineux encore en combinaison avec les matières qui les

produisent à l'aide de l'eau pure ou imprégnée de corps alcalins et d'une pression hydraulique en vases clos.

I. Relativement au premier point, c'est-à-dire à l'appareil mécanique propre à l'extraction des huiles et des corps oléagineux des matières qui les renferment, on fait usage de la presse à huile représenté dans les figures suivantes ·

Fig. 97, pl. 6, élévation de la presse vue de côté.

Fig. 98, plan de cette même presse.

Fig. 99, coupe longitudinale suivant la ligne A, B, fig. 98.

Fig. 100, coupe d'une portion du cylindre de la presse sur une grande échelle.

Le fond ou bâti a, a d'une seule pièce de fonte forme en $a' a'$ un réservoir ou bassin pour recevoir les corps huileux qui y coulent lorsqu'on les extrait par expression. Vers l'une des extrémités de ce fond, s'élèvent des paliers a^2, a^2 avec coussinets b, b et chapeaux c, c dans lesquels tourne l'arbre coudé d. A l'extrémité opposée, il existe deux autres paliers a^3, a^3 venus aussi de fonte avec le bâti, pourvus aussi de chapeaux e, e. Ces chapeaux ont pour fonction de retenir fermement en sa place le cylindre de pression f qu'on fait en bronze à canon et d'une épaisseur suffisante pour pouvoir résister à une pression intérieure considérable. Ce cylindre f est pourvu à l'intérieur de ce que nous nommons une doublure qu'on aperçoit plus distinctement dans la figure 100. Cette doublure consiste en un tuyau de bronze à canon n portant à l'extérieur une gouttière ou rainure spirale r, et par conséquent présentant l'aspect d'une vis ordinaire à filet carré, et d'un pas très-petit. Dans tout le cours de cette gouttière spirale on a percé des trous coniques f qui traversent de part en part le tuyau n, et communiquent avec son intérieur. En n', le diamètre intérieur de cette doublure augmente, et est pourvu en ce point d'un collier en acier t. L'extrémité du tuyau opposée à n' présente au contraire un diamètre réduit, et est pourvue extérieurement d'un autre collier en acier u. Un sac cylindrique simple v ouvert aux deux bouts, en futaine, étoffe de crin ou autre matière perméable analogue et d'un diamètre convenable, s'adapte très-exactement dans l'intérieur du tuyau n, et dans ce sac est placé un cylindre w en toile métallique ou en tôle finement percée. Le collier d'acier t entre juste dans l'extrémité ouverte du cylindre de toile métallique qu'il presse dans la retraite formée en n', et maintient fermement en place. Le sac v et la toile métallique w étant alors fortement tirés par l'autre extrémité n^2 du tuyau, on chasse dessus le collier u qui les serre avec force et les retient tendus et immobiles. Alors on introduit le cylindre de doublure n dans le cylindre d'expression n jusqu'à l'épaulement g, g. On insère ensuite une pièce tubulaire h, h qu'on amène jusqu'au contact avec le collier u, et on met en place le bouchon à vis i qui maintient la doublure n avec fermeté dans l'intérieur du cylindre d'expression.

L'extrémité de ce cylindre d'expression est étranglée en f, f, et forme en ce point un épaulement contre lequel vient butter le collier j dont le diamètre d'ouverture règle la pression à laquelle sont soumises les matières sur lesquelles on opère. A l'intérieur du tuyau n, est adapté un piston plein k qui reçoit un mouvement de va-et-vient de l'arbre coudé d au moyen de la bielle l, le mouvement parallèle étant réglé à l'aide des roulettes m, m et de la traverse o qui cheminent sur le bâti dans les points a^4, a^4. X est une trémie boulonnée sur un collet f^2 que porte le cylindre d'expression et communiquant avec ce dernier par une ouverture percée dans le tuyau n et placée sous le bec de cette trémie, de manière que les matières que renferme celle-ci puissent tomber dans ce tube lorsque le piston plein k démasque cette ouverture. Dans la portion du cylindre d'expression occupée par la doublure, on a percé un grand nombre de petits trous $f^3 f^3$ qui communiquent en différents points avec la gouttière spirale dans le tuyau n, et à l'extérieur de ce cylindre il existe deux bagues $f^4 f^4$ buttant contre les paliers n^3 et leurs chapeaux e et servant à maintenir fermement le cylindre d'expression à sa place.

Quand on emploie la force de la vapeur pour communiquer le mouvement à la presse à huile, on place la manivelle du piston de vapeur établi à l'extrémité d' de l'arbre coudé de la presse à l'huile, sous un angle tel par rapport à la manivelle d, que quand celle-ci chasse en avant le piston plein k jusqu'à l'extrémité de sa course, le piston de vapeur soit arrivé à moitié de la sienne, pour que la force motrice appliquée atteigne son maximum au moment où la presse présente la plus grande résistance, et que le piston de vapeur, lorsqu'il passera par ses points morts, n'ait à surmonter que le frottement de la machine seulement lorsque le piston plein k est au milieu de sa pulsation en retour. Quand on applique une autre force motrice pour tourner la manivelle d, il est nécessaire d'employer un volant qu'on placera sur l'arbre d' avec les engrenages utiles pour mettre en communication avec le premier moteur.

Quand on applique cet appareil à l'extraction de l'huile de lin, on broie et on chauffe ces graines de la manière actuellement en usage, puis on les introduit dans la trémie, et aussitôt imprimant le mouvement à l'arbre coudé d, le piston plein k exécute un mouvement de va-et-vient à l'intérieur du tube n du cylindre d'expression Chaque fois qu'il recule vers l'arbre coudé il démasque l'ouverture sous la trémie et permet à une portion de graines broyées de tomber dans ce tube, tandis que lorsqu'il revient par un mouvement contraire, il chasse ces graines vers la partie rétrécie du cylindre où leur passage se trouve beaucoup retardé par le frottement contre les parois de la doublure, mais principalement par l'étranglement de l'ouvertre de décharge à travers le collier j, qui occasionne un degré considérable de résistance, et où, par conséquent, le piston plein aura à exercer sur la pâte une pression proportionnelle à l'ouverture plus ou moins grande que le collier $i\,j$ laisse pour la décharge.

On remarquera que ce collier j est mobile, et qu'en enlevant entièrement le piston plein du tuyau, on peut le changer pour un autre présentant une ouverture de plus grand ou de plus petit diamètre. La doublure peut aussi, dans tous les temps, être enlevée du cylindre pour en ôter les portions usées ou hors de service toutes les fois qu'on le juge à propos.

L'action du piston plein ressemble à celle du piston d'une presse hydraulique ; les graines sont pompées ou aspirées à l'une des extrémités du cylindre d'expression et s'échappent par l'autre. D'un autre côté, tout l'intérieur de ce cylindre renfermant les semences est garni d'étoffe de crin ou autre matière résistante et perméable propre à cet usage, et pour protéger cette étoffe contre toute avarie, on la recouvre de toile métallique ou de tôle percée de trous fins ; ce sac se trouve donc ainsi complétement défendu à l'intérieur, tandis que soutenu de toutes parts à l'extérieur par le tuyau n, il est ainsi peu exposé aux avaries ou au risque de crever.

L'huile exprimée passe à travers la toile métallique et l'étoffe en crin et s'écoule par les trous s dans la gouttière spirale r, et de là sort par les trous f^3 dont est percé le cylindre d'expression. A mesure qu'elle coule, elle est reçue dans le réservoir a', d'où on peut l'extraire par l'ajutage y.

Quoiqu'on n'ait décrit qu'un seul cylindre d'expression, il est évident qu'on peut en disposer les uns à côté des autres deux ou un plus grand nombre, qu'on mettrait en action par une manivelle unique ou plusieurs manivelles sur un même arbre, et disposées l'une par rapport à l'autre, de manière à égaliser autant que possible la résistance pendant tout le temps de la révolution de cet arbre. On a proposé une forme cylindrique pour le piston plein ; mais il est clair qu'on peut donner à ce piston ainsi qu'au cylindre une forme polygonale quelconque.

Dans la description de la presse à huile que nous venons de donner, nous n'avons pas indiqué de moyen pour chauffer la matière qu'on soumet à la pression. Or, comme on sait qu'il est nécessaire d'élever la température de certaines matières dont on extrait l'huile, nous indiquerons ici un procédé pour y parvenir.

Lorsqu'on veut appliquer la chaleur pendant l'opération du pressurage, on donne un diamètre un peu plus grand au cylindre d'expression et aussi plus de longueur, et on divise le réservoir *a*' en deux compartiments distincts sur lesquels doit s'étendre ce cylindre. Un fort tuyau en fer forgé pénètre par l'extrémité ouverte du cylindre et s'étend jusqu'à mi-chemin de la trémie, et là se termine en une pointe pleine. Ce tuyau occupe le centre du cylindre de pression, et par conséquent laisse tout autour de lui un espace annulaire qui est occupé par la farine ou les matières broyées. On introduit dans ce tuyau de la vapeur qui en élève la température au degré voulu. L'extrémité de ce tuyau qui dépasse le cylindre a besoin de butter solidement contre une potence qui s'élève au bout du bâti et qui le maintient avec force en place, malgré l'effort exercé sur son extrémité pointue.

Le jeu de cette disposition consiste en ce que les graines broyées ou les autres matières tombant dans le cylindre d'expression et poussées en avant par le piston plein, abandonnent une portion de leur huile à l'état d'huile à froid qui tombe dans le premier compartiment du réservoir *a*'. La marche de cette farine dans le cylindre l'amène bientôt en contact avec la pointe du tuyau chauffeur; là, cette pâte se divise et passe dans l'espace annulaire entre ce tuyau et la doublure, et ainsi étendue en couche mince autour du tuyau, elle en absorbe promptement la chaleur en laissant écouler une nouvelle portion d'huile qui est reçue dans le second compartiment du réservoir, de façon que les opérations du pressurage à froid et du pressurage à chaud marchent simultanément.

II. Quant au traitement des huiles et des matières oléagineuses encore renfermées dans les substances végétales ou animales, dont on les extrait en les combinant avec de l'eau pure ou de l'eau rendue alcaline par le moyen de la presse hydraulique en vases clos, on le pratique à l'aide de l'appareil dont nous allons donner la description.

Fig. 101. Vue en élévation de cet appareil.

Fig. 102. Section verticale prise par le milieu.

A est un réservoir en fonte de forme circulaire aux extrémités et ouvert à la partie supérieure. Sur l'une de ces

extrémités est fixé un vase cylindrique B de forme hémi-
sphérique aux deux bouts, présentant une force considérable et susceptible de résister à une pression de 36 atmosphères. Ce cylindre est maintenu dans une position
verticale par un collet C qui porte et qui s'étend sur la
moitié seulement de sa circonférence. Ce collet repose sur
une pièce semblable ménagée sur l'extrémité circulaire
du réservoir A et y est boulonné. La partie supérieure
du vase B forme une sorte de coupe ou petit bassin B', B'
dont les rebords servent d'appui à un étrier en fer D.
Au centre de la coupe il existe un orifice débouchant dans
le vase et garni d'un cuir embouti E retenu et pincé par
le collier G. Le fond du vase est percé également d'un
autre orifice où l'on a disposé un second cuir embouti H,
assujetti par l'anneau J, lequel est solidement boulonné
sur le vase. Une grosse tige en fer K s'étend du fond du
cylindre B jusqu'au sommet de l'étrier D, en traversant
ce vase dans toute sa hauteur et en présentant deux ren-
flements en forme de bouchons K^1, K^2 ajustés dans les
cuirs emboutis. La portion supérieure de la tige K est
filetée en K^3 et traverse l'œil D' de l'étrier pour entrer
dans la boîte N, qui est taraudée à l'intérieur et pourvue
de deux poignées P, P, qui, quand on les fait tourner, élèvent ou abaissent la tige K du degré voulu.

R est un tube par lequel on peut injecter de l'eau dans
le vase B à l'aide d'une pompe foulante du genre de celles
dont on fait usage dans les presses hydrauliques; S, un
robinet qui sert à évacuer une portion des matières contenues dans ce vase et à faire cesser la pression quand la
chose est nécessaire. Les deux bouchons K^1 et K^2 ayant
même aire, quelle que soit la pression exercée à l'intérieur du vase B, celle-ci n'a aucune tendance à pousser la
tige K en haut ou en bas, tandis qu'en s'exerçant sur les
cuirs emboutis, elle maintient les assemblages étanches
et s'oppose à ce que les matières qu'on comprime s'échappent au dehors.

Une certaine quantité d'huile ou de matières oléagineuses ayant été extraites des substances végétales ou
animales, et les portions qui restent étant plus diffi-

ciles à obtenir, on traite ces matières de la manière suivante : Au sortir de la presse, elles sont mélangées à une grande quantité d'eau chaude ou d'eau légèrement imprégnée de matières alcalines, afin de les réduire à un état demi-fluide, et en cet état de les travailler dans l'appareil ci-dessus décrit. A cet effet, on tourne les poignées P, P ; le bouchon K^1 s'élève au-dessus de l'orifice qu'il fermait, tandis que le bouchon K^2, qui est beaucoup plus long, ferme toujours l'orifice inférieur. Les matières semifluides sont alors introduites dans le bassin B^1, d'où elles tombent dans le vase B, jusqu'à ce qu'il soit entièrement chargé. On abaisse alors la tige K dans la position représentée dans la figure 102, et la communication étant établie avec la pompe foulante de la presse hydraulique par l'ouverture d'un robinet sur le tuyau de cette pompe, l'eau afflue par le tuyau R dans le vase, et après quelques coups de piston, les matières qui y sont contenues sont soumises à la pression requise.

En cet état, on abandonne au repos pendant quelques minutes pour que la combinaison de l'huile et de l'eau puisse s'opérer, puis on ouvre le robinet S, et on laisse échapper une portion des matières fluides contenues dans le vase dans le réservoir au-dessous. La pression étant ainsi supprimée, on fait de nouveau tourner les poignées P, afin de relever la tige K suffisamment haut pour dégager le bouchon K^2 de l'orifice inférieur. Les matières contenues dans le vase s'écoulent alors dans le réservoir A, puis le bouchon K^2 étant abaissé de manière à clore l'orifice inférieur, on peut charger de nouveau le vase pour une autre opération.

La pression exercée ainsi sur le mélange de matières oléagineuses et d'eau détermine l'huile qui s'y trouve renfermée à se mélanger avec ce dernier liquide et à former une liqueur d'apparence laiteuse dont on peut ensuite extraire l'huile, soit par le repos dans de vastes réservoirs, soit en évaporant l'eau par la chaleur.

Quand les huiles sont destinées à la fabrication du savon ou à quelques autres usages, on peut se servir de ce mélange d'eau et d'huile sans en effectuer la séparation, et lorsque c'est de l'huile de graines qu'on obtient ainsi, les matières mucilagineuses favorisent la combinaison des deux liquides.

Dès que les matières ont été enlevées du réservoir A, elles sont jetées sur un tamis et les portions solides qui restent sont soumises à un nouveau pressurage, afin d'en extraire les parties fluides qui peuvent encore y rester. Dans quelques cas, on trouve qu'il est avantageux de faire bouillir la liqueur laiteuse résultant de l'opération qui vient d'être décrite, afin de coaguler les matières albumineuses et de favoriser ainsi la purification de l'huile.

§ 23. *Moulins à meules verticales pour écraser les graines oléagineuses*, par M. FALGUIÈRE.

M. Falguière, de Marseille, a imaginé en 1850 un moulin à triturer les graines oléagineuses où ces graines arrivent sur les meules d'une manière régulière et continue, comme le blé dans les moulins à farine, tandis que dans la plupart des appareils usuels on en introduit une grande quantité à la fois et on est obligé d'attendre un certain temps pour les retirer toutes à la fois au moyen du racloir-ramasseur, ce qui occasionne une perte de temps, des frais de main-d'œuvre et une grande irrégularité dans la force motrice appliquée.

Pour obtenir ce résultat, M. Falguière dispose son moulin ainsi qu'il est représenté dans les figures 133 et 134, pl. 7.

L'arbre vertical A est vide dans sa partie supérieure en forme de tuyau jusqu'au-dessous de l'entaille B, traversé par l'essieu des meules tournantes C ; ce vide se termine par un plan incliné et une ouverture D percée à jour ; cette ouverture communique avec un conduit demi-circulaire E fixé à l'arbre A et va déboucher au-dessous et au-dessus des traverses inférieure et supérieure F qui portent les tiges des racloirs.

A l'extrémité de l'arbre vertical est un entonnoir G, destiné à recevoir les graines qui doivent être soumises à l'action des meules et qui sont distribuées par la tré-

mie H et descendent par l'intérieur de l'arbre A, passent
dans le conduit E et arrivent ainsi sur le lit dormant I,
en se répandant autour de la crapaudine J par le mouvement circulaire du moulin.

Elles sont ensuite poussées sous les meules tournantes
par le racloir garde-centre K. Ces meules, par leur mouvement de rotation, tout en les triturant, les font sortir
en dehors de leur surface ou des cercles qu'elles décri-
vent, et arrivées là, le ramasseur L s'en empare continuellement pour les faire tomber par l'ouverture de la
vanne M.

Ce moulin peut aussi être chargé alternativement en
disposant les racloirs comme il suit : on suspend le ramasseur L dans la position où en le voit fig. 136, et alors
les racloirs N,O,K fonctionnent comme dans l'ancien système, puis, quand on veut marcher à alimentation continue, on descend le racloir-ramasseur L et on suspend
le racloir N.

P, cuvette circulaire adaptée à l'arbre A qui reçoit l'eau
d'un petit tuyau Q, muni d'un robinet R, lequel la distribue sur le lit dormant I, au moyen du petit tuyau S
pour la mélanger avec les graines.

Un autre perfectionnement est celui qui s'applique à
la manœuvre du racloir-ramasseur O qui sert à déchar-
ger le moulin lorsqu'il fonctionne à charge alternative.
Dans ce dernier cas, le racloir reste suspendu pendant
tout le temps que la trituration a lieu, et on le fait descendre chaque fois qu'elle est terminée pour faire tomber les graines triturées pour l'ouverture de la vanne.
Cette manœuvre se fait dans l'ancien système au moyen
d'un levier attaché à un point fixe sur l'arbre A ou les
traverses F; par conséquent ce levier tourne avec le moulin, de façon qu'on est obligé de suivre le mouvement du
moulin pour manœuvrer ce levier, qui fait monter ou
descendre le racloir O à chaque opération, ce qui n'est
pas sans danger.

Pour remédier à cet inconvénient, M, Falguière dispose comme il suit la manœuvre de ce racloir. Il fixe
l'extrémité du grand levier J sur un point immobile U et

l'autre extrémité portant une chaîne V passe dans un guide W pour le maintenir dans sa ligne verticale ; dans une partie de sa longueur il porte un pivot X qui appuie sur sa tige Y, laquelle se termine à l'une de ses extrémités en forme de crapaudine qui reçoit le pivot X, et à l'autre extrémité par une fourchette qui se relie avec le bout du balancier Z ; ce dernier passe dans une mortaise pratiquée dans l'arbre A et arrive jusqu'à son axe pour former un mouvement articulé avec la tige Y ; à l'autre extrémité dudit balancier sont suspendus les tiges et le racloir O.

Il résulte de l'ensemble de ces dispositions qu'il suffit de tirer la chaîne V pour faire monter le racloir, et d'accrocher la chaîne à une cheville Z,Z pour le maintenir dans cette position, et lorsque la chaîne est décrochée, le poids du racloir suffit pour le faire descendre et frotter sur le lit I du moulin.

Les figures 135 et 136 représentent les différentes manières d'appliquer le mécanisme du racloir dont on vient de parler, suivant les constructions diverses du moulin.

Fig. 137, bielle qui relie l'extrémité du balancier Z avec les tiges du racloir O ; fig. 138, point d'appui du balancier Z ; fig. 139, bielle remplaçant la tige Y dans la figure 135 ; fig. 140, levier remplaçant le levier J fig. 135 ; fig. 141, détail du levier T ; fig. 142, point d'appui de ce levier ; fig. 143, manchon à coulisse de la figure 135 ; fig. 144, tige du racloir-ramasseur O ; fig. 145, entretoises des traverses F ; fig. 146, pièces pour relier ensemble les deux tiges du ramasseur O ; fig. 147, balancier Z ; fig. 148, balancier remplaçant celui Z dans la figure 135 ; fig. 149, tige du ramasseur L ; fig. 150, tiges des ramasseurs N, K ; fig. 151, tige Y.

§ 24. *Système de laminoir propre à l'extraction des huiles de graines oléagineuses, etc.*, par M. FALGUIÈRE.

L'appareil de M. Falguière réunit, selon lui, les conditions connues de la superposition des cylindres et de leurs vitesses différentielles ; mais il se distingue des laminoirs existants par la suppression des engrenages de transmission, par l'application appropriée de leviers à contre-poids régulateurs et modificateurs de la pression, et enfin par une disposition générale qui lui est particulière.

Pour la trituration des graines oléagineuses, les cylindres marchent, les uns à la vitesse de soixante révolutions par minutes, les autres, qui leur sont opposés, à une vitesse double.

Un seul de ces appareils suffit pour triturer 15,000 kilogrammes de graines par vingt-quatre heures de travail.

Ce jeu de laminoir se compose essentiellement de quatre cylindres creux en fonte, traversés d'arbres en fer et parfaitement polis à leur surface. Ces cylindres sont superposés deux à deux. Le tout est solidement relié ensemble par des entretoises, et ne constitue qu'une seule machine. Au moyen des leviers et contre-poids, on maintient continuellement la pression des cylindres l'un contre l'autre, et même, selon la matière à triturer, on peut augmenter ou diminuer cette pression en éloignant ou en rapprochant les contre-poids du point de rotation des leviers.

La matière à triturer est répandue au moyen d'une trémie entre les deux cylindres supérieurs, où elle éprouve une première trituration ; ensuite, elle tombe entre les deux cylindres de dessous, et éprouve ainsi une seconde trituration. Dans le cas où, après cette seconde trituration, la matière ne serait pas encore assez triturée, on n'aurait qu'à placer un second appareil semblable au-dessous du premier, et la matière recevrait ainsi quatre triturations successives.

Fig. 152, pl. 8, élévation complète de l'appareil.

Fig. 153, plan de tout l'appareil.

A,A, cylindres creux en fonte. B,B, cages des cylindres. C,C, bâtis. D,D, poulies fixées sur les arbres des cylindres. G,G, entretoises des bâtis. H,H, entretoises des cages. I,I, racloirs à cheval sur les entretoises H,H. J,J, chandeliers. K,K, pièces en fer servant à tenir les coussinets. L,L, levier. M,M, contre-poids des leviers L,L. N,N, contre-poids des racloirs. O,O, coussinets en bronze des cy-

Fabricant d'Huiles.   19

lindres. P,P, vis de pression agissant continuellement sur les coussinets. R,R, boulons pour fixer les bâtis.

Fig. 154, arbre et poulies de transmission de mouvement. S, arbre portant des poulies de différents diamètres pour donner des vitesses différentes aux cylindres.

D,D, poulies de 1 mètre de diamètre. F,F, poulies de 50 centimètres de diamètre.

Fig. 155, section d'un bâti. R,R, boulons pour fixer le bâti. T, ouverture pour le passage des leviers.

Fig. 156, section longitudinale d'un cylindre.

Fig. 157, racloirs enfourchés sur les entretoises H,H, chacun de ces racloirs est relié par une entretoise U, et garni à une de ses extrémités d'une pièce de bois agissant continuellement à l'aide du contre-poids opposé, contre les tables des cylindres et faisant ainsi tomber la pâte qui s'attache aux cylindres.

Fig 158, pièce en fer dont la partie K sert à tenir les coussinets ; et la partie L, mobile, exerce, à l'aide d'un contre-poids, une pression continuelle contre la cheville mobile Q, qui elle-même agit sur les coussinets des cylindres et produit le serrage de ces derniers.

Fig. 159, entretoises servant à relier les cages.

Fig. 160, entretoises servant à relier les bâtis.

Fig. 161, chandelier supportant la pièce en fer K et claveté par le bas dans les cages.

Il y a huit de ces chandeliers dans tout l'appareil, quatre d'un même côté, qui sont taraudés, et reçoivent les vis de pression P, et quatre du côté opposé, simplement percés pour donner passage aux chevilles Q.

Fig. 162, coussinets en bronze des cylindres.

En résumé, l'appareil présente, suivant l'inventeur, les caractères suivants :

1° Suppression des engrenages et leur substitution par des courroies pour la commande des cylindres;

2° Emploi de leviers à contre-poids régulateurs et modificateurs de la pression ;

3° Disposition générale du laminoir et ses applications à la trituration des graines.

§ 25. *Presse hydraulique pour l'extraction des huiles de graines*, par M. L.-R. BODMER.

La figure 163, pl. 8, est une vue par devant de cette presse.

La figure 164, une section par la ligne 1,2 de la figure 163.

La figure 165, une vue en élévation de côté.

La figure 166, un plan des tables.

La figure 167, une section horizontale par la ligne 3 et 4, fig. 163.

La figure 168, une section verticale d'une cuvette et d'une corbeille sur une échelle double.

La figure 169, un plan aussi sur une échelle double d'une corbeille.

A, A cylindre de la presse, B piston, C les deux colonnes du bâti, et D le chapeau de la presse. La cuvette inférieure E est fixée sur le piston B, et elle monte et descend le long des colonnes au moyen de deux oreilles fourchues boulonnées sur ses côtés. La cuvette supérieure E′ est également pourvue de deux oreilles semblables qui sont assujetties sur les côtés saillants des glissières F, F. Lors de la descente, ces glissières sont arrêtées dans leur marche par les anneaux C′, C¹. Les corbeilles aux graines G, G′ reposent sur les plaques H et H′, qui sont attachées aux glissières F et aux colliers F′. Pendant la manœuvre de la presse, la table H′, ainsi que les colliers F′, restent immobiles, et à cet effet ces derniers sont boulonnés sur les colonnes.

Quand la presse est ouverte, le bord supérieur des cuvettes E et E¹ ne descend que fort peu au-dessous des plaques H et H′ (fig. 164), et elles sont entourées dans le haut d'un anneau en fer forgé E² et E³ d'un diamètre un peu plus grand, et qui est percé d'une ou plusieurs séries de trous fins a² et a³. Les corbeilles cylindriques G, G¹, qui renferment la graine, sont polies sur leur face concave ou inférieure, et elles portent sur leur bord supérieur plusieurs séries de petits trous a et a¹ qui débouchent dans les gouttières annulaires b et b¹, à partir desquelles descendent à travers la paroi de ces corbeilles huit canaux verticaux c, c^1 fig. 168 et 169). Quand on fait fonctionner la presse, on a un double assortiment de corbeilles, de manière, pendant que l'un de ces assortiments est en presse, à pouvoir remplir l'autre et le tenir prêt à être introduit dans cette presse aussitôt après qu'on en a retiré le premier.

On comprendra mieux, du reste, la manœuvre de la presse par les explications où nous allons entrer.

Les corbeilles vides G, G^1 sont posées sur les points x, x^1 des tables I, I^1, en avant de la presse (fig. 166) dont les surfaces sont exactement à la même hauteur que les plaques H, H^1 (fig. 164 et 165); sur le fond de ces corbeilles on place un matelas de poil de vache en flocons, puis on les remplit de graines jusqu'au bord percé, on pose dessus un second matelas semblable au premier, et ainsi remplies, les corbeilles sont aussitôt poussées dans la presse dans la position représentée dans la figure 164. La pompe étant mise en mouvement relève le piston B, la portion supérieure de la cuvette E pénètre en s'élevant dans la corbeille G, et la graine est pressée entre celle-ci et la face inférieure de la corbeille supérieure E^1. Aussitôt que la pression a été poussée assez loin pour que la résistance qu'oppose la charge soit égale au poids total des parties mobiles qui se trouvent placées au-dessus, celles-ci se mettent à leur tour en mouvement; la cuvette E^1 pénètre dans la corbeille G^1 et presse la charge que celle-ci renferme sur la plaque fixe D^1.

Lorsque la pression a acquis une certaine intensité, l'huile commence à couler, d'une part, en dessous par les trous $a^2 a^3$, et, d'autre part, par les ouvertures a, a^1 dans les gouttières b, b^1, et de là descend par les canaux c, c^1, pour se réunir dans les gouttières d, d^1 des cuvettes et s'écouler ensuite par les becs e, e^1 dans des récipients placés au-dessous.

Lorsque l'opération est terminée, c'est-à-dire qu'il ne s'écoule plus d'huile, on ouvre la presse et toutes les pièces se retrouvent dans les positions représentées dans les figures. On retire les corbeilles, on les amène au-dessus des ouvertures y, y^1 percées dans les tables I, I^1, tandis qu'on introduit dans la presse le second assortiment de corbeilles qu'on a rempli de graines, et on remet la presse en action. Les tourteaux de graine et les matelas qui adhèrent à la partie supérieure des corbeilles sont détachés et enlevés par les ouvertures y, y^1.

M. Bodmer a aussi imaginé un appareil au moyen duquel il peut extraire d'une manière commode les tourteaux de graines dans les corbeilles G, G^1, après qu'elles ont été amenées au-dessus des trous $y\,y^1$, chose qui s'exécutait d'abord au moyen d'un maillet. Pour cela, il se sert d'un petit piston qui est mis en action par une crémaillère et un pignon.

Deux presses de ce genre ont fonctionné pendant longtemps, et l'expérience a démontré que l'huile s'écoulait très-aisément par les ouvertures indiquées. On a comparé les nouvelles cuvettes avec les anciennes dont on voit une section verticale dans la figure 170, et on n'a pas remarqué la différence dans la quantité et l'écoulement de l'huile dans les unes et les autres.

Le temps nécessaire pour une pressée, c'est-à-dire depuis l'introduction d'un assortiment de corbeilles jusqu'à celle de l'assortiment suivant, est d'une minute, et M. Bodmer déclara qu'avec la même force motrice et la même grandeur de corbeilles sa nouvelle presse fait le double du travail de celles ordinaires.

§ 26. *Appareil pour l'extraction des huiles,*
par M. J. MARSHALL.

Jusqu'à présent on a été dans l'habitude d'exprimer l'huile des graines ou autres matières oléagineuses au moyen des presses à vis ou hydrauliques; l'huile s'échappe ainsi et coule le long des côtés de la presse. M. Marshall a proposé d'extraire l'huile de ces matières et en même temps de la filtrer à l'aide d'une force hydraulique ou autre qu'on fait agir sur un piston, lequel exerce sa pression sur cette matière contenue dans un cylindre, ladite matière reposant sur un milieu résistant, formé par un bouchon creux dont la face du côté de la graine porte un bloc percé de trous, muni en avant de double de toile métallique, d'un tissu végétal, d'un feutre, ou autre corps propre à filtrer et épurer. Dans cette opération l'inventeur préfère employer la graine simplement concassée ou brisée, et non plus broyée par des meules verticales. Dans tous les cas, les graines sont travaillées à froid et sans application de vapeur ou de chauffage, parce que quand les graines sont vaporisées ou chauffées, la vapeur ou la chaleur mettent en liberté certains éléments ou matières nuisibles à la qualité des huiles.

La figure 171, pl. 8, est une section d'une presse à huile mise en action par une force hydraulique, dans laquelle on n'a représenté que les organes nécessaires pour faire comprendre la disposition nouvelle.

La figure 172, une vue par une extrémité de cette presse.

A, A cylindre formant la tête de la presse hydraulique; B, B bouchon creux tourné très-exactement conique et ajusté dans ce cylindre; C bloc percé de très-petits trous, tourné aussi très-exactement conique et adapté sur le devant du bouchon B; D, D colonnes d'une presse hydraulique ordinaire; F autre bouchon conique inséré dans une chambre de même forme creusée sur l'extrémité du piston E; par l'application de la pression, ce bouchon est poussé sur la face terminale du piston et on a donné cette forme parce que le bord aminci du piston se trouve ainsi mis en contact plus intime avec les parois du cylindre A. G filtre composé d'un ou plusieurs disques ou doubles de toile métallique, de tissu poreux, ou d'une combinaison de ces matériaux, et placés alternativement ou disposés parallèlement à la tête du bloc perforé C; H, H cavité formant espace continu, ou bien deux ou un plus grand nombre, autour du cylindre A, dans lequel la vapeur ou autre agent chauffeur est admis pour chauffer le cylindre, dans le cas où la substance particulière exige qu'on chauffe.

Quant au mode d'opérer, voici comment on procède :

Le piston E est ramené en arrière sur le devant du cylindre A, et la graine ou substance dont on veut extraire l'huile est introduite dans la cavité ainsi produite. Le bouchon B, ainsi que le bloc perforé C et le filtre G placé dessus, sont alors insérés par l'autre extrémité du cylindre A où des nervures a, a en saillie sur le bouchon, entrent par les espaces b, b, fig. 172, à l'extrémité du cylindre, jusqu'à ce que l'extrémité conique de ce bouchon soit fermement assise dans la chambre conique destinée à le recevoir dans le cylindre A. En tournant le bouchon d'un sixième de tour, les nervures a, a sur le bouchon B qui présentent des faces inclinées s'engagent sous des saillies c, c sur le cylindre H, présentant aussi des faces inclinées, et forcent ainsi l'extrémité conique du bouchon B à se mettre en contact intime avec les parois du cylindre A.

Quand ensuite on applique la force, le piston E s'avance vers le bouchon C en comprimant peu à peu la graine contenu dans le cylindre A et en exprimant l'huile qui s'échappe par le filtre, le bloc pressoir et le bouchon creux, où au moyen d'un tuyau on la reçoit dans des cuves ou récipients, tandis que les matières concrètes ou imparfaitement fluides et de résidu restent dans le cylindre. Pour enlever les résidus concrets, on ouvrent en arrière le bouchon B d'un sixième de tour, les nervures a,a cessent d'être engagées dans les saillies c,c, on retire ce bouchon avec le bloc perforé et le filtre, et en continuant de faire agir la force sur le piston E, ces résidus sont chauffés à l'extrémité du cylindre A.

Au lieu d'appliquer la force à un piston marchant en va et vient dans un cylindre, on peut appliquer un cylindre alternatif sur un piston fixe; cas dans lequel, pour débarrasser les résidus, on enlève le bouchon ainsi qu'on l'a expliqué ci-dessus et on continue à faire agir la force sur le cylindre jusqu'à ce que le piston en chasse ces résidus.

On peut faire encore usage d'un piston creux I au lieu du piston plein ci-dessus décrit, comme l'indique la figure 173, dont l'extrémité qui rentre dans le première est remplie par un bloc perforé K, semblable au filtre G de la figure 1.

Le bouchon B de la figure 171 peut être fait solide et

non plus creux, et le bloc C solide au lieu d'être perforé. Alors les matières fluides lors de l'expression sont refoulées à travers le filtre L et le passage *e*, fig. 173, du piston I, et s'écoulent par un tuyau dans les réservoirs. Les résidus concrets sont déchargés de la même manière qu'on l'a expliqué pour la figure 171.

Le bouchon creux B, fig. 171, et le filtre G, peuvent parfois être employés conjointement avec ce piston creux I et le filtre L de la figure 173 ; alors les matières fluides exprimées s'échappent tant par le passage *d* dans le bouchon B, fig. 171, que par le passage *e* du piston I, fig. 173, en résidus concrets dans le cylindre où on les évacue ensuite comme on l'a expliqué ci-dessus.

§ 27. *Appareil centrifuge.*

L'emploi de la force centrifuge a dû nécessairement attirer l'attention comme moyen pour extraire l'huile des matières oléagineuses. En effet, M. Autran s'est fait breveter en 1855 pour un moyen d'extraire l'huile des olives et des graines oléagineuses par ce moyen. Il place en conséquence ces matières triturées à chaud, à froid, dans un appareil centrifuge, et imprime à cet appareil un mouvement de 1,000 tours par minute et plus s'il le faut, suivant la nature intime du corps.

Nous ne savons pas si ce mode d'extraction de l'huile a été mis en pratique, mais sauf démonstration du contraire, nous pensons qu'il exige l'emploi d'un appareil coûteux, une dépense de force assez considérable, et qu'il pourrait peut-être nuire à la délicatesse des huiles fines.

§ 28. *Appareils divers.*

MM. Jeunet et Frait, de Lyon, remplacent les tissus de crin dont on se sert pour l'extraction des huiles par une conche en métal composée de deux pièces qui, jointes ensemble, constituent un cylindre creux qu'on dispose sur le plateau de la presse et qui est percé d'un grand nombre trous fraisés en dehors et joints entre eux par des cannelures pour laisser écouler l'huile. Un piston creux entre dans cette conche et exerce la pression sur les matières

disposées dans celle-ci et sur des plaques en tôle recouvertes de tissus de crin. Après que l'huile s'est écoulée,
on ouvre la conche et on en retire le tourteau. On n'a donc
rien à couper, à réchauffer et à presser de nouveau, et
les tissus de crin, uniformément pressés à plat, ne se déchirent qu'après un long service.

M. Long, de Marseille, a proposé, en 1853, d'adapter
un chauffoir à vapeur à tous les moulins à triturer les
olives et les marcs d'olives. Le chauffoir se compose
d'une cloche en tôle qui recouvre et renferme hermétiquement le partie supérieure du moulin. Cette cloche est
pourvue à l'intérieur de deux tuyaux, l'un s'élevant en
forme d'hélice à son intérieur et l'autre en forme de serpentin placé horizontalement autour de ladite cloche,
et percé de trous à sa partie inférieure, à l'effet d'injecter
la vapeur sur les matièree soumises à l'action du moulin. Enfin, à la partie inférieure du lit du moulin est un
autre tuyau en fonte, roulé en spirale et percé de trous,
qui humecte aussi de vapeur les matières qu'on presse.
Cette disposition avec manomètre, robinets de vapeur, etc.,
a l'avantage, selon lui, de donner plus d'huile, d'économiser la main-d'œuvre, d'éviter les chauffoirs et de supprimer les moulins à recenser les marcs, ainsi que les chaudrons dont on se sert dans les usines à huile d'olives.

On se sert assez généralement, dans les huileries et les
fabriques de bougies, d'étreindelles en crin pour effectuer
les pressions. Ces étreindelles doivent présenter un travail très-régulier et avoir toujours une dimension donnée. Celles tissées à la main ne présentent pas toujours
la régularité nécessaire, faisant souvent crever les sacs
de laine que l'on met à l'intérieur, ou même ne durant
que peu de temps. MM. Carbonel et Ruquois, de Marseille,
ont pris en 1853 un brevet d'invention pour un nouveau
mode de confection, dans lequel les étreindelles se trouvent placées dans un moule, et ne peuvent être faites ni
plus longues ni plus larges que la mesure donnée, ce qui
fait qu'elles sont toujours très-serrées et aussi inflexibles
que si elles étaient en bois. Les appareils employés pour
cela sont une presse en fer et un modèle en bois qui ont

été décrits et figurés dans leur spécification insérée dans la *Description des brevets d'invention*, t. 32, p. 7 pl. 1, fig. 1 à 12.

§ 29. *Des chauffoirs.*

Nous avons vu que lorsque les graines ont été suffisamment froissées sous les meules verticales, souvent avec l'addition d'un peu d'eau, il faut soumettre la pâte à l'effort d'une presse puissante pour en extraire l'huile qu'elle contient. Quand cette pâte est portée directement sous la presse, elle fournit au tordage de l'huile vierge ou de l'huile à froid. Mais en général, et surtout au retordage, elles sont exposées à une température de 60° à 80° C. dans un appareil qu'on nomme chauffoir et dont nous avons vu déjà quelques modèles dans les descriptions précédentes.

Les chauffoirs sont ordinairement des vases en cuivre ou en fer dans lesquels on agite la farine de graines jusqu'à ce que, pressée entre les mains, elle laisse couler l'huile qu'elle contient. Ces chauffoirs sont à feu nu, au bain-marie ou à la vapeur.

Chauffoir à feu nu de MANDSLEY et FIELE.

Ce chauffoir, qu'on voit en élévation dans la figure 29 A, pl. 1, en plan dans la figure B, suivant la ligne U,U de la figure A, en coupe verticale dans la figure C et en plan à la hauteur du fourneau dans la figure D, se compose d'un foyer A, fermé à la partie supérieure par une plaque en fonte B,B; C est la *payelle* réposant sur la plaque B,B et dans laquelle on met la graine afin de l'exposer à une certaine température; les goujons *a,a* la maintiennent de trois côtés et servent à la retenir, mais on peut, au moyen de l'une des oreilles *b,b*, l'amener vers les entonnoirs ou *marrols* D et faire tomber la graine suffisamment torréfiée dans des sacs qu'on suspend aux crochets *c,c*; l'agitateur E est destiné à empêcher la graine de brûler; il est attaché à charnière à la boîte coulante F qui tourne avec l'arbre G sur lequel il peut glisser. Cet arbre prend son mouvement au moyen de la roue d'angle H qui engrène dans une deuxième roue I montée sur un axe horizontal portant une poulie J sur laquelle passe une courroie qui lui communique le mouvement; l'arbre G est maintenu dans sa position verticale en passant par des colliers.

Le temps du chauffage de la graine de froissage est de 6 à 8 minutes, et de celle de rebat de 3 à 4.

Lorsqu'on veut faire tomber la graine chauffée dans les sacs, on engage le levier K dans la gorge de la boîte coulante qu'on élève jusqu'en *e*, où se trouve un petit arrêt qu'on place dans la gorge de la boîte coulante et tient ainsi l'agitateur élevé au-dessus de la payelle C, fig. 1. On peut alors manœuvrer et faire tomber la graine dans les entonnoirs.

Il est difficile de diriger convenablement la température quand on chauffe la graine à feu nu : on nuit alors beaucoup à la graine et à la qualité de l'huile ; aussi ce mode de chauffage est-il à peu près abandonné partout.

Dans le chauffage au bain-marie, on fait usage de deux chaudières placées l'une dans l'autre et entre lesquelles on verse de l'eau qu'on porte à la température bouillante sans risque de brûler la graine.

Aujourd'hui où les usines montées en grand font usage de la vapeur, on chauffe les graines à la vapeur. L'appareil le mieux approprié à cet usage, est le chauffoir de M. Hallette d'Arras, dont voici la description :

L'appareil pose d'un côté sur un mur *a*, fig. 29 *bis*, et de l'autre sur un châssis *b*; *c* est une bassine en fonte dont le fond est convexe et qui porte à son centre une crapaudine *e* dans laquelle s'engage le pivot de l'agitateur *g*, fig. 29 *ter*,; *d,d* est l'enveloppe de la bassine *c* dans laquelle circule la vapeur. La bassine et son enveloppe sont fondues d'une seule pièce et fixées sur la plaque *q,q* au moyen de boulons. La vapeur est admise dans la capacité entre la bassine et son enveloppe par l'ajutage à robinet *i*, et un second ajutage *h* sert à l'évacuer et à vider l'eau de condensation. On retire la farine en enlevant la porte *r* ; la convexité du fond de la bassine

et la courbure semblable de l'agitateur la font tomber
en *s* où est suspendu le sac destiné à la recevoir.

On sait que ces sacs sont en étoffe de laine appelée
morfil qu'on enveloppe dans des *étreindelles* en crin dou-
blées en cuir pour soumettre la graine à la presse.

§ 30. *Sur la presse hydraulique et quelques perfection-*
nements dans sa construction.

La presse hydraulique, si bornée jadis dans son emploi, a reçu au contraire dans ces derniers temps des
nombreuses applications qui en font un des organes les
plus puissants et les plus utiles de l'industrie.

Tout le monde connaît les services que rend la presse
hydraulique dans les fabriques pour l'expression des
huiles ou des corps gras où rien ne peut les remplacer..
Depuis quelques années on a apporté quelques perfectionnements utiles dans les presses destinées à l'extraction des liquides oléagineux. On a dans plusieurs cas
abandonné le système des sacs ou étreindelles pour contenir les substances, et on les a remplacés par des cylindres en fonte ou en fer percés de trous nombreux et
très-petits au travers desquels l'huile s'écoule; on a même
commencé aussi à supprimer ces cylindres percés et à
laisser écouler l'huile de toutes les parties de la presse...
Le perfectionnement consiste à avoir deux presses, l'une
de construction légère, simplement destinée à façonner
ou à mouler le gâteau avant de le placer dans ce qu'on
appelle la presse finisseuse, qui est une machine bien
plus puissante et plus efficace.

Les pièces qui, dans la fabrication des presses hydrauliques, exigent la plus scrupuleuse attention, sont les
cylindre et le piston, car c'est en effet de ces pièces que
dépend l'efficacité de la machine entière.

La première condition que doit remplir le piston, c'est
d'être en une matière dure, très-dense et bien homogène
dans toutes ses parties; la seconde est d'être tourné
avec la plus grande exactitude, bien parallèlement d'un
bout à l'autre, et poli avec soin pour faciliter son mou--

vement doux à travers le cuir emboîté qui garnit le cylindre.

Il y a plus d'importance encore à se procurer un bon cylindre, et c'est généralement la pièce principale et la plus pesante de toute la machine. Cette pièce a malheureusement besoin d'être complétement achevée et terminée avant qu'on puisse la soumettre à des épreuves, et si quand elle a été moulée on reconnaît qu'elle n'est pas parfaitement saine, ainsi que la chose arrive assez fréquemment, tout le travail dépensé est perdu, sans compter les embarras et les frais pour un nouveau moulage.

Pour éviter autant qu'il est possible ces inconvénients et ces difficultés, on a essayé bien des formes de cylindre. Tel constructeur a donné la préférence à un fond plat d'une épaisseur égale à celle des côtés et moulé cette pièce avec l'ouverture en haut. Un autre a adopté une forme différente ou celle d'un fond concave de bouteille, forme qui pendant de longues années a été considérée comme la meilleure qu'on puisse adopter et dont on apprécie encore les avantages. Les constructeurs anglais emploient fréquemment des fonds en forme de poire, et s'en trouvent bien.

Les figures A à E, pl. 2, représentent les diverses formes dont il vient d'être question.

La figure A a été moulée avec l'ouverture en dessous et coulée avec trois ou quatre masselottes autour du fond. Une sérieuse difficulté que présente cette forme de cylindre, est qu'il arrive fréquemment que le fond se boursoufle, et c'est pour obvier à cet inconvénient qu'on a moulé les cylindres de la forme de la figure C, qui a eu généralement plus de succès.

Beaucoup de constructeurs adoptent la forme représentée dans la figure B, et la pratique invariable est de mouler les cylindres de ce modèle l'ouverture en haut.

Une source fréquente d'insuccès dans la construction des cylindres de ce modèle est la nature poreuse de la fonte dans le voisinage de l'orifice. Dans cette partie du cylindre l'eau exsude aisément et se fraie un passage au-delà de la garniture. Cet effet, toutefois, ne se présente que lorsqu'on a coulé par plusieurs petits échenos ou en nombreux filets. La méthode adoptée aujourd'hui consiste à faire une masselotte, c'est-à-dire faire la tête du cylindre avec un excès de hauteur de 50 à 60 centimètres et à couper ensuite cet excédant sur le tour : c'est le seul moyen qu'on ait trouvé pour donner de la densité et de l'homogénéité à l'orifice.

Une autre forme de cylindre adoptée assez généralement par des constructeurs écossais est celle présentée dans la figure D. Les cylindres de cette forme sont moulés l'ouverture en bas, et la masselotte a un diamètre tel qu'elle embrasse plus de la moitié de l'épaisseur du métal sur les parois du cylindre. Cette masselotte s'élève d'un mètre au-dessus du fond du cylindre, et quand celui-ci est posé sur le tout, on la coupe à une hauteur qui laisse une épaisseur suffisante de métal pour rendre le fond parfaitement solide et étanche. Bien que cette forme de cylindre réussisse assez généralement, on peut objecter que la grande masse de métal qui entre dans la masselotte entraîne à des frais, et indépendamment de cela qu'il est certain qu'en se refroidissant elle détermine des contractions inégales et donne ainsi au cylindre un vice radical. Cette opinion paraît d'ailleurs confirmée par le fait que, quand les cylindres établis suivant ce mode de construction viennent à crever, le fond en s'en détachant entraîne toujours une portion du corps, ainsi que le représente E figure 15.

M. D. More, qui dit avoir éprouvé bien des désappointements et dépensé beaucoup d'argent dans la construction des cylindres pour presses hydrauliques, a cru devoir à ce sujet entreprendre en grand quelques expériences. Ayant eu besoin d'une presse de ce genre, il en a construit une dont le piston a 40 centimètres de diamètre et établi le bâti de la manière représentée dans les figures F et G en élévation et en coupe.

Au lieu de faire porter le cylindre sur un seuil ou sur une plaque de fondation, il l'établit comme un cylindre ordinaire de machine à vapeur sans fond, et une frette robuste en fer malléable embrasse chacune des extrémi-

afin de l'empêcher d'éclater verticalement. Les colonnes ont une longueur suffisante pour descendre au-delà des parois du cylindre et traverser un socle A placé au-dessous. Une culasse ou tampon N, faisant corps avec ce socle, porte une garniture afin de rendre étanche l'assemblage entre lui et le cylindre. La presse entière forme un assemblage et un tout solide au moyen des vis, de façon que le fond ne peut pas céder et qu'il faut, pour cela, que les colonnes se brisent, ce qui n'est pas facile quand on leur donne la force nécessaire et qu'elles sont en bonne matière ; des colonnes de bons fer de riblons et bien proportionnées se déchirent, en effet, bien rarement.

Une presse de ce genre a été soumise aux plus rudes épreuves ; elle est restée pendant longtemps en charge en y injectant de temps à autre de petites quantités d'eau, mode d'essai bien plus concluant qu'un pompage continu, et les épreuves ont été très-rassurantes, surtout si l'on considère la quantité du métal qui entre dans la machine et qui est de près de 14 tonnes de fonte et 3,3 tonnes de fer malléable.

Deuxième division.

PROCÉDÉS CHIMIQUES D'EXTRACTION DES HUILES.

Les procédés mécaniques et l'emploi des appareils et des machines ne sont pas les seuls mis en usage aujourd'hui pour extraire les corps gras liquides des matières qui les renferment naturellement ou ceux auxquels on les a mélangés pour divers besoins dans l'industrie. On y a mis aussi à profit pour cet objet l'action de certains corps sur ces liquides, et entre autres celle du bisulfure de carbone et de divers hydrocarbures.

ARTICLE I.

EXTRACTION DES HUILES PAR LE BISULFURE DE CARBONE.

Le bisulfure de carbone (C, S^2) a été découvert en 1796 par Lampadius, mais ce n'est que depuis une quinzaine d'années que les applications de ce produit ont été découvertes et que les procédés de sa fabrication ont été l'objet de perfectionnements qui en ont abaissé considé-rablement le prix. Ainsi, le kilogramme, qui, en 1840, coûtait 50 à 60 francs, ne se vend plus en moyenne que 50 centimes chez M. Deiss, le principal fabricant qui en produit environ 500 kilogrammes par jour.

Le principe des nombreux appareils pour préparer le bisulfure de carbone est à peu près le même, c'est-à-dire consiste toujours à faire passer la vapeur de soufre à travers du coke ou du charbon de bois chauffé au rouge vif et à condenser les vapeurs de bisulfure aussi rapidement et aussi complétement que possible. Le premier perfectionnement apporté à cette préparation a été l'emploi d'une grande cornue tubulée en terre cuite pour y chauffer le charbon. Un tube en verre ou en porcelaine passait à travers la tubulure, descendant jusque près du fond de la cornue et servant à l'introduc-tion du soufre. Le col s'adaptait à une allonge refroidie par un courant d'eau et communiquant avec un conden-seur. Cet appareil permettait déjà un rendement plus important.

Les divers appareils actuellement en usage dans la fabrication industrielle du bisulfure de carbone sont construits sur le même principe et ne diffèrent que par la forme de la cornue, le mode d'introduction du soufre et la construction différente du condenseur. Nous ne décrirons pas ici les appareils de M. *Perroncel*, celui de M. A. Gérard, ni celui de MM. Galy-Cazalat et Huillard, qui tous fournis-sent du bisulfure brut, c'est-à-dire contenant de l'hydro-gène sulfuré et un excès de soufre dont on le débarrasse par une rectification, par exemple comme M. Bonière, dans une série d'appareils distillatoires chauffés au bain-marie et renfermant le premier, une solution de potasse caus-tique, et les autres des solutions de sels de plomb, de cuivre, de fer, etc. En les traversant successivement, la vapeur de bisulfure y abandonne l'hydrogène sulfuré et d'autres substances étrangères et se condense ensuite à l'état pur.

Le bisulfure de carbone pur est un liquide incolore, très-fluide, dont la densité supérieure à celle de l'eau est 1,272. Il est très-volatil, entre en ébullition à 40° C. et s'évapore rapidement à la température ordinaire, en produisant un froid intense. Son odeur est à la fois éthérée et alliacée, tandis que celle du sulfure brut est extrêmement fétide et analogue à celle des choux pourris. Il dissout le phosphore, le soufre, l'iode, les huiles, le camphre, les résines, les substances bitumineuses et aromatiques. Il est très-inflammable et brûle avec une flamme bleue produisant de l'acide carbonique et de l'acide sulfureux. Sa vapeur, mélangée avec l'air, constitue un mélange explosif dangereux; cette propriété, jointe à sa grande volatilité, nécessite des précautions minutieuses pour le manier et l'emmagasiner. Ces précautions doivent également comprendre une bonne aération dans les ateliers, à cause de l'action lente, mais extrêmement pernicieuse, que l'inhalation prolongée des vapeurs de bisulfure exerce sur la santé des ouvriers. A cet égard on indique comme antidote l'usage interne d'une solution de carbonate de fer, d'eau chargée d'acide carbonique.

Les applications du bisulfure de carbone sont presque toutes fondées sur son pouvoir dissolvant. C'est ainsi qu'on en fait usage pour amollir à l'état de pâte le caoutchouc et le gutta-percha, pour dissoudre le phosphore ordinaire dans le phosphore amorphe, le bitume et le soufre dans certaines roches, pour extraire les huiles essentielles, les principes aromatiques des semences et le parfum des fleurs, pour enlever les taches de graisse, pour extraire les principes aromatiques actifs du poivre, des épices et autres substances, pour détruire les insectes, pour l'argenterie galvanique, pour faire marcher des machines, etc.

Mais l'application la plus intéressante pour nous qui ait été faite du bisulfure de carbone, est celle qui a été introduite par M. Deiss pour l'extraction des matières grasses des tissus des végétaux ou des animaux.

M. Deiss a établi plusieurs usines importantes à Paris, à Bruxelles, à Londres et à Pise. Dans les trois premiers établissements on traite par 24 heures environ 8,000 kilog. de résidu des huileries fournissant 600 kilogrammes de matière grasse. Dans celui de Pise, on opère en 48 heures sur 35,000 kilogrammes d'olives déjà pressées dont on parvient à tirer encore 3,400 kilogrammes d'huile, et pour donner une idée de l'importance de ce mode d'extraction des matières grasses des résidus, M. Deiss a calculé que la quantité d'huile perdue annuellement à Marseille s'élève à 3 millions de kilogrammes, et que celle des départements du Calvados et du Nord s'élève au double.

M. Sauerwin, qui a voulu s'assurer de la quantité réelle d'huile que les presses hydrauliques, aussi bien que les presses ordinaires, laissent encore dans les tourteaux des graines oléagineuses après que celles-ci ont été soumises à la pression, a entrepris quelques expériences sur trois espèces de tourteaux de navette, dont deux avaient été soumises à la presse hydraulique et le troisième à la presse à coin. Les deux premiers tourteaux, traités par le sulfure de carbone, ont fourni encore, après l'évaporation de ce corps, 8,7 et 12,3 pour 100 d'huile. Le troisième, qui avait été travaillé à la presse à coin, en a donné encore 11,5 pour 100 avec le sulfure de carbone, tandis que par cet agent on avait recueilli 42 pour 100 de le graine même. Il était donc resté de 1/5 à 1/4 d'huile dans les tourteaux malgré l'énergie déployée par les presses.

Pour montrer tout le parti qu'on peut tirer de ce dissolvant, indépendamment de son emploi pour l'extraction de l'huile des graines les plus usitées pour cet objet, nous citerons encore des expériences de M. R. Wagner sur la quantité d'huile qu'on peut obtenir par son emploi des graines, la plupart du temps délaissées, de quelques arbres forestiers.

M. Wagner a recherché la quantité d'huile que peuvent fournir les graines de quelques arbres de nos forêts, en passant les graines sous la meule, mélangeant avec du quartz en poudre, faisant sécher à 100°, épuisant au moyen de sulfure de carbone, puis séparant le sulfure de carbone de l'extrait par une exposition à l'air et ensuite par une élévation de température au bain-marie. Il a obtenu les résultats suivants :

Graines de hêtre (*fagus sylvatica*). Les faines brutes séchées à 100° ont donné en huiles :

Graines de la récolte de :

1857	23.2 p. 100.
1858	25
1859, échantillon *a*	19.3
id. *b*	22.6
id. *c*	18.9

Coudrier (*corylus avellana*). Les amandes séchées à 100° et débarrassées soigneusement du bois ont donné en huile :

Avelines de 1858	55 p. 100.
1859, échantillon *a*	62.2
id. *b*	54.1

Graines de tilleul (*tilia parvifolia*). Les graines brutes séchées à 100° ont fourni en huile :

41.8 pour 100.
30.2

Graines de pin sylvestre (*pinus sylvestris*) et sapin commun (*pinus picea*), débarrassées des ailettes, séchées à 100°, ont fourni en huile :

Pin sylvestre	20.3 p. 100.
id.	23.4
Sapin commun	17.8

Les semences des autres espèces de pins ont donné en huile :

Pinus cembra non écalées, séchées à 100°.	29.2
id. écalées	36.6

Le rapport de l'enveloppe à la noix est 20 : 80

Pinus strobus écalées, séchées à 100°. . . .	29.8
abies	20.6
larix	17.8
pumilio	17.5
canadensis, échantillon *a*	11.4
id. *b*	12,9
maritima, échantillon *a*	22.5
id. *b*	25.0

Rappelons ici que la fabrication, le maniement et l'application du sulfure de carbone exigent les plus grandes précautions. Sa grande volatilité, le poids considérable de sa vapeur (2,67), sa facile inflammabilité, la nature des produits de sa combustion, en font un corps dangereux, dont les manipulations ne doivent s'opérer que sous des hangars bien aérés, le transvasement, la distillation aussi loin que possible de tout foyer, et son transport au loin dans des caisses en fonte.

SECTION Ire.

APPAREILS POUR L'EXTRACTION
DES HUILES PAR LE BISULFURE DE CARBONE.

Appareils Moussu et Seyfert.

Parmi les appareils d'extraction dont l'emploi paraît le plus propre à des applications générales, il convient de citer celui imaginé par M. Moussu et décrit dans le tome 1er du *Précis de chimie industrielle* de M. Payen.

Cet appareil consiste en un réservoir fermé pour le bisulfure de carbone, lequel réservoir est surmonté d'un réfrigérent pour condenser les vapeurs de bisulfure, après l'extraction de la partie soluble de la matière en traitement. De ce réservoir le bisulfure est conduit par des tuyaux dans deux grands cylindres filtrants qui contiennent les pierres bitumineuses, les os, etc., disposés sur un double fond percé de trous. Ces cylindres sont hermétiquement fermés par le haut au moyen de couvercles. Le bisulfure, en y entrant par le bas, s'élève à travers les matières en s'emparant de parties solubles et arrive à la partie supérieure où ces tuyaux le conduisent dans une chaudière chauffée à la vapeur et qui est en communication avec le réfrigérant ci-dessus mentionné. Dans cette chaudière il se vaporise en abandonnant les huiles et autres matières qu'il avait dissoutes et passe ainsi à l'état de vapeur dans le réfrigérant où il se condense pour retourner une seconde fois aux cylindres. Grâce à cette disposition, le même bisulfure peut être employé indéfiniment sans perte sensible. Au moyen de cet appareil, M. Moussu peut extraire 12 pour 100 de bitume des roches, tandis que par l'ancien procédé de distillation on n'en obtient pas plus de 7 à 8. On peut se servir de cet appareil pour l'extraction de l'huile des graines.

M. Seyfert a imaginé dans ce dernier but une disposition spéciale qui consiste en une série de cylindres renfermant les graines, communiquant l'un avec l'autre et avec un réservoir de bisulfure. Lorsque celui-ci est saturé d'huile dans l'un des cylindres, il est déplacé par une portion de liquide encore non saturé venant d'un autre cylindre et poussé dans un autre appareil distillatoire où il se volatilise en abandonnant l'huile pour se rendre de là dans un condenseur. C'est, comme on voit, une application du système de la lixiviation méthodique. L'huile ainsi obtenue accuse une légère odeur de bisulfure de carbone, dont on peut la débarrasser en l'agitant avec 10 pour 100 d'alcool. Quant au rendement, il est de 40 à 50 pour 100 supérieur à celui que fournit le procédé d'expression ordinaire.

SECTION II.

PROCÉDÉS DIVERS.

§ 1. *Procédé de* M. E. DEISS.

L'agent extracteur qui fait la base du procédé de M. Deiss, et qui sert tout à la fois à extraire l'huile des graines oléagineuses, le suif des os des déchets d'abattoirs, des pains de creton, ainsi que pour le dégraissage des laines en suint, des laines filées en huile, des draps, est, comme nous l'avons dit plus haut, le bisulfure de carbone, qui valait, il y a quelque vingt ans, 100 francs le kilogramme, et qu'il est parvenu à fabriquer aujourd'hui par quantité de 500 kilogrammes par vingt-quatre heures au prix de 45 à 50 francs les 100 kilogrammes; c'est ce prix extrêmement réduit qui l'a conduit aux applications ci-dessus énoncées, applications que nous allons décrire d'une manière sommaire.

Rien n'est plus simple que les opérations d'extraction des corps gras par le sulfure de carbone; s'agit-il, par exemple , d'extraire l'huile d'une graine oléagineuse quelconque, il suffit de réduire cette graine en poudre, d'en remplir un cylindre en fer plus ou moins grand, de faire passer de bas en haut, par une sorte de méthode de déplacement renversé et à l'aide de dispositions habilement prises , du sulfure de carbone à travers cette graine : l'huile, plus légère, monte, chassée et poursuivie par le bisulfure de carbone qui la précipite dans l'appareil distillatoire.

Pendant cette opération, il n'y a pas le moindre dégagement de vapeurs de bisulfure de carbone au dehors, et, sur des quantités même de 5,000 kilogrammes de graines à la fois, elle ne dure que deux heures· L'extraction est entière ; pas un atome d'huile n'échappe. Pendant cette opération, et au fur et à mesure que les liqueurs chargées d'huile arrivent dans l'appareil distillatoire, on distille par une douce chaleur au moyen de la vapeur d'eau ; le bisulfure de carbone se régénère successivement : extraction et distillation se terminent en même temps.

Cette huile, ainsi obtenue, contient environ 1 pour 100 de bisulfure de carbone, dont il importe de la priver, soit en l'agitant par un fort courant de vapeur d'eau, ou encore en la faisant couler en nappe très-large sur une surface métallique inclinée et chauffée à la vapeur en dessous : l'action combinée de l'air et de la chaleur enlève tellement les dernières traces de sulfure, que ces huiles, analysées par la saponification, n'en accusent plus aucune trace. Quant au bisulfure de carbone contenu dans le tourteau, on y introduit de la vapeur d'eau surchauffée qui l'expulse en très-peu de temps sous forme de vapeurs que l'on condense dans un réfrigérant; . et le tout se passe si bien que, l'opération finie, la perte en bisulfure est insignifiante, tandis qu'on a pour résultats, suivant M. Deiss :

1º 16 à 18 pour 100 plus d'huile que par les presses à coins ou autres ;

2º Une huile plus belle, plus limpide et ne contenant point de mucilage ;

3º Une huile épurée, n'ayant conséquemment pas besoin de subir le traitement barbare de l'acide sulfurique, qui, dans l'épuration ordinaire, relègue dans les fèces acides la presque totalité de la margarine, seul principe éclairant ;

4º Une huile donnant 20 pour 100 plus de lumière que l'huile dite épurée, mais en réalité énervée par l'acide sulfurique ;

5º Une huile, si elle provient de la sésame ou de l'arachide, donnant un savon plus blanc, plus dur et un plus grand rendement ;

6º Une huile, si c'est le colza, dont on peut en hiver extraire, par simple pression, 20 pour 100 de margarine, substance sèche qui se rapproche tellement de la stéarine que bien certainement on en fera des bougies, mais qui, dans les procédés ordinaires de pression entre deux plaques chaudes, se trouve dénaturée ;

7º Une huile qui, par cela même qu'elle est plus dense que l'huile épurée, consomme 15 pour 100 de moins ;

8º Un tourteau ne renfermant plus un atome de sulfure de carbone, contenant intégralement tous les principes nutritifs de la graine, désagrégé, par conséquent facilement assimilable par les animaux, qui le mangent d'ailleurs aussi bien que celui obtenu par la pression.

Quant aux frais de fabrication, ils sont bien moindres ; peu de main-d'œuvre, la faculté de pouvoir traiter d'immenses quantités de graines à la fois, matériel peu coûteux : tels sont les grands avantages que présentent mes nouveaux procédés, avantages qui peuvent se traduire ainsi. On fabrique en France environ 200 millions de kilogrammes d'huile ; par ces procédés, la quantité sera de 40 millions de kilogrammes de plus.

Il reste à dire deux mots sur les dangers que présente le sulfure de carbone dans ses applications, soit par son influence sur la santé des ouvriers, soit sur la facilité par laquelle il prend feu. Le sulfure de carbone, mêlé dans des proportions variables au chlorure de soufre, brômure de soufre, chlorure de brôme, etc., constitue des mélanges à vulcaniser dans lesquels l'ouvrier manipule avec ses mains les objets qu'il veut vulcaniser ; il les étale ensuite à côté de lui pour les sécher. Dans ces opérations, il aspire constamment une atmosphère saturée de bisulfure de carbone, et plus encore de chlorure de soufre, etc. ; qu'on s'étonne alors des effets funestes produits sur sa santé. Dans toutes les applications de M. Deiss, un ouvrier respire moins de bisulfure de carbone dans une année qu'un ouvrier vulcanisateur dans une journée..

Quant au danger du feu, on se borne à dire ceci : le bisulfure se régénère par la vapeur, et la chaudière fournissant cette vapeur peut être à Saint-Denis, tandis que les appareils extracteurs sont à Paris. Nulle fuite ; d'ailleurs, la perte en bisulfure de carbone est de 1/2 pour cent des graines employées ; 100 kilogrammes de graines oléagineuses exigent donc un demi-kilogramme de sulfure de carbone valant 25 centimes. Cela peut paraître surprenant, mais M. Deiss le prouve en faisant assister les personnes que cela intéresse à une opération telle qu'il en fait chaque jour dans son usine.

§ 2. *Procédé de* M. LOWENBERG.

L'emploi du bisulfure de carbone pour l'extraction des huiles a présenté, suivant M. Lowenberg, quelques difficultés pratiques qu'il a fallu surmonter et qu'il énumère ainsi brièvement :

1º Si on ne prend pas de précaution, il y a une perte assez considérable en bisulfure.

2º La vidange des vases pour en extraire les résidus, est une opération dangereuse pour la santé des ouvriers et pour la sécurité et la salubrité de tout l'établissement et du voisinage, attendu qu'il se répand beaucoup de vapeurs de sulfure dans les ateliers, les magasins et les lieux d'habitation.

3º Une température élevée et soutenue détériore la plus grande partie des résidus, surtout ceux des graines, d'autant plus qu'une plus forte portion de la vapeur employée au chauffage se condense et doit être évacuée, entraînant avec elle une portion des éléments tant organiques qu'inorganiques qui ont le plus de valeur.

4° La marche de l'opération est si lente, tant pour la désinfection que pour la distillation du bisulfure qui retient de l'huile, que les travaux et les frais d'établissement, même après qu'on est parvenu à écarter les autres inconvénients, ne sont plus d'aucun rapport avantageux avec la capacité de production.

M. Löwenberg a décrit, en 1862, dans le *Journal de la Société industrielle de Hanovre*, un appareil au moyen duquel il croit avoir écarté ces diverses difficultés en mettant les appareils d'extraction et de distillation en communication avec une pompe à air qui y produit le vide. Par ce moyen, l'évaporation du bisulfure de carbone devient, même à une température peu élevée, tellement facile et uniforme dans tous les points de la masse, que le travail s'en trouve considérablement abrégé.

Afin de prévenir l'énorme refroidissement qui aurait lieu dans ces circonstances et cependant obtenir encore une élévation de la température, on amène de la vapeur d'eau dans les récipients, et en outre, on entoure ceux-ci d'une enveloppe, de manière qu'on peut les chauffer tant en dedans qu'en dehors, parce que quand on se sert exclusivement de la vapeur directe, on peut produire le degré de température nécessaire, et qu'avec quelques précautions contre le refroidissement, en entourant d'une enveloppe, faire que par suite de la production du vide, il se condense si peu d'eau que sa masse, au sortir de l'appareil, soit à peine humide, sans que pendant l'opération il soit nécessaire d'évacuer l'eau de condensation.

Pour réduire même le travail de la pompe à un minimum, on insère entre elle et les récipients où l'on évacue les produits, un réfrigérant où déjà la majeure partie des vapeurs d'eau et de bisulfure de carbone se condensent. La portion qui ne se condense pas arrive dans la pompe où elle est comprimée, précipitée et évacuée avec l'air qui s'échappe. Or, comme lorsque l'appareil présente une fermeture hermétique on ne jette dans l'atmosphère, à chaque opération, qu'une quantité d'air égale à la capacité des récipients, et par conséquent suivant la loi de

Fabricant d'Huiles. 21

Dalton un volume de sulfure de carbone égal à celui de l'air, on conçoit que cette perte soit peu sensible et ne s'élève pas à 2 kilog. pour 15 hectolitres de graines. On peut même encore éviter cette perte en recevant l'air dans un gazomètre pour en faire de nouveau usage.

L'appareil proposé par M. Löwenberg est tellement simple, qu'on le comprendra facilement à l'inspection de la figure 174, pl. 8, qui en présente une esquisse.

Les graines sont d'abord broyées entre des cylindres, puis introduites dans des extracteurs en tôle qu'on remplit entièrement. Ces extracteurs sont, je suppose, au nombre de huit et numérotés de 1 à 8. L'ouverture de chargement de ces extracteurs doit pouvoir être facilement rendue étanche, et il en est de même d'une seconde ouverture qui sert au déchargement lorsque l'opération est terminée. Dans la partie la plus profonde de ces extracteurs débouche un embranchement avec robinet d'un tuyau de vapeur commun R^2, et sur le fond un bout de tuyau en croix dont les trois orifices donnent lieu à divers genres d'écoulement, l'un de ces orifices est en communication avec un tube qui vient de la partie supérieure de l'extracteur adjacent, tandis que les deux autres orifices communiquent par des robinets avec deux tuyaux horizontaux R et R^1, de façon que chaque extracteur peut, suivant le besoin, être mis en rapport avec celui qui le précède immédiatement ou avec l'un des tuyaux R et R^1. D'un autre côté, de chacun de ces tuyaux R et R^1 partent deux tubes à robinets h,h et $h^1 h^1$, qui se rendent sur le fond de deux capacités ou réservoirs M et M^1. Dans les figures, le robinet h est ouvert et celui de h^1 est fermé sur la capacité M, et c'est le contraire dans celle M^1. Maintenant si M est chargé de sulfure de carbone et M^1 d'eau, on voit que si on refoule dans M de l'air ou de l'eau, le sulfure de carbone montera dans le tuyau principal R^1, et de là dans l'extracteur (celui n° 5 dans la figure) dont on aura ouvert le robinet correspondant.

Dans la partie supérieure de chacun des extracteurs est un tube à robinet, et les huit tubes débouchent dans un tuyau principal horizontal R^4 dont on indiquera plus loin l'objet. Enfin, sur cette partie de chaque extracteur règne un tube en T à deux robinets ; au moyen de l'un de ceux-ci chaque extracteur peut être mis en communication avec le tuyau principal R^3 qui conduit au récipient Z, tandis que l'autre robinet établit une communication avec le bas de l'extracteur adjacent.

Voici quel est le motif de ces dispositions. Malgré la grande solubilité de l'huile dans le bisulfure de carbone, il faudrait pour dégraisser complétement la graine, amener une quantité si considérable de sulfure que son évaporation donnerait ensuite lieu à des frais très-élevés. On ne met donc en travail que quatre extracteurs à la fois (dans la figure les nos 5 à 8) ; on conduit le bisulfure à travers le nº 5 dans le nº 6, et ainsi de suite, de façon qu'il ne s'écoule du nº 8 dans le récipient Z qu'une solution très-concentrée. Dès que le nº 5 est épuisé, on ferme le robinet qui conduit dans R^1, ainsi que celui du nº 8 qui conduit dans R^3, et on met en rapport le nº 6 avec R^1, le nº 8 avec le nº 1 qui vient d'être nouvellement chargé, et celui-ci par R^3 avec Z. C'est de cette manière qu'on obtient en Z une solution saturée.

L'air qui était contenu dans les extracteurs se dégage par deux tubes à travers ces deux tuyaux principaux R^5 et R^6 ; de ces deux tuyaux, celui R^5 jette cet air dans l'atmosphère, tandis que celui R^6 conduit sous un gazomètre G pour extraire l'air qui est saturé de sulfure de carbone. De même Z est mis en communication permanente avec le gazomètre G, afin que lorsque le vase est rempli, l'air s'en dégage et qu'on puisse le charger de nouveau d'air quand on veut faire écouler l'huile.

L'extraction étant terminée, il s'agit maintenant de débarrasser la graine dégraissée du bisulfure de carbone adhérent. A cet effet, on fait communiquer l'extracteur dont il s'agit avec le tuyau principal R et avec le gazomètre. La majeure partie du sulfure s'écoule alors par le tuyau R, et de là dans le récipient M^1 qui est rempli d'eau, tandis qu'un volume égal d'eau s'échappe de M' par h^2 dans le réservoir à eau W et que l'air de G arrive par R^6 dans l'extracteur (le nº 4 de la figure).

Lorsqu'il ne s'écoule plus de bisulfure de l'extracteur, on ferme sa communication avec R et R⁶ et on établit celle avec le tuyau de vapeur R^2 et avec le tuyau principal R^4. Ce dernier conduit par le condenseur C et C^1 et de là à la pompe à air P. Dans la figure, c'est le n° 3 qui se trouve dans cet état. Le vide ainsi produit dans l'extracteur, soutenu par la chaleur amenée par la vapeur, produit une évaporation tellement rapide de sulfure, qu'en peu de temps la graine n'a plus d'odeur. Le sulfure se condense en partie en C et se rassemble en C^1, le reste, comprimé par la pompe P, est refoulé par le tuyau D dans le condenseur K où il se rassemble en K^1. Celui qui s'est réuni en C^1 est, par le robinet d et le tuyau S^1, aspiré par la pompe P^1 et refoulé par le tuyau D^1 dans le tuyau R, et de là dans le réservoir M^1 ; celui en K^1 coule par le robinet d^1 immédiatement par le tuyau R dans M^1.

Dès que la graine n'a plus d'odeur, on ouvre les deux ouvertures de chargement de l'extracteur (le n° 2 de la figure) et on vide l'extracteur, puis on ferme l'ouverture inférieure et on introduit de la graine fraîche (extracteur n° 1), enfin on ferme l'ouverture supérieure (1).

L'huile dissoute dans le sulfure, réunie en Z, est conduite par le robinet a dans le distillateur D^3, tandis que l'air que contient celui-ci s'échappe soit par R^5 dans l'atmosphère, soit par R^6 dans le gazomètre G. Lesdites communications, lorsque le distillateur D^3 est à demi rempli, ce que fait connaître un indicateur, sont fermées et ce distillateur est mis en communication par le robinet b avec le tuyau de vapeur R^3 et de plus avec le robinet correspondant avec R^4 et la pompe. Au bout de peu de temps le sulfure de carbone est évaporé, et il ne reste

(1) Aussitôt que le n° 5 est dégraissé, on met le n° 1 en communication avec le n° 8, de façon qu'alors les extracteurs n°⁸ 6, 7, 8, 1 jouent le même rôle que ceux 5, 6, 7, 8 jouaient précédemment. On met, pour égoutter, le n° 5 en communication avec M^1. L'extracteur n° 4 qui est déjà égoutté est mis en rapport avec la pompe à air. Les résidus du n° 3 qui, pendant ce temps, ont perdu toute odeur, sont enlevés et l'extracteur vide n° 2 est chargé. Tout marche donc ainsi progressivement.

plus dans le distillateur que de l'huile et un peu d'eau de condensation qu'on évacue, après qu'on a fermé le robinet qui conduit à R^4 et celui a, par le robinet b dans le réservoir à l'huile F.

Peu à peu le réservoir M, qui au commencement était rempli de sulfure de carbone, se vide aux dépens des extracteurs, mais en même temps il en découle librement des divers extracteurs, de même que celui réuni en C^1 et K^1 dans M^1 et qui remplit ce réservoir.

Pour continuer les opérations sans amener de perturbation dans la marche du procédé, on n'a besoin que de fermer les robinets h et h^3 sur le réservoir M et d'ouvrir ceux h^1 et h^2, et au contraire d'ouvrir ceux h et h^3 sur M^1 et de fermer ceux h^1 et h^2. De cette manière, on met le tuyau R qui reçoit le sulfure de carbone régénéré des divers appareils en communication avec le réservoir M^1 qui est alors vide, et au contraire le tuyau R^1, qui est destiné à alimenter les extracteurs en communication avec le réservoir M^1 actuellement rempli de sulfure.

Il ne reste plus qu'à décrire l'opération, au moyen de laquelle le bisulfure de carbone est refoulé dans le tuyau R^1 et de là dans l'extracteur. On peut avoir recours pour cet objet à la pression de l'air ou à celle de l'eau. Cette dernière paraît préférable, par cette raison que l'eau, à volume égal, dissout moins de sulfure que l'air, et en outre parce qu'on est plus facilement en mesure d'employer d'une manière continue la même eau à l'alimentation que le même volume d'air, de façon que la perte en sulfure est encore moindre, laquelle, malgré qu'elle soit faible, résulte cependant toujours de la solubilité du sulfure dans l'eau. La manière dont on parvient à ce résultat est fort simple.

Chacun des réservoirs M et M^1, indépendamment des tubes h et h^1, mentionnés ci-dessus, et dont le premier laisse écouler le bisulfure et le second le ramène, possède dans sa partie supérieure deux tuyaux à robinet h^2 et h^3. Les deux tuyaux h^2 se réunissent en un tuyau qui conduit au réservoir d'eau W, tandis que ceux h^3 se confondent dans un tuyau D^2 qui conduit à la soupape de

refoulement de la pompe P². Le tuyau d'aspiration S²
de cette pompe passe à travers le fond du réservoir
d'eau W.

Dans la figure, ainsi qu'on l'a déjà dit, M est supposé
chargé de sulfure de carbone et M¹ d'eau; par conséquent
les robinets h et h^2 sont ouverts sur M¹, de façon que le
sulfure de carbone qui afflue des divers appareils coule
par h^1 dans M¹, tandis que l'eau déplacée s'écoule vers W.
De là, ce liquide est, par le tuyau S², aspiré par la
pompe P², d'où, par le tuyau D² et le tuyau h^3 qui est
ouvert, il coule dans le réservoir M, dont le contenu est
forcé de monter par le robinet ouvert h dans R¹.

On parvient donc ainsi avec un appareil dont les dimensions sont laissées à l'arbitraire de chacun, à opérer
convenablement, et quand les dimensions des diverses
parties sont établies suivant des rapports bien choisis, à
terminer chaque opération en 8 à 12 heures, c'est-à-dire
qu'on peut charger deux à trois fois en 24 heures.

§ 3.   *Appareil de* M. LUNGE, *de Breslau*

Il est indubitable, suivant M. Lunge, que dans certaines
conditions déterminées on pourrait employer avec avantage les appareils au sulfure de carbone à l'extraction
des huiles de graines, pricipalement dans les petites fabriques où le cultivateur ou propriétaire travaille sa
propre récolte et peut utiliser lui-même ses résidus pour
alimenter ses animaux. Dans ce cas on voit, d'un côté,
disparaître le préjugé du gros commerce contre la forme
insolite des tourteaux, et de l'autre, que les frais d'établissement d'un appareil chimique sont bien inférieurs à
ceux d'un moulin à huiles avec presses hydraliques, économie que réalise surtout l'appareil inventé par M. Lunge.

Le principe de cet appareil est que la matière à laquelle
il s'agit d'enlever la matière grasse (laine, graine de
colza, graine de lin, etc.), est déposée dans un cylindre
qui lui-même est introduit concentriquement dans un
autre cylindre; l'espace annulaire entre ces deux cylindres est rempli d'eau et sert tantôt de bain-marie et
tantôt de réfrigérant, de façon que sans déplacement et

changement d'appareil la graine est d'abord traitée par le sulfure de carbone, puis débarrassée de ce corps au moyen de la distillation. On comprend très-bien que cette graine, dans l'intérieur du petit cylindre, est disséminée dans un récipient percé de trous, afin que la matière grasse dissoute puisse s'en écouler.

Une autre particularité de l'appareil est qu'en emploie exclusivement des fermetures hydrauliques, qui non-seulement sont les plus économiques, mais aussi les plus parfaites, avec le sulfure de carbone pour lequel on ne peut pas se servir de vernis, de matières grasses, de caoutchouc, etc., fermetures qu'on peut d'ailleurs ouvrir et fermer à tout moment et dans un instant. De plus, la quantité de sulfure de carbone qu'on met ainsi en charge étant relativement bien moins considérable, on n'a pas besoin d'en avoir de très-grandes provisions, chose qu'apprécieront les administrations, les conseils d'hygiène publique et les compagnies d'assurances. Il est bon aussi d'appeler l'attention sur le bas prix de l'appareil qui est tout entier en zinc (la tôle de fer doit être non-seulement rejetée à raison de son prix élevé, mais en outre parce qu'elle est exposée à se rouiller, quoiqu'elle soit aussi inattaquable par le sulfure de carbone que le zinz). Enfin l'appareil se distingue par sa construction et sa manœuvre bien simples qui lui donnent l'avantage sur celui de Löwenberg.

La figure 29, pl. 2, est une section de l'appareil par le milieu des cylindres.

La figure 29 *bis* est une section à angle droit avec la première et dont on donnera plus loin l'explication.

A,A'A", sont trois cylindres en zinc parfaitement semblables entre eux, à doubles parois et à double fond. Le cylindre intérieur est maintenu dans celui extérieur par des rondelles ou anneaux *a,a* percés de trous, et en *b,b* des appuis annulaires robustes sont destinés à recevoir les corbeilles B,B',B". Ces corbeilles ont, à peu de chose près, le même diamètre que le cylindre intérieur et peuvent consister, du reste, en tôle de zinc percée ou en tissu d'osier, etc. Quand il s'agit d'extraire une matière très-dense et tassée, par exemple de la graine de colza broyée, il convient d'établir à l'intérieur de ces corbeilles quelques cloisons à jour parallèles au fond qu'on peut enlever, de manière que la matière ne repose toujours qu'en couche mince et que l'extraction puisse s'opérer complétement.

Un tuyau d'eau *c*, pourvu de robinet *s*, communique avec l'espace entre les deux cylindres, et un autre tuyau *d*, sert à l'évacuation de l'eau. Enfin, un tuyau de vapeur débouche encore dans cet intervalle, dans lequel on peut introduire ou arrêter la vapeur au moyen du robinet *e*. Cette vapeur peut également être admise par le robinet *f* dans le serpentin en plomb *g*, qui est aussi ouvert à l'extrémité et d'ailleurs percé de trous dans des points nombreux, trous qu'il est mieux de percer sur la face inférieure de ce serpentin.

Un bout du tuyau, avec robinet *h*, soudé solidement dans la paroi du cylindre extérieur, conduit du cylindre intérieur au dehors. Un couvercle *i* ferme le cylindre intérieur de telle façon que son rebord saillant pénètre dans l'intervalle entre les deux cylindres pour y former fermeture hydraulique, et afin d'obtenir la pression régulière, ce rebord doit avoir une hauteur de 25 à 30 centimètres de hauteur. Ce couvercle présente à son centre une ouverture circulaire autour de laquelle sont disposés deux cylindres concentriques également de 25 à 30 centimètres de hauteur, dans lesquels descendent deux tuyaux d'assemblage semblables *k*, dont on expliquera plus bas le but; tous les petits espaces annulaires sont remplis d'eau et constituent autant de fermetures hydrauliques. Dans tous les points, le tuyau descendant non-seulement s'engage entre les tuyaux concentriques du couvercle, mais de plus un autre tuyau entre dans celui intérieur de ce couvercle afin que le sulfure de carbone qui se condense ne puisse pénétrer dans la fermeture hydraulique annulaire, mais s'écoule directement dans l'intérieur du cylindre. L'ouverture du couvercle est couverte en dessous par une pomme d'arrosoir.

C, est une cuve qui renferme un gros serpentin en

zinc *l*, dont le fond est placé à une certaine hauteur au-dessus du couvercle du cylindre A (on a dans la figure supprimé ses appuis pour ne pas compliquer celle-ci). Cette cuve est, comme on le voit, pourvue d'un tuyau d'alimentation d'eau *m* et d'un tuyau de décharge *n*. Le serpentin *l*, porte aux deux extrémités des prolongements coudés *o* et *p* en dehors de la cuve et qui consistent dans les mêmes systèmes concentriques de tuyaux que celui établi sur le milieu du couvercle *i*, et ayant de même pour but de recevoir aussi à fermeture hydraulique le tuyau de communication *k*.

A, dans la figure 29 *bis*, représente l'un des cylindres qui viennent d'être décrits ; D, est un vase cylindrique en zinc ou en tôle à double fond *r*, portant aussi un appareil ou un ajutage de tuyaux concentriques *s*, de plus sur son couvercle, aussi à fermeture hydraulique, un tuyau adducteur d'eau avec robinet *t* et pomme d'arrosoir dans le bas, et enfin un tuyau de décharge *u* ouvert en haut et en bas, et sur le fond un robinet de vidange *v* qui conduit dans un flacon E. L'espace au-dessus du double fond *r* est rempli jusqu'au couvercle de fragments de coke ou autre matière analogue.

Voici maintenant quelle est la manière de faire usage de cet appareil.

Quand on veut commencer une opération on verse dans un des appareils, je suppose celui B, une quantité de sulfure de carbone que l'expériénce a appris à connaître et qui reste continuellement en action sans qu'il y ait perte bien appréciable. Cette quantité, pour les grands appareils, ne s'élève qu'à quelques quintaux métriques, ce qui, ainsi qu'on l'a déjà fait remarquer, est un des avantages de cet appareil. On ouvre le robinet *c*, on remplit d'eau l'espace entre les doubles parois, puis on referme le robinet.

Cela fait, on charge un autre cylindre, celui A'' par exemple, avec de la graine, en enlevant le couvercle *i*, soulevant la corbeille B'' la remplissant avec cette matière, puis replaçant la corbeille et le couvercle, et introduisant aussi de l'eau en ouvrant le robinet *c* dans le double fond. Puis, au moyen du tube à double coude k,k, on met l'appareil A en communication avec l'extrémité supérieure du serpentin l au moyen de l'assemblage o, et on fait de même communiquer A''' avec la partie inférieure p de ce même serpentin , et, enfin, on rend tous ces assemblages hermétiques et y versant de l'eau.

En cet état, on fait arriver de la vapeur d'eau par le tuyau c dans le double fond de A, mais pas en quantité suffisante pour que l'eau qu'il contient arrive à l'ébullition ; le sulfure de carbone qui ne tarde pas à bouillir, distille et se rend dans le serpentin l où il est autant que possible condensé, en faisant arriver continuellement de l'eau froide par le tuyau m dans la cuve C, eau qu'on fait écouler après qu'elle est devenue chaude par celui n. Le sulfure de carbone condensé et ses vapeurs qui ne l'ont pas été pénètrent par le tuyau K dans le cylindre A, dans lequel ce sulfure est distribué finement par la pomme d'arrosoir du couvercle. Le sulfure fluide s'infiltre à travers la graine contenue dans la corbeille B'', la débarasse de toute matière grasse adhérente, et la solution coule goutte à goute dans la partie inférieure du cylindre A''.

Afin de condenser le restant des vapeurs du sulfure de carbone, on fait arriver l'eau froide dans le double fond en ouvrant c, tandis que celle chaude s'écoule en d. Les vapeurs de sulfure qui nécessairement ont pénétré dans la graines bien plus intimement que n'a pu le faire ce corps à l'état liquide, s'y condensent à l'intérieur en la débarrassant des parties de matières grasses les plus profondément logées, et ce qui favorise surtout cette action, c'est que la graine se trouve dans cette opération portée à une température un peu plus élevée; de plus la condensation est naturellement plus abondante sur les parois sur lesquelles le sulfure fluide déjà liquifié dans B'', malgré sa distribution par la pomme d'arrosoir, n'était arrivé que très-imparfaitement.

Dès que la distillation est terminée, on fait communiquer les cylindres A'' et A ' avec interposition du serpentin l en unissant par les tuyaux coudés le couvercle de

A" avec *o* et celui de A' avec *p*; A' ayant déjà auparavant été chargé de graine fraîche. On arrête l'écoulement de l'eau froide en A" en fermant *c* et on fait arriver la vapeur en *e*; en A' au contraire, on ouvre le robinet d'eau *c*. Le sulfure de carbone en A", mélangé à la matière grasse, ainsi porté à l'ébullition, traverse la graine dégraissée sous la forme de vapeur, se condense de nouveau en partie dans le serpentin *l* et opère maintenant dans le cylindre A' exactement de la même manière que l'avait fait dans A" celui qui s'était élevé de A.

Cette seconde distillation étant arrivée à son terme, on fait communiquer A' avec A qu'on a préalablement chargé avec de la graine, bien entendu avec intervention de *l* et l'opération recommence, seulement on combine actuellement A" avec le cylindre D de la figure 3, afin de chasser les dernières traces de sulfure de carbone. A cet effet, on laisse arriver la vapeur non plus seulement par *e* dans le double fond, mais aussi par *f* et le serpentin *g* dans l'intérieur du cylindre A". Le courant de vapeur débarrasse la graine, tant par l'élévation de sa température que par voie mécanique, des dernières traces de sulfure de carbone, ainsi que de la matière grasse. Du reste, la quantité de sulfure en vapeur qui s'y trouve encore logée et très-peu importante et on peut la recueillir presque sans frais au moyen du cylindre D.

Le mélange de vapeur d'eau avec un peu de vapeur de sulfure qui reste encore est d'ailleurs conduit en D par un filet d'eau qu'on fait arriver par *c* et qui est distribué aussi finement que possible par la pomme d'arrosoir et les fragments de coke et par ses nombreux contacts avec le courant de vapeur qui arrive à l'opposé, de façon qu'il se trouve ainsi condensé, l'air entraîné étant évacué par *u* dans l'atmosphère. La petite quantité de sulfure condensé se sépare immédiatement de l'eau, et à raison de son poids spécifique plus élevé, tombe au fond où on l'évacue de temps à autre par le robinet *v* dans le flacon E, pour le reprendre et le verser dans A, A' ou A" après qu'on les a chargés de nouveau de graine.

Aussitôt que cette opération est terminée, on ferme les

deux robinets en A" et on fait écouler par h, la matière grasse encore fluide avec l'eau condensée, puis on enlève le tuyau de communication k, on ôte le couvercle, on extrait la corbeille avec la graine, en la remplaçant par la graine fraîche et toute l'opération recommence. Pendant ce temps la distillation de A' dans A s'est effectuée, et on combine actuellement A' avec D, puis de nouveau A avec A" et ainsi de suite.

§ 4. *Procédé* Boggio.

M. G. G. Boggio a proposé en 1864 un mode différent d'extraction des huiles par le bisulfure de carbone.

Après que les graines oléagineuses ont été broyées, on renferme la farine dans une chambre hermétiquement close, dans laquelle on verse une suffisante quantité de bisulfure de carbone pour s'emparer de toute l'huile contenue dans les graines. On laisse digérer pendant quelques heures, puis on ouvre un robinet placé au bas de la chambre et on fait écouler le liquide dans un récipient clos placé au-dessous. Pour être certain que toute l'huile a été extraite, on verse quelques gouttes de bisulfure de carbone qu'on a fait passer à travers l'appareil sur un morceau de papier, et s'il ne se forme pas de tache grasse, on a obtenu le résultat désiré ; dans le cas contraire, on ajoute du bisulfure de carbone jusqu'à ce que la séparation soit complète.

En cet état on ferme le robinet et on met la chambre en communication avec une pompe aspirante qui, en produisant un vide partiel, aspire les vapeurs du bisulfure de carbone qui se forment et les envoie dans un serpentin ou autre appareil de condensation où elles sont reçues à l'état condensé sous la surface de l'eau sans répandre aucune émanation

On a recours au même procédé du vide pour séparer le bisulfure de carbone de l'huile qui reste pure dans le récipient.

Un des avantages de ce procédé, c'est que les farines qui restent après l'extraction des huiles sont parfaitement purgées de ce liquide et de l'eau que renfermaient les graines, et susceptibles ainsi d'une conservation illimitée à toutes les températures.

§ 5. *Procédé de* MM. BONIÈRE, DEPRAT *et* PIGNOL.

MM. Bonière, Deprat et Pignol, de Saint-Nazaire, ont imaginé un procédé pour extraire des pellicules ou pulpes d'olives qui ont déjà été pressées, l'huile qu'elles peuvent encore contenir. Ce procédé consiste à faire passer à travers la masse de ces résidus renfermés dans une espèce de chaudière formant appareil de déplacement, un courant de bisulfure de carbone et un jet de vapeur, puis à évaporer le sulfure pour le séparer complétement de l'huile obtenue.

L'appareil se compose de deux parties distinctes, l'une, la chaudière proprement dite, contenant l'huile extraite dont il faut séparer le bisulfure de carbone, et l'autre, le couvercle, disposé pour condenser et conduire au dehors les portions de bisulfure qui n'ont pas été enlevées par évaporation. La chaudière est chauffée par un serpentin de vapeur placé vers le fond dans la masse de l'huile même; un agitateur à ailes mobiles assemblées sur un axe incliné, qui reçoit un mouvement de rotation continu, agite constamment la masse liquide, et comme le bisulfure s'évapore à une basse température, il s'en dégage aisément et très-rapidement. Cependant vers la fin de l'opération, comme il peut en rester encore quelques parcelles, on fait arriver, par un second serpentin placé à l'intérieur du couvercle, un courant d'eau froide qui condense tout le bisulfure restant, lequel s'écoule au dehors par une gouttière qui embrasse la partie inférieure du serpentin (1).

§ 6. *Extraction des huiles par les hydrocarbures.*

Si le chloroforme et l'éther sulfurique étaient d'un prix

---

(1) Le *Génie industriel*, t. 25, p. 259, a donné la description et la figure de l'appareil et fait connaître en détail la manière dont il fonctionne.

Fabricant d'Huiles. 22

plus abordable pour l'industrie, on pourrait s'en servir avantageusement pour extraire l'huile des matières qui en renferment.

Beaucoup d'hydrocarbures pourraient aussi servir à cet objet, et le prix modéré auquel on parvient aujourd'hui à obtenir ou à fabriquer certains d'entre eux a déjà suggéré à des fabricants anglais l'idée d'en faire usage pour extraire l'huile des graines.

MM. Th. Richardson, J.-J. Lundy et R. Irvine ont donc songé à extraire l'huile contenue dans certaines matières végétales, telles que les graines de cotonnier, de lin, de navette, de colza, de chanvre, d'œillette, de moutarde, les fruits de l'olivier, les noix de palme, etc., au moyen de la propriété dissolvante que possèdent les hydrocarbures qu'on extrait du pétrole ou autres huiles minérales, et des hydrocarbures volatils qu'on obtient des huiles d'asphalte, de houille, de schiste, etc., hydrocarbures qui, pour cette application, doivent être volatils au-dessous de 100° C.

Ils introduisent les matières végétales qu'ils se proposent de traiter et qu'on broie préalablement par l'un des moyens actuellement en usage pour cet objet, ou bien les tourteaux qu'on obtient par les divers modes d'extraction usités, dans une série de capacités appelées extracteurs, qu'on doit fermer hermétiquement et luter pour prévenir l'évaporation et la perte des dissolvants. Ceux-ci, à l'état froid ou chaud, sont amenés dans ces extracteurs où ils dissolvent l'huile contenue dans les matières. Chargés ainsi d'huile en solution, ces dissolvants sont évacués dans un vase séparé ou un récipient fermé, puis on fait arriver une nouvelle charge de dissolvants dans les extracteurs.

Une deuxième application de ces dissolvants suffit généralement pour compléter l'extraction de l'huile contenue dans les matières ; toutefois, si on le juge nécessaire, on peut en faire de nouvelles jusqu'à ce qu'on ait enlevé la plus grande partie de l'huile contenue dans les graines.

Les résidus contenus dans l'extracteur sont chauffés à

la vapeur, pour en chasser les dissolvants en les vaporisant et les condensant avec la vapeur d'eau introduite ; après quoi ces dissolvants sont séparés pour être employés de nouveau sur de matières fraîches.

Afin de faciliter l'opération, les matières végétales, ainsi que les dissolvants, peuvent être chauffés soit les premières, soit les seconds, ou tous deux, avant d'en faire usage ou pendant leur application.

Pour séparer l'huile contenue dans la solution, le dissolvant chargé de cette huile est chauffé dans un vase distinct par un serpentin de vapeur, qui, en élevant la température de cette solution, en chasse l'hydrocarbure volatil. Le dissolvant passe à travers un serpentin entouré d'eau froide qui le condense, et on s'en sert sous cet état pour traiter de nouvelles parties de matières végétales, de façon que ce dissolvant primitif peut servir à une suite d'opérations du même genre, avec une perte qui, avec quelques soins, peut être très-légère.

§ 7. *Extraction par les acides.*

MM. Roard et Muston ont proposé d'extraire les huiles des graines qui les renferment, au moyen du procédé suivant :

Après avoir écrasé soit avec des meules, soit par des moulins, les diverses matières, et les avoir mises dans un état de poudre grossière, on les humecte avec soin avec un liquide composé d'une partie d'acide hydrochlorique et de quatre parties d'eau. On laisse ce mélange dans cet état pendant 24 heures, et on obtient ensuite très-facilement, sans avoir besoin de chauffer, et avec une légère pression, une bien plus grande quantité d'huile, et de meilleure qualité, que par les moyens constamment employés jusqu'à ce jour.

L'huile extraite par ce procédé est, suivant les inventeurs, très-belle, très-limpide, peu colorée, et ne nécessite qu'un simple lavage et une légère purification.

Nous ignorons s'il a été fait des expériences suivies sur ce mode d'extraction des huiles, mais ce qui est certain c'est qu'il ne s'est pas répandu dans la pratique.

TROISIÈME PARTIE.

HUILES ANIMALES.

Jusqu'à présent nous ne nous sommes occupés que des matières huileuses qu'on peut extraire du fruit, des amandes ou des graines des végétaux, mais le règne animal fournit aussi des matières fluides grasses, parmi lesquelles les unes sont empruntées à la classe des mammifères terrestres et aux cétacés ou mammifères aquatiques, et d'autres à celle des oiseaux, et enfin à celle des poissons ; nous commencerons par les huiles que fournissent les mammifères.

CHAPITRE PREMIER.

Acide oléique.

Nous avons déjà fait connaître, à la page 22, les caractères de l'acide oléique pur, mais celui qu'on trouve dans le commerce ne partage pas ces caractères et en diffère en plusieurs points.

L'acide oléique du commerce, tel qu'on l'obtient comme produit accessoire dans les fabriques d'acide stéarique et de bougies, par le suif et purifié grossièrement par le repos et une filtration à travers des étoffes très-serrées, est brun, jaune rougeâtre en grande masse, jaune en petite quantité. Il rougit le tournesol, a une saveur âcre et une légère odeur rance. Il se prend en une masse cristalline plus ou moins consistante, quand on l'expose à une température de —6° ou —7°. Sa densité à 15° est alors 0,9003. C'est le corps gras liquide le plus léger et qui sert aux fraudeurs à ramener les tonnes d'huiles qui ont été sophistiquées par d'autres plus pesantes à leur densité normale. On s'en sert particulièrement dans la fabrication des savons et l'ensimage des laines.

Ce qu'on appelle dans le commerce huile de lard (*lard oil*), n'est qu'un acide oléique qu'on a obtenu avec l'axonge ou saindoux, après qu'on en a extrait la stéarine ou l'acide stéarique pour en faire des bougies. C'est surtout aux États-Unis où on fabrique cette huile de lard, qu'on transporte ensuite en Europe, où sa blancheur, son odeur nulle et son insipidité permettent de l'employer à frauder l'huile d'olive. On la considère aussi comme supérieure à l'huile de poisson et au blanc de baleine pour le graissage des machines. M. le professeur Olmstead de New-Haven, a fait connaître que si on ajoute 1 kilog. de résine en poudre à 3 kilog. d'axonge, et qu'on agite avec soin, on obtient une masse demi-fluide à 22° C., qui fond à 32° (quoique la résine seule exige une température de 148° et l'axonge de 36°), et cette combinaison reste transparente et limpide à cette température. A mesure qu'elle se refroidit, il se forme, à 30°, à sa surface une pellicule et à 24°5 elle reste demi-fluide. Cette matière demi-fluide, brûlée dans des lampes spéciales, est très-éclairante, mais au bout de peu de temps obstrue la mèche; elle a plus d'importance pour le graissage des machines, à raison de ses propriétés et de son bas prix, et sert avantageusement pour préserver les métaux contre l'oxydation, dans la fabrication du savon, etc.

CHAPITRE II.

Huiles de pieds.

On connaît dans le commerce, sous le nom d'huiles de pieds, plusieurs huiles qu'on extrait des pieds du bœuf, du mouton et du cheval. M. Th. Chateau, dans son *Traité complet des corps gras industriels*, qui les a étudiées avec soin, les a caractérisées ainsi qu'il suit :

Huile de pieds de bœuf. Se prépare en faisant bouillir des pieds de bœuf ou de vache parfaitement dénudés de chair et de nerfs et privés des onglons et enlevant la graisse qui vient nager à la surface. Cette huile est jaune paille, ou paille à peine verdâtre, quelquefois incolore, sans odeur quand elle est fraîche, d'une saveur agréable, limpide, ne se congelant que sous l'influence d'un grand froid, et ne rancissant que difficilement. A 15° C., sa densité est 0,916. On s'en sert pour le graissage des machines, dans l'horlogerie, pour polir les métaux à l'émeri, dans l'éclairage et dans les usages domestiques pour fritures.

On donne aussi dans le commerce le nom impropre d'huile de pieds de bœuf à un liquide qui se prépare, non-seulement avec les pieds de bœuf, mais encore avec les ergots, les tendons, et généralement les os que l'on ramasse dans les rues, et qu'on fait bouillir longtemps dans de grandes chaudières et en plein air. Si l'on emploie les os qui portent le nom d'*os longs,* on coupe, avec une hache, l'extrémité de ces mêmes os, qu'on met également dans la chaudière. Cette opération est d'autant plus nécessaire, que le liquide bouillant pénètre plus facilement alors dans le tissu osseux, et entraîne plus d'huile et de graisse. Lorsque l'ébullition a été longtemps soutenue, la graisse et l'huile, contenues dans les os, viennent nager à la surface de l'eau ; on les enlève et on les place dans les cuviers où l'huile prend bientôt le dessus. Cette huile a une odeur dégoûtante ; elle sert à l'éclairage, et la graisse est plus particulièrement employée pour les voitures, de même que le cambouis.

Huile de pieds de mouton. Cette huile, presque incolore et limpide, a une odeur de suif non fondu, au sortir de la cuve d'épuration ; elle se trouble et devient opaline par un léger abaissement de température.

Huile de pieds de cheval, jaune rougeâtre par transparence en grande masse. Elle renferme une forte proportion de suif qu'elle abandonne par le repos.

CHAPITRE III.

Huile de baleine.

On donne généralement le nom d'huile de baleine à une matière grasse liquide qu'on recueille en faisant fondre une couche plus ou moins épaisse de lard, qui est interposée entre la chair et la peau, ou entre les membranes du cerveau des baleines, des cachalots, des dauphins et des phoques.

On trouve dans le commerce trois qualités ou sortes d'huile de baleine proprement dite : la blanche, la jaune et la noire; mais la plus commune est une huile de qualité moyenne, qui provient du mélange des trois autres.

L'*huile de baleine ordinaire*, qui provient du *balena mysticetus*, est un liquide plus ou moins brun qui, après avoir été filtré, est transparent, limpide et d'un jaune rougeâtre, d'une odeur forte et désagréable. Suivant son mode de préparation, son ancienneté, ou la température ambiante, elle est assez fluide, ou épaisse et visqueuse. Elle se congèle à 0°, et il s'y forme constamment un dépôt de matière blanche concrète, auquel on a donné le nom de *blanc de baleine* et est principalement composé de cétine. A 20° C., sa densité est de 0,927. Cette huile entre dans la fabrication des savons mous, l'apprêt des cuirs, et dans l'éclairage en la mélangeant aux huiles de graines.

L'*huile de cachalot* (*physeter macrocephalus*), ou *huile de baleine jaune*, est un liquide jaune clair en petite quantité et jaune orangé clair en masse. Elle est translucide et possède l'odeur désagréable et caractéristique des huiles de poisson. Sa densité à 15°, est de 0,884 et de 0,868 à 10°. Déjà à 8° elle dépose une matière grasse solide qui cristallise en aiguilles.

Huile du dugong.

Depuis quelque temps, on a ajouté aux huiles possédant des propriétés médicales, l'huile qu'on extrait du lard du dugong de l'Australie. Le dugong est un animal herbivore, appartenant à la famille des cétacés, qu'on rencontre sur les côtes septentrionales de l'Australie, dans la mer Rouge, le golfe Persique et les mers de l'Inde. Les naturalistes reconnaissent deux espèces de dugongs : 1° l'halicore dugong ou dugong de l'Inde (*trichechus dugong* de Gmélin, *dugongus indicus* d'Hamilton); 2° l'halicore austral (*halicorus australis, h. tabernaculi* de Ruppel), qui portent des noms différents suivant les pays. Dans les mers de l'Inde, on rencontre les dugongs en troupes considérables, où les individus acquièrent une longueur de 5^m.50 à 6 mètres, tandis que le dugong des mers de l'Australie n'atteint guère plus de 3^m.60 à 4^m.25. L'huile de dugong qui s'exploite comme celle de baleine sert en Europe aux mêmes usages que l'huile de foie de morue, mais en Australie, les indigènes s'en servent pour l'éclairage.

CHAPITRE IV.

Huile de Dauphin.

Cette huile s'extrait à la chaleur du bain-marie, du dauphin (*delphinus globiceps*). Elle est contenue dans les tissus de ce cétacé ; sa couleur est légèrement citrine, et son odeur se rapproche de celle du poisson ; sa densité est de 0,9178 à 20° C. ; 110 parties de cette huile se dissolvent dans 100 d'alcool à 0,812 et à une température de 70° C. Cette solution est sans action sur la teinture du tournesol.

L'huile de dauphin exposée à un froid de —3° se sépare en une substance cristalline, et une huile qui se fige à +2°. La matière cristalline a beaucoup d'analogie avec la cétine.

Cette huile paraît formée d'oléine, de phocénine et d'un peu d'acide phocénique.

Voici, sur une autre huile de dauphin, des détails dus à M. C.-A. Scharling.

L'huile de poisson qu'on rencontre dans le commerce

sous ce nom, provient d'une espèce de dauphin qu'on nomme en Islande *dægling* ou *ondhral* (*balœna rostrata*, Chem.; *hyperoodons*, Lacép.). Cette huile est tantôt incolore, tantôt brune, et se distingue en particulier des autres huiles de poisson par une odeur extrêmement repoussante, une grande fluidité et beaucoup de ténuité, au point qu'elle suinte à travers les vases ordinaires. La densité de cette huile ne s'élève qu'à 0,87 à 20° C. (0,8807 à 12° C.). Pour la purifier, de manière à lui enlever son odeur désagréable, on peut se servir d'un lait de chaux très-étendu avec lequel on agite l'huile à plusieurs reprises, après lesquelles on laisse reposer pour que la chaux en excès, ainsi que les sels calcaires qui se sont formés et l'eau, aient le temps de se déposer, tandis que l'huile plus légère surnage. Même avec de l'eau ordinaire et le repos avec exposition au soleil, on parvient à purifier cette huile, mais un moyen plus actif, qu'on ne saurait pourtant employer avec avantage en grand, est de dissoudre l'huile dans de l'alcool anhydre bouillant; une partie d'alcool dissout une demi-partie d'huile de dauphin, et la plus grande partie se sépare par le refroidissement de ce menstrue. L'auteur a employé ce dernier moyen pour la purifier avant de la soumettre à des expériences analytiques.

Ce qui mérite surtout d'être remarqué sous le rapport industriel relativement à cette huile, c'est qu'elle brûle avec une flamme infiniment plus claire que l'huile de baleine ordinaire, au point que l'intensité de la lumière dans deux lampes d'Argand, dont l'une est alimentée avec de l'huile de baleine et l'autre avec de l'huile de dauphin, est dans le rapport de 1 à 1,57. Comme conséquence d'une combustion plus parfaite, on remarque qu'elle donne beaucoup moins de fumée que les autres huiles de poisson. Par la comparaison du poids des huiles brûlées dans l'expérience précitée, on a trouvé qu'en deux heures on avait brûlé 50 grammes d'huile de baleine ordinaire, et pendant le même temps, dans une lampe absolument semblable, 42 grammes d'huile de dauphin, c'est-à-dire 1/6 de moins que la première. Ce rapport change néanmoins un peu quand on évalue les huiles au poids, parce que, comme on l'a dit ci-dessus, l'huile de dauphin est spécifiquement plus légère.

Cette huile, telle que l'a livre la compagnie groënlandaise, renfermant très-peu de glycérine, on doit la considérer comme une excellente matière pour l'éclairage, dont la valeur est encore accrue par cette circonstance qu'elle est facile à purifier, et qu'on y découvre aisément toutes les sophistications. Son faible poids spécifique fait qu'on parvient sans peine à constater sa pureté avec un alcoomètre ordinaire. A 9° R., l'huile de dauphin marque 74°5 de l'aréomètre de Tralles ou un poids spécifique de 0,88.

Sous le point de vue chimique, l'huile de dauphin est caractérisée encore par l'extrême avidité avec laquelle elle absorbe des quantités assez considérables d'oxygène, lors de son exposition à l'air, ce qui la rend plus épaisse et lui donne un poids spécifique plus élevé. Un échantillon qu'on a exposé pendant six semaines aux rayons solaires et à l'action de l'air a présenté à 22° C. un poids spécifique de 0,94.

D'après sa composition élémentaire, elle renferme beaucoup moins d'oxygène (6 à 7 pour cent) que les huiles dites, par exemple, *keporkak* ou *tunolik* (10 à 11 pour cent), et cette composition est presque la même que celle du blanc de baleine. D'après cette analogie et en se fondant sur de nombreuses expériences, l'auteur considère que le corps aisément fusible qui constitue la masse principale de l'huile de dauphin est la combinaison d'un acide gras très-analogue à l'acide oléique, mais différent, que l'auteur propose d'appeler *dœglinique* avec une base particulière, l'oxyde de *dœglene*. Cette huile serait alors le premier exemple d'une huile liquide à la température ordinaire et qui ne contiendrait pas de glycérine ou son radical.

CHAPITRE V.

Huile de marsouin.

On retire cette huile de la même manière que la précédente, du *delphinus phocœna*. Elle est jaunâtre, d'une odeur de sardine fraîche, d'un poids spécifique égal à 0,937 à 16°, sans action sur le tournesol, soluble dans l'alcool et saponifiable par les alcalis.

Cette huile est composée d'oléine, de phocénine, d'un principe colorant orangé, d'un principe odorant et d'acide phocénique.

CHAPITRE VI.

Huile de phoque.

Les principaux marchés de l'huile de phoque sont Terre-Neuve et les côtes du Labrador, et les animaux qui fournissent cette huile sont surtout le phoque à capuchon et celui que les pêcheurs américains et anglais appellent *harp seal*. Sous le rapport de la qualité de l'huile, ces pêcheurs font quatre qualités, à savoir, celle qui provient des jeunes harps, celle des jeunes capuchons, celle des vieux harps ou bedlamer (phoque à capuchon d'un an) et celle des vieux capuchons.

Les huiles de phoque sont généralement extraites à froid en jetant la graisse de ces animaux dans une vaste capacité à clair-voie, disposée au-dessus d'une grande cuve, dans laquelle on verse une petite quantité d'eau pour débarrasser l'huile qui coule, du sang, des chairs et autres impuretés d'un plus grand poids spécifique quelle peut entraîner. On n'applique aucune élévation de température et l'huile qui coule sous le poids énorme (300 à 400 tonnes) des matières, est celle qu'on appelle huile pâle de phoque (*pale seal oil*). Cet écoulement dure 2 à 3 mois, et la proportion est de 50 à 70 pour 100 des matières jetées dans l'appareil, suivant la saison et la qualité de ces matières, et l'âge des phoques dont on traite la dépouille qui ne fournit pas d'huile pâle quand ils sont vieux. Les premiers produits sont aussi plus exempts d'odeur que les suivants, et à mesure que la décomposition fait des progrès, l'huile prend une couleur pâle qui devient, à mesure que la saison avance, de plus en plus foncée, avec une odeur de plus en plus forte, jusqu'à ce qu'enfin elle coule à l'état d'huile brune. Dès que cet écoulement se ralentit, on retourne ces matières qui sont en putréfaction, et qui donnent une nouvelle quantité d'huile brune extrêmement odorante. Enfin on fait bouillir les résidus dans de vastes chaudrons en fer avec les déchets et rognures provenant du découpage des phoques, et on obtient ainsi ce qu'on appelle l'huile de phoque bouillie (*boiled seal oil*). Après cette extraction il reste une masse de matières animales qui constituent un excellent engrais recherché par les agriculteurs.

M. S. G. Archibald a cherché à perfectionner ce mode d'extraction de l'huile de phoque et a pensé que si tout le produit des pêches à l'état frais était soumis à la chaleur aussitôt son arrivée, il pourrait donner une huile de qualité uniforme, supérieure à celle recueillie actuellement, et sans odeur désagréable. Il a pour cela imaginé un appareil à vapeur qui paraît avoir résolu le problème et qui, en 12 heures, fournit toute l'huile qu'on ne recueille qu'en 6 mois, qui l'emporte, sous le rapport des propriétés, sur l'huile pâle ordinaire, est sans odeur, et plus abondante même avec la graisse des vieux animaux. Malheureusement nous ne sommes pas certain que ce procédé ait été adopté à Saint-Jean de Terre-Neuve, grande usine pour l'extraction des huiles de phoque.

CHAPITRE VII.

Huiles de poisson.

Huile de poisson. — Les huiles de poisson proprement dites, sont des liquides épais, doués d'une odeur et d'une saveur fortes, qu'on extrait par voie de macération de certaines parties de divers poissons. *L'huile de poisson du commerce* est jaune orangé brunâtre, d'une odeur de poisson très-prononcée ; d'une densité à 20° de 0,927, laissant à la température de zéro déposer au bout de quelques jours une petite quantité de matière grasse concrète qu'on peut en séparer par le filtre. Fraîche, elle n'est pas acide, mais elle le devient en vieillissant. On l'emploie principalement à l'apprêt du cuir.

Huile de foie de morue. — Cette huile, dont on fait aujourd'hui un usage étendu en médecine, présente dans le commerce trois sortes différentes, savoir : 1° L'*huile blanche ou pâle* qu'on prépare par la macération du foie du poisson qui est jaune d'or, d'une odeur particulière, d'une saveur d'abord douce, puis plus ou moins désagréable et excitante, et dont la densité, à 17°5 C., est 0.923 ; 2° *l'huile brune* qui provient d'une macération prolongée des foies ou d'une huile ancienne, d'une couleur rougeâtre et d'une densité, à 17°5, de 0.924; 3° enfin l'*huile noire* qu'on extrait de l'ébullition des foies fermentés après qu'on en a extrait les deux huiles précédentes et qui est brun foncé ou noir avec reflet verdâtre, et une densité de 0,929 à 0,930, une odeur nauséabonde, empyreumatique et une saveur amère et excitante. Indépendamment de leur usage en médecine, ces huiles servent encore dans la chamoiserie, la carrosserie, etc.

Pour les usages thérapeutiques on purifie aujourd'hui l'huile de foie de morue et l'on trouve dans le commerce des huiles de ce genre translucides, dépouillées en partie de leur odeur nauséabonde.

Huile de foie de raie. — On emploie aussi au même usage médical que les précédentes, l'huile de foie de raie qui est transparente , jaune doré et moins répugnante qu'elles.

Enfin, sous le nom général d'*huiles de poisson, d'huile de sardines*, etc., on débite encore dans le commerce des huiles qu'on recueille en traitant certains poissons très-abondants, tels que le hareng, la sardine, etc.. par la vapeur ou en les faisant bouillir dans l'eau, et enlevant l'huile qui monte à la surface. Quant à la chair cuite du poisson, elle sert pour engraisser les volailles, les porcs ou à préparer une espèce d'engrais ou de guano artificiel pour fertiliser les terres.

CHAPITRE VIII.

Huile d'œufs.

De tous les procédés indiqués pour obtenir l'huile d'œuf, celui de M. Henry nous ayant paru le meilleur, ce sera celui que nous allons décrire. On choisit des œufs frais, on en tire les jaunes, qu'on fait dessécher au bain-marie dans une bassine d'argent jusqu'à ce qu'on s'aperçoive que l'huile suinte entre les doigts par la pression : en cet état on les place dans un sac de toile de coutil et on les soumet à la presse entre deux plaques de fer chauffées à l'eau bouillante. On filtre l'huile obtenue sur un filtre placé dans un bain-marie d'alambic : elle est alors citrine, très-douce, d'une odeur analogue à celle du jaune d'œuf, insoluble dans l'eau, soluble dans l'éther en toutes proportions, et presque insoluble dans l'alcool; exposée au contact de l'air, elle se décolore promptement, ce qui fait que les pharmaciens, qui veulent la conserver quelque temps, la distribuent dans de petits flacons hermétiquement fermés qu'on conserve à la cave.

La théorie de cette opération est des plus simples: en effet, le jaune d'œuf se compose d'eau, d'albumine et d'huile douce. Quand on le soumet à l'action de la chaleur, dans la bassine, l'eau se volatilise, l'albumine se coagule, et dès lors il est aisé d'en séparer l'huile par la pression.

M. Lecanu a extrait une matière grasse cristalline de l'huile d'œuf. Cette matière est fusible à 145° centigrades; à une température supérieure, elle se volatilise et elle se décompose en partie; traitée par la potasse, elle n'est pas susceptible d'être saponifiée; par ce traitement, elle ne perd pas de ses propriétés, et M. Lecanu la regarde comme de la cholestérine.

On connait encore d'autres procédés pour extraire

l'huile d'œuf dans lesquels on fait durcir préalablement les jaunes d'œufs ou on les traite par l'éther. Nous citerons entre autres la manière dont MM. Miahle et Walmé appliquent ce dernier dissolvant.

On prend 2 parties de jaunes d'œufs frais, on les délaie dans 5 parties d'eau et on introduit le tout dans un flacon bouché à l'émeri et dans lequel on verse 1 1/2 partie d'éther sulfurique bien rectifié. Par le repos, l'éther chargé d'huile vient nager à la surface, on décante et on distille Le résidu retient un peu d'éther et de matière animale ; on le traite par l'alcool bouillant et on filtre. On distille l'alcool, l'eau et l'éther et on maintient l'huile fondue au bain-marie, enfin on la filtre à chaud.

L'huile d'œufs est un liquide épais à la température ordinaire, de couleur jaune foncé, d'une odeur agréable et d'une saveur de jaune d'œuf. Elle rancit très-aisément et comme beaucoup d'huiles végétales se décolore avec le temps. Entre + 8° et 10° elle commence à prendre une consistance concrète.

QUATRIÈME PARTIE.

Les huiles, telles qu'on les extrait des végétaux, sont plus ou moins pures, ou si l'on veut, plus ou moins chargées d'une substance extracto-mucilagineuse ; chez quelques-unes cette matière est azotée. Il en est qui sont douées, outre cela, d'une odeur et d'une saveur particulières ; d'autres qui sont plus ou moins colorées, etc. On a tenté divers moyens pour les amener à un état voisin du degré de pureté, en les dépouillant de cette espèce de mucilage, ainsi que de leur odeur, de leur saveur et de leur principe colorant. Divers procédés ont été mis en usage, et plusieurs ne sont que des modifications les uns des autres ; les principaux moyens consistent dans l'emploi du charbon, de l'acide sulfurique, de l'eau, de la filtration, et du repos.

CHAPITRE PREMIER.

Épuration par le repos et la filtration.

SECTION Ire.

ÉPURATION PAR LE REPOS.

Tous ceux qui ont fabriqué ou vu fabriquer des huiles savent qu'elles sont troubles lorsqu'elles sont récentes, et qu'après un temps plus ou moins long elles se clarifient plus ou moins bien, en déposant une susbtance extracto-mucilagineuse colorée, qui en trouble la transparence et les dispose à la détérioration. Dans l'huile d'olives, le dépôt est connu sous le nom de *crasses d'huile*, il est noirâtre, et donne des indices d'azote. Nous avons dit qu'il faut un laps de temps, souvent très-long, pour que l'épuration par le repos ait lieu ; aussi cherche-t-on à la favoriser par les moyens suivants :

SECTION II.

ÉPURATION PAR FILTRATION.

—

§ 1. *Filtre en tissu.*

1° On favorise l'épuration des huiles en les filtrant ; la partie mucilagineuse, qui en trouble la transparence, n'étant qu'interposée dans l'huile, il en résulte que l'huile passe seule à travers le tissu du filtre, tandis que le mucilage, se trouvant plus dense, ne le traverse point. Il est des huiles auxquelles cette opération peut suffire, mais il en est d'autres qui, quoique étant très-claires, se troublent au bout de quelque temps, et déposent une nouvelle portion de mucilage ; on doit alors recourir de nouveau au filtre. L'huile d'amandes douces se trouve dans ce cas ; aussi a-t-on le soin de la filtrer quand cela arrive, car ce mucilage la fait rancir promptement.

§ 2. *Filtre au charbon.*

D'après la propriété désinfectante reconnue au charbon, et principalement au charbon animal, il est bien certain que les effets produits par les filtres au charbon, sur les eaux de mauvaise qualité, je dirai même infectes, ont dû nécessairement conduire quelques auteurs à faire cette même application à l'épuration des huiles. Le filtre de Denis de Montfort consiste en un de ces tonneaux connus sous le nom de *botte*, plus évasé dans le haut que dans le bas, et défoncé dans sa partie supérieure et la plus large. On établit dans le milieu, et dans toute la longueur, une espèce de cloison qui doit se joindre bien exactement aux parois, de manière à ce que l'huile ne puisse pas filtrer entre elle et ces parois, elle doit être assujettie au moyen des clous qui traversent les douves, et l'empêchent de varier d'assiette. Cette cloison est légèrement crénelée dans le bas, ou percée au même lieu d'une rangée horizontale de petits trous, assez grands cependant pour y passer un pois. Le tonneau et la cloison sont légèrement brûlés ou charbonnés en dedans ; l'appareil ainsi monté est susceptible de recevoir son filtre, qu'on place sur un des côtés ; ce filtre se compose de charbon animal ou végétal, et de sable. Si on emploie du charbon végétal, on doit le choisir propre, bien cuit, et de la grosseur du petit doigt ; il est plus convenable de le laver. Quant au charbon animal, l'expérience a démontré qu'il agissait plus efficacement ; le sable doit être siliceux et non calcaire ; on doit en avoir de gros et de fin ; on distingue le sable siliceux du sable calcaire, en ce que celui-ci fait une vive effervescence avec les acides, et s'y dissout presque en entier, tandis que le siliceux ne s'y dissout point, et ne produit qu'une légère effervescence qui souvent est nulle.

Voici maintenant la manière de construire ce filtre : on met dans un des côtés du tonneau, une couche de deux doigts d'épaisseur d'un sable assez gros pour qu'il ne puisse plus passer à travers les crénelures ou les trous pratiqués au bas de la cloison ; on y placera par dessus un lit de charbon de 65 centimètres d'épaisseur au moins, que l'on recouvrira d'une couche de sable fin, épaisse de deux doigts, sur laquelle on en met une de sable plus grossier. Lorsque l'appareil est ainsi disposé, on verse l'huile que l'on veut épurer, sur cette couche de sable grossier ; elle filtre graduellement à travers ces divers lits de sable et de charbon, et arrive, par les crénelures, toute épurée dans l'autre côté du tonneau, d'où on la retire par des robinets placés à diverses hauteurs.

Lorsque la substance mucilagino-extractive a tellement encrassé le filtre, que l'huile ne passe plus, il y a deux manière de le nettoyer : la première consiste à le démonter et à le bien laver ; la deuxième à jeter un chaudron d'eau bouillante, dont l'effet est tel, qu'une partie des fèces ou de la crasse monte à la surface, et l'autre descend au fond. On enlève celles de la surface, et l'on évacue les autres en ouvrant un robinet qui se trouve placé à la partie inférieure du côté où est placé le filtre : cette eau écoulée, on peut verser de nouvelle eau bouillante, jusqu'à ce qu'elle passe claire. Ces crasses sont mises à part et vendues pour la fabrication des qualités inférieures de savon.

Dans toute la Flandre et le Brabant, on emploie comme comestible, les huiles de colza et de lin; leur épuration, qui est des plus simples, se rattache à ce que nous venons de dire; on prend ces huiles récentes et bien préparées, on les met dans un chaudron de fer qu'on place sur un feu doux; on les fait *bouilloter* pendant environ deux heures, et l'on jette ensuite dans le chaudron des croûtes de pain que l'on a réduites en charbon, on conserve cette huile à la cave dans le vase d'où on l'extrait pour les besoins journaliers. Il est aisé de reconnaître le rôle que joue ici le charbon de pain, qui est de nature végéto-animale.

§ 3. *Filtres à la tourbe et au schiste carbonisés.*

M. Cossus pense qu'on peut épurer les huiles sans acide et sans eau en les introduisant dans un appareil particulier avec des agents épurateurs, qui consistent en tourbe et schiste carbonisés et réduits en poussière, à raison de 6 kilogrammes pour 100 d'huile, le schiste y entrant pour les 3/4 et la tourbe pour 1/4; brassant pendant environ 24 heures le mélange qui est chauffe de 40° à 70° C., versant le tout sur un crible garni de toile et de flanelle pour séparer les fèces de l'huile, qui coule claire.

§ 4. *Filtre à l'argile.*

M. Wright décolore et épure les huiles et les corps gras, en se servant de terres argileuses qu'on sèche, pulvérise, tamise et chauffe à 200°. D'un autre côté, on chauffe l'huile au bain-marie et on y projette la terre préparée, on agite jusqu'à ce qu'on ait atteint le degré de décoloration et d'épuration désiré, on laisse reposer et on filtre.

Pour épurer, par exemple, l'huile de colza, on prend
100 kilogrammes de cette huile qu'on porte à 100° ou
120° C.; on y projette 7 kilogrammes de terre alumineuse,
dite terre à foulon préparée, on agite pendant 2 heures,
on laisse reposer et on filtre.

§ 5. *Filtre au coton.*

Les filtres les plus employés dans les ateliers d'épuration, consistent en des cuviers munis d'un fond criblé de
trous coniques, dans lesquels on passe, avec précaution,
du coton. L'huile passe limpide pendant les deux premiers jours; mais ensuite le filtre se salit, et l'huile
cesse de couler. Parfois on recouvre le fond de ces filtres
de tourteaux d'œillette en poudre, ou de lits successifs
de paille et de charbon, ou de tourteaux; certains sub-
stituent la sciure de bois.

§ 6. *Filtre de mousses.*

MM. Grouvelle et Jaunez ont substitué au coton une
couche de 7 à 8 centimètres d'épaisseur de mousse sèche,
légèrement tassée, sur laquelle ils mettent une autre couche de 2 centimètres de tourteaux en poudre.

§ 7. *Sable fin, charbon et plâtre.*

Le *Journal de chimie médicale* de 1846, dit qu'on prépare un bon filtre pour les huiles avec du sable fin, du
charbon de bois et du gypse. Le sable retient les substances suspendues, le charbon décolore et le plâtre absorbe l'eau.

CHAPITRE II.

Épuration des huiles par l'eau.

Il est bien reconnu que l'eau n'exerce aucune action
sensible sur les huiles douces; il n'en est pas de même
sur leur mucilage, leurs principes extractif et colorant
dont elle en sépare une certaine proportion; en effet,
quand on agite une huile fixe avec l'eau, ce mélange blanchit

d'abord, à cause de l'interposition de l'eau entre les molécules de l'huile ; par le repos, celle-ci surnage l'eau qui est devenu plus ou moins louche ; cette huile est alors claire et par conséquent plus pure et plus combustible.

Ce procédé est aussi simple qu'avantageux : il est très-facile à mettre en pratique, surtout pour les huiles d'olives que l'on fabrique dans les contrées qui bordent la Méditerranée.

Depuis longtemps, j'ai mis en usage l'épuration de l'huile d'amandes douces en l'agitant avec l'eau ; par ce moyen, je l'ai dépouillée d'une grande partie de son mucilage, et j'ai reconnu qu'elle se conserve alors plus longtemps sans rancir.

Dans les fabriques où l'on épure les huiles au moyen de l'acide sulfurique ; nous conseillons de laver ensuite ces mêmes huiles, avec le cinquième de leur poids d'eau ; on les obtiendra, par ce moyen, dans un état voisin de leur extrême pureté.

CHAPITRE III.

Épuration par les acides.

—

ARTICLE I. ACIDE SULFURIQUE.

§ 1. *Acide sulfurique seul.*

M. Gower, chimiste anglais, est un des premiers qui se soient occupés de l'épuration des huiles par l'acide sulfurique ; son procédé, qu'il publia en 1790, consiste à prendre parties égales d'huile et d'eau acidulée par cet acide, sans en indiquer la quantité.

On met ces deux liquides dans un vase de bois commodément disposé ; et, lorsqu'à force de les agiter on est parvenu à les amalgamer, on fait passer ce mélange dans une chaudière afin d'opérer la séparation de l'huile d'avec l'eau chargée de la substance mucilagineuse ; on aide cette séparation par l'action d'une douce chaleur.

Si l'huile, par cette opération, n'est pas suffisamment épurée, on la traite encore par de nouvelle eau acidulée.

§ 2. *Acide et vapeur d'eau.*

Thénard paraît néanmoins être le premier chimiste qui ait régularisé l'emploi de l'acide sulfurique pour la purification des huiles. Voici comment on opère actuellement par son procédé. Pour cela, on agite fortement pendant 30 minutes l'huile de colza, je suppose, à laquelle on a ajouté de 1 1/2 à 3 centièmes d'acide sulfurique. Cette opération a lieu dans des tonneaux, mais on la conduit plus avantageusement dans une sorte de bac allongé, où l'huile est constamment brassée par un agitateur dont les bras sont disposés en hélice sur un arbre horizontal. L'huile devient verte d'abord, ensuite elle tourne au brun par la carbonisation des parties albumineuses et du parenchyme, qui se précipitent au fond en une masse noire nettement séparée au bout de vingt-quatre heures. L'huile est alors limpide. On y ajoute par hectolitre 25 à 30 litres d'eau tiède (35° à 40° C.) et on bat pendant 10 minutes, ou, ce qui vaut mieux, on y fait passer un courant de vapeur d'eau. On laisse alors écouler l'eau dans de grands bassins, où on l'abandonne pendant 3 ou 4 jours, au bout desquels la séparation de l'huile et de l'eau acide est complète. L'huile surnage et présente deux couches, l'une supérieure d'huile épurée limpide, l'autre inférieure troublée par un dépôt noir. On enlève soigneusement la première, et le second, soumis à un turbinage au travers de coton serré entre deux toiles métalliques, donne encore beaucoup de belle huile claire. L'eau acide peut servir à la fabrication des couperoses, du sulfate d'ammoniaque, etc. Le déchet s'élève à 1 1/2 ou 2 1/2 pour cent.

§ 3. *Acide sulfurique et tourteaux.*

M. Dubrunfaut a modifié cette opération. Dans son procédé, aussitôt que l'huile est devenue verte, il y ajoute une bouillie de chaux pour saturer l'acide sulfurique. Il laisse le sulfate de chaux formé se déposer, puis coule l'huile dans de grands fûts, où elle est battue avec du tourteau sec réduit en poudre, au taux de 8 kilog. de poudre par hectolitre. Ce battage dure pendant 20 minutes. Au bout de 8 jours environ, les deux tiers de l'huile sont parfaitement éclaircis, on les décante et on les remplace par de l'huile trouble, et on continue ainsi jusqu'à ce que les 8 kilog. de tourteau aient produit la clarification d'une trentaine d'hectolitres d'huile.

MM. Grouvelle et Jaunez ont imaginé des appareils pour battre l'acide sulfurique avec l'huile et les tourteaux, et décrit la manière de procéder avec ces appareils. Nous reproduisons ici la description de leurs appareils et procédés.

L'huile de colza est presque exclusivement employée à l'épuration ; celle de navette d'hiver ne donne pas de produits assez beaux ; celle d'été ne fournit à l'épuration qu'une quantité bien inférieure ; les autres huiles ne sont employées qu'accidentellement à cet usage ; on ne mêle celles de chenevis à celle de colza, pour l'éclairage, que parce qu'elles ont la propriété d'empêcher l'huile de colza de se figer par le froid.

Le procédé dont on se sert pour extraire les huiles de colza, exerce la plus grande influence sur la qualité des produits de l'épuration ; ainsi :

1º Moins elles ont été chauffées, moins rapidement elles brûlent et moins vite se charbonne la mèche.

2º Moins elles ont été chauffées, plus la lumière qu'elles répandent est vive et pure.

3º On ne doit donc employer à l'épuration que les huiles de froissage (*huile de fleurs de première pressée*).

4º Celles de rebut, qui sont chauffées plus fortement, ont toujours une teinte rougeâtre.

5º Dans les localités (en Lorraine) où l'huile de colza ou de navette est mangée au lieu de celle d'olives, on grille la graine avant de la broyer, on lui enlève une partie de sa saveur âpre : il est alors impossible d'en faire de bonne huile à quinquet.

6º Quand, au contraire, les graines broyées sont travaillées dans des mouvets à vapeurs, sans être exposées à l'action du feu, elles donnent à l'épuration de très-beaux produits ; les huiles, même de rebut, peuvent alors donner de très-bonnes secondes qualités.

Pour qu'une huile épurée soit de bonne qualité, elle ne doit, en brûlant, ni noircir, ni charbonner la mèche, ni la couvrir de petits champignons ; le fait contraire annoncerait la présence de l'acide sulfurique et un mauvais lavage, ou, si l'on veut, un lavage incomplet.

L'huile bien épurée ne doit donc être ni trouble ni colorée ; elle ne doit point non plus avoir perdu toute sa viscosité, ni couler comme de l'eau, parce qu'alors elle se consomme trop vite ; ce défaut résulterait d'un excès d'acide sulfurique.

Passons maintenant à la manipulation employée.

Les procédés généralement suivis consistent à battre fortement les huiles avec 2/100 de leur poids d'acide sulfurique à 66⁰, à les agiter ensuite avec de l'eau, à la décanter et à la filtrer sur le coton placé au fond de petits cuviers, soit en longues mèches, soit dans des trous coniques où il est tassé. Examinons ces trois opérations successivement.

Battage de l'acide. — Quand les huiles à épurer sont belles, il ne faut y ajouter que 1 1/2 pour cent d'acide à 66⁰ ; une plus forte dose les rend trop fluides, et leur enlève une grande partie de leur force et de leur propriété éclairante.

On peut les épurer très-bien avec 1/2 pour cent d'acide, si l'on a soin de les chauffer d'avance à 60⁰ à 70⁰ C. ; si elles étaient chauffées au-delà de ce point, l'acide sulfurique les rongerait. Ce procédé est excellent quand on a à sa disposition de la vapeur que l'on fait circuler dans des tuyaux au fond du bac où l'on bat les huiles ; l'huile ainsi chauffée se travaille parfaitement ; la précipitation du mucilage brûle par l'acide, et la séparation de l'eau avec laquelle on la bat ensuite, s'en opère complétement et beaucoup plus vite.

Les quantités d'huiles qu'on bat à la fois, dans presque tous les ateliers, est d'environ 4 ou 5 hectolitres, au moyen d'un *bouloir*, et dont le diamètre est d'environ 0ᵐ.16. Au fur et à mesure qu'un ouvrier verse l'acide sulfurique, par petites portions, dans l'huile, un autre la bat fortement avec le bouloir, en ayant soin de faire toujours remonter au-dessus l'acide et le dépôt, qui étant bien plus pesants que l'huile, tendent constamment à se déposer. Ce battage doit durer au moins trois quarts d'heure, et jusqu'à ce que le précipité formé par le mucilage et la matière colorante charbonnée soit détaché de l'huile, et que celle-ci soit transparente, ce dont on peut se convaincre en en prenant une goutte avec le bout du doigt, et regardant la lumière au travers.

Pour que cette opération soit bien faite, il faut deux ouvriers exercés, qui se remplacent souvent; MM. Grouvelle et Jaunez y suppléent par leur appareil, qui a ce double mérite d'abréger le temps et de mieux combiner l'acide avec l'huile.

Appareil. — Bac à fond cylindrique A, fig. 72 et 73, doublé en plomb, et pouvant contenir de 7 à 8 hectolitres d'huile, jusqu'aux deux tiers ou aux trois quarts au plus de sa hauteur verticale.

Au fond de ce bac est ajusté sur des petits coussinets en cuivre B, tenus par des vis, et de plus soudés en plomb au bac, un agitateur horizontal C, formé d'un arbre D, avec des tourillons et des pattes en cuivre (car le fer serait attaqué par l'acide sulfurique), armé de quatre palettes en bois E, E; formées de planches espacées F, F, pour briser les courants de l'huile. La hauteur totale de cet agitateur ne doit jamais excéder celle de la moitié du bac, afin que, dans tous les cas, il soit constamment recouvert du liquide, car s'il le dépassait en partie, son mouvement enlèverait une masse d'huile qu'il projetterait en dehors, comme certaines roues hydrauliques. Noyé au contraire dans l'huile, quand on lui donne une vitesse de quinze à vingt tours par minute, il y produit des bouillonnements très-rapides qui ramènent sans cesse l'huile de bas en haut, la mêlent et l'agitent en tous sens, et le battage est si parfait qu'en vingt-cinq minutes un enfant peut l'opérer complétement.

L'agitateur C est mis en mouvement par une poulie à

crans G, calée sur son arbre D, et commande, au moyen d'une chaîne à la Vaucanson I, une poulie semblable *k*, placée au haut du bac, sur l'arbre d'une petite manivelle L. On peut, si l'on veut, commander cet agitateur par un moteur quelconque, une machine à vapeur, une roue hydraulique. Il faudrait avoir soin de placer une poulie folle auprès de la poulie fixe de commande, afin de pouvoir arrêter à volonté l'agitateur.

Première opération. — On verse, comme nous avons déjà dit, lentement et par petites portions, l'acide sulfurique dans l'huile contenue dans le bac ; en faisant battre l'agitateur, on bat ainsi l'huile pendant vingt-cinq minutes, on la laisse reposer ensuite pendant un quart d'heure ; après ce temps, on l'agite quelques minutes de plus ; dès le commencement du battage, l'huile devient verte, et au fur et à mesure que l'opération avance, le mucilage se charbonne et se précipite de l'huile qui a pris une couleur noire. Enfin, ces flocons noirs se précipitent, et l'huile devient très-limpide.

Deuxième opération. — *Battage à l'eau.* — Quand l'huile a été traitée ainsi par de l'acide sulfurique, on y verse l'eau chauffée de 35 à 40 degrés centigrades ; les proportions de l'eau doivent être de 12 à 15 litres par hectolitre d'huile, c'est-à-dire de 12 à 15 pour 100 ; en augmentant la quantité d'eau, on augmente également le déchet de l'huile, l'élévation de température de l'eau facilite beaucoup la séparation de l'acide, puis celle de l'eau ondulée et de l'huile épurée.

MM. Grouvelle et Jaunez conseillent de faire passer pendant quelques minutes, dans l'huile mêlée à l'eau, un courant de vapeur qui échauffe toute la masse de l'huile, et en opère un lavage complet : quand l'eau est mêlée à l'huile et pendant que la vapeur s'y précipite, si l'on emploie ce dernier moyen, on fait travailler l'agitateur 7 à 8 minutes ; un trop long battage paraît augmenter le déchet que donnent les huiles ; alors, au moyen de tuyaux en bois ou en cuivre, on laisse écouler le mélange qui est d'un blanc jaunâtre (tout en l'agitant lentement) dans des tonneaux en bois, cerclés en fer, ou mieux dans des réservoirs de cuivre, qui donnent beaucoup moins de perte, et on laisse déposer pendant deux ou trois jours ; cette séparation est alors terminée, surtout si l'atelier est chauffé à 20° ou à 25° C.

Une remarque importante, c'est que l'atelier pour l'épuration des huiles, afin que cette opération soit bien et promptement faite, doit être toujours chauffé ; sans cela les huiles restent souvent quatre ou cinq jours de plus à déposer, et se séparent moins complétement ; de sorte que la perte en huile et en intérêts de capital surpasse la dépense en combustible.

Pour rendre le travail plus facile, les tonneaux qui doivent recevoir l'huile battue à l'eau, doivent être placés au-dessous du bac à battre ; ils doivent avoir deux gros robinets placés l'un au bas de l'autre, quelques centimètres au-dessus, au point qui correspond à l'huile épurée et prête à être filtrée ; quand toute l'eau est écoulée par celui d'en bas, c'est par le robinet élevé que l'on soutire l'huile ; il reste alors entre ces deux robinets une couche d'eau acidulée, du dépôt charbonneux et un peu d'huile. Cette couche peut, sans nul inconvénient. rester dans le tonneau d'une épuration sur l'autre, au moins pendant quelque temps ; quand elle est trop épaisse, on nettoie les réservoirs à fond. La matière qui en est retirée est versée dans un réservoir particulier, muni de plusieurs robinets placés sur sa hauteur, de 10 en 10 centimètres ; il s'en sépare encore lentement de l'huile que l'on soutire. L'eau acidulée est employée à la fabrication du sulfate de fer ; on pourrait en faire usage pour le décapage du fer-blanc.

Troisième opération. — *Filtration.* — La filtration des huiles épurées n'est pas sans difficulté ; il ne s'agit pas de séparer ici une substance solide insoluble d'un liquide dans lequel il est suspendu, mais bien une huile épaisse qui obstrue promptement les filtres, parce qu'il faut les serrer fortement pour qu'elle ne les puisse pas traverser.

Les filtres les plus employés sont des cuviers dont le fond est percé de trous coniques dans lesquels on passe avec précaution du coton. Pendant les deux premiers jours, l'huile limpide coule assez rapidement ; mais le coton se salit, et l'huile cesse presque totalement de passer ; quelquefois on recouvre le fond de ces filtres d'une couche de tourteaux d'œillettes en poudre ; quand le tourteau se salit, on emploie des lits alternatifs de paille et de charbon, ou de paille et de tourteau.

On substitue avec succès au coton une couche de mousse sèche, de 8 centimètres d'épaisseur, légèrement tassée et recouverte d'une couche de 15 à 20 millimètres de tourteaux. Ce sont ces filtres qui ont donné les meilleurs résultats et les produits les plus soutenus ; ils sont en ferblanc, lequel est bien préférable au bois.

Observations. — Tous ces filtres ont le défaut de s'engorger trop vite, ce qui force l'épurateur à les changer souvent, à les multiplier, à des nettoyages qui entraînent des déchets et une perte de temps. On a tenté d'y appliquer la pression, en faisant communiquer les filtres de fonte, fermés de boulons, d'abord avec un réservoir placé à 5 ou 6 mètres au-dessus, ensuite avec des pompes foulantes, armées de soupapes de sûreté qui renvoyaient l'excès d'huile dans le réservoir et régularisaient la pression. Le premier moyen est assez bon, mais les filtres deviennent alors difficiles à nettoyer, parce qu'il en faut enlever les boulons, les plateaux et l'huile dont ils sont remplis.

Le procédé par ce mélange avec les tourteaux est bien préférable à tous les moyens précités. On bat le tourteau en poudre avec l'huile, au moyen de l'agitateur, pendant 20 ou 25 minutes, et l'on coule dans un réservoir, ou si l'on veut, on le laisse dans le même, afin de n'avoir pas à transvaser deux fois le tourteau.

Le tourteau sert plusieurs mois à l'épuration des huiles ; quand il est trop gras et trop épais, on le change. En cet état, plusieurs épurateurs le font repasser, par petites portions, sous la meule à broyer, avec la graine et des tourteaux de froissage ; d'autres les vendent pour graisser les voitures, pour en fabriquer du gaz pour l'éclairage, etc.

Le déchet qui produit l'épuration dans les huiles est

de 1 1/2 à 2 pour 100, suivant leur qualité, leur mode d'épuration, etc.

L'atelier doit être cimenté et avoir une pente et des rigoles pour conduire les huiles dans une citerne en plomb. Il doit avoir une chaudière à vapeur pour chauffer l'huile, l'eau de lavage des huiles, pour faire passer dans le bac où on les bat, pour envoyer de la vapeur dans les divers appareils, pour les nettoyer, enfin pour entretenir une chaleur régulière dans l'atelier.

On place le bac à battre les huiles à un étage au-dessus, et l'on y monte les barriques d'huile, ou bien on l'y fait passer au moyen d'une pompe. Les réservoirs à déposer l'huile battue à l'acide et à l'eau, et ceux à clarifier les huiles au tourteau, doivent être en bois, ou mieux en cuivre, car le bois laisse toujours filtrer un peu d'huile. L'huile épurée et bien claire ne doit également être conservée que dans le bois ou le cuivre, car la très-petite quantité d'acide sulfurique qu'elle retient toujours attaque le plomb ou la chaux des réservoirs cimentés, ce qui leur donne un aspect louche qui exige une nouvelle filtration.

§ 4. *Acide sulfurique et charbon.*

Dans le département du Nord, où l'on fabrique une grande quantité d'huiles de colza, de navette, de pavot, etc., les fabricants ont adopté le double mode d'épuration par l'acide sulfurique et par le charbon.

Dans les fabriques où l'on se propose d'épurer les huiles, on doit choisir un local particulier, ou mieux une cave, afin de les tenir à l'abri de la gelée. La température de ce local doit être entretenue de 16 à 18° du thermomètre de R., l'air doit s'y renouveler facilement, il doit être pavé en pente avec une rigole au milieu qui communique avec un ou plusieurs vases placés dans la terre, et destinés à recevoir l'huile.

Les principaux agents propres à cette dépuration sont :

L'eau. Il faut la choisir aussi pure que possible.

L'acide sulfurique. Il doit être également pur, incolore et marquer de 65 à 66°.

Le *charbon*. On doit choisir celui qui provient du charme, du jeune chêne ou du hêtre ; les morceaux doivent être de la grosseur du petit doigt, compactes, durs, sonnants et secs.

A 100 kilog. d'huile de colza ou de navette, on ajoute 1 kil.75 d'acide sulfurique à 66°, on mêle le tout ensemble, on agite le mélange avec un instrument de bois. Incontinent l'huile change de couleur, elle se trouble et devient noirâtre : au bout de 40 à 45 minutes d'agitation continuelle, elle se remplit de flocons ; on doit alors cesser de l'agiter, et y ajouter quatre litres d'eau bouillante. On continue d'agiter ce nouveau mélange pendant 20 minutes, pour mettre les molécules d'huile, d'acide sulfurique et d'eau, en contact les unes avec les autres ; on laisse reposer le mélange pendant sept à huit jours ; mais dans les douze ou dix-huit premières heures, on agite de nouveau le mélange pendant quelques minutes, d'heure en heure (on recommande surtout cette nouvelle agitation, attendu que l'huile acquiert plus de blancheur).

Au bout de sept ou huit jours de repos, l'huile surnage l'eau, et celle-ci surnage elle-même une matière tirant sur le noir, précipitée de l'huile par l'acide sulfurique (c'est cette matière qui donne de la couleur à l'huile et qui l'empêche de brûler avec facilité). Il s'en faut de beaucoup qu'après ces sept ou huit jours de repos, l'huile soit limpide et soit dégagée de toutes les parties charbonneuses qui occasionnent la fumée. Les opérations suivantes indiquent la manière de la porter à son dernier degré d'épuration.

Après que l'huile a reposé le temps prescrit ci-dessus, on la décante ; mais auparavant on a soin d'ôter le bouchon, qui est au fond de la pièce (ce bouchon est ordinairement en liège), afin de faire écouler à peu près la quantité d'acide sulfurique, de matière noire et d'eau qui se trouvent dans le fond de la pièce. On reçoit ces matières dans un récipient de bois, et elles sont mises dans un tonneau destiné à cet effet. Quand on s'aperçoit que ces corps étrangers sont presque tous écoulés, et que l'huile paraît, on remet le bouchon et on la soutire, soit par un robinet de cuivre ou par une chante-pleure (mais le robinet est préférable), et au fur et à mesure qu'on la soutire, on la fait passer à travers un filtre au charbon, dont on va faire connaître la construction et l'usage.

On étend le charbon sur un pavé uni et propre, on le réduit en morceaux de la grosseur d'un gros pois ; pour le rendre ainsi, on se sert d'un brisoir : c'est un instrument fait en bois de chêne ; le manche, long d'environ 1^m.50, est fiché dans un morceau de bois, coupé en carré long, sur 0^m.20 de longueur, 0^m.10 de largeur et 0^m.10 d'épaisseur ; le plat de cette planche doit être garni, sur toute sa surface, de clous dans le genre d'une brosse, mais avec de petits intervalles, afin que le charbon ne se réduise pas totalement en poussière. Quand le charbon se trouve à peu près à la grosseur susdite, on le passe au tamis, en ayant soin de faire cinq ou six tas, l'un de la poussière, et les autres des morceaux, toujours de plus en plus gros, pour former quatre ou cinq couches.

On prend un tonneau de la grandeur que l'on veut, mais cependant il vaut mieux qu'il soit étroit et le plus haut possible ; chaque tonneau doit être défoncé par un bout, et avoir un trou au fond pour y mettre un bouchon de 0^m.03 de diamètre, et éloigné de 0^m.08 des jables du tonneau ; plus un robinet placé le plus bas possible.

Dans l'intérieur de chaque tonneau, on met un double fond en tôle (1) d'une épaisseur moyenne, percée de beaucoup de trous sur sa surface, dans le genre d'une écumoire.

Ce double fond doit être recouvert d'une flanelle croisée très-forte, bien tendue et cousue autour du bord, qu'elle doit dépasser de quelques centimètres ; on la replie en dessous. Pour soutenir ce double fond, qui doit être placé à 0^m.18 environ au-dessus de celui du tonneau, on le pose sur une grosse tresse de paille, bien serrée et faisant le tour du fond, ayant soin de ne pas boucher le

(1) On mettra autour un cercle de fer plat, large de 17 millimètres environ, afin que la tôle soit plus solide et plus droite, et que la flanelle ne se coupe pas ; ce cercle devra être percé de plusieurs trous pour y coudre la flanelle.

trou par où l'huile doit s'écouler du filtre, ni le trou du robinet; on fera observer que ce double fond doit bien joindre avec les parois du tonneau.

Au-dessus de ce double fond, on met une couche d'épis de blé battus et dépouillés de leurs grains; cette couche doit être à la hauteur d'environ 10 centimètres, les épis doivent être serrés les uns contre les autres afin de ne pas laisser passer le charbon. On met sur cette couche d'épis, une couche de charbon pilé fin, à la hauteur de $0^m.025$; on ajoute, sur cette première couche de charbon, une seconde couche, mais pilé plus gros que celui de la précédente; on continue à en mettre ainsi, une troisième, une quatrième et une cinquième couche, jusqu'à environ $0^m.20$ à $0^m.22$ de hauteur à partir de la couche des épis de blé; mais chaque nouvelle couche doit être d'un charbon plus gros que celle qui est immédiatement en dessous.

Après que toutes les couches sont terminées. on assujettit au-dessus un autre double fond, mais en bois, percé sur toute sa surface d'un grand nombre de trous, de la grosseur du bout du petit doigt, afin de verser par-dessus l'huile sans déranger les couches du charbon.

Lorsque les filtres sont préparés, on soutire l'huile de la pièce où elle a subi la première opération, et on la verse dans le filtre, en laissant le trou en dessous ouvert, pour laisser passer et tomber l'huile dans la tonne ou tonneau qui doit la contenir. On conçoit que lorsque le filtre vient d'être construit nouvellement, quelques heures avant que l'huile ait pénétré le charbon, le déchet est aussi plus considérable, attendu que le charbon retient l'huile; il faut donc la continuité du travail pour rendre ce déchet peu sensible.

Celui qui charge le filtre doit faire attention à la quantité d'huile qui passe au bout de quelques heures, afin de le charger en conséquence pour la nuit.

Il arrive quelquefois que les filtres (malgré tous les soins pris pour les façonner) ne rendent pas l'huile bien limpide; pour y remédier, on adapte, sous le robinet, un feutre par où l'huile passe : on peut être sûr alors de sa limpidité.

Ce feutre a la figure d'un cône renversé, sur 0^m.50 de hauteur et 0^m.34 de diamètre à son ouverture; on assujettit le feutre à un cercle, afin de le tenir ouvert et de lui donner plus de force.

On aura soin de ramasser le résidu de l'épuration, ainsi que toutes les lies d'huile, dans un tonneau destiné à cet usage. Ce tonneau doit être muni d'un robinet dans le bas. On verse à plusieurs reprises, sur ce résidu, de l'eau bouillante, on agite le tout, et, après quelque temps de repos, on laisse écouler l'eau par le robinet; on continue cette opération jusqu'à ce que le résidu ne soit plus sale ou imprégné d'acide sulfurique (1); alors il peut servir à faire du savon vert. On donne deux hectolitres de ce résidu épuré pour un hectolitre d'huile. Au-dessus de ce dépôt, il peut s'y trouver de l'huile pure surnageant ce dépôt; on a soin de la retirer avec une cuiller plate, pour la faire passer de nouveau à l'épuration.

L'huile préparée par le procédé précédent est de l'huile d'éclairage de première qualité. Pour obtenir une huile dite à réverbère ou de seconde qualité, on opère comme il suit:

A 100 kilog. d'huile de colza ou de navette, on ajoute 0 kil.750 d'acide sulfurique; on agite ce mélange pendant 40 ou 45 minutes; on ajoute ensuite 8 à 10 litres d'eau froide, on agite encore ce nouveau mélange pendant 20 ou 25 minutes, ensuite on continue les autres opérations comme pour l'huile de première qualité.

Pour épurer l'huile d'œillette ou pavot, pour manger en salade, et autres usages économiques, on procède comme il suit:

A cinq hectolitres d'huile d'œillette, on ajoute trois quarts de litre d'acide sulfurique; on agite le mélange pendant 30 minutes; on ajoute ensuite neuf litres d'eau bouillante, dans laquelle on aura fait bouillir 30 grammes

---

(1) Quelques épurateurs mettent ce résidu dans une chaudière avec une quantité d'eau suffisante, et le font bouillir quelque temps; alors la matière qui surnage cette eau, est le résidu épuré qui sert à faire le savon vert.

de cannelle concassée. Lorsque l'eau est versée dans l'huile, on y met trois oignons blancs pelés (1) dans lesquels on aura enfoncé des clous de girofle ; il faut remuer ce nouveau mélange pendant douze ou quinze minutes, et après sept ou huit jours de repos, passer l'huile par un filtre comme pour les précédentes.

Tous les instruments qui auront servi pour épurer, filtrer, etc., les huiles de colza, ne pourront être employés pour l'huile d'œillette. On aura soin aussi de nettoyer de temps à autre avec de l'eau bouillante les instruments qui auront servi à épurer l'huile d'œillette.

Pour mettre l'huile d'œillette épurée en futailles, on aura soin auparavant de les nettoyer avec de l'eau bouillante, et passer dans chaque futaille un demi-verre d'eau-de-vie de grain et de les laisser égoutter pendant un jour ou deux ; les futailles ainsi préparées sont prêtes à recevoir l'huile.

§ 5. *Acide sulfurique, alcali et vapeur d'eau.*

MM. Girardin et Pressier ont remarqué que les huiles filtrées et traitées, soit par les chlorures, soit par la chaux ou la craie, soit par le charbon animal, abandonnées ensuite à elles-mêmes pendant 30 ou 40 jours, laissent peu à peu déposer une matière blanchâtre organique, soluble dans l'eau et dans l'éther, analogue à la margarine ; pendant que cette matière se dépose, l'huile se décolore de plus en plus. On obtient de l'huile de poisson comparable, par l'aspect, aux bonnes huiles d'olives, en exposant au soleil, d'abord, de l'huile soumise à l'action du chlorure de chaux, et filtrée plusieurs fois sur le charbon animal. L'odeur s'affaiblit de plus en plus, sans cependant disparaître entièrement.

Une simple exposition au soleil, pendant plusieurs mois, suffit même pour déterminer dans l'huile un dépôt abondant, pour la clarifier et la désinfecter sensiblement.

(1) Si les oignons surnageaient l'huile, on y planterait quelques clous pour les faire descendre au fond de la pièce.

Si l'on met en contact de l'huile de baleine avec de la lessive caustique, employée en très-petites proportions et à froid, on ne tarde pas à en opérer la décoloration. La masse se partage en deux couches distinctes: l'une supérieure, presque incolore, est de l'huile très-fluide et très-limpide, mais toujours très-odorante; l'autre inférieure, peu abondante, est un mélange de la solution alcaline, fortement colorée en brun, et de toute la partie solide de l'huile de baleine, analogue à la margarine. L'huile décantée n'a besoin de subir aucun autre traitement de purification; elle est propre, en cet état, à tous les usages de l'industrie, sauf son odeur, qui est toujours très-prononcée.

Il résulte des expériences faites par MM. Girardin et Pressier sur les huiles de poisson, que, jusqu'ici, on ne connaît aucun moyen efficace d'ôter à des huiles leur odeur si forte et si désagréable. Le mieux à faire est de les soumettre, soit à l'action des alcalis, soit à l'action successive de la craie, de la vapeur d'eau et de l'acide sulfurique, de laisser reposer et de filtrer à plusieurs reprises sur du charbon animal. Par là, on obtient une huile claire moins colorée et d'une odeur moins repoussante, mais on ne peut l'avoir inodore.

Les huiles qu'on vend comme huiles de poisson désinfectées sont des mélanges d'huile animale et d'huile de graine, dans lesquelles ces dernières entrent pour la moitié ou les trois quarts; voici le mieux à faire pour utiliser l'huile de baleine à l'éclairage; mais il faudrait diminuer le prix de l'huile à brûler, car c'est une fraude, puisqu'il y a une grande différence dans les prix respectifs des huiles de graines et des huiles de poisson. Un bon moyen de reconnaître la falsification des huiles de colza et de navette par l'huile de baleine, c'est l'emploi du chlore gazeux. En effet, pour peu qu'une huile végétale renferme de l'huile animale, elle se colore en brun par un courant de chlore gazeux, tandis que le gaz est sans action sur elle, quand elle est pure.

La question de l'épuration et de la désinfection des huiles de poisson est d'autant plus importante, que depuis longtemps l'importation de ces huiles a toujours été en augmentant.

§ 7. *Acide sulfurique, alcalis et charbon.*

Pour dépurer l'huile de poisson, M. Collier la fait chauffer dans une chaudière jusqu'à la température de 40 à 50° C.; il y ajoute ensuite, par chaque 25 kilog. d'huile, 1 kilog. d'une lessive alcaline qui pèse un quart de plus que l'eau distillée; on remue bien ce mélange dans la chaudière et on le laisse reposer. On fait ensuite passer cette huile, à l'aide d'un siphon, dans un vaisseau où l'on a mis suffisante quantité de charbon nouveau pilé, avec de l'acide sulfurique étendu d'eau en proportion suffisante, pour dissoudre la substance mucilagineuse. L'effet de l'acide est prompt et sensible; presque à l'instant même, l'huile devient limpide à la surface. On remue de nouveau ce mélange, et on le laisse en repos, afin de favoriser la séparation de l'eau et du charbon.

Filtre au charbon. — Dans la construction de ce filtre, M. Collier a cherché à réunir à la pression hydrostatique, qui, comme l'on sait, est en raison directe de la hauteur du fluide, la filtration ascendante. On établit donc un réservoir à la hauteur qu'on juge nécessaire, et d'une capacité proportionnée à la quantité d'huile que l'on se propose de filtrer, après qu'elle a été préparée par les procédés ci-dessus décrits. Un tuyau adapté à ce réservoir communique par le fond avec le vaisseau dépurateur, et détermine, par sa hauteur, la pression plus ou moins forte qu'on veut faire subir à l'huile. Ce vaisseau doit être en métal et rempli de charbon pilé et comprimé. Il est aisé de voir que l'huile, obéissant à sa propre pression, traverse cette masse de charbon, et sort de l'appareil, totalement purifiée, par un robinet adapté à la partie supérieure.

Un des avantages de cet appareil, c'est qu'on n'a pas besoin de renouveler le charbon, même après qu'il a servi longtemps; lorsqu'il est écrasé, il suffit de dévisser les tuyaux et d'exposer ce vaisseau au feu jusqu'à ce qu'il soit rouge et qu'il n'en sorte plus de fumée; alors la sub--

stance mucilagineuse se trouvant brûlée, le charbon retrouve sa vertu dépurante, et sert à de nouvelles expériences.

M. Collier a aussi inventé un autre appareil pour filtrer en grand les huiles d'une qualité inférieure ; il consiste en un alambic rempli de charbon pilé jusqu'au chapiteau, qui doit être placé verticalement et demeurer vide. Cet alambic reçoit l'huile d'un vase au moyen d'un tube de communication ; on le chauffe suffisamment pour que l'huile s'élève à travers le charbon jusqu'au chapiteau, et se rende, en traversant un serpentin, dans un tonneau. Nous ne saurions conseiller cette méthode, attendu que l'huile, ainsi chauffée, doit conserver un goût empyreumatique, et doit être plus disposée à rancir.

§ 8.   *Acide sulfurique, alcali et sel marin.*

Pour épurer les huiles d'olives, de colza, de navette, d'arachide , et les rendre plus propres au graissage des laines, et afin qu'elles empâtent moins les cardes et les machines, M. Cabaret a proposé, en 1855, le moyen suivant :

Après l'acidification ordinaire pour enlever le mucilage, et le lavage usité, on procède à un second lavage, soit à froid, soit à chaud de préférence. Après ces lavages, on mélange un certain volume de soude ou de potasse avec du sel marin ou un sel neutre quelconque. Dans cet état, la partie fluide forme une couche supérieure qui, lorsqu'elle est refroidie, est décantée et filtrée. Quant à celle solide, elle est combinée avec une partie des sels, c'est une espèce de margarate qu'on ramène à l'état lampant par des dissolutions de sels neutres ou des acides fortement étendus. Après cette dernière opération, un ou deux lavages à chaud ou à froid sont nécessaires pour que l'huile acquière l'aspect de celle lampante ordinaire, à laquelle elle est supérieure en ce qu'elle ne contient pas d'acide.

La partie solide des huiles de colza, de navette et autres huiles du même genre, peut remplacer les huiles tournantes pour les rouges turcs.

Fabricant d'Huiles.   25

§ 9. *Acide sulfurique, chaux et vapeur d'eau.*

Quand on a traité l'huile de graine de cotonnier par les lessives alcalines pour l'épurer et la raffiner, il reste un résidu ou mucilage qui contient encore de l'huile ou plutôt de la matière grasse qu'on parvient à en extraire par le moyen que voici, proposé par MM. C. Dougty et W. D. Key.

On dépose 3,000 kilog. de ce mucilage dans une cuve épaisse en bois cerclée en fer, d'une capacité double, sur le fond de laquelle règne un serpentin en plomb de 5 centimètres de diamètre percé de trous. On fait arriver de la vapeur dans le serpentin jusqu'à ce que la température du mucilage soit portée à 90° C., et on ajoute 10 kilog. de chaux par chaque 100 kilog. de matière grasse que ce mucilage peut contenir, cette chaux ayant été amenée préalablement à l'état de bouillie claire avec de l'eau. On ne verse cette bouillie que peu à peu et en agitant continuellement jusqu'à ce qu'on atteigne le point d'ébullition ; à cette température, l'écume et les fibres commencent à s'élever à la surface, et à mesure qu'elles apparaissent, on les enlève avec une poche percée de trous qui les retient, et permet à l'huile de retomber dans la cuve.

On continue à faire bouillir pendant six heures, à dater du moment où l'ébullition a commencé, en ayant soin qu'aucune portion des écumes qui s'élèvent ne retombe et ne bouille avec la masse. Au bout de ces six heures, on arrête la vapeur et on ajoute 125 kilog. d'acide sulfurique du poids spécifique de 1,850, étendu de 375 litres d'eau par chaque 1,000 kilog. de mucilage qu'on y verse au moyen d'un chaudron rond à fond perforé en plomb, qu'on place au centre de la cuve, de manière à distribuer l'acide en filets déliés dans la masse bouillante. En cet état, on brasse violemment cette masse jusqu'au fond, jusqu'à ce qu'on ait introduit tout l'acide, en ayant soin d'en modérer l'addition pour que la matière ne déborde pas. Il s'élève de nouvelles écumes pendant qu'on verse cet acide, on fait bouillir la masse encore quatre heures, puis on l'abandonne dix heures pour la laisser déposer.

Au bout de ce temps, la matière grasse occupe la partie supérieure de la cuve, une liqueur claire avec agents chimiques, le milieu, et le sulfate de chaux, ainsi que les matières pesantes qui se sont précipitées, le fond. On décante la matière grasse dans une autre cuve contenant un serpentin sec de vapeur, où on la chauffe à 36° à 38°, et on la lave soigneusement avec de l'eau aiguisée d'acide sulfurique ou d'acide oxalique pour la débarrasser complétement de la chaux ; puis on la laisse reposer jusqu'à ce que l'eau se soit réunie sur le fond. Enfin, cette matière grasse est décantée dans des tonneaux, toute prête à être distillée.

Les réactifs chimiques dans la liqueur claire, et ceux qu'on recueille dans les lavages du résidu épais sur le fond de la cuve, après qu'on a enlevé la matière grasse, peuvent être recouvrés par voie d'évaporation ou utilisés comme engrais.

On peut remplacer l'acide sulfurique par l'acide chlorhydrique, mais avec moins d'avantage.

Pour distiller la matière grasse qu'on obtient par ce procédé, on introduit de la vapeur libre dans l'alambic immédiatement après que celui-ci est chargé, afin de porter cette matière à 100°, avant d'y appliquer la chaleur du foyer. Lorsque cette matière a atteint cette température, on commence à chauffer avec le feu de ce foyer, et dès que cette température a atteint 175° C., les produits commencent à distiller et sont tous volatilisés quand elle est portée de 285° à 290°. On poursuit l'arrivée de la vapeur libre pendant tout le temps de la distillation. Les produits peuvent servir à la fabrication des bougies et des savons. Les résidus poisseux sont faciles à évacuer par le robinet de vidange placé sur le fond de l'alambic.

§ 10.   *Acide sulfurique, potasse, vapeur d'eau, noir animal, chlorure de chaux.*

MM. Lhéritier et Dufresne pensent « que plusieurs circonstances qui se rattachent à la nature intime des huiles de poisson se sont opposées jusqu'ici à l'emploi de ce produit dans certaines applications. Parmi ces circonstances, disent-ils, nous noterons : 1° la présence d'un principe colorant orangé ; 2° un principe odorant excessivement désagréable ; 3° une grande proportion de mucilage qu'on peut comparer au mucilage des huiles végétales.

» L'avantage qu'on espérait retirer, dans l'industrie, d'un usage étendu de l'huile de poisson, a donné lieu à des tentatives faites pour la purifier; mais, soit que les procédés eussent été regardés comme insuffisants, soit qu'ils occasionnassent une perte considérable de matière, soit enfin que les moyens indiqués par les auteurs et les essais de laboratoire n'aient pas pu être exploités par l'industrie, le fait est que jusqu'à présent l'application de l'huile de poisson a été restreinte, et n'a guère servi qu'aux dégras pour la tannerie ou à l'éclairage des rues; mais, dans ce dernier cas, mélangée en très-petite quantité avec l'huile ordinaire.

» Nous avons dit ce qui s'opposait à l'emploi de l'huile de poisson en dehors de son usage ordinaire; dans le but de la purifier, en opérant sa décoloration, sa clarification et sa désinfection, nous nous sommes convaincus, par des expériences réitérées, qu'en arrivant à en précipiter la matière colorante et à la débarrasser d'une grande partie du mucilage qu'elle contient, on pourrait obtenir une huile très-pure, propre à l'éclairage et à la fabrication des savons; c'est d'après ces données que nous avons opéré et que nous avons découvert le procédé suivant. Il consiste :

» 1° Dans l'emploi de la potasse caustique, mélangée à l'huile avec de l'eau, pour, au moyen de la chaleur à laquelle est soumis ce mélange, obtenir la décoloration de l'huile et tenir en suspension les mucilages qu'elle contient;

» 2° Dans l'emploi d'un courant de vapeur d'eau qu'on fait passer à travers l'huile, après la première opération, pour faire précipiter le mucilage;

» 3° Dans l'emploi de l'acide sulfurique et du noir animal, par lesquels on traite l'huile, après ces deux opérations, pour la clarifier entièrement et la rendre ainsi apte à remplacer les plus belles huiles d'éclairage ;

» 4° Dans l'emploi du chlorure de chaux et de l'acide sulfurique, pour traiter l'huile après les deux premières opérations, dans le cas où on voudrait la faire servir à la fabrication du savon et la rendre entièrement inodore.

» Ces bases étant données, nous allons expliquer les moyens pratiques qui nous ont paru les meilleurs, mais qui ne doivent être considérés ici que comme une exécution pouvant varier, soit dans les proportions, soit dans les degrés de température, selon certaines variétés d'huile de poisson, ce que l'expérience démontrera facilement.

» On met dans une bassine 48 kilog. d'huile, 10 kilog. d'eau de rivière et 3 kilog. d'une solution de potasse caustique marquant 3 degrés à l'aréomètre de Baumé ; on chauffe le mélange à l'aide d'un bain-marie à la vapeur, ou par n'importe quel autre mode de chauffage. Lorsque la température du liquide a atteint 60 degrés centigrades, on retire la bassine du feu, et on laisse déposer jusqu'à ce que la séparation de l'huile et de l'eau soit effectuée complétement ; il résulte de cette première opération que l'eau s'est chargée d'une forte couleur jaune orangé, et qu'elle tient en suspension une multitude de flocons rougeâtres.

» On extrait du vase, par les moyens ordinaires, l'huile qu'on décante ensuite.

» Pour priver l'huile de la trop grande quantité de mucilage qu'elle contient, on y fait passer un courant de vapeur d'eau pendant à peu près un quart d'heure ; le mucilage se précipite et l'on obtient une huile blanchâtre, un peu louche à la vérité, mais qu'on soumet au filtrage pour l'éclaircir.

» L'huile ainsi traitée n'a plus besoin de subir qu'une dernière opération, soit pour la décolorer entièrement et lui donner toutes les apparences de la plus belle huile d'olives, dans ce cas, la rendre propre à l'éclairage sans qu'elle répande la moindre odeur et pouvoir être employée même dans les lampes mécaniques, soit pour lui ôter, d'une manière absolue, toute son odeur et la faire servir à la fabrication du savon.

» Pour la première de ces deux applications, et après avoir fait subir à l'huile les traitements que nous venons de décrire, qui lui ont ôté sa matière colorante et l'ont débarrassée de son excès de mucilage, on la traite par 65 grammes d'acide sulfurique étendus dans 1 litre d'eau; on porte ce nouveau mélange à une température de 70° C.; puis, après avoir retiré la bassine du feu, on y ajoute 4 kilog. de noir animal. On filtre, et l'huile, traitée ainsi, a acquis une limpidité et une transparence égales aux plus belles huiles d'olives, et brûle lentement et avec plus d'éclat que le colza et sans répandre d'odeur.

» Pour la seconde application, l'on remplace ce dernier traitement par le suivant : on ajoute, par chaque kilog. d'huile, 1gr 50 de chlorure de chaux dissous dans 30 grammes d'eau, et 2 grammes d'acide sulfurique étendus dans 16 grammes d'eau; on opère le mélange avec l'huile qui aura été préalablement traitée, ainsi que nous l'avons dit, puis on chauffe jusqu'à ce que le thermomètre marque 80° C., on transvase, et on laisse déposer; après quoi l'on sépare, par les moyens ordinaires, l'huile qui surnage, pour y ajouter la quantité de charbon que nous avons mentionnée dans l'opération précédente; puis on filtre : l'huile ainsi traitée se saponifie facilement, et produit un savon pur, blanc et sans odeur désagréable.

» On fera observer que le jet de vapeur a pour but, à la vérité, de précipiter l'excès de mucilage que contient l'huile; mais on pourrait ne pas l'employer : dans ce cas, l'acide sulfurique agirait sur les mucilages qui seraient alors en suspension; l'opération serait moins sûre et donnerait un produit moins beau; l'opération seule serait abrégée.

» On peut appliquer ces procédés à toutes les huiles de poisson, plus particulièrement celles du dauphin, du marsouin, de la baleine, de la morue, comme aussi toutes celles connues dans le commerce sous le nom d'huiles de poisson.

» En résumé, le but de ces procédés est de : décolorer

les huiles de poisson par la potasse caustique qui, en même temps, tient en suspension les mucilages qu'elles contiennent ; précipiter ces mucilages par l'application d'un jet de vapeur qui traverse le liquide ; opérer la dissolution des mucilages qu'elle peut encore retenir à l'aide des acides, et la clarifier par le charbon ; lui enlever toute son odeur par l'emploi des chlorures décomposés par un acide en rapport avec la base. »

§ 11. *Acide sulfurique, soude, chaux et chlorure de chaux.*

La méthode d'opération dont l'expérience a sanctionné l'efficacité pour épurer l'huile de graine de cotonnier est celle proposée en 1855 par M Briqueler de Marseille, qui consiste en une sorte de défécation produite par l'action prolongée et à chaud d'une dissolution de carbonate de soude ou de lait de chaux sur les huiles brutes. Le résultat de cette défécation est une masse poisseuse qui se sépare assez facilement et qui contient, en combinaison avec les oxydes alcalins, la partie de l'huile la plus altérable. C'est une espèce de savonule, de couleur brune, visqueux et plus consistant lorsqu'il provient du traitement par la chaux que par le carbonate de soude.

L'huile séparée de ce dépôt, qui forme près du quart de sa masse totale lorsqu'il est obtenu au moyen de chaux, est ensuite décolorée par l'action du chlorure de chaux et de l'acide chlorhydrique faible. Quant au dégras, il forme l'objet d'un commerce important et s'utilise généralement pour en extraire des acides gras par la distillation.

Avant de soumettre ces dégras à la distillation, on leur fait subir des opérations préalables ; on les fait bouillir pendant quelques heures en contact avec l'acide sulfurique à 10° Baumé. Après que la partie huileuse est séparée par décantation du liquide acide, elle est soumise encore à l'ébullition pour chasser toutes les parties aqueuses. Pendant cette dernière opération, l'acide retenu se concentre, il se dégage un peu d'acide sulfureux et il se forme au fond de la chaudière où cette ébullition a lieu, un dépôt d'un vert-bleu assez intense, qui acquiert par le refroidissement une grande consistance, et dont M. Kuhlmann a extrait une matière colorante bleue qu'on a cherché, mais jusqu'à présent sans succès, à appliquer à la teinture. La partie liquide, séparée du dépôt, a elle-même une couleur verte.

§ 12. *Acide sulfurique et air.*

Le procédé qu'on va décrire, proposé par M. C.-H. Michaud, a pour but d'épurer les huiles de colza et de navette ou autres huiles, par un moyen qui permet, suivant lui, d'obtenir un produit supérieur, avec une économie considérable sur le temps et à des frais réduits.

Dans ce procédé, on soumet l'huile qu'on veut traiter à une violente agitation dans un vase convenable, dans le but de la mélanger avec l'air et les gaz, en y versant en même temps doucement de l'acide sulfurique pendant que cette huile est ainsi à l'état d'agitation et d'aération. Au lieu de faire usage de batteurs, d'agitateurs et autres moyens mécaniques pour mélanger l'air avec l'huile, on place un tuyau percé de trous sur le fond du vase, trous par lesquels on refoule de l'air ou du gaz qui pénètrent dans l'huile par un nombre considérable de petits jets. On enlève alors l'écume qui se forme à la surface et on renouvelle le travail de l'agitation, en ayant soin de puiser l'écume entre chaque opération. Lorsqu'on agite pour la dernière fois, on ajoute un peu d'eau, de manière que l'huile se trouve mélangée d'air et d'eau. Les acides sulfo-gras étant ainsi détruits, l'acide sulfurique est extrait, et les impuretés sont enlevées par un lavage à l'eau chaude ou par la vapeur. On fait alors sécher l'huile sur le feu ou en la chauffant à la vapeur, puis refroidir dans un rafraîchissoir convenable ; après quoi, elle est parfaitement pure et prête à être livrée au commerce :

Pour mettre ce procédé en pratique, on verse l'huile qu'on veut épurer dans un vase en bois ou un vase doublé en plomb, vase qui doit être plus profond que large, et pourvu près de son fond d'un tuyau en plomb roulé en spirale, qui traverse sa paroi, et se relève verticalement le long de cette paroi pour communiquer avec un appareil soufflant. On a trouvé que ce mode d'introduction d'air était le meilleur moyen pour mélanger du gaz à l'huile, mais une vive agitation par des moyens mécaniques, surtout en vase clos contenant l'huile et le gaz, donne également un bon résultat.

Dans le vase en bois, l'huile est soumise ordinairement à quatre opérations successives et distinctes d'agitation. Après chacune d'elles, on laisse l'huile reposer et on enlève l'écume.

La première agitation s'opère pendant et après l'addition successive de l'acide sulfurique.

La seconde agitation a pour objet de former une nouvelle masse d'écumes semblables aux premières,

La troisième agitation sert non-seulement à incorporer encore une plus grande quantité d'air avec l'huile, comme dans les opérations précédentes, mais en outre à y mélanger une petite quantité d'eau égale à 1, 2 ou 3 pour cent du poids de l'huile.

Enfin, la quatrième et dernière agitation, dont on peut parfois se dispenser, a pour but de faciliter l'enlèvement des dernières écumes.

Ces diverses agitations ayant été poursuivies pendant une période de 6 à 7 heures, on trouve que l'huile a pris un aspect aussi satisfaisant que celle épuisée par les procédés longs et fastidieux adoptés jusqu'à présent, et qu'elle n'a plus besoin que d'être filtrée. On peut procéder à cette opération immédiatement, ou, ce qui est préférable, après que l'huile a été lavée avec de l'eau froide. et qu'on la laisse reposer un jour ou deux, ce qui serait une combinaison de l'ancien procédé avec le nouveau ; mais, dans les perfectionnements dont il est question, on préfère supprimer la filtration et traiter l'huile ainsi qu'il suit :

L'huile qu'on veut laver est écoulée dans une cuve en bois, ou encore une cuve en cuivre, ou mieux une cuve en cuivre plaqué d'argent. Cette cuve est placée sous le vase dont il a d'abord été question, ou bien si elle est au même niveau, on y remonte l'huile par des pompes. La cuve est fermée, mais présente plusieurs orifices au sommet. On y introduit la vapeur par un serpentin en cuivre percé de trous placés près du fond, qui est incliné d'arrière en avant ou de la circonférence au centre.

Au point le plus bas du fond de cette cuve, il y a un robinet d'évacuation de l'eau. Ce liquide y est d'abord introduit, puis porté à l'ébullition, et c'est quand il bout qu'on ajoute l'huile.

On fait alors bouillir l'huile et l'eau pendant une heure environ, après quoi on soutire l'eau acidulée et, pour enlever jusqu'aux dernières traces d'acide, on opère un second lavage. De nouveaux lavages ne peuvent qu'être utiles, mais ils ne sont pas nécessaires, surtout si on traite des huiles pour la lampe et l'éclairage. Lorsqu'on a opéré ce dernier lavage et que l'huile, par le repos, s'est bien séparée de l'eau, on la verse dans une cuve de séchage.

Cette cuve est disposée à l'intérieur de la même manière que la précédente ; elle est en bois et revêtue à l'intérieur de métal étamé ou, ce qui est préférable, d'étain. Elle contient un tube étamé ou d'étain formant un serpentin serré, qui reçoit toute la vapeur qui s'échappe de la cuve précédente. Cette cuve présente aussi, à sa partie inférieure, un serpentin percé de trous qui communique avec la machine soufflante, au moyen de laquelle on produit l'agitation de l'air dans l'huile, ce qui est très-favorable à sa dessiccation.

Il est évident que cette dessiccation pourrait s'opérer dans une chaudière placée sur le feu, et on conçoit qu'on pourrait ainsi agiter l'huile par des moyens mécaniques convenables.

L'huile, après ce traitement, est chaude, et pour la refroidir avant de la déposer dans des tonneaux, on la fait couler dans ceux-ci par un long tuyau en étain roulé en spirale, ou un serpentin placé à l'intérieur d'un grand réservoir d'eau froide, réservoir qui sert en même temps à l'alimentation du générateur de vapeur. A l'aide d'un réfrigérent semblable au précédent, et communiquant avec l'extrémité inférieure du serpentin et l'intérieur de la cuve à sécher, on condense toutes les vapeurs, ce qui évite d'imprégner l'usine et le voisinage immédiat d'effluves dangereuses et désagréables qui, sans cette précaution, se répandraient dans toutes les directions. On obtient ainsi une eau distillée, fortement odorante, qui est tout particulièrement applicable aux lavages dont il a été question ci-dessus, et doit être même préférée, à l'exclusion de toutes autres eaux.

Par une agitation d'un quart-d'heure à une demi-heure environ, de l'huile, avant l'addition de l'acide, on peut faire sécher l'huile dans le cas où elle contiendrait quelques parties aqueuses.

La dessiccation est rendue plus rapide et plus efficace si l'air, avant d'être injecté dans et à travers l'huile, est desséché ou débarrassé d'une manière quelconque de son humidité, par exemple en le faisant passer sous la forme de petites bulles à travers l'acide sulfurique concentré.

Les écumes se composent d'air, d'eau fortement acidulée et d'huile. Après avoir été abandonnées pendant quelques heures au repos, elles se séparent en trois couches. La plus inférieure de ces couches consiste en une petite quantité d'eau acide, dont il est facile de soutirer la majeure partie. La couche moyenne se compose d'huile qu'on réintègre dans le vase à agiter avant la troisième agitation, et la couche superficielle ou à sa surface est jetée dans une cuve à sédiment, où on en extrait encore une dernière quantité d'huile.

§ 13. *Acide sulfurique et éther.*

Suivant MM. Colin de Cancey, on peut procéder à l'épuration des huiles par le procédé que voici :

Après avoir préparé les huiles par l'acide sulfurique, comme on le fait ordinairement, on les bat bien à froid dans des foudres destinés à cet usage, en incorporant, durant le travail, 22 décagrammes d'éther sulfurique, pour 1200 kilog. d'huile ; on laisse reposer, on passe plusieurs fois dans des filtres bien préparés, et l'épuration est achevée.

§ 14. *Acide sulfurique, chlorure de chaux, tannin et alcool.*

MM. Lemaire et Reifferscheid, ont proposé en 1854, pour
épurer les huiles d'ergots et de tendons et produire ce
qu'ils appellent de l'essence d'huile animale, le procédé
que voici :

Dans une chaudière on fait bouillir des ergots, des
tendons, et généralement des os préalablement concas-
sés. Lorsque l'ébullition a été soutenue assez longtemps,
on enlève la graisse et l'huile de la surface de l'eau, et
on les met dans des cuviers où l'huile prend bientôt le
dessus.

Cette huile possède encore une odeur dégoûtante et
une couleur sale; pour l'épurer, on traite d'abord 1000
parties de cette huile avec 5 parties de chlorure de chaux
dissous dans de l'eau ; on agite ce mélange pendant une
demi-heure, en tournant par une manivelle l'agitateur
qui se trouve placé perpendiculairement au centre du
cuvier. Après avoir laissé reposer le mélange pendant un
certain temps, on soutire l'huile qui surnage et on la
filtre à travers du verre pilé.

L'huile ainsi filtrée contient, quoique claire et presque
sans odeur, encore beaucoup d'acide chlorhydrique combiné à la chaux, et des parties gélatineuses qui forment
sur les organes des machines une espèce de cambouis
qui empêche la marche régulière.

Pour enlever d'abord à l'huile cet acide chlorhydrique
et la chaux, on y ajoute 150 grammes d'acide sulfurique
concentré, étendu de quinze à vingt fois son poids d'eau ;
il se forme par ce procédé du sulfate de chaux qui tombe
au fond du cuvier, et l'acide chlorhydrique devenu libre
est enlevé par des lavages à l'eau.

Enfin, pour éloigner les parties gélatineuses, on attaque
que l'huile par une dissolution de tannin, et après avoir
laissé reposer de nouveau l'huile ainsi traitée, on la
soutire et on mélange 90 parties de cette huile avec 10
parties d'alcool.

Après avoir filtré de nouveau à travers un feutre, l'opération est terminée.

§ 15. *Acide sulfurique, peroxyde de manganèse et sel marin.*

Voici un procédé proposé en 1860 par M. Leiser.

Pour 100 kilog. d'huile de graines, on prend 1 kilog. d'acide sulfurique qu'on étend de 1/10 en poids d'eau, on fait couler ce mélange dans l'huile, on brasse pendant une heure, on laisse reposer 8 à 10 heures et enfin on fait couler dans la cuve à décoloration.

On prend 100 kilog. d'huile, 1,000 à 1,250 grammes d'acide sulfurique et 250 grammes de peroxyde de manganèse au titre de 90 à 95 pour 100. On répand le manganèse pulvérisé dans l'huile, on agite avec une crosse en cuivre et en même temps on fait couler l'acide sulfurique à l'aide d'un entonnoir en verre à bec effilé. Pendant que l'acide s'écoule en filet mince, on agite sans cesse jusqu'à ce qu'il apparaisse de petits flocons noirs à la surface. On coule ensuite 250 grammes de sel marin dans un litre d'eau; on verse et mélange à l'huile.

Le bâton en cuivre est retiré doucement, et s'il est couvert de parties résineuses difficiles à en détacher, on cesse d'agiter. Dans le cas contraire, on ajoute encore 125 grammes d'acide sulfurique, jusqu'à ce que le bâton ne se couvre plus de dépôt résineux. La purification est alors terminée et on laisse reposer 8 à 10 heures. Dès que l'huile est clarifiée, on la lave à l'eau chaude et on la filtre au manganèse et au charbon.

§ 16. *Acide sulfurique et courant électrique.*

M. Dullo a proposé en 1865, pour purifier les huiles de pieds et d'os qui sont souvent surchargées de matières gélatineuses, muqueuses et d'eau, un moyen plus économique et plus rapide que ceux en usage, tels que l'acide sulfurique, l'acétate basique de plomb, etc.

Dans une chaudière en cuivre bien écurée, on verse l'huile impure qu'on chauffe jusqu'à 40°, à laquelle on ajoute par 100 kilog. d'huile, suivant l'impureté, de 250 grammes à 1 kilog. d'acide sulfurique étendu de 10 fois son volume d'eau et on mélange bien le tout ensemble. Alors on dépose dans la chaudière une plaque de zinc coulé, de manière à ce qu'elle touche le cuivre le plus complétement possible et présente au total une surface égale à la moitié de celui-ci. Aussitôt il se développe un courant, le liquide mousse et cela d'autant plus que la matière grasse renferme plus de gélatine. Plus le courant agit de temps, plus il se sépare d'huile pure à la surface, tandis que les produits de la décomposition de la gélatine s'échappent en partie sous forme gazeuse et en partie se réunissent dans l'eau au-dessous. Le sulfate de zinc formé se dépose aussi sur le fond. Lorsque l'action est terminée, ce qui est facile à constater, on décante ou puise l'huile et on filtre le résidu au papier. Le courant n'attaque pas l'huile qui devient un peu plus fluide et est propre à tous les usages des huiles de pieds et d'os.

ARTICLE II.   ACIDE AZOTIQUE.

Un fabricant d'huile de Lille, nommé Leroy, avait proposé, dès 1788, de se servir de l'acide azotique à 26° pour purifier et épurer les huiles. 3 litres suffisaient pour 1000 litres d'huile, et l'épuration était si complète, suivant lui, que le déchet s'élevait à 4,8 pour cent, tandis que l'huile était très-belle, propre à l'éclairage et au graissage des laines.

ARTICLE III.   ACIDE CHLORHYDRIQUE.

§ 1.   *Acide chlorhydrique et minium.*

Dans un bassin plat, formé avec des carreaux de verre réunis entre eux avec du plomb, M. Winterfeld introduit 15 kil. d'huile de lin; il prend 150 grammes de cette huile, les broie sur un marbre avec 500 grammes de minium français de première qualité. La bouillie ainsi produite est délayée encore avec un peu de l'huile du bassin, et enfin il mélange le tout avec la masse contenue dans celui-ci, puis verse dans cette huile un poids d'eau pure égal à celui de l'huile. D'un autre côté, il agite dans une bouteille 1 kilog. d'acide chlorhydrique et 3 litres d'eau.

Il verse alors le quart de cet acide chlorhydrique étendu sur l'huile dans le bassin, et mélange le tout avec soin avec une baguette de bois.

Peu à peu on voit s'établir une réaction entre le minium et l'acide chlorhydrique, il se dégage du chlore, et il se forme du chlorure de plomb. Le dégagement du chlore n'a lieu qu'avec lenteur, parce que le minium est enveloppé par l'huile et ne s'en sépare que peu à peu. Au bout de quelques jours, lorsque l'acide chlorhydrique est décomposé, on en ajoute de nouveau et on agite ; on continue ainsi jusqu'à ce que la couleur rouge de l'oxyde de plomb ait disparu et que cet oxyde soit devenu blanc. On laisse alors l'huile reposer, et après ce repos elle paraît parfaitement blanche et peut être enlevée par un siphon.

§ 2. *Acide chlorhydrique et soude.*

Suivant M. Bourgeois on peut désinfecter les huiles de baleine ou de morue par le procédé que voici.

a. Epuration applicable à l'éclairage. — L'huile de baleine peut être rendue incongelable à une basse température et remplacer, avec économie, les huiles de colza et autres.

A cet effet, on fait macérer du quercitron dans de l'eau pendant vingt-quatre heures, la proportion étant de 6 à 8 pour 100 ; on introduit dans un bac, c'est-à-dire dans une machine à battre les huiles, 15 à 20 pour 100 de cette eau avec l'huile ; on procède au battage pendant quinze à vingt minutes, puis l'on fait passer l'huile dans une cuve ou dans un tonneau, et on laisse reposer jusqu'à ce que le pied ou résidu soit au fond ; après quoi l'on soutire l'huile claire pour l'introduire de nouveau dans le bac, et l'on y verse, en agitant l'huile, de 2 à 3 pour 100 de lessive de soude à 36 degrés ; le mélange ainsi exécuté, on introduit l'huile dans une cuve et l'on y fait plonger un tuyau chauffé par la vapeur, afin d'élever la température de l'huile : toute la matière colorante de l'huile dépose sous forme de savon, et l'huile alors a acquis la plus grande limpidité et la plus belle couleur.

Pour obtenir l'incongélation de l'huile, on la fait passer dans le bac et l'on y mélange 10 pour 100 d'eau froide, dans laquelle on a préalablement mis, soit de l'acide chlorhydrique, soit, au besoin, de l'acide nitrique ou de l'acide gallique ; on laisse reposer, puis l'on soutire l'eau, et l'on fait passer dans l'huile un courant de vapeur d'eau pendant deux ou trois heures ; ensuite on laisse encore reposer, et l'on mêle à l'huile une quantité convenable de noir animal et d'argile, ayant soin d'agiter fréquemment ce mélange ; enfin l'on procède au filtrage.

b. Application à la fabrication des bougies, des chandelles, des savons, etc. — L'huile de baleine peut donner une matière blanche, concrète et cristalline, dont on peut avantageusement se servir dans ce but. En ce cas, on introduit l'huile dans le bac et l'on y verse, en agitant, de la lessive de potasse ou de soude concentrée ; après le battage, on introduit l'huile dans une cuve, on laisse reposer le tout pendant un certain temps, puis l'on y fait passer un courant de vapeur, qui échauffe l'huile et permet qu'elle se sépare facilement de la matière colorante et des autres matières impures ; on laisse reposer de nouveau et pendant le temps convenable ; puis l'on soutire l'huile claire pour l'introduire ensuite dans le bac, où l'on verse encore de 8 à 10 pour 100 de chaux préparée. Ce mélange étant opéré comme on vient de l'indiquer, on sépare l'huile dans l'endroit le plus froid de l'établissement, et l'on ne tarde pas à voir la matière concrète se séparer de l'huile liquide et se transformer en beaux cristaux blancs, que l'on recueille au moyen de la filtration, dans des sacs en laine croisée (*malfil*), et que l'on soumet ensuite à l'action d'une presse, pour les amener à l'état de solidité que réclame la fabrication des bougies, ou, s'il ne s'agit que de fabriquer des chandelles, des savons, etc., au lieu de leur faire subir l'action de la presse, on se contente de mêler à cette matière cristallisée une quantité convenable de suif et d'en effectuer réellement le mélange à l'aide de la chaleur d'un fourneau.

Quant à l'huile liquide, son emploi le plus ordinaire est celui qu'on va indiquer dans le paragraphe suivant.

c. Graissage des machines. — L'huile étant menée, comme on vient de le voir § *b*, à l'état de liquéfaction, on la met dans le bac et on la mêle à 5 pour 100 d'eau de quercitron ; on laisse reposer ce mélange, puis l'on soutire l'huile liquide et on la soumet au battage, en y ajoutant 5 pour 100 d'eau dans laquelle, au préalable, on a fait dissoudre une quantité convenable de sel marin (chlorure de sodium), tellement que la liqueur marque 5 degrés au pèse-sel, et l'on peut, au besoin, remplacer cette dissolution par une égale quantité d'eau de mer ; après l'opération du battage et après avoir laissé reposer, on soutire l'eau déposée au fond de la cuve, et l'on introduit dans l'huile un courant de vapeur, puis l'on fait le mélange de l'argile et du noir animal, et enfin l'on procède au filtrage : s'il arrivait que l'huile n'eût pas acquis le degré d'épuration suffisant, il deviendrait convenable de renouveler l'opération.

d. Graissage des laines et des soies. — Quand l'huile a été traitée comme on l'a vu plus haut, on mélange l'huile liquide avec 5 pour 100 d'eau de quercitron, on laisse reposer le tout, puis l'on soutire l'huile et on la mélange encore dans le bac, avec 3 ou 4 pour 100 de lessive de potasse ou de soude ; ensuite on la fait passer dans une cuve où plonge un tuyau chauffé par la vapeur ; alors on laisse reposer l'huile ; elle devient claire et limpide et l'on peut se dispenser de la filtrer. Toutefois il est à remarquer que, avant d'employer cette huile au graissage des laines ou des soies, il convient de la mélanger avec 10 ou 15 pour 100 d'eau chaude et d'agiter vivement le tout, pendant vingt minutes environ, jusqu'à ce qu'il forme émulsion et devienne blanc comme du lait. Quand on a procédé de la sorte, on est certain d'obtenir le dégraissage des laines plus avantageusement, avec bien plus d'économie et beaucoup mieux qu'avec les huiles d'olives et autres, et de leur donner un degré plus sensible de blancheur. Les huiles de poisson ainsi traitées, ont encore l'avantage d'être d'un emploi fort avantageux pour les bains d'huiles usités dans la préparation des soies.

e. Application aux tanneries et corroieries. — Pour approprier les draches ou pieds, c'est-à-dire les résidus d'huile de morue, ou huile de Berg, au travail du cuir, on met une certaine quantité de draches dans une chaudière, on les fait bouillir pendant six ou huit heures, puis l'on introduit l'huile dans le bac, on la mélange avec 15 à 20 pour 100 d'eau salée à 8 degrés, et l'on fait passer le tout dans une cuve où l'on fait plonger un tuyau chauffé par la vapeur.

S'il s'agissait, quand le dépôt de l'eau et des matières étrangères s'est opéré, de rendre l'huile plus liquide, il conviendrait de renouveler le mélange avec l'eau salée, mais sans échauffer l'huile au moyen d'un tuyau chauffé par la vapeur : l'eau se précipitera et entraînera avec elle la matière grasse et épaisse de l'huile. Cette matière épaisse, séparée ensuite de l'eau par l'effet de la chaleur et de l'ébullition, est propre au graissage des roues, et, par suite, à plusieurs opérations analogues.

§ 3. *Acide chlorhydrique et chlorure de chaux.*

M. Demetz a proposé en 1861 d'épurer les huiles au moyen d'une eau qu'il appelle caustique, et qu'il prépare avec de l'acide chlorhydrique étendu, du chlorure de chaux, des écorces de chène et un peu d'acide azotique.

On verse l'huile dans un baquet, on y ajoute l'eau composée comme ci-dessus, on bat, on laisse reposer, puis on tire au clair l'huile pure qui surnage. Par ce procédé, les huiles d'olives, de colza, de lin, d'œillette, navette, etc., conservent, suivant l'inventeur, leurs principales propriétés que détériore l'action de l'acide sulfurique.

CHAPITRE IV.

Alcalis.

—

§ 1. *Soude ou potasse.*

M. Evrard de Douai, en partant du principe que les huiles se composent de plusieurs substances parmi lesquelles dominent, par leur quantité, des huiles liquides et concrètes mélangées qu'il appelle huiles neutres, et qui sont associées à d'autres qui s'unissent facilement aux alcalis dissous dans l'eau et sont retenues dans ce liquide à l'état de savon, corps qui possèdent d'une manière particulière l'odeur du végétal qui les a fournis et que, par ce motif, il appelle huiles spécifiques, a proposé en 1849 le mode suivant d'épuration des huiles :

Les huiles exprimées à froid ou à une température peu élevée sont fortement battues avec une lessive faible de potasse ou de soude, puis on laisse reposer le tout. Il se forme bientôt 2 ou 3 couches dans le liquide : à la partie inférieure se réunit la solution alcaline devenue laiteuse; à la partie supérieure se rassemble l'huile neutre ; et dans l'espace intermédiaire une émulsion qui participe à la nature des deux liqueurs dont on vient de parler. On enlève la solution alcaline laiteuse et on remet de l'eau rendue encore légèrement alcaline. On laisse reposer de nouveau. On répète ce lavage en employant de l'eau pure qu'on renouvelle jusqu'à ce que le liquide qui se rassemble à la partie inférieure du vase ne soit plus que légèrement opalin. On enlève alors l'huile et le peu d'émulsion qui reste encore quelquefois entre l'huile et l'eau, et on fait reposer le tout à froid ou au bain-marie, suivant la nature de l'huile et la température de l'air. On filtre ensuite l'huile reposée comme dans la méthode ordinaire d'épuration.

L'huile de colza ainsi préparée est, suivant M. Evrard, parfaitement convenable pour l'éclairage ; elle brûle avec une flamme plus calme que celle épurée à l'acide sulfurique et ne détermine pas aussi rapidement que celle-ci l'oxydation du cuivre.

Les eaux laiteuses et alcalines provenant de l'épuration sont traitées par un peu d'acide, et les huiles spécifiques viennent nager à la surface où on les recueille facilement ; elles sont propres à la fabrication des savons.

§ 2.   *Soude ou potasse et chaux.*

M. Fouché-Lepelletier a proposé en 1852 d'épurer l'huile de graine de cotonnier et même les autres huiles de la manière suivante :

Pour épurer cette huile qui est brune, surtout si les graines sont anciennes, on prépare une lessive de soude ou de potasse marquant 36° à 37° à l'aréomètre, et à 20 parties de cette lessive caustique on ajoute 2 parties de chaux en poudre pour augmenter la causticité. Pour 100 parties d'huile, on prend 5 parties de cette lessive et on agite violemment pendant qu'on élève la température jusqu'à 58°C. Quand on cesse de chauffer, la matière colorante se sépare combinée à l'alcali, on décante la partie décolorée et on la filtre.

On augmente l'effet de l'alcali en ajoutant au mélange de 20 parties d'huile et 2 parties de chaux, 10 parties de noir animal en poudre.

L'huile ainsi épurée n'est pas plus colorée que l'huile d'olives et peut être employée pour l'éclairage, à la fabrication des savons blancs, le huilage des laines, la peinture et même comme aliment, car elle rancit peu.

Quant au dépôt on le décompose par un lait de chaux dans la proportion de 15 parties de chaux réelle pour 100 parties de corps gras, on fait bouillir jusqu'à empâtage opéré en partie, en enlève l'eau alcaline et caustique qu'on fait évaporer au degré nécessaire pour épurer une nouvelle quantité d'huile.

Lorsque cette lessive renferme une proportion de glycérine qui peut nuire à son action, on l'évapore à siccité, et on la fait calciner pour obtenir un carbonate qu'on rend ensuite caustique par les moyens connus.

Quant au savon calcaire, on y ajoute de l'eau à 100° et on continue à faire bouillir jusqu'à combinaison complète des éléments qui le composent; enfin on distille directement ce savon en couches minces, en en renouvelant souvent les surfaces, et à l'aide d'un courant de vapeur pour en obtenir de l'oléine et de la margarine par les moyens connus. Ou bien on décompose ce savon de chaux par un acide pour en obtenir des acides gras.

CHAPITRE V.

Épuration au chlorure de zinc.

M. le professeur R. Wagner a proposé l'emploi du chlorure de zinc pour raffiner l'huile de navette.

« Tout le monde sait, dit M. Wagner, que le chlorure de zinc tant à l'état sec qu'en dissolution même très-étendue, se comporte dans beaucoup de cas de la même manière que l'acide sulfurique et modifie plus ou moins profondément les matières organiques. J'ai trouvé par expérience que ce chlorure peut être employé en chimie dans toutes les circonstances où l'on se sert de l'acide sulfurique très-concentré ou de l'acide phosphorique anhydre, et en particulier pour absorber l'eau.

» Même dans la purification de l'huile de navette, on peut remplacer avantageusement l'acide sulfurique par une solution de chlorure de zinc. Ce chlorure dissout la portion albumineuse de l'huile brute et la carbonise avec le temps, sans attaquer l'huile, du moins en tant qu'on saisit le rapport exact entre l'huile et la solution zincique.

» Dans mes expériences, qui toutefois n'ont été faites qu'en petit, j'ai battu ensemble de l'huile de navette avec 1,5 pour 100 d'une solution sirupeuse de chlorure de zinc du poids spécifique de 1,85. L'huile s'est d'abord colorée en brun-jaune, puis en brun foncé, et au bout de quelques jours il s'était déposé au fond du vase des flocons brun foncé. L'huile, toutefois, était encore trouble et colorée, mais en la chauffant, et y faisant passer de la vapeur d'eau, y ajoutant de l'eau bouillante et la laissant reposer, j'ai réussi à l'obtenir claire et pure, nageant sur la liqueur aqueuse où se trouvait le zinc.

» J'ignore si l'emploi en grand du chlorure de zinc donnerait lieu dans les raffineries d'huile à des difficultés. Je n'ai eu dans cette note d'autre but que de provoquer les expériences sur une grande échelle, d'autant plus que le prix de la solution zincique, qu'il faut à ce qu'il paraît employer en même proportion que l'acide sulfurique, est beaucoup moins élevé que celui de ce dernier acide, puisque, pour cette application, une solution impure préparée avec la blende est parfaitement suffisante. »

CHAPITRE VI.

Épuration au chromate de potasse.

M. C. Walt a proposé en 1848 de blanchir les huiles brunes en prenant par 500 kilogrammes d'huile 25 kilogrammes de bichromate de potasse. On pulvérise le sel, on le dissout dans 4 litres d'eau chaude, on agite, on ajoute avec précaution 7 kil.5 d'acide sulfurique et on continue à agiter jusqu'à solution complète. On incorpore intimement ce mélange avec l'huile qu'on a débarrassée des matières étrangères par le repos et la décantation... Les vases doivent être en bois et la température environ de 50°. Lorsqu'après une agitation soignée, l'huile prend une légère couleur verte, le blanchiment est terminé, on ajoute quatre seaux d'eau chaude, on agite pendant cinq minutes, on laisse reposer plusieurs heures et l'huile décantée est propre à être livrée au commerce. Par un traitement convenable, on peut recouvrer l'acide chromique qui sert indéfiniment.

CHAPITRE VII.

Épuration au sulfate de fer.

On décolore parfois l'huile de lin avec le sulfate de fer dissous dans l'eau, qu'on ajoute à l'huile, agite vivement, et expose pendant plusieurs semaines au soleil dans un vase de verre, en agitant de temps à autre. On extrait alors l'huile limpide et incolore, au moyen d'un siphon ou d'un entonnoir à bouchon d'amiante.

CHAPITRE VIII.

Épuration au tannin.

M. Davidson attaque l'huile de baleine par une dissolution de tannin, qui précipite la gélatine au fond du vase; ensuite, il sépare l'huile de l'eau de dissolution, du tannin et des autres matières étrangères qu'elle peut contenir.

Pour détruire l'odeur fétide de l'huile, M. Davidson fait dissoudre 1 kilog. de chlorure de chaux dans une suffisante quantité d'eau : cette dose suffit pour désinfecter un quintal métrique d'huile. Lorsque la dissolution est parfaitement claire, on fait le mélange avec l'huile en agitant fortement ; l'odeur est totalement détruite; mais il reste un magna épais et blanchâtre dont on ne peut faire aucun usage. Ajoutez alors au mélange 180 grammes d'acide sulfurique étendu de quinze à vingt fois son poids d'eau, et faites bouillir doucement en agitant; après l'ébullition, filtrez le liquide encore chaud, afin de séparer le sulfate de chaux qui s'est formé ; laissez refroidir et reposer pendant quelques jours, vous trouverez alors une huile liquide et inodore au-dessus de l'eau ; il n'y aura plus qu'à décanter.

M. H.-W. Spencer a proposé aussi un procédé qui consiste à précipiter et éliminer les matières mucilagineuses et albumineuses qui s'opposent à ce que ces huiles servent aux graissages, en introduisant dans l'huile brute et à l'état d'ébullition une décoction de noix de galle ou de toute autre substance dont on peut extraire aisément et économiquement le tannin ou acide tannique, dont l'action précipite ces impuretés et rend l'huile plus propre au service indiqué.

Pour opérer, il faut d'abord avoir égard aux différentes espèces et qualités d'huiles qu'il s'agit de traiter, et d'où dépendra la quantité de noix de galle ou mieux d'acide gallique et d'eau qu'il conviendra d'employer. Par exemple, on opère ainsi qu'il suit sur l'huile brute connue dans le commerce sous le nom d'huile d'os.

On prend à peu près 2 kilog. de noix de galle ou un poids d'une autre substance contenant la même quantité d'acide tannique, et on verse dessus 60 litres d'eau bouillante. On abandonne ce mélange pendant 3 heures en agitant de temps à autre. Puis on décante la liqueur claire et on y mélange 600 litres environ d'huile; on fait bouillir à la vapeur pendant 4 à 5 heures, et lorsque cette ébullition est terminée, on ajoute à la masse un demi-litre d'acide sulfurique pour augmenter le poids spécifique de l'eau combinée. Les matières albumineuses, gélatineuses ou fibreuses sont précipitées et peuvent être recueillies par des moyens convenables.

M. Matz, de Stuttgard, prépare simplement une solution de tannin en faisant bouillir des écorces de chêne, de pin, etc., dans de l'eau, et il mélange deux parties de cette solution avec une partie d'huile brune ordinaire de poisson. Il brasse le tout jusqu'à ce que le corps gras ait pris la consistance d'un beurre assez ferme, et que le tannin ait rendu insolubles plusieurs principes organiques et fait disparaître entièrement l'odeur forte de l'huile. Lorsque le liquide aqueux s'est séparé de l'huile, on mêle à cette dernière, pour la préserver de toute altération, environ 3 grammes de créosote pour 50 kilog. d'huile. Celle-ci est alors employée avantageusement à la préparation des cuirs d'empeigne.

CHAPITRE IX.

Épuration par la vapeur d'eau.

—

§ 1. *Vapeur d'eau.*

Une des applications les plus importantes qu'on connaisse dans l'emploi de la vapeur surchauffée, est celle qu'on a tentée en Angleterre pour la purification de l'huile de palme. Comme presque toutes les méthodes employées pour le blanchiment de cette matière grasse sont d'une exécution compliquée et dispendieuse, cet essai a attiré au plus haut point l'attention, d'autant plus qu'on sait de science certaine qu'on a essayé, en Angleterre, la vapeur d'eau surchauffée pour la préparation de l'acide libre de l'huile de palme (acide palmitique), et que, par ce moyen, on a réussi également à blanchir le produit.

Dans un essai de laboratoire, M. le professeur F.-A. Scharling a introduit 1 kilog. d'huile de palme récente dans une chaudière en cuivre, fermée hermétiquement par un couvercle, et pendant deux heures consécutives, il a fait passer à travers cette huile de la vapeur d'eau surchauffée. Il a obtenu ainsi 0kil.500 d'acide gras presque incolore et dont le point de fusion était d'environ 54° C. Le surchauffage de la vapeur s'opérait en conduisant celle-ci à travers un tube en cuivre roulé en spirale, de 11 mètres de développement, et dont le diamètre intérieur était d'à peu près 1 centimètre. Ce tube a été chauffé avec du charbon de bois dans un fourneau ordinaire jusqu'à ce que l'huile de palme ait, par l'action de la vapeur qui passait, atteint une température d'environ 16° C. La chaudière a été entretenue à cette température à l'aide d'un feu de charbon.

M. Scharling n'a pas eu l'occasion de faire un examen plus sérieux, tant de l'acide qui avait été distillé que du résidu d'huile de palme qui était resté dans la chaudière ;

mais ce dont on ne peut douter, c'est qu'après avoir enlevé par la pression la portion encore liquide, on a obtenu, dans la portion concrète qui est restée, une excellente matière pour la fabrication des bougies. Sous le rapport théorique, il semble qu'il y a une très-grande importance à s'assurer si on décomposerait encore de la même manière d'autres glycérides ou corps gras qui, dans la formation du savon, donnent naissance à la glycérine.

En traitant l'huile de ricin par un procédé analogue, on a obtenu, en produits distillés, un mélange d'acides gras qui, portés sur du papier brouillard, ont laissé des paillettes solides d'un éclat perlé, qui ressemblaient beaucoup à l'acide ricinostéarique, tandis que la majeure partie du liquide distillé a été absorbé par le papier.

En traitant le suif par la vapeur d'eau surchauffée, on a obtenu une masse solide, cristalline, qui consistait pour la plus grande partie en acide margarique. La décomposition du suif par ce moyen a, toutefois, été tellement lente, qu'il semble qu'il n'y aura aucun avantage dans la pratique à extraire, par cette voie, l'acide margarique des matières grasses.

Dans toutes ces distillations, on n'a pas remarqué les moindres traces des composés d'acroléine, et encore moins a-t-on trouvé dans l'eau qui avait distillé, de l'acide prélaïque ou sébacique.

Une fois donc qu'il eut été démontré que divers glycérides pouvaient, mais d'une manière qui n'est pas également facile, être décomposés par la vapeur surchauffée tout aussi bien que par les bases puissantes, M. Scharling a essayé l'application de la vapeur d'eau surchauffée sur l'huile de baleine, l'huile du dauphin et la cire.

Les trois matières premières dont il vient d'être question sont décomposées tout comme si on employait les bases puissantes. Dans les produits de la distillation de la cire, on retrouva l'acide cérotique de M. Brodie.

L'expérience suivante a un intérêt tout particulier pour les arts industriels. Lorsque de l'huile de baleine, avec son odeur pénétrante ordinaire, est traitée comme les corps gras dont il a été parlé, cette huile est débarrassée de toute cette odeur. Les vapeurs d'eau entraînent avec elles tous les acides volatils odorants, et comme la température qu'on emploie dans cette opération est, suivant toutes les probabilités, suffisante pour détruire tous les corps qui seraient de nature à provoquer la fermentation, et qui, sans aucun doute, donne lieu à la formation de l'acide phocénique et autres acides dans l'huile brute, il n'est pas présumable qu'une huile purifiée par ce moyen puisse reprendre l'odeur fétide qu'elle avait auparavant. Les échantillons conservés pendant longtemps n'ont éprouvé aucune altération sous ce rapport.

Il est évident qu'il serait bien plus salubre d'extraire par un moyen analogue l'huile de baleine du lard même de cet animal, et qu'on débarrasserait ainsi d'un grand inconvénient les habitants de beaucoup de villes où l'on fait fondre les matières, car en refroidissant convenablement les vapeurs qui auraient été en contact avec le lard, et en conduisant les gaz qui ne seraient pas condensés sous la grille d'une chaudière à vapeur, on les brûlerait entièrement et on n'empesterait plus les villes et les environs.

Du reste, on a cherché depuis longtemps à appliquer ce principe à l'épuration de toutes les espèces d'huiles.

M. Laurot a proposé, en 1848, de décolorer et de désinfecter les huiles de lin et toutes les huiles fines, en faisant passer, à travers, un courant de vapeur d'eau surchauffée à 200° C. ou plus ; les huiles se décolorent en même temps qu'il se produit une odeur particulière. En prolongeant l'action de la vapeur dans les mêmes conditions de température, l'huile perd cette odeur et se décolore.

En l'année 1852, M. Grimes, de Marseille, avait proposé de purifier et épurer les huiles au moyen de la vapeur d'eau surchauffée à 400° C., dans un appareil facile à imaginer, et où les vapeurs mixtes traversent successivement diverses capacités chaudes où elles se condensent dans l'ordre de leur point d'ébullition, c'est-à-dire l'huile d'abord bien exempte d'eau, puis la vapeur d'eau. L'opération se pratique d'ailleurs dans le vide, qu'on a eu besoin de faire dans l'appareil avant de commencer une opération.

§ 2. *Vapeur d'eau et réactifs divers.*

M. Rouffio de Marseille a proposé, en 1851, des procédés de désinfection et de décoloration des huiles fixes dont voici la description :

La base principale de ces procédés consiste dans l'action d'appareils et dans leur mouvement plutôt que dans leurs formes, ainsi que dans les proportions et l'application d'agents chimiques.

On se sert de quatre appareils numérotés de 1 à 4.

Le numéro 1, en forme d'éprouvette simple ou à double caisse, est en fer émaillé ou en bois; on y verse l'huile qu'on veut traiter et on y fait passer un courant de vapeur humide, et, un autre courant sur les parois extérieures mêmes pour empêcher le condensation de la vapeur qui pénètre l'huile.

Le numéro 2, en fer émaillé ou non, de forme ronde, contient un agitateur faisant 500 à 1000 tours par minute et est porté par un moyen quelconque à la température de 130º à 200º C., plus ou moins, selon les besoins.

Le numéro 3 agit sans le concours de la chaleur et contient aussi un agitateur animé de la même vitesse que celui du numéro 2.

Le numéro 4 est une chaudière ou vase clos ayant à sa partie supérieure ou sur l'un des côtés une ouverture pour faire pénétrer l'air chaud par le moyen d'un tube qui vient plonger dans le vase, et une autre ouverture au point opposé sur laquelle est placé un tube aspirateur avec une soupape pour régler le courant de cet air chaud. Dans ce vase est un agitateur à palettes dont l'axe traverse le centre. En versant l'huile dans ce récipient, non-seulement elle est blanchie dans un bref délai, mais elle est en même temps désinfectée.

Les agents chimiques que propose M. Rouffio sont les azotates, chlorites, hypochlorites et sulfites de soude et de potasse; les chlorates, chromates et bichromates alcalins, les acides chlorhydrique, oxalique, sulfhydrique, sulfureux, azotique, azoteux, hypoazotique ; les acétates métalliques, le chlore, l'alun, etc. Mais ceux auxquels il donne la préférence sont indiqués dans chaque opération.

Voici le traitement qu'on fait subir à l'huile de graine de cotonnier.

On la soumet à l'action de l'appareil numéro 1 pendant 2 heures, et par chaque 100 kilog. d'huile, on verse 50 litres d'eau salée composée de 5 kilog. de sel sur 100 litres d'eau. Cela fait, on verse 1 litre d'hypochlorite de soude ou de potasse et on laisse encore agir la vapeur pendant une demi-heure en versant 1 à 2 kilog. d'acide chlorhydrique. On retire ensuite l'huile du récipient, on la filtre et on la verse dans l'appareil numéro 3. On y ajoute 100 litres d'eau chaude ou froide avec 4 litres de lessive ou 2 litres d'hypochlorite de soude ou de potasse, et on agite fortement jusqu'à ce que l'huile devienne bien blanche et on décante.

On obtient aussi le blanchiment de cette huile en mettant dans le récipient numéro 3, sur 100 kilog. d'huile, 2 à 3 litres de soude caustique dissoute dans 20 litres d'eau, ou 2 à 3 kilog. de carbonate de soude cristallisé avec 1 kilog. de chaux vive traitée en lessive concentrée. On agite l'huile pendant une demi-heure, on ajoute le double d'eau, on agite fortement pendant quelques minutes, on laisse reposer, on filtre ou on décante.

On peut encore traiter cette huile par 5 kilog. de chaux vive, agitant pendant une heure, décantant et agitant encore avec 3 litres de lessive ou d'hypochlorite de soude ou de potasse et filtrant.

Quant aux huiles de lin, de sésame, d'arachide, de colza, d'œillette, etc., et autres huiles de graines, on les traite comme on le dira ci-après pour l'huile de coco, soit par l'appareil numéro 1, soit par l'appareil numéro 3, avec cette différence que celles-là peuvent être traitées indistinctement par les acides ou les hypochlorites.

Pour les acides, on doit préférer l'acide chlorhydrique et en mettre 2 à 3 kilog. par 100 kilog. d'huile, et on emploie l'hypochlorate de soude ou de potasse, 1 litre du premier et 1/2 litre du second. On emploie aussi avec succès 2, 3 ou 4 litres de lessive sur 100 kilog. d'huile et de soude caustique, 1 kilog. délayé dans 50 litres d'eau, ou même de la soude caustique liquide étendue de 20 litres d'eau par litre.

On peut enfin traiter ces huiles à froid par les réactifs ci-dessus et dans les mêmes proportions en les agitant fortement, ainsi qu'on l'a dit.

Quant à l'huile de palme, on la traite dans l'appareil numéro 1, et pour chaque 100 kilog. on ajoute 1 à 2 kilog. soit d'hypochlorite de soude ou de potasse, soit de lessive, et on laisse sous l'action de la vapeur une heure de plus. A la fin de l'opération, on ajoute 1 à 2 kil. d'acide chlorhydrique.

On traite encore cette huile en la soumettant à l'action de l'appareil numéro 2, et y versant successivement 3 litres d'eau de lessive ou 1 litre d'hypochlorite de potasse ou de soude. Par le moyen de cet agent, il suffit d'une température constante de 120° à 130° C., en imprimant à l'agitateur un mouvement de 250 à 500 tours par minute. En moins d'une demi-heure l'huile est blanchie.

On peut aussi en tenant en fusion et donnant à l'agitateur 2,000 à 3,000 tours par minute, blanchir cette huile sans le concours d'un agent chimique; et on obtient encore, au moyen de l'appareil numéro 4, le blanchiment de cette huile en faisant pénétrer dans sa masse un courant d'air porté de 150° à 200° C. ou plus.

En ce qui concerne les huiles d'olives fines ou communes, on les traite d'abord à froid, en employant soit les hypochlorites de soude ou de potasse, soit la lessive, soit une solution de soude caustique, ou enfin la soude caustique liquide en lessive de carbonate alcalin et de chaux, en usant de ces alcalis à un degré très-léger et agitant l'huile pendant 1 ou 2 heures.

Si quelques-unes de ces huiles sont infectes, comme les huiles du Levant et de Turin, il faut alors soumettre à l'appareil numéro 1, et pour 100 kil. d'huile, ajouter 2 kilog. d'acide chlorhydrique. Dans l'espace de 2 heures, l'infection a disparu.

Toutes les huiles de poisson, morue, chien de mer, etc., sont traitées d'abord à froid comme les huiles de graines, par les mêmes agents et dans les mêmes proportions, puis on les soumet à l'appareil numéro 1 pour leur faire subir l'action de la vapeur et neutraliser leur mauvaise odeur. Pour cela, on s'en tient à l'acide chlorhydrique dans les proportions indiquées et on termine par des lavages.

Quant à l'huile de baleine, on la soumet à l'appareil numéro 1, et tout en la laissant sous l'action de la vapeur, on y verse, à des intervalles, d'abord 1 kilog. d'acide étendu de 100 litres d'eau pour 100 kilog. d'huile ; une demi-heure après 1 litre de solution de 1 kilog. d'acide oxalique dans 100 litres d'eau ; 1 heure après, à 2 ou 3 reprises, 1, 2, 3 kilog. d'acide chlorhydrique ; et enfin on lave et on filtre.

On traite l'huile de sardines frites par 10 litres de lessive et 50 litres d'eau, et on agite avec les hypochlorites de soude ou de potasse, enfin on soumet dans l'appareil numéro 1, à l'action de la vapeur jusqu'à ce que la mauvaise odeur soit détruite.

Dans toutes ces opérations on fait varier la quantité des réactifs suivant la nature intime ou le caractère tenace des huiles. En outre, les huiles traitées par les acides dans l'appareil numéro 1, doivent être lavées à l'eau bouillante, et quoique dans ces opérations on évite souvent la condensation de la vapeur, il est nécessaire cependant quelquefois de la laisser se condenser ou d'ajouter de l'eau. Mais ce résultat cherché dépend souvent du bouillonnement ou de l'effervescence produit par l'issue de la vapeur introduite.

Enfin pour certaines huiles il est utile de faire passer quelquefois la vapeur dans l'appareil numéro 2, afin de faciliter l'opération ; cependant la chose n'est pas rigoureusement nécessaire.

CHAPITRE X.

Épuration par l'air.

§ 1. *Air froid et réactifs.*

M. S. White a cherché, en 1864, à combiner l'action de l'air atmosphérique sur les huiles avec celles de divers réactifs pour les blanchir, les épurer et les raffiner.

A cet effet il se sert d'un récipient cylindrique ou tambour garni à sa circonférence ou sur ses parois de petits orifices, comme les turbines employées au clairçage des sucres, à la dessiccation des étoffes, etc., le tambour qui est disposé au sein d'une cuve ou autre récipient ouvert. . Lorsque ce tambour tourne, l'huile combinée avec les réactifs est chassée à travers les orifices de la périphérie de la turbine et s'en échappe sous la forme d'une rosée qui se trouve mise, molécule à molécule, en contact avec l'air. Voici, du reste, comment l'appareil est combiné :

A l'intérieur d'un récipient circulaire est placé le tambour rotatif auquel on imprime le mouvement au moyen d'un axe vertical pivotant dans une traverse et muni à l'extérieur du récipient d'une poulie commandée par une courroie ou par une autre transmission. Un tuyau descend dans le récipient jusqu'au cylindre rotatif pour verser dans celui-ci l'huile et les réactifs.

Ces réactifs dépendant des produits à traiter, voici ceux employés de préférence par M. White. Pour les huiles animales, il fait usage de réactifs contenant de l'acide tannique, tels que infusions ou décoctions saturées de noix de galle, de cachou, de sumac, etc.; pour les huiles végétales, d'acide sulfurique combiné avec le bichromate, ou le permanganate, ou le chlorate de potasse.

§ 2. *Air chaud.*

On a aussi proposé l'air chaud pour épurer les huiles, et en particulier l'huile de lin. Ce procédé a même fait l'objet d'un brevet d'invention pris en juin 1864 par M. Fordred.

A cet effet on verse l'huile à traiter dans un vase en fer dans lequel on introduit par une disposition quelconque un courant d'air chauffé qui traverse la masse d'huile en circulant d'un des tuyaux percés de trous ou dans un double fond perforé, jusqu'à ce que l'on constate par le changement d'odeur qu'on a atteint ce but, en dégageant ainsi de ces huiles l'odeur nauséabonde qui leur nuisait.

Il convient de ne pas porter l'huile à une température trop élevée. Cette température peut varier entre 110 et 127° C.

Il arrive parfois que cette manipulation forme d'abord une écume considérable, mais qui diminue plus tard. Il importe donc de ne charger le vase en fer qu'à la moitié de sa capacité et de le garnir d'un rebord en gouttière profonde pour recevoir le trop-plein ou l'huile qui déborde, et éviter ainsi les déchets provenant d'un coup de feu ou un incendie.

§ 3. *Air chaud, vapeur d'eau et chlore.*

M. W. Score a proposé pour blanchir les huiles un procédé dont voici un aperçu :

Pour blanchir les huiles, les graisses ou les résines d'après ce procédé, on les porte à une certaine température, puis on les fait passer, à l'aide de la force centrifuge, à travers une toile fine métallique dans une atmosphère blanchissante renfermée dans une chambre close, mais recouverte en verre, et où la lumière du jour peut avoir accès.

La disposition de l'appareil employé pour cette opération peut varier de bien des manières, mais celle qu'on va décrire paraît remplir le mieux toutes ces conditions.

On fait construire une chambre circulaire en tôle, doublée en bois à l'intérieur, afin d'éviter les pertes de chaleur par rayonnement. Les dimensions peuvent varier, mais 4 mètres de diamètre sur 60 centimètres de hauteur, paraissent des grandeurs assez convenables. Au centre de cette chambre est un arbre vertical portant un cylindre de 20 centimètres de diamètre, dont la surface extérieure consiste en une toile métallique ou une feuille de métal percée d'un grand nombre de petits trous. Ce cylindre ressemble, du reste, à celui des appareils à force centrifuge. La chambre, excepté dans le point où tourne l'arbre, est couverte de verre, et à la partie inférieure il existe un robinet pour extraire l'huile, la graisse ou la résine dans un petit vase, d'où on la fait monter par une pompe dans un réservoir supérieur chauffé à la vapeur et entouré d'une chemise, ou dans des tuyaux, comme on le pratique ordinairement pour maintenir les huiles, les graisses ou les résines, chaudes et à l'état fluide. De ce réservoir supérieur, le liquide s'écoule régulièrement par un robinet dans la chambre circulaire.

Sur le fond de cette chambre on introduit à son intérieur de l'air chauffé à 110° ou 115° C., par des tuyaux coiffés de chapeaux pour empêcher les matières fluides d'y pénétrer. Il existe aussi un ou plusieurs autres tuyaux pour lancer de la vapeur d'eau à 100°, et enfin un tuyau pour amener du chlore ou autre gaz blanchissant, quoiqu'on ait remarqué que la vapeur d'eau et l'air chauffé donnent seuls des résultats très-satisfaisants. Tous ces tuyaux sont pourvus de robinets ou de soupapes pour régler l'écoulement des gaz ou des vapeurs.

On imprime un mouvement de rotation rapide à l'arbre du cylindre, et, entraînées par la force centrifuge, l'huile, la graisse ou la résine fluides sont chassées dans la chambre circulaire sous un état extrême de division, et de manière à présenter la plus grande surface possible à l'atmosphère blanchissante de l'intérieur de la chambre, ce qui facilite beaucoup le blanchiment.

A la partie supérieure de cette chambre, il existe un passage dans la cheminée pour pouvoir évacuer l'atmosphère de la chambre, passage dont on règle l'ouverture par un tiroir ou un registre.

Lorsque l'odeur des huiles ou des graisses peut être

nuisible, le passage ne débouche plus dans la cheminée, mais communique avec le cendrier du foyer, de manière à ce que les gaz odorants soient détruits en passant à travers le feu.

Il n'y a pas de règles pour déterminer les quantités de vapeur et d'air chaud qu'il faut introduire dans la chambre circulaire: l'ouvrier éclairé par la pratique, et en observant attentivement la marche du blanchiment des matières fluides qui s'écoulent de la chambre, sera en mesure de déterminer la quantité qu'il convient d'admettre et qui agit le plus favorablement pour blanchir certaines qualités ou sortes d'huiles, de graisses ou de résines.

CHAPITRE XI.

Épuration par l'éther et le charbon.

M. le professeur Brunner ayant observé que la vapeur d'éther exerce une action décolorante sur les huiles fixes, a cherché dans cette voie un moyen propre au blanchiment de ces huiles, et il y est parvenu pour la plupart ; voici le procédé qui réussit le mieux :

On agite fortement l'huile avec de l'eau à laquelle on a donné une viscosité suffisante au moyen de la gomme ou de l'empois, et l'on forme une émulsion que l'on traite par du charbon de bois bien calciné, puis grossièrement pilé et délivré de la poussière fine par un tamisage. On emploie environ 2 parties de charbon pour 1 partie d'huile. On fait sécher complétement la masse pâteuse à une température qui n'excède pas 100° C., et l'on extrait ensuite à froid l'huile avec de l'éther, en opérant dans un appareil de déplacement. On laisse déposer la poudre de charbon qui est souvent entraînée pendant l'opération, et l'on distille le liquide au bain-marie. L'huile reste dans la cornue.

Les huiles d'olives et de noix perdent ainsi complétement leur couleur.

On pourrait supposer que le charbon, agissant directement, suffirait seul pour décolorer l'huile; mais il n'en est rien. Les huiles, en présence du charbon pendant une semaine entière, ne perdent rien de leur couleur, même lorsque, dissoutes dans l'éther, on les met en contact avec le charbon. L'eau, qui fait partie de l'émulsion, paraît être l'agent intermédiaire de la réaction. Probablement, par la formation de cette émulsion, la matière colorante, qui est sans doute étrangère à l'huile, se dissout dans l'eau et est ensuite absorbée par le charbon. La réaction doit être analogue à celle qui a lieu lorsque les peintres blanchissent les huiles en les battant avec de l'eau et en exposant le mélange au soleil. L'eau, qui ne tarde pas à se séparer, paraît ensuite trouble et souvent mêlée de flocons mucilagineux. L'opération, qui dure des semaines, doit être répétée plusieurs fois, avec de nouvelle eau, jusqu'à ce qu'enfin ce liquide cesse de se troubler et que l'huile soit devenue parfaitement limpide et incolore.

Il est essentiel de laisser entièrement s'évaporer l'eau contenue dans le mélange d'émulsion et de charbon dont il a été question; car, si l'on extrait l'huile auparavant au moyen de l'éther, on la trouve encore chargée de sa couleur.

Il est bon de faire observer que les huiles siccatives, soumises au même traitement, acquièrent un remarquable degré de consistance. Ainsi l'huile de noix devient presque aussi ferme que le beurre; il serait sans doute possible de faire des applications de cette propriété.

CHAPITRE XII.

Épuration par procédés et réactions divers.

§ 1. *Réactifs divers et distillation.*

Pour purifier les huiles de phoque et de baleine et les rendre propres à l'éclairage et au graissage, M. Arkell a proposé en 1855, de préparer d'abord un composé en versant dans un alambic en fer fort 540 litres d'huile de baleine auxquels il ajoute :

Sel ammoniac.	1 kil.	350
Gomme-gutte.	0	112
Résine ou térébenthine. . . .	1	350

On mélange et on chauffe pour distiller et obtenir un fluide oléagineux ou véhicule qui sert à la purification.

Aux ingrédients ci-dessus on ajoute parfois 1 kil. à 1 kil. 350 d'alun qui tend à enlever l'odeur forte de ce fluide distillé.

Pour purifier, on charge un alambic de la quantité voulue d'huile de baleine ou de phoque, et pour 24 litres environ de ces huiles on ajoute de 4 à 6 litres de véhicule ; on distille en chauffant uniformément et on obtient une huile très-limpide et un résidu épais et noir comme du goudron.

L'huile limpide ainsi obtenue a une odeur excessivement forte qu'on fait disparaître en la soumettant à l'action d'une solution chaude composée avec 80 litres d'eau, 225 gram. d'alun, 225 gram. de sel marin et 112 gram. de borax. On agite violemment et on lave pendant longtemps, jusqu'à ce que l'huile n'ait plus d'odeur.

En faisant bouillir cette solution après qu'elle a servi à enlever l'odeur de l'huile, on la régénère, c'est-à-dire qu'on lui rend ses premières propriétés et qu'on peut l'employer à purifier d'autre huile distillée.

On sépare l'huile de la liqueur par un repos et un refroidissement graduel.

Le résidu qu'on trouve dans l'alambic après la distillation de l'huile, est soumis à une distillation ultérieure dans un alambic en fer dit alambic des résidus. Le résultat de la distillation de ce résidu est une huile limpide de couleur foncée qui peut servir de véhicule. Le résidu est une poix noire et dure.

. L'huile qu'on veut purifier doit être préalablement chauffée à 120° C. afin de la priver complétement de toute trace d'eau avant de l'introduire dans l'alambic pour la distiller.

Fabricant d'Huiles.   28

CHAPITRE XIII.

Rancidité des huiles, moyens propres à la faire disparaître.

Les huiles douces exposées au contact de l'air ou de l'oxygène éprouvent des changements différents. Les huiles siccatives, comme celles de lin, de noix, etc., s'épaississent au point même de devenir solides. Cet effet est très-sensible, quand on étend ces huiles en couches très-minces sur l'eau, comme Berthollet l'a fait connaître le premier. M. de Saussure a poussé plus loin ses recherches : il a exposé de l'huile de noix sur un bain de mercure, dans un bocal rempli de gaz oxygène ; au bout de huit mois, cette huile avait absorbé de quatre à cinq fois son volume de gaz oxygène ; mais dans les dix jours suivants, elle en absorba soixante volumes ; deux mois plus tard, cette absorption totale fut de cent quarante-cinq volumes ; pendant ce temps, il s'était formé vingt-un volumes de gaz acide carbonique. L'huile était alors de consistance gélatineuse, et avait acquis de la solubilité dans l'alcool.

Il est à regretter qu'on n'ait pas fait, avec autant de soin, des recherches sur l'absorption de l'oxygène par les huiles non siccatives. Nous n'avons sur ce sujet que des données très-incomplètes. Les chimistes, en général, attribuent cette odeur forte et cette saveur désagréable qui est propre aux huiles, aux graisses et au beurre anciens, ou qui ont resté exposés au contact de l'air, à l'absorption de son oxygène, et à la formation de l'acide sébacique et d'un peu d'acide acétique.

L'expérience a constaté que chaque espèce d'huile ou de graisse rancit à une température et après un temps différents, celles qui sont solides constamment au-dessus de zéro, y sont moins sujettes que les autres. La rancidité se développe d'autant plus vite, que la chaleur est habituellement plus grande. Ainsi, il est très-difficile de conserver les graisses et les huiles dans des pays chauds; celles qu'on fait chauffer et surtout bouillir, rancissent plus vite. Il n'en est pas de même cependant quand on fait fondre les graisses à une douce chaleur, ainsi que le beurre, pour en séparer les principes étrangers à leur composition; alors elles se conservent plus longtemps, surtout si on les sale.

Les huiles provenant de graines peu mûres, ou des olives qui sont encore vertes se conservent plus long-temps en bon état que celles qui proviennent des olives trop mûres ou des graines vieilles. Les uns attribuent cet effet à la plus grande quantité de mucilage que con-tiendraient les premières, ou à un commencement de ran-cidité dans les dernières. Nous adopterons de préférence cette dernière opinion, car l'on sait que les amandes vieilles rancissent et donnent de l'huile rance : le muci-lage ne saurait être regardé comme la cause productrice de la rancidité, puisque les graisses, le beurre, etc., qui n'en contiennent point, rancissent également.

De ces faits découle cependant une donnée juste : c'est qu'il faut conserver les huiles et les corps gras à l'abri de l'air, dans des vases bien bouchés, et dans des lieux frais (les caves), où la température ne varie pas sou-vent, et éviter, autant que possible, de les remuer, ni de les déboucher. Le sucre en poudre, suivant M. Bosc, serait aussi un bon conservateur des huiles. Voici divers moyens de détruire la rancidité des huiles.

1º *Par l'eau pure et salée.* — On mêle vingt-cinq par-ties d'huile rance, avec quarante parties d'eau à 30º C.; on agite le mélange pendant un quart-d'heure ; on laisse déposer, on soutire l'eau, et on répète jusqu'à six fois cette opération. Ce moyen enlève aux huiles une partie de leur rancidité; mais ces effets sont beaucoup plus marqués si l'on dissout quatre parties de sel dans trente parties d'eau. Par ce dernier moyen, on doit conserver ensuite les huiles avec la même eau salée, en les agitant de temps en temps.

2º *Par le vinaigre.* — On prend vingt-cinq parties d'huile, et cinq de bon vinaigre, et on les agite ensemble ;

on répète cette opération trois ou quatre fois. Ce moyen
est inférieur à celui par l'eau salée.

3° *Par l'alcool.* — On prend quatre-vingt-dix parties
d'huile, et dix d'alcool ; on les agite pendant longtemps ;
on soutire et l'on répète jusqu'à trois fois cette opération. Ce moyen est supérieur aux précédents : on distille
ensuite l'alcool sur un cinquantième de potasse, pour
s'en servir pour d'autres opérations. L'éther produit
aussi un très-bon effet.

4° *Par la magnésie.* — On prend cinq parties de magnésie calcinée, que l'on agite avec quatre-vingts parties
d'huile, cinq à six fois par jour, pendant quinze minutes ; au bout de cinq à six jours on filtre. Ce procédé
donne de très-bons résultats.

Les divers moyens d'épuration des huiles détruisent
aussi une partie de la rancidité ; mais nous devons faire
observer que ces huiles, *dérancées*, doivent être consom-
mées de suite, car elles sont disposées à subir cette altération à un plus haut degré.

CHAPITRE XIV.

Épuration de l'huile propre à l'horlogerie.

On a essayé bien des moyens pour rendre les huiles
propres à l'horlogerie. On a filtré au papier gris, ou à
travers le charbon, on a désacidifié l'huile par de la limaille de plomb, du carbonate de soude, mêlés à l'eau
distillée ; on l'a exposée à la gelée, puis filtrée, on l'a fait
bouillir dans l'eau, dans l'alcool, etc.

M. F. Roth fait chauffer les huiles en y ajoutant du minium en poudre très-fine et nomme les huiles ainsi traitées pyroléines. Voici les proportions qu'il conseille :

Pyroléine de colza liquide.   1/2000 d'oxyde de plomb.
     —   — ferme. .   1/75
     —   d'olive liquide. .   1/1000

En quelques heures l'opération est terminée, et le

point de congélation des huiles est abaissé par cette opération.

La meilleure huile pour diminuer les frottements est celle qui est exempte de mucilage, qui ne contient point d'acide, et ne se fige point par le froid ; or, comme la stéarine est la partie la plus solide des huiles, et celle qui se congèle par le froid, on en dépouille l'huile d'olives et les huiles grasses, par le procédé de M. Chevreul, qui consiste à triturer dans un matras, une partie d'huile, avec 7 à 8 d'alcool bouillant ; on décante la liqueur et on l'expose au froid ; la stéarine se sépare sous forme cristalline ; alors on fait évaporer, jusqu'au cinquième de son volume, la solution alcoolique, et l'on a pour produit l'*oléine pure*, qui est incolore, insipide, presque sans odeur, et n'exerçant aucune action sur l'infusion de tournesol ; sa consistance est celle de l'huile d'olive blanche, et elle se fige difficilement.

On peut obtenir aussi l'oléine pure en saponifiant à froid les huiles grasses, par une lessive concentrée, car la stéarine forme d'abord un savon ; on fait chauffer celui-ci pour séparer l'oléine qu'on fait passer à travers un linge, avec la solution alcaline en excès ; l'oléine surnage cette dernière, on n'a plus qu'à la séparer.

Ce procédé, que l'on doit à M. Lecler, est applicable à toutes les huiles fixes, à l'exception de celles qui sont rances ou altérées par la chaleur.

Les horlogers anglais se servent généralement de quatre espèces d'huiles pour les pièces d'horlogerie, savoir : 1º l'huile d'olives ; 2º l'huile de noix de Barcelone et l'huile de noisettes ; 3º l'huile de pieds épurée ; 4º et l'huile de poisson.

Les horlogers français considèrent l'huile d'olives comme la meilleure pour cet objet, quand elle a été fabriquée avec des olives arrivées à un degré précis de maturité, et qu'on n'emploie que l'huile vierge.

L'huile de noix ne paraît pas très-propre à ce service, parce qu'elle épaissit et est inférieure sous ce rapport à l'huile de noisettes qui reste fluide pendant longtemps en contact avec le laiton.

M. David Mœk, horloger à Edimbourg, considère l'huile fine de pieds, comme de beaucoup préférable aux huiles végétales, mais inférieure à l'huile de spermaceti, qui se conserve intacte, pendant des années, sur des plaques en laiton. Seulement elle a le défaut de s'étaler, défaut qu'on lui fait perdre en y mélangeant un peu d'huile de pieds raffinée.

Voici maintenant le procédé proposé par M. Laresche, pour préparer l'huile d'olives propre à l'horlogerie :

On cueille les olives bien mûres, on les étend sur une toile, dans un lieu frais, pendant quatre ou cinq jours ; on les pèle ensuite avec beaucoup de soin, en choisissant les plus saines et rejetant celles qui sont gâtées, et surtout en séparant bien l'épiderme ; on enlève alors les noyaux. La chair est battue et réduite en pâte dans un mortier, puis pressée fortement dans une toile ; l'huile qui a découlé est filtrée d'abord dans un tamis de crin, puis dans un filtre de papier gris, garni intérieurement d'une couche de coton. Cette filtration se fait à l'aide du contact de l'air, dans un endroit frais. On enferme alors l'huile dans des bouteilles parfaitement bouchées.

Un mois après, cette huile est filtrée de nouveau dans des gobelets coniques, faits en tilleul très-vieux et très-sec ; chacun de ces gobelets, épais d'un millimètre, peut contenir un demi-kilogramme d'huile et est placé sous une cloche. Il faut trois jours pour que cette quantité d'huile soit filtrée ; elle acquiert alors une grande fluidité, et toutes les propriétés nécessaires à l'horlogerie.

L'épuration des huiles se pratique ordinairement dans des tonneaux, des bacs, des cuves ou autres appareils analogues, dont les descriptions précédentes ont donné une idée suffisante. On conduit avantageusement le mélange de l'huile et de l'acide dans un bac allongé, où les matières sont soumises à un brassage prolongé par un agitateur hélicoïdal disposé sur un arbre horizontal.

CHAPITRE XV.

Appareils pour l'épuration et la filtration des huiles.

On filtre souvent l'huile après qu'elle a été épurée à l'acide, en la recevant dans des cuves percées de trous garnis de mèches de coton ou de laine cardée; l'huile filtre à travers ces mèches et coule parfaitement épurée et propre à l'éclairage.

1° *Filtre de* M. DUBRUNFAUT.

M. Dubrunfaut s'est servi avec avantage pour filtrer les huiles de colza, d'une caisse garnie en métal, et où les matières filtrantes sont interposées entre deux treillis, à carreaux en bois, soutenus au milieu de cette caisse par deux cadres en bois, appuyés sur des saillies ménagées à l'intérieur de celle-ci et pressés par des vis passant par des écrous et qui font saillie au dehors. Au moyen de ces dispositions, les matières placées entre ces treillis sont comprimées par l'effort des vis. On amène l'huile par un tube dans la partie inférieure de la caisse, où elle est soumise à la pression due à la hauteur dans ce tube. Cette pression la fait passer à travers le filtre dans la capacité supérieure, d'où elle s'écoule par un robinet à l'état d'huile blanche.

2° *Appareil de* M. KLOZ.

Cet appareil est combiné de manière à présenter des avantages sous le rapport de la main-d'œuvre, du temps, de la quantité et de la qualité des produits. On y a appliqué le principe de l'équilibre des liquides pour obtenir une pression variable suivant les circonstances ; la marche liquide y est réglée de manière à permettre, avec une grande facilité, le dépôt des impuretés et leur séparation ; les pouvoirs filtrants y sont disposés dans un ordre rationnel, et enfin on y fait l'application de corps n'ayant encore jamais servi à cet effet et dont l'action contribue puissamment à la qualité supérieure des huiles filtrées par ce procédé.

Fig. 103 à 110, pl. 3, A, réservoir : il peut être d'une grandeur quelconque, dépendante de la quantité d'huile qui doit filtrer, sans qu'on soit obligé de le remplir de nouveau. Dans le cas où un très-grand réservoir devrait l'alimenter, on adapte au robinet de celui-ci un robinet flotteur dont la boule nage dans l'huile du réservoir plus petit, de manière à faire cesser tout-à-fait l'afflux de l'huile lorsque ce dernier serait tout-à-fait rempli ; au contraire, le flotteur baissant à mesure que l'huile s'écoule hors du réservoir, le robinet du grand alimentateur se trouverait ouvert, l'huile pourrait de nouveau affluer jusqu'à ce que le niveau primitif fût rétabli.

La forme du réservoir A peut être quelconque (cube, cylindre, tonneau, etc.) et varier suivant les exigences de la localité.

A la partie inférieure et du côté de l'ouverture Z se trouve une plaque *a b*, percée de petits trous et destinée à retenir les impuretés grossières qui pourraient obstruer le tube *n*.

Le tube de communication *n* réunit le réservoir A au clarificateur C ; ses dimensions, sa longueur, son diamètre, l'épaisseur de ses parois, la nature du métal qui le constitue sont tout-à-fait arbitraires et dépendent seulement de certaines conditions qu'on veut remplir.

Pour produire une forte pression, on emploiera un tube *n*, d'une longueur proportionnée à cette pression, et pour permettre à une grande quantité de liquide de s'écouler en peu de temps, on augmentera le diamètre inférieur du tube. Un robinet *c* y est adapté en un endroit quelconque, pour pouvoir régulariser à volonté l'afflux du liquide et même pour l'arrêter instantanément.

Le clarificateur C est fermé par une enveloppe extérieure renfermant dans son intérieur des compartiments. La forme, la nature des parois et la capacité peuvent être quelconques, les dimensions dépendront de la quantité d'huile à filtrer dans un temps donné.

Ce clarificateur C présente, à sa partie inférieure, une

ouverture *d* fermée par un robinet ou par un bouchon, pour pouvoir enlever de temps en temps les impuretés qui s'y déposent.

Dans l'intérieur se trouvent des disques *e f*, *g h*, *ik*, *lm*, *no*, qui sont percés de trous très-étroits ; ils sont engagés dans des rainures pratiquées aux parois intérieures du clarificateur. En serrant parfaitement à l'intérieur ces parois, les disques se trouvent serrés avec force par leur circonférence, dans ces rainures, ce qui établit une fermeture assez exacte pour empêcher l'huile de se glisser entre les bords du disque et les rainures. Entre ces deux disques successifs se trouvent déposés les pouvoirs filtrants que l'huile doit traverser. Le pouvoir désacidifiant est composé de terres et carbonates alcalins. Le pouvoir filtrant ést composé de tous les corps capables de retenir les parties mucilagineuses de l'huile, telles que sciure de bois, tourteaux, chiffons, laine, coton, charbon, sable, papier non collé, etc. Dans les appareils 103 et 106, l'huile traverse d'abord le pouvoir désacidifiant, puis deux pouvoirs filtrants, mais on peut ne pas s'astreindre à cette succession, intervertir l'ordre des pouvoirs, et même en omettre quelques-uns, ou au moins l'un ou l'autre, suivant que l'huile, par sa nature, sera plus ou moins facile à clarifier. Rien n'empêche aussi de placer chacun des pouvoirs dans un appareil à part et de faire passer successivement l'huile à travers chacun des appareils ; le résultat final sera le même que si les pouvoirs avaient été réunis dans la même enveloppe.

L'huile passe enfin à travers un pouvoir clarifiant qui consiste en des sacs de feutre *t*, *t*, *t*, de toile, de laine ou de coton, qui peuvent être uniques comme dans les appareils 103 et 105, ou multiples comme dans l'appareil 106.

Les sacs sont fixés très-solidement sur un disque *p s*, ayant une seule, fig. 103 et 105, ou plusieurs ouvertures, fig. 106, suivant le nombre des sacs.

Les ouvertures *q*, *r* sont garnies, à la partie inférieure, de disques percés de trous analogues à ceux déjà décrits, pour empêcher le deuxième pouvoir filtrant d'être entraîné dans l'intérieur du sac *t*. L'huile épurée s'écoule par l'ouverture *g*.

Pour empêcher qu'il ne reste une trop grande quantité d'huile dans le clarificateur après la filtration, on rétrécit la partie inférieure, fig. 106, à laquelle on donne la forme d'un cylindre d'un diamètre assez petit, et, en outre, on rapproche les pouvoirs filtrants, pour laisser entre eux un espace peu considérable.

Pour supporter le poids du cylindre supérieur, fig. 106, on se sert de colonnes soit en bois, soit en fonte.

Le cylindre inférieur *g h e f* est également soutenu. Enfin on a soin de fermer les parties supérieures du réservoir et du clarificateur, pour empêcher la poussière et les impuretés de s'y déposer.

En résumé, les conditions principales de cet appareil sont : disposition en trois parties, réservoir, tube de communication et clarificateur ; facilité d'augmenter et de diminuer la pression ; marche de l'huile à travers les différents pouvoirs filtrants, de manière à ce que, à mesure qu'elle se clarifie, elle passe par des pouvoirs plus purs aussi et moins fatigués ; disposition qui oblige les impuretés de se déposer à la partie inférieure des filtres et non sur leur surface supérieure par laquelle sort l'huile épurée, ce qui permet de les enlever plus facilement et les empêche d'obstruer rapidement les pouvoirs filtrants.

3º *Appareil de* M. VOIGT.

Dans le vase cylindrique en fer A, fig. 29⁴, pl. 1, haut de $0^m.90$ et d'un diamètre de 1 mètre, et qui est entouré d'une enveloppe de vapeur pour chauffer les masses qu'on veut mélanger, est suspendu à un arbre vertical *f* au moyen de bras *d, d, d, d*, un cône renversé, tronqué B, ouvert par le bas et distant seulement de 6 millimètres du fond du vase A. Ce cône consiste dans la partie supérieure de sa surface sur une largeur d'environ 15 centimètres, en un tamis fin ou une toile métallique fine *b, b'* qui joue un rôle important dans la distribution moléculaire des liquides qu'il s'agit de mélanger. L'arbre roule dans une crapaudine *g* vissée sur le fond et au milieu du vase A, et le mouvement est communiqué à ce cône en métal par une roue d'angle h, h' calée sur l'arbre, commandée par une roue i, i' du même genre enfilée sur un arbre horizontal k qui, lui-même, est mis en mouvement par le premier moteur à l'aide des poulies fixe et folle m ou n. La vis de calage l presse sur l'arbre k, et par conséquent maintient le contact entre la roue i, i' et celle h, h'. Le vase A est fermé par un couvercle sur lequel s'élève un entonnoir o débouchant dans un tuyau en plomb p, p', p'', p''' qui rampe le long des parois et est percé en dessous de trous très-fins.

Le fond q, q' du vase A est légèrement incliné en tous sens pour que les liquides qu'on y verse aient constamment une tendance à se réunir au milieu sous l'orifice du cône. Le robinet r sert à l'évacuation des liquides contenus dans A; s est le robinet d'arrivée, et t celui d'échappement de la vapeur d'eau dans l'enveloppe.

Voici la manière de faire fonctionner cet appareil :

Aussitôt après que les huiles ou les matières grasses qu'on veut traiter par les réactifs ont été introduites dans la capacité A, on met le cône en mouvement ; celui-ci, par l'effet de la force centrifuge, remonte le liquide qui échappe, sous forme de nuage, des trous du tamis b, b'; au même moment on verse dans l'entonnoir o l'acide ou la lessive qui se divise dans le tuyau de plomb p, p', p'', p''', et tombe en pluie fine dans l'huile. Tant que l'huile avec les réactifs sont remontés sans interruption par le cône tournant et distribués par le tamis b, b', les liquides les plus pesants n'ont pas le temps de se déposer par le fond et se mélangent à l'huile par leur passage violent à travers le tamis, d'une manière tellement intime que le liquide paraît laiteux.

Dans cette machine qui contient de 2,50 à 3 quintaux métriques, le mélange est complet au bout de 5 à 10 minutes. On laisse alors l'huile reposer et s'éclaircir dans des cuves ou des tonneaux disposés à cet effet, de manière qu'il ne peut pas se déposer d'impuretés dans l'appareil. Comme l'effet du mélange est complet et, par conséquent, que l'action réciproque des réactifs et des huiles est parfaite, on n'a besoin que d'une proportion de ces réactifs moins grande qu'avec les autres appareils, ce qui, sous le rapport économique, n'est pas à dédaigner.

Dans diverses fabriques, on est encore imbu de cette grossière erreur qu'une action prolongée de l'acide sur l'huile est avantageuse, tandis, au contraire, qu'elle est doublement funeste. En effet, dès que l'huile chaude mélangée intimement à l'acide est abandonnée au repos, les fèces acides se forment très-rapidement et l'huile est limpide ; mais, par un plus long séjour de l'huile sur l'acide, on voit commencer une décomposition, puisqu'il se dégage de l'acide sulfureux et qu'il se forme de l'eau. Pour former cette eau, les huiles abandonnent une partie de leur hydrogène et deviennent ainsi plus pesantes. Simultanément avec cette formation d'eau, il se sépare de ces fèces acides concentrées une partie des matières éliminées par l'acide qui s'en était emparé et qui s'unissent de nouveau à l'huile, laquelle prend alors une couleur rougeâtre. Il est donc infiniment préférable d'enlever ces fèces acides aussitôt que possible, après une clarification suffisante, et de laver l'huile avec une eau aiguisée d'acide.

Cet appareil centrifuge à mélanger exige peu de force et peut aisément, sans compromettre son effet, être manœuvré à bras.

4° *Epuration des huiles de* M. DELŒUVRE.

M. Delœuvre, de la Bastide (Gironde), s'est fait breveter, en 1855, pour un mode mécanique d'épuration des huiles dont voici la description :

Fig. 175, pl. 8. Turbine qui se compose d'un récipient principal E en tôle étamée, posé sur un fort tréteau G ; des colonnes G'G' soutiennent au-dessus de ce récipient les pièces du mécanisme moteur. Une manivelle O, calée sur l'axe d'un pignon vertical, transmet le mouvement à un pignon d'angle d'un diamètre moitié moindre, calé sur un arbre vertical H dont le sommet repose sur une crapaudine retenue par une plaque F et 2 vis de rappel, dont la base traverse verticalement le récipient et pénètre jusqu'à 2 centimètres de sa base.

Sur cet arbre vertical sont fixées 4 ailes à une distance de 90 degrés entre elles, et dont le rayon est les 2/3 de celui du récipient ; elles sont percées de trous, mais disposés en sens alternes différents. Aux parois du récipient, fig. 176, sont également fixées 4 ailes ayant toute la hauteur de celui-ci, et pour largeur 1/3 environ de son rayon.

Lorsqu'il s'agit de soumettre l'huile brute au premier travail d'épuration, on l'agite au moyen du mécanisme de la turbine, après avoir rempli le récipient avec cette huile, c'est-à-dire qu'en mettant celui-ci en mouvement, l'huile est divisée sans cesse par les trous disposés en sens inverse, et coupée par les ailes fixées aux parois de la turbine. Ainsi agitée et battue pendant environ une heure, l'huile à laquelle on a ajouté une matière dont il sera question plus bas, est décomposée en ses parties essentielles, telles que graine, mucilage, stéarine et huile pure. C'est alors qu'on la filtre au moyen d'un appareil, fig. 177, qui se compose de deux récipients d'égale grandeur superposés l'un à l'autre, d'une pompe à air, d'un manomètre, d'un appareil de pression et de divers accessoires à l'aide desquels on opère comme il suit :

Au sortir de la turbine, l'huile est versée dans un entonnoir F qui communique, par un conduit, avec le récipient inférieur du filtre ; elle se répand sur une plaque de tôle percée B, fig. 178 et 179, placée immédiatement sur la couche de la matière filtrante qui est au fond du récipient. Cette matière filtrante repose entre la plaque de tôle et une forte toile, le tout disposé dans une pièce qui sert de couvercle inférieur au récipient et s'emboîte exactement dans celui-ci, où il est fixé par des vis adaptées sur une partie saillante, à 10 centimètres de hauteur du fond et à la partie extérieure.

La quantité d'huile qu'on introduit dans le récipient inférieur en occupe environ les 8/10 de sa hauteur, et dès qu'elle reflue dans l'entonnoir, on ferme le robinet du tube d'introduction. L'huile introduite dans le filtre, le piston du récipient supérieur est entièrement relevé par le cabestan M, soutenu par les supports du tréteau de l'ap-

Fabricant d'Huiles.   29

pareil, cabestan qui porte deux manivelles et une roue à rochet.

Dans cette position, on fait fonctionner la pompe pneumatique P, et on comprime une suffisante quantité d'air dans la partie vide des deux récipients qui communiquent entre eux, jusqu'à ce que le manomètre indique une pression suffisante ; alors on détache le rochet et on laisse descendre le piston chargé de poids ; le liquide comprimé par la pression du piston sur l'air des récipients, traverse la matière filtrante et tombe dans un entonnoir V placé sur un tonneau destiné à le recevoir. Les matières grasses se déposent sur le filtre. La quantité d'huile à filtrer dépend du poids de l'appareil à comprimer, de la capacité du récipient et de l'épaisseur du filtre.

M. Delœuvre croit que ce procédé produit des huiles débarrassées de tout acide ou mucilage qui les rendent troubles, qui ne se congèlent pas par un abaissement de température, et sont sans odeur, avantages qu'on obtient avec économie et peu de main-d'œuvre.

La matière à filtrer est la pierre ponce pilée et tamisée à la grosseur du café bien moulu ; la poudre qui en provient est délayée avec de l'huile pareille à celle qu'on veut filtrer, mais bien pure, dont on fait une pâte molle qu'on étend sur la toile sur une épaisseur de 1 centimètre, plus ou moins, selon le degré de pureté ou de finesse qu'on veut obtenir et le degré de pression imprimée à l'huile par le piston.

Pour provoquer la séparation de la stéarine et du mucilage contenus dans les huiles, il suffit de placer dans le vase E,E, fig. 175, 31 gram. de pierre ponce en poudre pour 500 gram. d'huile à filtrer, et de mettre en mouvement le manège A,B, pendant une heure. Après 24 heures de repos, le robinet K,R est ouvert et l'huile transvasée dans le filtre pour y être traitée comme on l'a dit.

La matière filtrante doit être changée lorsqu'elle est trop chargée de graisse et de stéarine et peut resservir après un lavage à l'eau chaude.

La figure 180 est le camion qui sert au transport des tonnes à huiles.

M. Delœuvre a encore imaginé d'autres appareils propres à épurer les huiles La figure 181 est une turbine et la figure 182 un réservoir à air en tôle forte reposant sur un madrier de bois H. L'air y est comprimé par une pompe foulante K, mise en mouvement par une manivelle avec volant. Le degré de la pression y est indiqué par un manomètre, et l'air comprimé introduit dans le filtre par un tuyau Y.

Ce filtre est en tôle étamée et repose sur un tréteau G ; l'huile y est introduite par le sommet au moyen d'un entonnoir qu'on retire ensuite, et le tube introducteur est fermé hermétiquement par un bouchon à vis ; la hauteur de l'huile est indiquée par un tube gradué en verre. Le filtre étant chargé de liquide aux 4/5 de sa capacité, on y refoule de l'air par le tuyau Y, et du filtre proprement dit, l'huile passe par la pression par un tuyau étamé dans un second récipient aussi étamé qui contient la matière filtrante, et de forme rectangulaire. Dans ce récipient est soudé un cadre en fer, fig. 183, sur lequel est un cuir de même patron recouvert d'une plaque de fer percée de trous de 2 1/2 millimètres de diamètre, comme on le voit fig. 184. Enfin cette plaque est recouverte d'une toile et le tout est retenu par un cadre mobile fixé par des vis au cadre soudé.

La matière filtrante repose sur cet appareil, renfermée dans une toile sur une épaisseur de 1 centimètre. Cette toile, cousue en forme de sac, est assez claire pour laisser passer facilement la partie fluide et assez serrée pour retenir complétement la matière filtrante. Ce sac s'adapte exactement aux dimensions de l'appareil, et au-dessus est placée une plaque percée semblable à celle fig. 184, et qui est destinée à maintenir la matière filtrante. Cette plaque est assujettie par de longs pieds en fer de 1 centimètre de diamètre et rivée à une autre plaque de fer de même forme. Ces pieds sont au nombre de 9, dont 3 sur les côtés et 1 au centre, sur lequel on serre une forte vis maintenue par une traverse en fer vissée par chacun des

côtés, de manière à pouvoir être enlevée et rendre libre ε
l'appareil intérieur pour changer la matière filtrante.

Dans cette opération, l'huile du récipient principal,
communique par le tuyau décrit avec celui inférieur, la
pression de l'air refoulé force le liquide à traverser la
matière filtrante, à remonter à la partie supérieure d'où
l'huile sort épurée par un tube recourbé qui la verse
dans les tonneaux.

Voici les diverses parties dont se compose l'appareil :

Récipient, fig. 181. U, réservoir à air comprimé en
tôle ; P, pompe foulante ; G, volant et manivelle de la
pompe ; R, manomètre ; I,I, brides à vis qui fixent le réservoir sur le madrier K ; L, tuyau servant à conduire
l'air dans le filtre ; Y, tuyau à bout brisé indiquant qu'il
doit alimenter d'autres filtres.

Filtre, fig. 182 ; M, tube surmonté d'un bouchon à vis pour
intercepter le passage de l'air lorsque l'huile est dans le
filtre ; N,N, brides serrant le couvercle sur le récipient ;
K, espace réservé à l'air comprimé ; U, niveau de l'huile
le filtre étant chargé ; V, tube en verre et gradué indiquant le niveau de l'huile ; B, récipient en tôle étamée à
l'étain fin ; S, bride garnie d'un serre-vis pour fixer le récipient au tréteau G ; F, robinet interceptant le passage
de l'huile du récipient ou rase, lequel ne doit pas être
en cuivre ; A, bride à vis fixant le vase au récipient ; D,D
vase en tôle étamée contenant la matière filtrante ; E, fond
du vase légèrement incliné pour faire écouler l'huile ;
H, espace occupé par la matière filtrante ; O, plaque de
fer armée de 9 pieds ; Z, traverse portant une grosse vis
serrant sur le centre ; Q, couvercle ; J, tube conduisant
au tonneau l'huile épurée ; L, tube de nettoyage conduisant au fond du vase.

Fig. 183, cadre en fer étamé percé de trous de vis servant à maintenir la plaque et la toile ; fig. 184, plaque de
fer étamée, percée de trous de 2 1/2 millimètres.

CINQUIÈME PARTIE.

SOPHISTICATIONS DES HUILES ET MOYENS
DE LES CONSTATER.

Nous avons vu dans les divers chapitres de ce manuel que les huiles ne jouissent pas toutes des mêmes propriétés organoleptiques, physiques et chimiques, et il en est résulté que quelques-unes sont propres à des applications plus nombreuses, plus utiles, plus soignées, et qu'elles sont l'objet d'un commerce étendu et qui procure des bénéfices importants. Ces circonstances et la grande analogie dans l'aspect que présentent les huiles entre elles, ont suggéré depuis longtemps l'idée de falsifier celles qui sont plus précieuses et d'un prix plus élevé avec des huiles provenant d'une autre source, plus abondantes ou moins recherchées, et ce genre de fraude a pris dans ces derniers temps un tel développement, qu'on a senti partout la nécessité de posséder un moyen sûr de contrôle certain et prompt pour constater les mélanges d'huiles d'origines différentes, en un mot pour constater leur sophistication.

Malheureusement, comme nous venons de le dire, les propriété organoleptiques, physiques et chimiques des différentes huiles offrent une si grande ressemblance entre elles, qu'on est obligé d'avoir recours à des moyens délicats et variés afin d'établir d'abord qu'il y a mélange des huiles entre elles, ensuite pour déterminer la proportion des huiles mélangées et enfin la nature de celle qui a servi à la sophistication. Beaucoup de procédés, tant particuliers que généraux, ont été proposés dans ces derniers temps pour cet objet, tous présentent, sous certains rapports, des avantages et laissent à désirer sous d'autres. Il ne nous appartient pas d'en faire ici une critique qui exigerait qu'on la fît précéder d'expériences étendues et

d'une pratique consommée, aussi nous proposons-nous
simplement d'exposer les caractères distinctifs de ces
procédés, en laissant aux praticiens le choix ou la combinaison de ceux qui leur paraîtront devoir conduire plus
sûrement et plus promptement à la découverte de la
fraude.

CHAPITRE PREMIER.

Propriétés organoleptiques des huiles.

Nous savons déjà que beaucoup d'huiles diffèrent entre
elles par la saveur, l'odeur et la couleur. La première
chose qu'on doit faire pour constater l'identité d'une
huile ou sa sophistication, est de constater ces deux propriétés.

1º La *saveur* des huiles peut servir à y reconnaître des
mélanges, mais pour cela il faut être doué d'un organe
du goût fort délicat et très-sensible, et être exercé à ce
genre d'épreuve par une longue pratique ; malgré cela
il est des commerçants qui, en goûtant l'huile d'olives
peuvent indiquer d'une manière certaine si elle a été
mélangée à une huile d'une autre nature.

La saveur des huiles d'olives, d'amandes douces, de
coton, de noisettes, de noix, de navette, est douce et
agréable ; celle de l'huile de madia peu sensible ; celle de
l'huile de faîne fade ; celle des huiles de colza, de chenevis peu agréable ; celle des huiles de cameline et de lin
particulière, tandis que celle d'huile d'arachide rappelle
la saveur des haricots verts, celle de l'huile de ricin un
peu âcre ; enfin celle de certaines huiles de poisson tout
à fait repoussante.

2º L'*odeur* des huiles peut tout au plus servir d'indice
parce que celle de ces liquides varie souvent de pays à
pays, suivant qu'ils ont été exprimés à froid ou à chaud,
suivant leur degré d'ancienneté, avec température, etc.
Pour faire l'essai d'une huile par l'odorat, il faut en frotter l'intérieur des mains et appliquer celles-ci sur l'organe
afin d'élever la température qui exalte un peu cette

odeur. Quelques négociants parviennent ainsi à saisir quelques indices qui révèlent un mélange, mais dans tous les cas, pour plus de sûreté, il faut répéter la même opération sur la même huile de la même origine et provenance, mais dont la pureté est parfaitement reconnue.

M. Heidenreich conseille à cet effet de mettre quelques gouttes de l'huile dont on veut reconnaître la pureté, dans une petite capsule en porcelaine et de l'exposer pendant quelques moments à la flamme d'une lampe à alcool. L'odeur qui se développe rappelle alors celle de la plante d'où elle provient, ou de l'animal qui la fournit; c'est surtout quand on agit comparativement avec une huile reconnue pure, que ce caractère acquiert de l'importance. On reconnaît ainsi parfaitement la présence de l'huile de lin ou de l'huile de baleine, dans l'huile de navette, etc. N'oublions pas cependant, que ce caractère est un peu trop fugace et qu'il ne peut en effet servir que de guide pour des expériences ultérieures, ou pour corroborer d'autres preuves plus faciles à saisir.

Tout le monde sait que l'odeur des huiles d'olives est toute particulière; que celle des huiles d'œillette, d'amandes douces et amères, de noisettes, de noix, de ricin est nulle; que celle des huiles de lin est forte; celle des huiles de chenevis, de baleine, de morue désagréable, et enfin que celle des huiles de colza, de navette et de cameline est nauséeuse; mais il ne faut pas attacher trop d'importance à ces caractères, parce que les moyens actuels de purification font aisément disparaître ceux un peu tranchants et caractéristiques dans les huiles extraites récemment et naturelles. En général la température exalte l'odeur des huiles, mais l'expérience montre qu'il ne faut pas compter sur ce moyen pour reconnaître les mélanges.

3º La *couleur* est aussi un caractère qu'on peut consulter, mais auquel il ne faut pas avoir confiance, parce que cette couleur dépend de circonstances locales, du mode d'extraction et d'épuration, de l'âge des huiles, etc. Néanmoins, on distingue assez facilement la couleur jaune plus ou moins foncée des huiles d'olives et d'œillette, de celle ambrée des huiles d'amandes, de ricin, de chenevis, de madia, de lin, de celle jaune-rouge de l'huile de coton, des huiles de poissons, etc.

CHAPITRE II.

Propriétés physiques.

Les propriétés physiques qui servent à caractériser les huiles entre elles ou à les distinguer les unes des autres, peuvent être consultées avec avantage, surtout si l'on est habitué aux manipulations exigées pour les constater ou si l'on est pourvu de bons appareils pour cet objet. Nous nous attacherons donc à faire connaître ces propriétés et les applications qu'on peut en faire dans l'analyse qualificative des huiles.

Les propriétés physiques des huiles qui peuvent servir à les distinguer entre elles et à constater leur mélange sont la densité, la fluidité, la manière dont elles se comportent par une élévation ou un abaissement de la température, la diffusibilité et la facilité plus ou moins prononcée de conduire l'électricité, et enfin le pouvoir réfringent.

SECTION Ire.

DENSITÉ.

Chaque huile, pourvu qu'elle provienne de la même plante ou du même animal, a une densité qui lui est propre, et qui, à une même température, ne peut varier que de quelques dix-millièmes. Pour la plupart des huiles examinées jusqu'à présent, cette densité a varié dans les limites de 0,900 (huile de suif) et 0,961 (huile de ricin), la densité de l'eau étant prise pour unité à la température de 15°C., qui correspondent, sur l'alcoomètre centésimal de Gay-Lussac, au 66° degré et au 34° degré.

1° On n'aura donc qu'à se procurer un alcoomètre comme l'a proposé M. Heydenreich, de Strasbourg, à prendre la densité de l'huile suspecte et à chercher dans la

table de Schübler, que nous avons reproduite aux pages 8 et 10, quel est le liquide auquel appartient cette densité, et enfin si celle-ci correspond à celle de l'huile annoncée.

On pourrait construire sur le même modèle un pèse-huile sur lequel on mettrait à +15° C. de température, aux points extrêmes de l'échelle, en bas 0,970, densité qui est un peu supérieure à celle de l'huile de ricin, et au haut 0,900, qui est la densité de l'acide oléique ou huile de suif. On diviserait ensuite cet espace en 70 degrés, de manière que chaque degré correspondrait à 1 millième dans la table des densités.

Quoi qu'il en soit, il n'est guère possible d'avoir une grande confiance dans ce procédé, parce que nous savons que la densité des huiles peut varier avec le temps entre certaines limites assez étendues, et d'ailleurs que les fraudeurs, si ce moyen d'épreuve était généralement adopté, auraient soin d'allonger les huiles d'un prix élevé avec des huiles moins estimées, mais présentant très-peu de différence dans le poids spécifique. Ainsi, la mesure de la densité peut tout au plus servir d'indice et n'a de valeur réelle qu'autant qu'on peut y associer d'autres moyens.

Présentons à ce sujet quelques résultats de l'expérience.

Théodore de Saussure a constaté que la densité des huiles variait avec la température de la manière suivante :

	+12°	+25°	+50°	+94°
Huile d'olives. . . .	0.919	0.911	0.893	0.862
— d'amandes.. .	0.920	»	»	0.863
— de noix. . . .	0.928	0.919	»	0.871
— de lin.	0.939	0.930	0.921	0.881
— de ricin. . . .	0.970	0.957	»	0.908

On voit que la densité décroît plus rapidement que

n'augmente la température, et cela de plus en plus à mesure que cette température s'élève.

2° L'idée de reconnaître la nature ou le mélange des huiles par la mesure de leur densité a donné lieu, pour prendre cette mesure, à la construction de plusieurs instruments différents de l'alcoomètre, et auxquels on a donné le nom d'*oléomètres* ou *élaïomètres*, instruments dont nous allons faire connaître le principe, la structure et l'emploi.

a. Oléomètre à froid de Lefebvre. — Cet oléomètre a la forme d'un aréomètre ordinaire, seulement la tige a une grande longueur, et le réservoir qui est cylindrique, une grande capacité. Sur cette tige est tracée une échelle où sont rapportées les diverses densités des huiles du commerce. Toutefois, comme il serait assez difficile d'écrire sans amener un peu de confusion 4 chiffres à chaque division et qu'on a remarqué que le premier chiffre de la densité de toutes ces huiles est 9, on a supprimé ce chiffre ainsi que la 4° décimale, de façon par exemple que si après avoir pris à l'oléomètre la densité d'une huile à 15°, on a trouvé le chiffre 24 ; la densité réelle de cette huile est 0,9240, qui est celle de l'huile d'œillette, c'est-à-dire que l'hectolitre ou 100 litres de cette huile pèsent 92 kil.40 ou 924 grammes le litre.

En regard des densités et à gauche de l'échelle sont inscrits les noms des huiles, et pour faciliter la lecture et la constatation, l'étendue de l'échelle, qu'embrasse leur densité, est représentée par une couleur à peu près semblable à celle que prend chaque espèce sous l'influence de l'acide sulfurique concentré ; les couleurs font mieux distinguer la place où s'arrête le niveau de l'huile sur l'instrument quand celui-ci est plongé dans les barils ; de cette manière on n'a pas besoin d'extraire l'oléomètre pour lire la densité.

L'oléomètre Lefebvre est gradué sur la température de +15° C.; on doit donc procéder aux essais à cette température. Dès que celle-ci est plus basse ou plus élevée, les résultats ont besoin d'être corrigés, puisqu'on sait que la densité des huiles est variable avec la température. Afin de rendre ces corrections plus faciles, M. Lefebvre a dressé des tables qui donnent les poids des différentes huiles à l'hectolitre pour des températures comprises entre 30° et 6° C.

Si on opère avec l'oléomètre à une température différente de +15°, les tables de M. Lefebvre montrent que la différence dans la densité est de 0,001, plus ou moins, pour 1°5 C., au-dessus ou au-dessous de 15°, et par conséquent de 0,002 pour 3°, de 0,004 pour 6°, et ainsi de suite.

Enfin M. Lefebvre a remarqué que l'excès de densité que les huiles acquièrent en vieillissant ne portait guère, en général, que sur les deux dernières décimales.

Afin de faciliter l'usage de son oléomètre, M. Lefebvre a dressé un tableau où il a consigné les résultats de son expérience propre sur la densité des huiles (celle de l'eau étant 10) en y rattachant le poids de l'hectolitre et du litre de chacune de ces huiles. On verra que les chiffres de ce tableau diffèrent un peu de ceux de la table de Schübler (p. 8), mais dans des limites assez restreintes. Nous reproduisons cette table empruntée à l'instruction sur l'emploi de cet oléomètre.

HUILES.	DENSITÉ à + 15°, celle de l'eau étant supposée = 10.	POIDS de l'hectol.	POIDS au litre.
		kil.	gram.
Huile de cachalot.	8.840	88.40	884.0
— de suif ou oléine.	9.003	90.03	900.3
— de colza d'hiver.	9.150	91.50	915.0
— de navette d'hiver. . . .	9.154	91.54	915.4
— de navette d'été.	9.157	91.57	915.7
— de pied de bœuf.	9.160	91.60	916.0
— de colza d'été..	9.167	91.67	916.7
— d'arachide..	9.170	91.70	917.0
— d'olives.	9.170	91.70	917.0
— d'amandes douces. . . .	9.180	91 80	918.0
— de faine.	9.207	92.07	920.7
— de ravison.	9.210	92.10	921.0
— de sésame	9.235	92.35	923.5
— de baleine filtrée.	9 240	92.40	924.0
— d'œillette (1).	9 253	92.53	925 3
— de chenevis..	9.270	92.70	927.0
— de foie de morue.	9.270	92.70	927.0
— de foie de raie.	9.270	92.70	927.0
— de cameline	9.282	92.82	928.2
— de croton.	9.306	93.06	930.6
— de lin.	9.350	93.50	935

(1) Ces densités s'appliquent à des huiles fraîches extraites par
M. Lefebvre lui-même.

b. Oléomètre ou élaïomètre de M. Gobley.—Cet oléomètre
qui n'a d'application que pour les mélanges des huiles
d'olives et d'œillette, est un aréomètre à tige très-fine
à boule d'un fort volume, gradué d'après la différence de
densité qui existe entre l'huile d'olives et celle d'œillette à
la température de 12°5 C. Cet aréomètre marque 0° dans l
bas quand on le plonge dans l'huile d'œillette et d'olives
L'intervalle est divisé en 50 parties égales.

M. Gobley a publié sur son oléomètre une instruction à laquelle nous empruntons les détails suivants :

Lorsqu'on veut prendre la densité d'une huile, il faut y plonger l'élaïomètre jusqu'au bas de sa tige, le retirer du liquide et l'y plonger de nouveau, et alors le laisser flotter de lui-même au sein du liquide sans toucher les parois. Quand il commence à se fixer il faut, pour vaincre la résistance naturelle de l'huile, l'enfoncer à la main de quelques degrés, en appuyant sur l'extrémité de la tige, et le laisser remonter seul ; quand après plusieurs manœuvres semblables il s'arrête enfin à un degré fixe, on lit ce degré sur l'échelle au-dessous du point d'affleurement au sommet de la courbe que l'huile, à raison de la capillarité, forme contre la paroi de l'instrument.

Le degré qu'on a lu est alors doublé et la différence avec 100° indique la proportion de l'huile d'œillette contenue dans l'huile d'olives qu'on a soumise à l'épreuve. Si, par exemple, on a trouvé 36° dont le double est 72 et la différence avec 100 28, cela veut dire que cette huile a été allongée avec 28 pour 100 d'huile d'œillette.

L'élaïomètre a été gradué, avons-nous dit, à la température de 12° 5 C., c'est donc à cette température qu'il faut autant qu'il est possible procéder aux épreuves. Pour ramener une épreuve faite à une autre température à celle de 12°5, M. Gobley a entrepris une série d'expériences qui démontrent que les huiles d'olives et d'œillette se dilatent de 3° 6 de son instrument pour chaque degré du thermomètre centigrade. Il en résulte qu'une huile qui marque 40° à la température de 14° C., a pour degré véritable, à 12°5, 40 — (3,6 $\times$ 1,5) = 34°6, ou, en d'autres termes, qu'il faut déduire du degré qu'on a trouvé à l'élaïomètre autant de fois le nombre 3,6 qu'il y a de degrés compris entre 12°5 et la température plus élevée à laquelle on a opéré.

De même, si la température à laquelle on a opéré est inférieure à 12°5, on ajoute autant de fois 3°6 qu'il y a de degrés au-dessous de 12°5.

M. Gobley a résumé dans le tableau ci-dessous les résultats de quelques expériences faites avec son élaïo-

mètre sur des mélanges d'huiles d'olives et d'œillette en
différentes proportions.

HUILES D'OLIVES.	DEGRÉS de l'élaïomètre.
Huile d'olives pure.	50°
— conten. 6 0/0 d'huile d'œillette	47
— — 10 ——	45
— — 12 ——	44
— — 18 ——	41
— — 20 ——	40
— — 30 ——	35
— — 40 ——	30
— — 50 ——	25

c. Oléomètre à chaud de M. Laurot. — Cet oléomètre,
employé spécialement pour reconnaître la pureté des
huiles de colza, est fondé sur cette observation que les
huiles à 100° n'ont pas la même densité qu'à 0° et
peuvent présenter sous ce rapport des différences qu'on
peut apprécier à l'aide d'un instrument.

M. Laurot a donc construit sur ce principe un instrument propre à reconnaître la pureté des huiles dont nous
allons donner la description :

Pour parvenir au résultat ci-dessus, on emploie différents instruments.

Fig. 75, pl. 5, *a*, burette en fer-blanc, ou tout autre
métal destiné à amener de l'eau à l'ébullition. *b*, vase
également en fer-blanc, qui s'adapte sur la burette *a*, et
la ferme complètement, moins l'ouverture *c*, par laquelle
s'échappe la vapeur d'eau formée en *a*. Au haut du cylindre conique faisant partie de *b*, est soudée une petite
gaîne *d*, destinée à servir de point d'appui à un petit
morceau de fil-de-fer *e*, contourné de façon à supporter
et à soutenir un thermomètre *f*.

g, instrument ou aréomètre en verre ou en métal,
nommé oléomètre.

La construction de cet instrument est calculée de façon

à ce que la grosseur relative du cylindre *h*, à la tige *j*,
donne à cette dernière une longueur qui puisse marquer,
à la température de l'huile chauffée par l'eau bouillante,
les densités extrêmes des différentes huiles à cette température. *g* est le point supérieur, et marque la densité de l'huile de colza qui est la plus légère ; le trait
du bas est celui donné par celle du lin, qui est la plus
lourde. Entre ces deux points il y a deux cents divisions.
Toutes les autres huiles ont des densités qui les font s'arrêter aux points intermédiaires. Ainsi, l'huile de colza étant
o, la baleine donne 90, l'œillette 100, le chene-vis, 180, etc.

Au-dessus de 0, on a recommencé quelques divisions
destinées à faire connaître les quantités d'acide oléique
ou huile de suif qui peuvent être ajoutées par la fraude.

Le thermomètre est placé pour corriger les différences
de température produites par les différences de pression
atmosphérique.

Sa graduation concorde avec les divisions de l'oléomètre ; c'est-à-dire que 0 est placé à l'endroit où s'arrête la
colonne de mercure lorsque la pression atmosphérique
permet à l'huile de colza pure d'arriver à la température où l'oléomètre marque 0.

Le thermomètre ne marque que dix divisions concor-
dantes, parce que la plus grande différence de pression
ne change pas la température au-delà de ce point.

Lorsqu'on veut essayer une huile quelconque, le colza
par exemple, on met dans la burette *a* suffisante quantité
d'eau ; on adapte dessus le vase *b*. Dans ce dernier, on
met l'oléomètre et le thermomètre, on le remplit d'huile
et on porte l'eau à l'ébullition. A mesure que la température s'élève, l'oléomètre s'enfonce graduellement, et le
thermomètre s'élève de même ; on suit leur marche, et,
lorsque le thermomètre marque 0, on examine l'oléomètre, qui, dans l'huile, peut marquer 0 au même moment. Lorsque l'huile n'est pas pure, le 0 est d'autant
plus élevé au-dessus du niveau que le mélange est plus
considérable. Le point où s'arrête l'oléomètre dans les
différentes huiles est fixe pour chacune d'elles, comme il
a été dit plus haut. Il est bien entendu que c'est toujours
au moment où le thermomètre marque 0 que, pour les

huiles, il faut remarquer le point qui affleure. Il est ce-pendant des cas où la pression étant moins forte, la cha-leur de l'eau n'élève plus assez la température de l'huile pour faire arriver le thermomètre à 0. Dans ce cas, on remarque à combien de degrés au-dessous de ce point il s'arrête, et on les ajoute aux degrés trouvés à l'oléo-mètre. Ainsi, si dans le cas ci-dessus, le thermomètre ne monte pas au-delà de 5, l'oléomètre ne descendra pas plus loin que 5 dans l'huile de colza qui ne contient au-cun mélange, et on la croirait impure si on n'ajoutait les 5 degrés enlevés par la différence de la dilatation. On agit de même avec toutes les huiles.

L'opération décrite a pour but de vérifier la pureté et de s'assurer du cas contraire. L'impureté constatée de cette manière, il reste à déterminer la nature du mélange.

Comme dans le commerce, on a rencontré des mélanges faits avec l'acide oléique, il est bon d'être prémuni contre ce moyen de fraude qu'on reconnaît à l'aide de différents moyens.

Dans le cas où il serait ajouté seul, il y aurait un in-dice dans le degré trouvé à l'oléomètre; il s'enfoncerait au-dessus du point 0. Dans le cas où il serait ajouté à une autre huile plus lourde, il ne serait plus une indica-tion; alors on emploierait comme réactif le moyen suivant :

1º Le papier bleu de tournesol, qui, trempé dans l'eau, puis laissé quelques instants dans l'huile suspecte, de-vient rouge lorsque l'huile contient de l'acide oléique ;

2º L'alcool à 36º, agité avec l'huile qui en contient, les dissout et rend sa présence bien manifeste en le laissant à nu, par l'évaporation dans un vase, ou seulement sur la main.

L'huile de navette est reconnue par un réactif composé avec parties égales en volume de deutonitrate de mercure liquide et d'eau.

On met dans un verre à expériences 2 ou 3 grammes d'huile soupçonnée, avec autant en volume du réactif ci-dessus ; on agite avec une baguette de verre, et, après quelques instants, le réactif qui forme la couche infé-rieure prend une couleur rose plus ou moins foncée.

Pour les autres huiles, on agit différemment. Si on a

la certitude, par l'oléomètre, que l'huile sur laquelle on agit est mélangée, en ayant obtenu, par exemple, 10° au lieu de 0° en agissant sur l'huile de colza, on cherche, puisqu'on a la connaissance du point fixe de chaque huile, quel serait le mélange de l'huile qui, avec celle de colza, donnerait 10°. Ainsi ce sera ou 12 p. 0/0 baleine, 10 p. 0/0 chenevis, 5 p. 0/0 lin, etc., etc. Dans chacun de ces mélanges, qui donnerait le même degré que celui trouvé à l'huile essayée, on en fait tomber 20 gouttes, à l'aide d'une baguette de verre dans un petit verre à expériences. On met également 20 gouttes de l'huile suspectée, et dans chacun de ces verres, on ajoute 20 gouttes de chlorure antimonique liquide à son maximum de densité; on agite vivement avec une baguette de verre, afin d'avoir un mélange complet. Lorsque chaque mélange, après différentes variations de nuances, est arrivé à une couleur stable, celui qui offre une couleur semblable à l'huile essayée placée dans les mêmes circonstances, indique la nature du mélange.

Lorsque deux des mélanges ont une couleur semblable à l'huile essayée, on ajoute, dans ces deux cas et dans celui de l'échantillon suspecté, 4 gouttes d'acide sulfurique; on agite aussitôt que l'acide est versé, et on examine de nouveau la couleur.

On peut encore reconnaître l'huile de baleine en saponifiant une certaine quantité d'huile, et traitant le sel formé par un acide qui met à nu l'acide phocénique, reconnaissable par son odeur particulière.

L'oléomètre Laurot s'arrête :

<pre>
Dans l'huile de lin à 100° C. . . . . à 210°.
      —   d'œillette à 100°. . . à 124°.
      —   de poisson à 100°. . . à 83°.
      —   de chenevis à 100°. . à 136°.
</pre>

d. Alcoomètre centésimal d'Eug. Marchand. — Nous avons déjà vu que M. Heydenreich avait proposé l'emploi de l'alcoomètre centésimal de Gay-Lussac pour constater la densité des huiles et en déduire la conséquence qu'il y a ou n'y a pas mélange. M. Schübler a, en conséquence, rapproché ces densités des degrés de cet alcoomètre dans le tableau ci-dessous.

HUILES.	DENSITÉ à $+15°$, celle de l'eau étant prise pour unité.	DEGRÉS de l'alcoomètre centésimal correspondant à cette densité.
Huile de suif (Acide oléique)..	0.9003	66°
— de noyaux de prunes . . .	0.9127	60.60
— de navette..	0.9128	60.60
— de colza.	0.9136	60.20
— de chou précoce.	0.9139	60
— de chou-navet..	0.9141	60
— de moutarde blanche.. . .	0 9142	60
— de chou-rave.	0.9167	58.80
— de moutarde noire.	0.9170	58.67
— d'olives.	0.9176	58.40
— d'amandes douces	0.9180	58.25
— de raifort cultivé.	0.9187	58
— de raisin.	0.9202	57.20
— de faîne..	0.9225	56
— de baleine filtrée.	0.9231	55 80
— de courge..	0.9231	55 80
— de tabac..	0.9232	55.75
— de cresson alenois.	0.9240	55.33
— de noisette.	0.9242	55 25
— d'œillette.	0.9243	55.25
— de belladone.	0.9250	55
— de cameline..	0.9252	54.75
— de sapin commun.	0.9258	54.50
— de noix.	0.9260	54 40
— de soleil..	0.9262	54 33
— de chenevis.	0.9276	53.67
— de julienne.	0.9283	53 33
— de pin sauvage.	0.9312	51.50
— de lin.	0.9347	50
— de gaude.	0.9358	49.50
— de fusain.	0.9360	49.33
— de ricin..	0.9611	43.75

En parcourant cette table, on trouve parmi les sortes d'huiles commerciales, et particulièrement chez celles qui servent d'ordinaire de moyens de falsification, des différences de densité notables; c'est ainsi que les différentes sortes d'huiles de navette et de colza pèsent à $+15°$ entre 60,60 et 60,20 à l'alcoomètre, tandis que l'huile de faîne marque 56°, celle de baleine 55,80, d'œillette 55,25, de cameline, 54,75, de lin, 50°, etc. Ainsi, toutes les fois qu'une huile de colza marque moins de 60°, on pourra en conclure avec assurance qu'elle est mélangée avec une autre huile; il en sera de même pour l'huile d'olives, si elle marque plus ou moins de 58°40, etc. Il est vrai que la connaissance de la densité ne peut pas précisément nous dire avec quelle huile la falsification a eu lieu; mais, pour cela, nous avons recours au développement de l'arome des huiles au moyen de la chaleur, et à des essais comparatifs avec l'acide sulfurique, qui y conduisent facilement. Une fois l'huile qui y entre comme moyen de falsification, déterminée, l'alcoomètre indique alors avec certitude jusqu'aux proportions dans lesquelles le mélange a été fait.

M. Eug. Marchand a pensé que l'intervalle entre les degrés 48 et 65 de cet alcoomètre qui exprime toutes les densités spéciales aux huiles d'olives, d'œillette et d'arachide, pouvaient, en leur donnant l'étendue convenable, permettre de lire jusqu'aux dixièmes de degré, de mesurer avec plus de précision les densités et aussi de remplacer avec avantage les oléomètres et les élaïomètres. Il a donc dressé un tableau de concordance entre les degrés alcoométriques et les densités des huiles de dixième en dixième de degré, que nous reproduisons ici.

Degrés de l'alcoomètre	Densités.	Degrés de l'alcoomètre	Densités.	Degrés de l'alcoomètre	Densités.	Degrés de l'alcoomètre	Densités.
65°	902.60	61.1	911.59	57.2	920.18	53.3	928.30
64.9	902.83	60°	911.80	57.1	920.39	53.2	928.50
64.8	903.06	60.9	912.13	57°	920.60	53.1	928.70
64.7	903.29	60.8	912.26	56.9	920.80	53°	928.90
64.6	903.52	60.7	912.49	56.8	921.00	52.9	929.10
65.5	903.75	60.6	912.72	56.7	921.20	52.8	929.30
64.4	903.98	60.5	912.95	56.6	921.40	52.7	929.50
64.3	904.21	60.4	913.18	56.5	921.60	52.6	929.70
64.2	904.44	60.3	913.41	56.4	921.80	52.5	929.90
64.1	904.67	60.2	913.61	56.3	922.00	52.4	930.10
64°	904.90	60.1	913.87	56.2	922.20	52.3	930.30
63.9	905.13	60°	914.10	56.1	922.40	52.2	930.50
63.8	905.36	59.9	914.32	56°	922.60	52.1	930.70
63.7	905.59	59.8	914.54	55.9	922.80	52°	930.90
63.6	905.82	59.7	914.76	55.8	923.00	51.9	931.10
63.5	906.05	59.6	914.98	55.7	923.20	51.8	931.30
63.4	906.28	59.5	915.20	55.6	923.40	51.7	931.50
63.3	906.51	59.4	915.42	55.5	923.60	51.6	931.70
63.2	906.74	59.3	915.64	55.4	923.80	51.5	931.90
63.1	906.97	59.2	915.86	55.3	924.00	51.4	932.10
63°	907.20	59.1	916.08	55.2	924.20	51.3	932.30
62.9	907.45	59°	916.30	55.1	924.40	51.2	932.50
62.8	907.70	58.9	916.52	55°	924.60	51.1	932.70
62.7	907.95	58.8	916.74	54.9	924.83	51°	932.90
62.6	908.20	58.7	916.96	54.8	925.06	50.9	933.09
62.5	908.45	58.6	917.18	54.7	925.29	50.8	933.28
62.4	908.70	58.5	917.40	54.6	925.52	50.7	933.47
62.3	908.95	58.4	917.62	54.5	925.75	50.6	933.66
62.2	909.20	58.3	917.84	54.4	925.98	50.5	933.85
62.1	909.45	58.2	918.06	54.3	926.21	50.4	934.04
62°	909.70	58.1	918.28	54.2	926.44	50.3	934.23
61.9	909.91	58°	918.50	54.1	926.67	50.2	934.42
61.8	910.12	57.9	918.71	54°	926.90	50.1	934.61
61.7	910.33	57.8	918.92	53.9	927.10	50°	934.80
61.6	910.54	57.7	919.13	53.8	927.30	49.9	934.99
61.5	910.75	57.6	919.34	53.7	927.50	49.8	935.18
61.4	910.96	57.5	919.55	53.6	927.70	49.7	935.37
61.3	911.17	57.4	919.76	53.5	927.90	49.6	935.66
61.2	911.38	57.3	919.97	53.4	928.10		

e. Voici un procédé pour faire l'essai des huiles, qu'on doit à M. F. Donny, qui se rattache à la mesure de la densité, mais qui offre un certain intérêt par sa simplicité.

« Supposons, dit M. Donny, qu'il s'agisse de comparer entre elles deux espèces d'huiles. On commence par colorer légèrement en rouge l'un des deux échantillons, ce qui peut se faire aisément au moyen de l'orcanette. On introduit ensuite, à l'aide d'une pipette, une petite quantité de cette huile colorée dans la masse du second échantillon. Si on opère avec précaution, l'huile colorée se présentera sous la forme d'une petite sphère plus ou moins régulière, suspendue dans la masse liquide. A partir de ce moment, on observera l'un des trois phénomènes suivants : — Ou bien l'huile dont se compose la petite sphère sera d'une nature plus dense que le reste du liquide, et alors la goutte gagnera le fond du vase ; dans ce cas, les deux échantillons d'huile ne sont pas de même nature ; — ou bien les deux espèces d'huiles auront exactement le même poids spécifique, et alors aucun déplacement n'aura lieu ; la sphère ne tendra ni à monter, ni à descendre ; ce cas se présente toutes les fois qu'on opère sur des huiles de même espèce ; — ou bien enfin la sphère sera spécifiquement plus légère que l'huile dont elle est entourée, et alors elle gagnera la surface de la masse liquide ; ici, comme dans le premier cas, les deux échantillons d'huiles seront de nature différente.

» Ce procédé, ajoute M. Donny, présente une certaine analogie avec celui qu'on doit à M. Lefebvre, car tous deux sont basés sur la différence de densité des huiles. Celui qui vient d'être indiqué n'offrirait alors que peu d'intérêt s'il n'était de nature à fournir des indications là où l'emploi des procédés ordinaires devient presque impossible. D'abord, il permet d'opérer sur des quantités minimes de matière, avantage incontestable, surtout dans le cas où il faut se préparer soi-même un échantillon-type par la compression des graines oléagineuses du commerce. En second lieu, les résultats de l'essai sont toujours les

mêmes quelles que soient les températures auxquelles
on opère, et on évite ainsi la nécessité de l'emploi du
thermomètre, nécessité qu'il faut subir quand on établit
les densités au moyen d'aréomètres ou de balances. Il faut
seulement éviter l'action du rayonnement direct d'une
source de chaleur, et, en général, toute variation brus-
que de température, car il pourra en résulter des courants ascendants ou d'autres complications susceptibles
de troubler l'expérience.

f. En terminant ce qui est relatif à la densité des
huiles, nous dirons que l'expérience a démontré à M. Lefebvre, que dans un mélange d'huile, les huiles les plus
lourdes après un repos de quelques jours ne tardent pas
à se déposer presque complétement. Ainsi un mélange
d'acide oléique avec toute autre huile de graines ne subsiste que deux jours, parce que l'huile pesante gagne le
fond, tandis que l'huile légère reste à la partie supérieure.
Seulement il faut remarquer que le départ entre deux
huiles ne peut guère s'opérer que quand les densités sont
très-différentes, et probablement qu'il ne s'opère qu'avec
beaucoup de difficultés quand les huiles ont été bien
battues et incorporées ensemble et que leurs densités
diffèrent peu l'une de l'autre.

Ajoutons enfin que toute huile qui présente un arrière-
goût d'huile chauffée, de moisi, ou laisse à la gorge un
sentiment d'âcreté et de constriction doit être suspecte,
parce qu'elle a été fabriquée avec des olives fermentées,
et dans ce cas sa densité ne peut servir d'indice, car
M. Gobley a observé que ces sortes d'huiles marquent
jusqu'à 54° et 56° à son élaïomètre. Il en est de même
de l'huile d'olives rance, la rancidité et l'absorption de
l'oxygène augmentent la densité.

SECTION II.

FLUIDITÉ.

Elaïomètre-pachomètre de Vogel.—On sait que le degré de
fluidité des huiles grasses a la plus grande influence sur

leur valeur comme combustible dans les lampes ; plus une huile est fluide, plus elle s'élève avec facilité dans les conduits capillaires que lui présente la mèche. Or, comme comparativement à une huile épaisse, il arrive une plus grande quantité d'huile fluide dans un temps donné sur le point où doit s'opérer la combustion, il est évident que le pouvoir éclairant doit croître dans le même rapport que la fluidité. Il n'est donc pas sans intérêt de posséder un moyen pour déterminer cette propriété des huiles, chose qu'on a pratiquée jusqu'à présent de la manière la plus simple en mesurant le degré de la fluidité par le temps qu'un volume ou un poids déterminé d'huile met à s'écouler d'un vase. D'après les expériences sur ce sujet, qui ont été depuis longtemps entreprises par Schübler et Ure, on se sert pour cela d'un entonnoir ordinaire d'une assez grande capacité et dont on connaît exactement l'aire de l'orifice d'écoulement. Il paraît à peu près superflu de faire remarquer combien cet appareil, d'ailleurs tout primitif, est peu propre à donner des résultats exacts, mais il est cependant nécessaire de rappeler qu'il exige l'emploi d'une bonne montre à secondes.

Les expériences nombreuses et étendues avec l'entonnoir dont il a été question, et tel qu'il a été appliqué par Schübler et Ure à la recherche du degré de fluidité des huiles grasses, n'ayant pas fourni à M. A. Vogel de résultats satisfaisants, il construisit pour cet objet un appareil un peu différent, qu'il a appelé élaïo-pachomètre, ce qui veut dire mesureur de la densité des huiles.

D'abord il a paru nécessaire à M. Vogel d'éviter la détermination du temps par l'emploi de la montre à secondes qui présente quelques difficultés et par conséquent est peu commode dans la pratique. A cet effet il a modifié le mode d'essai en n'observant plus le temps de l'écoulement d'une quantité donnée d'huile, mais la quantité d'huile qui s'écoule dans un temps déterminé. Ce changement présente cet avantage, qu'au lieu d'une montre à secondes d'un prix élevé, on peut faire usage d'un sablier du prix le plus minime dont le sable s'écoule en 30 secondes.

L'appareil consiste, ainsi que le représente la figure 1 *bis*, pl. 1, en un tube en verre A gradué en centimètres cubes qui a 4 centimètres de diamètre, 34 de hauteur et qui se termine par le bas en un fond conique. L'orifice d'écoulement a 3 mill. 1/2 de diamètre et peut être fermé par une baguette en verre B qui a été rodée sur l'extrémité inférieure *n* de cet orifice, de façon qu'en soulevant cette baguette par l'anneau *m* le contenu du tube gradué puisse se vider. En abaissant la baguette qui ferme l'orifice inférieur, il est très-facile d'établir et d'arrêter instantanément l'écoulement. Quant à la mesure du temps, elle se fait, ainsi qu'on l'a déjà annoncé, au moyen d'un sablier qui marque exactement une demi-minute.

Pour faire une expérience, on remplit le tube fermé par la baguette en verre jusqu'au trait supérieur de division avec l'huile qu'on veut essayer, et au même moment où on redresse le sablier, on lève la baguette sur l'orifice. Aussitôt que tout le sable est écoulé, instant qu'on peut observer d'une manière peut-être plus précise qu'une demi-seconde sur une montre à secondes, on redescend la baguette et on lit sur la graduation le nombre de centimètres cubes qui se sont écoulés pendant les 30 secondes. La graduation de l'appareil qui est monté sur un pied avec curseur est tracée de manière à lire avec exactitude les subdivisions du centimètre cube.

D'après des expériences maintes fois répétées avec l'eau distillée versée dans l'instrument jusqu'au trait supérieur du tube gradué, il s'en écoule en une demi-minute, à la température ordinaire, 272 centimètres cubes, tandis, par exemple, qu'avec l'huile de colza raffinée, il ne s'en écoule que 144 centimètres cubes, et avec l'huile de colza brute 122. Si on suppose que la quantité d'eau distillée qui s'est écoulée soit égale à 100, on aura pour le degré de fluidité des huiles soumises à l'épreuve les nombres suivants :

Huile de colza épurée.   52
Huile de colza brute.   44

On voit donc qu'il se manifeste ainsi des différences très-notables, et par conséquent qu'il convient beaucoup de prendre en considération ces nombres quand on veut apprécier la fluidité d'un liquide et dans le cas particulier des huiles d'éclairage, sujet d'une haute importance sous le rapport technique. On se borne simplement ici à présenter une description sommaire du nouvel appareil, mais on conçoit qu'il convient d'avoir égard tout spécialement à l'influence de la température et du poids spécifique des liquides dans ces sortes d'expériences.

SECTION III.

DIFFUSIBILITÉ.

M. C. Tomlinson, professeur de sciences physiques à l'école de King's collége, propose, pour faire l'essai des huiles, un moyen qui paraît présenter un caractère de nouveauté; nous extrayons ce qui suit de son mémoire qui a été inséré dans le *Technologiste*, t. 26, p 255.

Le mode d'épreuve qui s'applique plus particulièrement à l'huile d'olives est purement physique, et il est basé sur la prise en considération de deux forces de ce genre, celle de cohésion ou coërcitive et celle d'adhérence.

Si par exemple on dépose doucement une goutte d'huile à la surface d'une eau chimiquement pure contenue dans un vase en verre chimiquement propre, l'adhérence à cette surface fait étaler immédiatement cette goutte d'huile en une nappe ou couche extrêmement mince. D'un autre côté, la force de cohésion fait effort pour résister à cette diffusion, ou bien, cédant un moment, elle reprend bientôt son rôle et l'huile se contracte d'elle-même en opposition avec la force diffusive, et le résultat de cette lutte est une figure que l'auteur appelle *figure de cohésion*. Il est présumable que tout liquide qui n'est pas en dissolution possède aussi une figure de cohésion.

Si on pouvait rencontrer deux ou plusieurs liquides

de composition chimique différente, mais semblables par leurs caractères physiques, tels que leur poids spécifique, leur attraction moléculaire, leurs rapports avec la chaleur qui les rendrait également fluides, limpides ou visqueux à une température donnée, sans nul doute les figures de cohésion de ces deux liquides devraient être identiques; d'un autre côté, si ces liquides ne sont plus purs, la figure change et l'auteur est parvenu à convertir celle d'une huile essentielle en celle d'une autre, en dissolvant du camphre dans l'une d'elles, mais dans ce cas on a introduit d'autres caractères qui ne permettent plus d'établir de comparaison.

Comme la figure de cohésion d'un liquide dépend essentiellement de la cohésion de la surface, et il est absolument nécessaire que cette surface soit chimiquement pure et nette. L'eau, toutefois, n'a pas besoin d'être distillée, et celle de pluie ou de rivière pure suffit dans la pratique, mais le vase doit être préparé tout spécialement. Tous les vases exposés au contact de l'air se recouvrent d'une couche mince organique, résultant de la condensation à leur surface des produits de la respiration de l'homme, des animaux et d'une foule d'impuretés provenant de la combustion, des matières minérales, végétales ou animales qui voltigent dans l'air, etc. Si on essaie de nettoyer le verre avec une toile, malgré que l'œil puisse être satisfait, on ne parvient pas à enlever cet enduit mince, ou bien si on parvient à l'éliminer, on en substitue un autre provenant du tissu qui a servi à nettoyer, de façon que quand on remplit le verre avec de l'eau, cet enduit se détache et s'étend sur la surface du liquide, où il fait obstacle à l'adhérence.

L'auteur recommande d'approprier à ce service certains verres durs, présentant une ouverture de dix centimètres de diamètre, de les laver de temps à autre avec de l'acide sulfurique du commerce, et de les rincer à l'eau pure, et après chaque expérience de laver avec une solution de potasse caustique et de rincer à l'eau pure avant de les remplir avec l'eau. Il faut laisser bien reposer cette eau avant d'y déposer la goutte d'huile.

Les baguettes de verre qu'on conserve pour cet objet doivent être toutes des mêmes dimensions et conservées dans le vase à potasse caustique. Quand on en extrait une pour s'en servir, il faut l'agiter dans l'eau, la retirer, la secouer et l'essuyer avec un linge propre. Quand on la plonge dans l'huile, on l'y promène en rond pour mélanger les couches s'il s'en est formé, et on la laisse égoutter jusqu'à ce que la goutte ne s'en détache qu'avec lenteur, de manière à ne déposer qu'une goutte, une seule, proprement et doucement, sans produire le moindre trouble.

Si les verres ne sont pas d'une propreté parfaite, si la goutte d'huile n'est pas déposée avec légèreté ou si on la laisse tomber d'une certaine hauteur, le résultat cesse d'être satisfaisant.

Il est nécessaire, quand on veut produire les figures, de faire attention à la température. Un grand nombre d'huiles fines sont très-sensibles au froid, au point que si on en place une goutte sur la surface de l'eau d'un puits, qui soit par exemple à 4°44 C., cette goutte se fixe et l'expérience manque, tandis qu'elle réussit si l'eau est abandonnée pendant quelque temps à l'air ou dans une chambre à la température moyenne de 15°.

Une autre précaution est relative à l'étendue de la surface. En augmentant celle-ci on augmente la force d'adhérence et les figures peuvent être chétives et minces, ou même se déchirer avant qu'on puisse en étudier les caractères. Une surface de 75 à 80 centimètres carrés paraît très-propre à ce genre d'essai. Des verres plats armés d'un pied pour les saisir et ne pas mettre les doigts en contact avec les bords et d'ailleurs ne contenant qu'un petit volume d'eau, présentent une surface de l'étendue convenable.

Voyons maintenant les applications de cette méthode physique d'essai à l'huile d'olives.

Lorsqu'on place une goutte de cette huile sur la surface de l'eau, elle s'y étale avec lenteur en un grand disque à bord relevé. La cohésion de l'huile commence promptement à reprendre le dessus, la couche se contracte, le bord relevé présente le premier des symptômes du retour de la force ; un certain nombre de points apparaissent sur le bord, comme des grains enfilés dans un chapelet, les espaces entre les grains s'ouvrent, le bord devient dentelé, des portions séparées de la nappe se réunissent spontanément en laissant des figures polygonales limitées par des chapelets et remplies d'une rosée excessivement fine et déliée qui exige une vue très-fine pour la découvrir. Tous les changements occupent environ 35 secondes.

Cette description s'applique à une huile d'olives extra-fine de Toscane. Une autre marque surfine du même pays et de 1861 a présenté des phénomènes semblables, mais la durée a été de 75 secondes. Un échantillon marque Toscane fine s'est ouvert en déployant des anneaux irisés, phénomènes assez communs, qui ont promptement disparu et la nappe s'est contractée à peu de chose près comme dans les deux autres échantillons. Dans les huiles d'autres localités de l'Italie, telles que celles de Gênes, Bari, Naples, etc., un œil exercé a pu noter de légères différences et il est très-possible qu'une personne intéressée dans cette matière parvienne à établir des distinctions entre les huiles d'olives de différentes provenances et de divers degrés de finesse.

De l'huile de sésame nº 2 extraite de Marseille en 1862, a formé une large nappe bien définie et développée, et lorsque la cohésion a repris son empire, la goutte s'est contractée avec un bord profondément découpé et des lignes rayonnantes de points, en laissant une figure ressemblant à une toile d'araignée couverte de rosée... Ces phénomènes ont duré environ 60 secondes.

Une goutte d'un échantillon d'huile d'œillette, Marseille juin 1860, placée sur l'eau, s'est ouverte vivement en une nappe où il semblait que bourgeonnaient à sa surface de petits disques en formant des anneaux irisés, au milieu desquels s'ouvrait un dessin perforé.

Supposons maintenant que l'huile d'olives ait été mélangée avec l'huile de sésame ; nous ne disons pas que cette dernière ait été livrée pour de l'huile d'olives, parce que la fraude serait découverte à l'instant par la figure de cohésion, mais imaginons que cette huile de sésame a été mélangée en diverses proportions avec l'huile d'olives, la figure qui en résultera ne sera ni celle de sésame, mais une figure intermédiaire, les caractères de la figure inclinant vers ceux de l'huile en excès ; de façon qu'il est parfaitement possible, à la seule inspection de la figure, de dire quelle est celle de ces huiles qui domine, et par un petit nombre d'épreuves de produire un mélange identique à celui de l'échantillon fabriqué soumis d'abord à l'examen.

Les figures de cohésion des oléines de suifs de bœuf et de mouton sont essentiellement différentes entre elles, malgré que les substances qui les produisent soient en apparence si semblables entre elles.

Pour avoir des termes exacts de comparaison, il est nécessaire d'étudier les figures de cohésion sur des huiles parfaitement pures ; mais il est des circonstances qui peuvent modifier ces figures, telles que le climat ou la saison où le fruit ou la graine ont été recueillies. Ainsi l'essence de lavande varie dans son poids spécifique dans les différentes années, d'une ferme à l'autre, et dans une même ferme, mais la figure reste la même.

Dans ce qui précède il n'a été question que des figures qui se forment quand l'eau est la surface d'adhérence, et il est clair qu'elles ne seraient plus les mêmes si elles étaient produites à la surface d'un autre liquide dont la force adhésive serait différente. M. Tomlinson a obtenu des figures très-remarquables sur la surface de l'acide sulfurique, de l'acide acétique et du mercure. Cette dernière est difficile à obtenir bien nette et les deux acides sont gâtés et perdus dans l'expérience. Excepté comme objet d'un intérêt scientifique et comme un mode de preuve de la régularité de ces figures, il n'y a aucun avantage à se servir de ces divers liquides comme surface d'adhérence. L'eau commune, telle que la livrent les conduites publiques, reçue dans un vase chimiquement propre, est suffisamment pure et parfaitement adaptée à ces recherches.

En résumé, il serait à désirer, tant sous le rapport scientifique que sous celui de la pratique, qu'on examinât sur les huiles aussi bien que sur un grand nombre de liquides la valeur de ce mode physique d'épreuve, et qu'on déterminât s'il est capable de fournir un moyen facile et usuel de s'assurer de la pureté ou du genre de mélange introduit dans les liquides d'un usage journalier.

SECTION IV.

ABAISSEMENT ET ÉLÉVATION DE LA TEMPÉRATURE.

Abaissement de la température.—Les huiles sont, comme on sait, très-sensibles à un abaissement de la température, et généralement à un certain degré du thermomètre elles se figent et éprouvent divers effets physiques que tout le monde a pu observer. Mais l'action du froid n'est pas la même sur toutes les huiles et, sous ce rapport, il y a en particulier une distinction à faire entre l'huile d'olives et les huiles de graines, ce qui fait que la manière dont ces huiles se comportent par un abaissement de température, peut servir à constater qu'il y a eu mélange de la première de ces huiles avec l'une ou l'autre des secondes ; en voici un exemple :

On sait que l'huile d'olives pure se fige déjà à $+4°$ du thermomètre et que, sous cet état, elle forme des grains qui restent, en partie, en suspension dans la portion qui est restée fluide. Supposons qu'à cette huile d'olives pure on ait mélangé une certaine quantité d'huile d'arachide, alors le mélange commence à former des grains non plus à $+4°$, mais à $+8°$, et ces grains ne restent pas en suspension, ils se précipitent au fond du vase en laissant la partie fluide claire et transparente.

Une étude plus approfondie de l'action du froid sur les huiles diverses permettrait peut-être de découvrir des propriétés variées qui, sans avoir un caractère décisif, viendraient corroborer les indications recueillies par d'autres moyens.

Voici du reste un tableau dressé par Braconnot, où il

a constaté la température des points de fusion de quelques huiles pour les parties solides extraites par simple pression et le point où les huiles se solidifient.

	Température de fusion.		Solidification.
Huile d'amandes.	+ 6°	Huile d'olives. . .	+ 7°
— de colza.. . .	+ 7.5	— d'amandes. .	— 25
— d'olives. . . .	+ 20	— de balcine. .	0
		— de belladone.	— 27 5
		— de cachalot..	+ 8
		— de cameline..	— 18
		— de chenevis..	— 15
		— de colza.. . .	— 6
		— de dauphin..	— 20
		— de faine.. . .	— 1.7
		— de navette. .	— 5
		— de noisette. .	— 10
		— de noix.. . .	— 27.5
		— d'œillette. . .	— 18
		— de prunier. .	— 9
		— de raifort.. .	— 16

Élévation de la température. — Une élévation de la température qui, à partir d'un certain terme, rend les huiles plus fluides, ne présente aucun indice saisissable qui puisse faire reconnaître leur origine ou leur mélange, mais quand on mélange les huiles avec l'acide sulfurique, leur température s'élève à des degrés différents suivant leur nature, et c'est la différence qu'on observe ainsi qui a suggéré à M. Maumené, ainsi qu'à M. Fehling, l'idée de faire servir cette élévation pour constater la pureté de l'huile d'olives pure ou mélangée à l'huile d'œillette. Nous reviendrons sur ce sujet en étudiant les propriétés chimiques des huiles.

SECTION V.

ÉLECTRICITÉ.

Les huiles grasses jouissent de la propriété d'être facilement conductrices de l'électricité, mais l'huile d'olives
fait exception, ou plutôt conduit à peine l'électricité
M. Rousseau a imaginé de mettre à profit cette différence
de conductibilité, et, à cet effet, a imaginé un petit instrument auquel il a donné le nom de *diagomètre*.

Le diagomètre se compose d'une petite pile galvanique
sèche dont l'un des fils métalliques conducteurs vienne
plonger dans une petite capsule qui contient l'huile qu'on
veut soumettre à l'épreuve, capsule qui communique avec
le pivot d'une aiguille aimantée, tandis que l'autre fil
communique avec la terre.

Quand l'appareil est organisé pour faire une expérience
et que l'électricité circule dans les fils, la conductibilité
de l'huile dans la capsule est mesurée par l'arc de déviation de l'aiguille aimantée, mesurée sur une échelle que
porte la cloche qui recouvre l'appareil, et par le temps
pour acquérir le plus haut degré de déviation. Plus cet arc
est faible et la déviation lente, plus l'huile d'olives est
pure. On a constaté que l'huile d'olives pure conduit l'électricité 675 fois moins bien que toutes les autres huiles végétales, et qu'une addition de deux gouttes d'huile d'œillette à plusieurs grammes d'huile d'olives quadruplaient
déjà la conductibilité de celle-ci.

On voit donc que le diagomètre est un instrument d'une
très-grande sensibilité pour la mesure de la pureté de
l'huile d'olives, mais il est d'un prix assez élevé, d'un maniement délicat et qui exige l'habitude des manipulations; il ne peut être transporté et installé sans beaucoup
de précautions, et enfin on manque d'expériences comparatives faites avec cet instrument sur diverses qualités
et nature d'huiles, les conditions physiques de la température ambiante, d'humidité, d'électricité atmosphérique, etc., et de leur influence sur la marche et les indications de l'instrument.

SECTION VI.

POUVOIR RÉFRINGENT.

MM. Scharling et Holsten ont pensé qu'on pourrait utiliser la manière différente dont les huiles grasses du
commerce affectent la polarisation circulaire, pour les
distinguer entre elles d'une manière assez sûre.

Ces physiciens n'ont pas imaginé pour cet objet un
instrument particulier, mais se sont servi du *cervisio-
mètre* de Steinheil, instrument qui ne se prête pas bien à
ce but particulier et qui, par conséquent, n'a pu leur
fournir que des indications peu certaines. Néanmoins ils
ont pu constater que lorsque le réservoir fermé de l'instrument était rempli d'huile d'olives à la température de
15° C., et que cette huile, dans la moitié de la capacité
ouverte, marquait 0°, on avait :

Huile de chenevis.	+ 58
— de raifort.	+ 28
— la même raffinée.	+ 45
— de colza d'été.	+ 27
— de navette raffinée.	+ 27
— de colza d'hiver.	+ 31
— de foie de morue.	+ 58
— de dauphin.	+ 28
— la même après absorption de l'oxygène.	+ 72
Acide oléique d'une fabrique de bougies stéariques.	— 47
Huile de baleine de la mer du Sud.	+ 36,5
— de phoque.	+ 44
— de kerpokat.	+ 31
— de phoques à oreilles (otaries).	+ 52
— de poisson des îles Faroe.	+ 0
— de lin.	+ 58
4 parties huile de chenevis et 1 de colza d'été.	+ 54

2	*id.*	1	*id.*	+ 48,5
4	*id.*	1 de phoque.	+ 58
2	*id.*	1	*id.*	+ 57

Les chiffres indiqués pour les quatre derniers mélanges d'huiles s'accordent exactement avec les rapports calculés qui sont + 52, + 48, + 57 et + 56.

Les huiles volatiles qui ne renferment pas d'oxygène se comportent tout différemment.

Essence de térébenthine.	+ 23
— de goudron.	— 80
Huile de caoutchouc brune.	— 45
— la même incolore.	—210

A mesure que cette dernière huile très-volatile s'évapore, le résidu marque — 175, —143, — 90 et forme ainsi un passage en série aux huiles qui renferment une grande proportion d'oxygène. Ce fait est confirmé d'ailleurs par l'observation que l'huile de dauphin se rapproche par une absorption de l'oxygène des ordinaires, tandis que de l'huile d'olives conservée pendant 42 années se comportait absolument de même que celle récente du commerce.

Ce mode d'essai des huiles mériterait d'être repris et varié, peut-être fournirait-il des moyens nouveaux et sûrs pour distinguer ces liquides entre eux ou leur mélange frauduleux.

CHAPITRE III.

Propriétés chimiques.

Les propriétés ou les caractères que développent les huiles quand on les met en contact avec certains réactifs, ont été mises avec succès à profit pour constater leur état de pureté ou pour découvrir leur mélange entre elles. Les travaux qui ont été entrepris dans cette direction sont nombreux et importants et nous allons les exposer avec tous les détails nécessaires à leur intelligence et aux moyens d'en faire l'application.

Nous commencerons cette exposition par l'étude des réactions que produisent certains réactifs, tels que les acides, les alcalis, les sels ou des mélanges de ceux-ci, et nous terminerons par la description des méthodes générales qui seules paraissent propres à fournir des résultats irréprochables.

SECTION Ire.

ACTION DES ACIDES.

Les acides employés jusqu'ici dans l'oléométrie sont les acides sulfurique, azotique, hypoazotique, azoteux, chromique, et des mélanges ou des combinaisons de ces acides.

ARTICLE Ier. ACIDE SULFURIQUE.

L'acide sulfurique employé seul peut fournir deux espèces d'indications dans l'analyse qualitative des huiles, suivant qu'on observe l'élévation de température qu'il y détermine quand on le met en contact avec elles, ou qu'on étudie les diverses colorations qu'il y développe par le contact.

a. Élévation de la température. — La manière d'obtenir avec l'acide sulfurique des résultats précis est celle que M. Maumené a proposée en 1852. Cette méthode est, selon lui, la seule dont on puisse tirer des indications valables; nous la décrirons brièvement.

Lorsqu'on mêle 50 grammes d'huile d'olives avec 18 gr. 5 (10 centimètres cubes) d'acide concentré, au moyen d'un thermomètre employé comme agitateur, on observe, en *deux minutes*, une élévation de température de 42°; avec le même acide, et, à la même température extérieure, cette élévation est parfaitement constante.

    50 gr. d'huile de pin soumis à la même
                épreuve donnent. . . . . .   43°
    —   de suif. . . . .   41° à 43°5
    —   de ricin . . . .   47°
    —   de cheval. . . . .   51°5

50 gr. d'huile d'amandes amères	52°
— d'amandes douces	53°5
— de navette	57°
— de colza	58°
— de faîne	65°
— d'arachide	67°
— de sésame	68°
— de chenevis	98°
— de noix	101°
— de foie de raie	102°
— de foie de morue	103°
— de lin	133°

Voilà donc un phénomène bien défini, très-facile à observer, ne demandant que quelques minutes et offrant, suivant l'espèce des huiles, des différences bien autrement
tranchées que toutes celles dont il a été question précédemment.

Ce phénomène reste constant après le mélange des
huiles. Par exemple, 2 volumes d'huile d'olives et 1 volume d'œillette doivent donner, dans cette supposition

2 vol. d'olives $= 2 \times 42°$	84°
1 vol. d'œillette $= 1 \times 86°4$	86°4
3 vol. mélange	170°4
1 vol.	56°8

et ce nombre est celui qu'on trouve par l'expérience,
comme l'ont démontré des essais très-nombreux pour ce
mélange et pour beaucoup d'autres.

La marche à suivre est des plus simples et éminemment
industrielle. On pèse 50 grammes d'huile dans un verre à
expériences de 120 à 150 centim. cubes (fig. 185, pl. 8). On
met le thermomètre T dans l'huile; on agite une minute
et on note la température. Alors on apporte à 1 ou 2 centimètres au-dessus de l'huile une pipette a contenant 11
centimètres cubes d'acide sulfurique concentré pris dans
le flacon S, sans enfoncer la pipette plus qu'à moitié de
son bec et sans toucher les parois du goulot du flacon

qui doit être immédiatement refermé (1). On laisse couler l'acide en filet, au fond de l'huile, jusqu'à la dernière goutte. Alors on prend le verre de la main gauche, en *m,* et on agite immédiatement, de la main droite, le thermomètre dans l'huile. Aussitôt que le mélange est complet, et l'huile devenue brune, on jette les yeux sur le thermomètre (à dos d'émail) et, tout en remuant très-doucement, on observe la température. Il ne faut guère qu'une minute. Le mercure se tient *une bonne demi-minute au moins* à sa hauteur maximum et redescend lentement. On note cette hauteur maximum qui donne l'élévation de température, et l'expérience est terminée.

Sans discuter ici les différents cas qui peuvent se présenter, on dira que quel que soit : 1º l'acide employé ; 2º les poids d'huile et d'acide ; 3º les dimensions des vases, celle du thermomètre ; 4º la température initiale, etc. ; quelles que soient, en un mot, les conditions expérimentales, il est toujours facile d'obtenir un résultat précis, constant, certain, en mesurant l'élévation de la température.

La personne qui veut analyser une huile n'a que deux choses à faire :

1º Mesurer le dégagement de chaleur obtenu dans cette huile par l'action de l'acide sulfurique concentré (qui se trouve partout) ;

2º Comparer au même moment, avec les *mêmes instruments,* l'élévation de température fournie par une huile type et le même acide.

On a fait, de cette dernière condition, une objection à la méthode ; comme si cette condition ne devait pas être remplie, dans toutes les autres, sans aucune exception.

Les deux expériences prennent dix minutes, et une fois l'opérateur sûr de lui-même, il lui est facile, en opérant sur 100 grammes d'huile et 10 centimètres cubes d'acide, ou 50 grammes d'huile et 20 centimètres cubes d'acide, d'obtenir des indications capables de le conduire

____

(1) Il y a en *a* un petit tampon d'amiante destiné à éviter tout accident lorsqu'on aspire l'acide sulfurique.

Fabricant d'Huiles. 32

souvent à une approximation sur la nature et la quantité des mélanges.

M. Maumené fait remarquer que l'huile de suif et l'huile de ben donnent à peu près le même dégagement de chaleur que l'huile d'olives, que les huiles siccatives en donnent beaucoup plus que les huiles non siccatives et peuvent facilement être reconnues.

Mais, ajoute-t-il, l'huile de suif et l'huile de ben ne peuvent être mêlées à l'huile d'olives. Toutes les fois que l'huile d'olives donnera plus de 42° de chaleur dans son mélange avec 10 centimètres cubes d'acide sulfurique bouilli et à la température de 25°, cette huile ne sera pas pure.

Dans les mélanges formés seulement de deux huiles, l'emploi de l'acide sulfurique doit aider non-seulement à déterminer la qualité, mais cette analyse qualitative opérée, la quantité de l'huile inférieure ajoutée pourra souvent en être déduite avec précision.

M. le professeur H. Fehling a répété les expériences de M. Maumené et les a trouvées parfaitement exactes, seulement il a fait observer qu'on n'obtient des résultats identiques que lorsque les circonstances sont rigoureusement les mêmes; que le degré d'élévation de la température dépend beaucoup de la rapidité avec laquelle on fait le mélange de l'huile et de l'acide, de la force et de la quantité de cet acide, de la température des liquides avant l'expérience, des quantités qu'on emploie pour un essai et de la grandeur et de l'épaisseur des vases. Quand ces conditions varient, en peut aisément trouver des différences s'élevant à 6° C. et plus, et par conséquent sous ces divers rapports il convient de chercher à opérer toujours dans des circonstances extérieures identiques. Même en apportant les plus grands soins, on peut rencontrer dans les expériences des différences de 1° à 2°, et il faut, autant que possible, faire de quatre à six essais et prendre la moyenne, qu'on peut considérer alors comme un résultat exact.

Dans ses expériences sur la plupart des huiles, M. Fehling a pris de l'acide sulfurique hydraté pur, qu'on a obtenu en faisant chauffer de l'acide sulfurique ordinaire du commerce dans une cornue, distillant une portion jusqu'à ce que le résidu pût être considéré comme de l'acide très-concentré.

Il n'y a qu'avec l'huile de lin qu'on ne peut pas employer cet acide, parce que la température du mélange s'élève à plus de 100° et que, lors de la décomposition inévitable qui en est la suite, et qui est accompagnée d'un fort dégagement d'acide sulfureux, l'accroissement de température est tellement variable qu'on y remarque des différences qui s'élèvent de 10° à 15° C. Cette circonstance fâcheuse, on ne peut même pas l'éviter en se servant d'une quantité moindre d'acide sulfurique, mais seulement d'un acide très-affaibli. En conséquence, pour l'huile de lin on a pris un acide qui ne contenait exactement que 90 pour 100 d'acide sulfurique monohydraté.

Dans chacune des expériences on n'a pris que 15 grammes d'huile. En prendre 50 grammes, comme le prescrit M. Maumené, est certainement préférable, parce que les différences de température, dans le premier cas, pourraient se trouver un peu trop faibles ; mais quand on répète une expérience à plusieurs reprises, la consommation de l'huile est assez considérable pour être prise en considération.

Les huiles soumises à ce mode d'analyse ont été l'huile d'olives, l'huile de Lecce, l'huile de navette, l'huile d'amandes, l'huile d'œillette et l'huile de lin. L'huile d'olives avait été fournie par un commerçant, celle d'œillette, préparée sous l'inspection de M. Fehling avec la graine fraîche de pavot ; les huiles de lin, de navette, d'amandes, extraites de semences fraîches ; l'huile de Lecce, qu'on a employée telle qu'on l'a rencontrée dans le commerce, était une huile d'olives impure avec addition d'un peu d'essence de térébenthine en quantité variable, et par conséquent ne donnant pas toujours des nombres constants.

Dans toutes les expériences de M. Fehling, les huiles et l'acide ont été pris à la température du laboratoire ; l'huile a été pesée dans un petit verre, et on y a ajouté aussitôt et goutte à goutte l'acide pesé dans une burette, on a agité promptement la masse avec le thermomètre, et on a observé la température. On a, autant que possible, employé à ces expériences des verres semblables sous tous les rapports.

Huile d'olives. — 15 grammes d'huile d'olives mélangés à 5 grammes d'acide sulfurique monohydraté. La température s'élève de 16° à 53°—55°, c'est-à-dire de 37° à 39° C.; en moyenne de six expériences, 38° C.

Huile de Lecce. — 15 grammes d'huile avec 5 grammes d'acide. La température monte de 13°5 à 53—54°, ou de 39°5 à 40°5; en moyenne de quatre expériences, 40° C.

Huile d'amandes. — 15 grammes d'huile et 5 grammes d'acide. La température s'élève de 12°5 à 51°5—53°5, ou de 39° à 41°; en moyenne de six expériences, 40° C.

Huile de navette. — 15 grammes d'huile et 5 grammes d'acide. La température s'élève de 14° à 68°—70°, ou de 54° à 56°; en moyenne de six expériences, 55° C.

Huile d'œillette. — 15 grammes d'huile et 5 grammes d'acide. La température s'élève de 17°5 à 86°5—88°5, ou de 69° à 71°; en moyenne de six expériences, 70° C.

Huile de lin. — 15 grammes d'huile et 7gr.5 d'acide à 90 pour 100. La température s'élève de 16° à 90°—92°, ou de 74° à 76°; en moyenne de six expériences, 75° C.

Huile de navette. — 15 grammes d'huile avec 7gr.5 d'acide à 90 pour 100. La température s'élève de 17° à 53°5—55°, ou de 35°5 à 38°; en moyenne de quatre expériences, 37°5.

Huile de Lecce. — 15 grammes d'huile et 7gr.5 d'acide à 90 pour 100. La température s'élève de 12° à 41°—42°5, ou de 29° à 30°5; en moyenne de quatre expériences, 30°.

Les huiles pures ont donc fourni les résultats suivants :

Avec acide sulfurique hydraté :

Huile d'olives, élévation de température. 38° C.
   — de Lecce. 40
   — d'amandes. 40
   — de navette. 55
   — d'œillette. 70

Avec acide sulfurique de 90 pour 100 :

Huile de Lecce, élévation de température.   30° C.
  — de navette.   57,5
  — de lin   75

Il importait maintenant de répéter les mêmes expériences sur des mélanges de diverses huiles, puisque l'huile d'olives. qui est l'huile de table par excellence, est souvent allongée avec des huiles d'œillette qui sont d'un prix moindre, et qu'on mélange souvent avec des huiles non siccatives de Lecce ou de navette.

Mélanges d'huile d'olives et d'huile d'œillette.—15 grammes de mélange de ces huiles, contenant 10 pour 100 d'huile d'œillette, ont donné avec l'acide pur une élévation de température de 40° à 42°. La température s'est élevée de 14°5 à 54°5—56°5 ; en moyenne de cinq expériences, 41°2 C.

15 grammes de mélange à 20 pour 100 d'huile d'œillette ont donné avec l'acide une élévation de température de 43° à 45° La température a monté de 16° à 59°—61° ; en moyenne de six expériences, 44°.

15 grammes de mélange à 50 pour 100 d'huile d'œillette ont donné une élévation de température de 53° à 54°5. La température a monté de 16° à 69°—70°5 ; en moyenne de quatre expériences, 54° C.

15 grammes de mélange à 80 pour 100 d'huile d'œillette ont donne une élévation de température de 63° à 65°. La température a monté de 16° à 79°—81° ; en moyenne de cinq expériences, 64° C.

Il résulte de ces nombres que l'accroissement de température s'élève à mesure qu'on augmente la proportion de l'huile d'œillette dans le mélange. Les différences qu'on remarque dans le chiffre des moyennes ne sont pas supérieures à celles qu'on observe dans les expériences individuelles, et, en conséquence, en partant des élévations de température observées pour l'huile d'olives pure et pour celle également pure d'œillette, on peut calculer le tableau suivant :

Huile d'olives pure.

15 grammes d'huile et 5 grammes d'acide;
élévation de température. . . . . . . 38°C.

Huile d'olives mélangée

à 5 pour 100 d'huile d'œillette, élévation
de température. . . . . 39°6 C.

10	41,2
15	42,8
20	44,4
25	46,0
30	47,6
35	49,2
40	50,8
45	52,4
50	54,0
55	55,6
60	57,2
65	58,8
70	60,4
75	62,0
80	63,6
85	65,2
90	66,8
95	68,4

Huile d'œillette pure.

15 grammes d'huile et 5 grammes d'acide;
élévation de température. . . . . . . 70° C.

Mélanges d'huile de lin et d'huile de navette.—15 grammes
d'huile de lin pure et 7gr.5 d'acide sulfurique à 90 pour
100. Elévation de température, 75°.

15 grammes de mélange, à 5 pour 100 d'huile de navette et 7gr.5 d'acide à 95 pour 100, donnent une élévation de température de 71°5 à 74°. La température s'est
élevée de 14°5 à 86°—88°5 ; en moyenne de cinq expériences, 73°.

15 grammes de mélange, à 10 pour 100 d'huile de na-

vette, ont donné, avec 7gr.5 d'acide à 90 pour 100, une élévation de température de 69° à 71°. La température s'est élevée de 14° à 83°—85° ; en moyenne de quatre expériences, 70°5.

15 grammes de mélange à 15 pour 100 d'huile de navette ont donné une élévation de 66°5 à 69°. La température s'est élevée de 15° à 81°5—84° ; en moyenne de six expériences, 68°5.

15 grammes de mélange à 20 pour 100 d'huile de navette ont donné une élévation de température de 66° à 68°. La température s'est élevée de 13° à 79°—81° ; en moyenne de six expériences, 66°7.

Ces chiffres démontrent que l'accroissement de la température diminue proportionnellement à la quantité d'huile de navette ajoutée à l'huile de lin, et d'après les nombres observés avec ces huiles pures, on peut calculer le tableau suivant :

Huile de lin pure.

Avec 7gr.5 d'acide à 90 pour 100 ; élévation
    de température. . . . . 75° C.

Mélanges d'huiles de lin et de navette.

5 pour 100 d'huile de navette ; élévation
    de température. . . . . 73°1 C.

10	71,2
15	69,4
20	67,5
25	65,6
30	63,7

Mélanges d'huile de lin et d'huile de Lecce. — 15 grammes de mélange à 5 pour 100 d'huile de Lecce donnent, avec 7gr.5 d'acide à 90 pour 100, une élévation de température de 72° à 74°. La température s'élève de 16° à 88°—90° ; en moyenne de quatre expériences, 73°.

15 grammes de mélange à 10 pour 100 d'huile de Lecce donnent une élévation de température de 70° à 72°. La température monte de 16° à 86°—88 ; en moyenne de trois expériences, 71°.

15 grammes de mélange à 20 pour 100 d'huile de Lecce donnent une élévation de température de 66° à 67°5. La température s'élève de 16° à 82°—83°5 ; en moyenne de quatre expériences, 66°5.

Ces nombres servent à calculer le tableau suivant :

Huile de lin pure.

Avec acide sulfurique à 90 pour 100 ; élévation de température . . . . 75°C.

Mélanges d'huile de lin et d'huile de Lecce.

5 pour 100 d'huile de Lecce ; élévation
de température. . . . . 72°75C.
10 70,5
15 68,3
20 66,0

b. Coloration. — Les huiles dans leur état naturel paraissent renfermer en petite quantité certains principes insaisissables ou certaines constitutions moléculaires qui leur font prendre des colorations diverses quand on les met en contact avec l'acide sulfurique.

Un pharmacien de Strasbourg, M. Heydenreich, a le premier proposé, en 1848, de faire usage de cet acide pour distinguer entre elles les diverses sortes d'huiles ; M. Lefebvre d'Amiens a suivi cet exemple, et plus tard M. Penot a apporté une modification à ce procédé.

Pour faire un essai, on verse 8 à 10 gouttes d'huile dans un verre de montre ou dans une petite capsule de porcelaine blanche et on y ajoute une goutte d'acide sulfurique à 66° Baumé : à peine cet acide est-il en contact avec l'huile qu'il y développe une coloration qui varie avec l'espèce d'huile soumise à l'expérience et suivant qu'on le laisse réagir tranquillement sur l'huile ou qu'on agite avec une baguette en verre. Un examen comparatif sur une huile pure de la même espèce sert à déterminer si l'huile suspecte est pure ou mélangée.

Ainsi dans un mélange d'huile d'olives et d'œillette, il se développe, suivant M. E. Marchand, une série de colorations rose, lilas, puis bleu plus ou moins violacé, qui caractérise l'huile d'œillette. Une huile d'olives qui contient 25 pour 100 d'huile d'arachide se colore en jaune orangé clair, avec une auréole grise dont les contours extérieurs deviennent vert olive. Quand il y a mélange à parties égales de ces mêmes huiles, la coloration est le jaune orangé, avec auréole grise passant rapidement au gris verdâtre sale avec contours extérieurs bruns ; et enfin si l'huile d'olives est allongée avec 75 pour 100 d'huile d'arachide, la couleur est rougeâtre et entourée d'une auréole vert olive plus pâle que celle qui est propre à l'huile pure d'arachide.

Voici maintenant le tableau des colorations qui ont été observées par M. Heydenreich avec une goutte d'acide sulfurique à 66° et 10 gouttes des huiles suivantes, sans agiter ou en agitant le mélange.

NOMS DES HUILES.	Sans agiter.	En agitant.
Acide oléique.	Tache rougeâtre, auréole rougeâtre.	Rouge-brun.
Huile d'amandes douces	Jaune serin, des points orangés.	Vert sale.
— de baleine	Grumeaux rougeâtres sur fond brun.	Lie de vin.
— de chenevis	Grumeaux bruns sur fond jaune.	Brun verdâtre.
— de colza	Auréole bleu verdâtre, avec quelques stries brun jaunâtre au centre.	Bleu verdâtre.
— de foie de morue. .	Rouge foncé.	Rouge foncé.
— de lin du Haut-Rhin	Rouge-brun foncé.	Grumeaux bruns sur fond gris.
— de lin de Paris. . .	Rouge - brun moins foncé.	Caillot brun sur fond vert.
— de madia sativa . .	Rouge-brun faible, au-dessus légère couche grisâtre.	Vert olive.
— de navette (d'un an exprimée à faible chaleur).	Auréole bleu verdâtre.	Vert bleuâtre.
— de navette (d'un an id., d'une autre fabrique).	Id.	Id.

NOMS DES HUILES.	Sans agiter.	En agitant.
— de navette franche.	Id.	Id.
— de noix.	Jaune-brun.	Caillot brun foncé.
— de noix (d'un an)..	Jaune.	Brun sale moins foncé.
— de noix (id.) d'une autre fabrique)..	Jaune orange.	Brun sale.
— d'olives de Beaucaire.	Jaune faible.	Id.
— d'olives (impure du commerce). . . .	Tache très-peu sensible	Gris verdâtre.
— d'olives (huile tournante).	Jaune orangé.	Gris brunâtre.
— de pavot (fraîche à froid)..	Tache jaune.	Olive brunâtre.
— de pavot (id., faible chaleur).	Tache verdâtre.	Vert faible.
— de pieds de bœufs.	Tache jaune paille.	Brun sale.
— de ricin indigène..	Tache jaune légère.	Presque incolore.
— d'arachide..	Jaune-gris sale.	»
— de sésame..	Rouge vif.	»
— de cameline.. . . .	Jaune passant à l'orangé vif.	Gris jaunâtre.
— de croton.	Jaune, avec des stries jaunes au centre.	»
— de moutarde noire.	Bleu verdâtre.	Bleu verdâtre.

M. J. Lépine, de Pondichéry, a donné un tableau des caractères spécifiques des principales huiles qu'on extrait dans l'Inde, quelques-unes assez abondamment pour pouvoir devenir l'objet d'un commerce considérable, et de la couleur qu'elles prennent par une addition d'acide sulfurique. Voici ce tableau, qui est basé sur des documents sûrs, relatifs à l'origine, au mode d'extraction, et à la pureté de ces huiles.

NOMS BOTANIQUES des plantes dont les huiles sont extraites.	COULEUR de l'huile, etc.	DENSITÉ.	COULEUR que prend l'huile par l'addition d'une goutte d'acide sulfurique.
Linum usitatissimum.	Ambrée.	0.929	Brun marron clair.
Pongamia glabra.	Jaune safran.	0.927	Orange, avec raies jaune soufre.
Cassavium pomiferum.	Jaune pâle.	0.915	Jaune citron.
Papaver somniferum	Id.	0 923	Id., puis orange.
Cucurbita maxima.	Id.	0 918	Jaune citron.
Batea frondosa	Pâle, amère	0.928	Id , virant au marron.
Argemone mexicana.	Jaune orange.	0.928	Jaune foncé, virant au rouge.
Cucumis melo.	Jaune pâle.	0 926	Brun, passant au marron.
Cucumis sativus.	Id.	0.926	Marron, passant au brun.
Hibiscus cannabinus.	Id.	0 926	Jaune citron, passant à l'orange.
Jatropha montana.	Jaune orange, épaisse.	0.960	Jaune, passant au marron.
Eriodendron anfractuosum.	Jaune clair.	0.926	Jaune orange.
Buchania latifolia.	Blanche, déposant de la stéarine.	0.913	Jaune foncé, changeant au marron.

NOMS BOTANIQUES des plantes dont les huiles sont extraites.	COULEUR de l'huile, etc.	DENSITÉ.	COULEUR que prend l'huile par l'addition d'une goutte d'acide sulfurique.
Feronia elephantum	Jaune clair	0.923	Marron.
Nicotiana tabacum	Id	0.926	Marron, passant au noir.
Calophyllum inophyllum	Id., virant au vert, dense	0 937	Orange, passant au rouge.
Sinapis (espèces diverses)	Jaune, odeur alliacée	0.915	Orange, passant au marron.
Carthamus tinctorius	Jaune clair, dépôt brun	0.923	Jaune citron, passant au marron.
Azadirachta indica	Jaune foncé, odeur alliacée	0 923	Jaune, passant au marron.
Curcas purgans	Id., visqueuse	0.918	Jaune citron, passant à l'orangé.
Bassia longifolia	Jaune clair, dépôt de stéarine	0 912	Jaune pâle, ensuite citron.
Cocos nucifera	Blanche	0 926	Jaune grisâtre léger.
Arachis hypogea	Jaune	0.922	Jaune clair, passant au citron.

ARTICLE II. ACIDE AZOTIQUE.

M. Hauchecorne a présenté à la Société industrielle de Mulhouse un mémoire sur l'analyse naturelle des huiles au moyen de l'acide azotique très-pur, exempt de vapeurs nitreuses, et dans un certain état de concentration.

Ce réactif, suivant l'auteur, a pour effet de mettre en évidence un principe essentiel à la composition des huiles, et qui est diversement coloré dans chaque espèce C'est ainsi que cet élément type est *vert* dans l'huile d'olives, *rose clair* dans celle d'œillette, *rouge vif* dans celle de sésame, *jaune* dans celle d'arachide, *rouge d'ocre* dans celle de faîne, etc. Ce principe paraît résider dans l'albumine et le mucilage des huiles ; du moins il paraît d'autant plus abondant que l'huile essayée est moins bien purifiée. Seul le principe de l'huile de sésame est soluble dans le réactif, qu'il colore en rouge vif. Ce réactif ne borne pas là son action, il tend en outre à solidifier les principes gras des huiles, et il est dosé de façon qu'en agissant sur 24 volumes d'huile et 1 de réactif, on obtienne sur-le-champ la netteté de coloration qui caractérise chaque espèce d'huile.

Pour opérer, on se sert d'un tube gradué en verre dont la division correspond rigoureusement au dosage du réactif. On verse de l'huile dans le tube jusqu'au premier trait, on ajoute du réactif jusqu'au second, on bouche le tube, on agite de façon à bien opérer le mélange, et on regarde la couleur qui se développe : telle couleur, telle huile. L'essai se résume donc à voir si l'huile prend sur-le-champ telle ou telle couleur, et si elle conserve franchement cette nuance jusqu'à ce que le réactif se dépose incolore. Voici le tableau indicatif des colorations que prennent instantanément les huiles pures avec le réactif :

Olives : Vert pomme jusqu'au vert tendre, suivant sa qualité. Caractère spécifique : élément vert persistant, jusqu'à ce que le réactif se dépose incolore ; éclaircissement de l'huile dans les 24 heures.

Les huiles d'olives comestibles : paillerine, surfine et

fine, de clarification parfaite, prennent sur-le-champ une couleur *vert tendre*.

Les huiles moins dépouillées de mucilage, une coloration vert pomme.

Les huiles rancies par l'action des rayons solaires ne développent pas de teinte verte.

Les huiles obtenues de la fermentation des olives deviennent *gros vert*.

OEillette : Rose clair ; réactif incolore ; pas d'éclaircissement.

Sésame : Rouge vif ; réactif rouge vif ; absorption rapide de l'oxygène et solidification de l'huile dans les 24 heures.

Arachide : Jaune ; réactif incolore ; huile épaissie ; passe au brun.

Faîne : Rouge d'ocre après vert pré ; réactif incolore.

Lin : Brun foncé après vert pré ; réactif jaune d'or.

Pied de bœuf : Gris léger teinté *vert* ; réactif incolore ; éclaircissement en 2 heures.

Morue : Foies frais : rose vif violacé, admirable, passant vite au jaune citron ; réactif incolore.

Raie : Foies frais : rose vif violacé passant de suite au violet lie de vin foncé ; réactif incolore.

La coloration rose vif violacé que présentent tout d'abord ces trois huiles est due à l'action de l'oxygène sur l'acide cholinique de Berzélius. Les huiles extraites du lard des poissons n'offrent pas cette réaction.

L'huile préparée exclusivement avec les foies frais de morue se caractérise par sa couleur jaune citron : son mélange avec d'autres foies de poisson lui fait perdre ce caractère essentiel ; le réactif se déposerait coloré si les huiles provenaient de la fermentation putride des foies...

Quant au dosage de mélanges binaires d'huiles d'après la teinte que prend le corps gras accompagné de réactif, il ne constitue pas un progrès dans l'oléométrie, et ne peut conduire à aucun résultat décisif et sûr.

ARTICLE III. ACIDE HYPOAZOTIQUE.

L'acide hypoazotique exerce sur l'oléine des huiles grasses une action particulière qui a été reconnue depuis longtemps et qui consiste en ce que cette oléine se solidifie sous l'influence de ce réactif et se transforme en élaïdine, tandis qu'il est sans action sur le principe liquide des huiles siccatives qu'il ne concrète pas.

C'est en se basant sur cette propriété que M. Poutet de Marseille a proposé, en 1819, pour reconnaître la pureté des huiles d'olives, l'emploi d'une solution acide de mercure dans l'acide hypoazotique, et que plus tard, en 1832, M. Félix Boudet a démontré que l'acide azoteux solidifie immédiatement les huiles, que la solution mercurielle de M. Poutet n'agit que par l'acide hypoazotique ou azoteux qu'elle contient, et qu'il est préférable de se servir d'un mélange d'acides hypoazotique et azotique pour constater la pureté des huiles d'olives. Voici la manière d'opérer par ces moyens :

Procédé Poutet. — On fait dissoudre 6 pour 100 de mercure dans 7,05 d'acide azotique à 35° Baumé, solution qui dégage de l'acide hypoazotique. On introduit, je suppose, 96 grammes d'huile à essayer et 8 grammes de la dissolution ci-dessus dans un flacon qu'on agite de 10 en 10 minutes pendant 2 heures. On abandonne alors dans un lieu frais pendant 24 heures, puis on observe la consistance du mélange. S'il y a solidification complète, on a opéré sur l'huile d'olives pure ; si le mélange reste liquide, on a eu affaire à l'huile d'œillette ou à une autre huile de graine ; enfin, s'il y a mélange, la consistance varie. Suivant MM. Soubeiran et Blondeau, l'huile pure est ferme et sonore quand on frappe sa surface solidifiée avec une tige de verre ; l'huile moins pure est assez ferme ; l'huile contenant moitié d'huile d'œillette ou de graines affecte une consistance qui varie entre celles du suif et de l'axonge ; enfin l'huile allongée seulement de 1/10 d'huile d'œillette a la consistance d'une huile d'olives figée ; avec une proportion moindre d'huile d'œillette, le procédé présente plus de certitude.

Pour réussir par le procédé Poutet, il faut que la dissolution de mercure ait été préparée tout récemment et faire toujours une expérience comparative sur un même volume d'huile pure dans un autre flacon, et enfin répéter l'opération à deux reprises.

Procédé Boudet. — On prend 2 à 3 centièmes d'un mélange d'acide hypoazotique additionnée de 3 fois son poids d'acide azotique marquant 35° Baumé, qu'on ajoute dans un flacon à l'huile qu'on veut essayer, en opérant comme dans le procédé Poutet, et on fait simultanément la même opération dans un flacon des mêmes dimensions sur de l'huile d'olives pure.

La dose du réactif n'est pas indifférente, du moins en ce qui touche le temps nécessaire à la solidification de l'huile d'olives. Un demi-centième d'acide hypoazotique suffit pour solidifier l'huile d'olives, mais ce phénomène marche avec plus de lenteur quand on augmente la dose, quoique la consistance reste la même ; cette consistance diminue dès qu'on introduit une huile étrangère et proportionnellement à la quantité de celle-ci. Le tableau suivant a été emprunté à l'expérience.

L'acide hypoazotique mélangé à 5 gr.30 d'huile d'olives dans la proportion de :	détermine la solidification de cette huile.
1/33	70 minutes.
1/50	78 —
1/75	84 —
1/100	130 — ou 2 h. 10
1/200	435 — ou 7 h. $^1/_4$
1/400	Action nulle.

Toutefois il ne faut pas prendre le temps pour opérer la concrétion comme un indice certain de la pureté des huiles, car on a remarqué que ce temps change avec les diverses variétés d'huile et que souvent des huiles pures se solidifient avant certaines huiles mélangées. A cet égard, on doit à M. Fauré de Bordeaux des expériences intéressantes sur le temps de la solidification de 100 grammes d'huile d'olive pures ou mélangée dans des rapports divers avec l'huile d'œillette ou l'huile de noix par 3 grammes de la liqueur d'épreuve de M. Boudet. Voici le résultat de ces expériences.

PROPORTION DES MÉLANGES.	ACIDE HYPOAZOTIQUE.	TEMPS NÉCESSAIRE à leur solidification.	
Mélanges d'huiles d'olives et d'œillette.			
	gram.	gram.	
Huile d'olives pure.. . . . 100	100	3	» h. 56 m.
— d'olives. 95	100	3	1 30
— d'œillette. . . . 5			
— d'olives. 90	100	3	2 25
— d'œillette 10			
— d'olives. 80	100	3	4 5
— d'œillette 20			
— d'olives. 70	100	3	11 20
— d'œillette 30			
— d'olives.. 50	100	3	26 36
— d'œillette.. . . . 50			
Mélanges d'huiles d'olives et de noix (1).			
Huile d'olives. . . . 95	100	3	1 25
— de noix. 5			
— d'olives. 90	100	3	1 48
— de noix. . . . 10			
— d'olives. 80	100	3	2 27
— de noix. 20			
— d'olives. 70	100	3	5 10
— de noix. 30			
— d'olives. 50	100	3	7 15
— de noix.. 50			

(1) L'huile de noix, introduite dans celle d'olives, en retarde la solidification moitié moins que celle d'œillette; et cependant, isolée, elle résiste autant que celle-ci à l'action de l'acide hypoazotique préparé.

PROPORTION DES MÉLANGES.	ACIDE HYPOAZOTIQUE.	TEMPS NÉCESSAIRE à leur solidification.	
Mélanges d'huiles d'amandes et d'œillette.			
Huile d'amandes pure. . 100	3	2	55
— d'amandes. . . . 95 — d'œillette. . . . 5 100	3	3	5
— d'amandes. . . . 90 — d'œillette. . . . 10 100	3	4	2
— d'amandes. . . . 80 — d'œillette. . . . 20 100	3	9	7
— d'amandes. . . . 70 — d'œillette.. . . . 30 100	3	1	18
— d'amandes. . . . 50 — d'œillette 50 100	3	13	35
Mélanges de colza et de cameline.			
Huile de colza pure. . . 100	3	5	45
— de colza. . . . . 95 — de cameline. . . 5 100	3	6	24
— de colza. . . . . 90 — de cameline. . . 10 100	3	8	12
— de colza. . . . . 80 — de cameline. . . 20 100	3	9	37
— de colza. . . . . 70 — de cameline. . . 30 100	3	10	20
— de colza. . . . . 50 — de cameline. . . 50 100	3	11	32 (1)

En s'occupant de l'action de l'acide hypoazotique sur les huiles grasses et des colorations que prennent celles-ci quand on opère à une température de 10° à 12° C., M. Caillelet a eu l'occasion de constater un phénomène intéres-

(1) Tous ces résultats représentent la moyenne des trois expériences faites sur les mêmes huiles et dans les mêmes proportions.

sant relativement à l'huile d'olives, lorsqu'on opère à une température plus élevée.

Si on essaie, dit-il, l'action de l'acide hypoazotique sur les huiles d'arachide, de sésame et de colza à une température de $+ 15°$, $20°$, $25°$ C.; elles se colorent, à peu de chose près, comme à 10 ou 12°. Il n'en est pas de même de l'huile d'olives. Cette huile, principalement celle dite tournante, perd rapidement sa coloration vert-de-gris, et passe au jaune lorsqu'on l'essaie à une température de $+ 15°$, $20°$, $25°$ C.

Il importe donc que l'industriel qui se sert de l'huile d'olives puisse constater facilement et en peu de temps sa pureté, s'il opère à $+ 10°$ ou $25°$ C.

En opérant comme il suit, et quelle que soit la température, l'huile d'olives dite vierge ou ordinaire se colore en *bleu de vert-de-gris* ; celle dite tournante se colore en *vert-de-gris* ; s'il y a mélange, la coloration disparaît pour passer au vert pomme, au jaune, au jaune orange, etc.

Essai de l'huile d'olives à une température de $+ 10°$ *à* $14°$ C. On introduit 4 centimètres cubes d'huile et 8 centimètres cubes de solution d'acide hypoazotique dans un flacon de la contenance de 15 centimètres cubes ; on le ferme avec un bouchon de liége et on l'agite pendant *cinq secondes.*

Il est important que la solution d'acide hypoazotique ait été placée préalablement au milieu d'un bain d'eau froide ainsi que l'huile avant l'essai.

Essai de l'huile d'olives à une température de $+ 15°$ *à* $25°$ C. On doit d'abord placer la liqueur acide, ainsi que l'huile, au milieu d'un bain d'eau la plus froide possible ($10°$ à $12°$ environ); ensuite on introduit dans un flacon de la contenance de 15 centimètres cubes : huile, 4 centimètres cubes ; liqueur acide, 3 centimètres cubes ; on ferme ce flacon avec un bouchon de liége, on le met dans un verre contenant de l'eau froide et on l'y laisse pendant *une minute*; on l'en retire et on l'agite pendant *cinq secondes* ; après cette première agitation, on le met immédiatement au milieu d'un bain d'eau froide où on le laisse encore pendant *une minute;* on l'on retire et on l'agite pendant *cinq secondes ;* après cette seconde agitation on le fait de nouveau refroidir pendant *une minute* ; on le retire de l'eau, on ne l'essuie pas et on le laisse en repos. L'huile d'olives ne tarde pas à se colorer en vert-de-gris, coloration qu'elle conserve pendant quinze à vingt minutes, le température ambiante étant à $+25^{\circ}$ C.

Lorsque cette huile est colorée, la coloration vert-de-gris disparaît en peu de temps. Si l'on recherche la composition d'un mélange, on agite et on fait refroidir chaque flacon comme il vient d'être dit ; mais si on essaie l'huile de colza qui peut être mêlée aux huiles de lin et de baleine, il ne faut agiter qu'une seule fois le flacon et ne pas le faire refroidir.

L'acide hypoazotique produit avec l'huile d'olives une masse dure et friable, et avec l'huile d'olives fraudée avec l'huile de graine de cotonnier, une substance plus ou moins pâteuse.

ARTICLE IV. ACIDE HYPOAZOTIQUE DISSOUS DANS L'ACIDE AZOTIQUE.

Les huiles grasses affectent des colorations différentes sous l'influence de l'acide hypoazotique dissous dans l'acide azotique, quand on opère à une température de 10° à 12° C. pour les huiles d'olives, de sésame, d'arachide et de pieds de bœuf, et à celle de 16° à 20° pour l'huile de colza.

M. Cailletet met à profit cette réaction et pour cela se sert de la solution acide de mercure dans l'acide azotique (34 à 35 gram. d'acide pour 3 gram. 40 de mercure) qu'il emploie 30 minutes après sa préparation en opérant sur 4 centimètres cubes d'huile et 3 centimètres cubes de réactif, mélange qu'il agite pendant cinq secondes dans un petit flacon de 15 centimètres cubes.

Voici les colorations obtenues ainsi par M. Cailletet :

HUILES soumises à l'essai (1).	Coloration à 10° et à 12° C.
Olives vierge. . — ordinaire. . — tournante. .	Ces trois huiles passent au bleu vert-de-gris plus ou moins foncé, qu'elles conservent pendant 20 à 25 minutes. Solidifiées, elles sont d'un blanc bleuâtre.
Sésame.	Orange ou rouge de brique. Solidifiée, cette huile est orangée.
Arachide. . . .	Jaune passant à l'orange. Solidifiée, cette huile est jaune pâle.
Colza épurée ou non.	Bistre passant au minium. Solidifiée, couleur jaune citron.
Pieds de bœuf. .	Vert-de-gris. Solidifiée, blanc bleuâtre.

ARTICLE V. ACIDE HYPOAZOTIQUE ET ACIDE SULFURIQUE.

Quand on fait agir pendant cinq minutes à la température de l'eau bouillante sur 20 gram. d'huile, l'acide hypoazotique produit par 10 gouttes (0 gram. 45) d'acide azotique et 10 gouttes (0 gram. 25) d'acide sulfurique, l'huile se solidifie et le temps au bout duquel s'opère cette solidification variant selon les huiles, permet de les qualifier entre elles.

Pour cela, M. Cailletet introduit dans un tube à essai bien sec, 20 gram. de l'huile à essayer, filtrée et bien claire, puis 10 gouttes d'acide sulfurique; il agite pendant une minute pour bien opérer le mélange, puis ajoute les 10 gouttes d'acide azotique, agite de nouveau une minute, chauffe au bain-marie exactement pendant cinq minutes, retire le tube du bain, le plonge avec ménage-

(1) Si les huiles sont troubles, il faut les filtrer. En été, où la température est 15°, 16° et plus, il faut les faire refroidir ainsi que le réactif et les ramener à 10° à 12°, surtout l'huile d'olives, dont la coloration vert-gris s'altère très-rapidement. On ne réussit dans les opérations qu'en prenant cette précaution.

ment dans l'eau froide, où il le laisse jusqu'à ce que la solidification soit achevée, en notant le temps nécessaire pour que celle-ci soit complète.

Par exemple, avec le mélange des deux acides, l'huile d'olives falsifiée par celle d'arachide est, à la sortie du bain, colorée en rouge pâle, rouge foncé ou rouge vineux, et la solidification n'a pas lieu ou s'y fait difficilement. Si la falsification a eu lieu avec l'huile de sésame, les deux acides font passer rapidement l'huile à l'indigo et ensuite au jaune sale ou rouge sale. Cette huile, à la sortie du bain, est rouge et solidifiée, jaune comme l'huile de palme.

Si c'est avec l'huile de colza, l'huile mélangée est orange à la sortie du bain et reste longtemps fluide en conservant cette couleur.

L'huile de sésame pure n'est pas solidifiée au bout de 2 heures 30 minutes ou ne se solidifie que difficilement.

A la sortie du bain, l'huile d'arachide est rouge vineux, elle ne se solidifie pas et forme un dépôt brun floconneux abondant.

L'huile d'œillette est couleur citron en sortant du bain et passe, en se refroidissant, au jaune orangé.

ARTICLE VI. ACIDE HYPOAZOTIQUE, AMMONIAQUE ET CHLORE.

M Fauré de Bordeaux a proposé, en 1839, de faire usage pour rechercher la pureté des huiles, de l'ammoniaque et du chlore. Voici à cet égard les détails dans lesquels il est entré dans un mémoire sur cette application.

« Après avoir constaté l'action de l'acide hypoazotique pour l'analyse qualitative des huiles, j'ai pensé, dit-il, qu'il fallait joindre à ce premier moyen des auxiliaires qui puissent être employés avec non moins de succès, sur les huiles où l'action de cet acide et peu sensible. Après plusieurs recherches et tâtonnements, j'ai trouvé dans l'ammoniaque caustique une partie des conditions que je cherchais ; en effet, cet alcali agit sur les huiles végétales de deux manières bien distinctes ; avec les unes, il forme une pâte consistante *très-liée* et *très-unie* ; avec les autres, au contraire, le combiné qui résulte de son union avec elles est *peu épais* et *très-grumulé*. Ce qu'il y a de remarquable, c'est que les effets physiques si différents, permettent de reconnaître des mélanges dans les huiles où l'acide hyponitrique est presque sans action.

» Pour bien juger des phénomènes que ces réactifs produisent dans ces corps gras, j'ai employé de petits tubes en verre de 12 à 15 centimètres de longueur, sur 14 millimètres de diamètre, fermés à l'un des bouts. J'ai mis, dans chacun d'eux, des proportions déterminées d'huile et de réactif, et après une agitation de quelques minutes, je les ai abandonnés à eux-mêmes. L'action de l'ammoniaque est prompte ; quelques instants suffisent pour apprécier son effet, celle de l'acide hypoazotique est longue et elle diffère de durée suivant la nature de l'huile qu'on y soumet.

» Pour les huiles animales, il m'a fallu chercher un autre agent spécial, dont l'action sur elles fût très-marquée, et peu apparente, au contraire, sur les huiles végétales. Le chlore, à l'état de gaz, a dépassé mes espérances et complété mes moyens d'investigation. En effet, un courant de ce gaz, dégagé pendant quelques minutes dans une huile blanche végétale, la décolore légèrement, ou n'altère pas sensiblement sa couleur, tandis que le même gaz, dégagé dans une huile blanche animale, la colore instantanément en brun ; et cet effet augmente graduellement jusqu'à la rendre noire.

M. Fauré a extrait directement lui-même la plus grande partie des huiles dont il a fait l'essai ; quant à celles qu'il a été obligé de se procurer, elles lui ont été garanties pures. Il a constamment opéré dans toutes ses expériences à $+ 12°$ C. et employé l'ammoniaque au 10e du poids des huiles, enfin l'acide a été le réactif de M. F. Boudet, c'est-à-dire 3 parties d'acide azotique à 25° Baumé et 1 partie d'acide hypoazotique, qu'il a employé dans la proportion de 8 parties de cet acide pour 100 parties d'huile.

Voici maintenant les caractères physiques des huiles sur lesquelles il a opéré et les réactions chimiques qu'elles ont présentées avec l'acide, l'ammoniaque et le chlore.

Tableau des caractèr...

NOMS DES HUILES	COULEUR	ODEUR	SAVEUR
de ricin exotique.	ambrée	nulle	un peu âcre
de ricin indigène.	blanche	nulle	fade
d'amandes douces	ambrée	nulle	douce, agré-able
d'amandes amères	ambrée	nulle	douce, agré-able
de noisettes. . . .	ambrée	nulle	douce
d'olives surfine. .	jaune	particulière	douce, agré-able
d'olives ordinaire.	jaune	particulière	douce
d'œillette	jaune pâle	nulle	fade
de lin.	jaune foncé	forte	désagréable
de noix	jaune clair	nulle	fade
de chenevis. . . .	jaune foncé	désagréable	désagréable
de colza.	jaune pâle	nauséeuse	désagréable
de navette.	jaune	nauséeuse	désagréable
de cameline. . . .	jaune	nauséeuse	désagréable
de moutarde. . .	jaune foncé	nulle	fade
de baleine.	jaune clair	désagréable	désagréable
de morue.	jaune foncé	désagréable	désagréable
de sardines. . . .	jaune-rouge	désagréable	repoussante

physiques des huiles.

PESANTEUR spécifique à + 12° C. l'eau à 10.000	CONGÉLATION			SOLUBILITÉ complète dans	
	0°	5°	10°	l'alcool 100 parties	l'éther 100 parties
9 699	louche	opaque	pâteuse	100	150
9 675	limpide	opaline	opaque	100	150
9.160	limpide	limpide	opaque	1.30	95
9 160	limpide	limpide	opaque	1.30	95
9.175	limpide	limpide	opaque	1.30	95
9.190	grenu	gelée	concrète	1.70	93
9.198	opaque	gelée	concrète	1.70	93
9.230	limpide	limpide	opaque	1.80	95
9.300	limpide	limpide	limpide	2.75	97
9.280	limpide	limpide	opaque	2.25	95
9.275	limpide	limpide	limpide	2.50	97
9.145	limpide	opaque	gelée	1.70	92
9.150	limpide	opaque	gelée	1.70	92
9·158	limpide	limpide	opaque	1.70	93
9.170	limpide	opaque	gelée	2.25	92
9.280	opaque	gelée	concrète	2.75	95
9.230	limpide	opaque	gelée	2.25	95
9 275	opaque	gelée	concrète	1.75	92

Fabricant d'Huiles.   34

Tableau des réactions chimiques

NOMS DES HUILES	AMMONIAQUE LIQUIDE	
	COULEUR	CONSISTANCE et aspect
de ricin exotique.	blanc de lait	peu épais, très-unis
de ricin indigène.	blanc de lait	peu épais, très-unis
d'amandes douces.	blanche	épais, très-unis
d'amandes amères	blanche	épais, très-unis
de noisettes. . . .	blanche	épais, très-unis
d'olives surfine . .	jaunâtre	épais, unis
d'olives ordinaire.	jaune	épais, unis
d'œillette.	jaune pâle	peu épais, très-grenus
de lin	jaune foncé	épais, unis
de noix..	blanc-gris	épais, grenus
de chenevis. . . .	jaune	épais, grenus
de colza.	blanche	épais, grenus
de navette.	blanche	épais, grenus
de cameline. . . .	jaune	peu épais, grenus
de moutarde.. . .	jaune	épais, unis
de baleine.	jaune	épais, unis
de morue	jaune foncé	épais, grenus
de sardines	orange	épais, grenus

ue présentent les huiles.

| ACIDE HYPOAZOTIQUE PRÉPARÉ | | | CHLORE GAZEUX — |
COULEUR	SOLIDIFIÉ après		COULEUR
	Heures.	Minutes	
jaune	10	15	peu décolorée
jaune	9	45	peu décolorée
vert pâle	2	48	peu décolorée
vert pâle	2	50	peu décolorée
vert pâle	2	52	peu décolorée
blanc verdâtre	»	56	décolorée
blanc verdâtre	1	4	décolorée
jaune clair	»	»	décolorée
rose pâle	»	»	verdie
jaune clair	»	»	pas de changement
jaune	11	36	peu décolorée
jaune pâle	5	54	pas de changement
jaune pâle	6	15	pas de changement
jaune	»	»	pas de changement
jaune foncé	7	20	un peu verdie
jaune	5	18	brun noirâtre
orange	»	»	brun noirâtre
orange foncé	»	»	brun noirâtre

ARTICLE VII. ACIDE AZOTIQUE ET BIOXYDE D'AZOTE.

Quand on fait réagir de l'acide azotique étendu d'eau sur de la limaille de cuivre, il se dégage du bioxyde d'azote, et si on fait passer le gaz à travers l'acide azotique, il se forme un liquide vert foncé qui répand dans l'air des vapeurs rutilantes, et que M. Barbot a proposé comme réactif pour s'assurer de la pureté de l'huile d'olives.

Pour essayer une huile, on en prend 20 grammes qu'on agite pendant 2 minutes avec 2 grammes de ce réactif. Il se manifeste alors des colorations et des solidifications, qui s'opèrent dans des temps plus ou moins longs, et caractérisent les huiles pures ou des mélanges d'huiles.

Voici d'abord comment se comportent quelques huiles pures :

L'huile d'olives épurée, qui est jaune-vert avant le mélange, passe au jaune citron, et en 30 minutes se solidifie en devenant très-blanche.

L'huile d'olives employée à la fabrication des draps, passe de même du jaune-vert au jaune citron, mais elle met 40 minutes à se solidifier, et passe alors au bleu jaunâtre.

L'huile d'arachide devient jaune orange, de jaune citron qu'elle était, et se solidifie en 60 minutes en jaune très-pâle.

L'huile de colza passe du jaune pâle au jaune orange, en mettant 4 heures à se solidifier, et restant jaune citron.

Enfin, l'huile de lin et l'huile d'œillette ne se solidifient pas.

M. Barbot a aussi indiqué le temps de la solidification de l'huile d'olives mélangée en certaines proportions à d'autres huiles dans le tableau suivant :

HUILES D'OLIVES servant à la fabrication des draps, et mélangée.		TEMPS EXIGÉ pour la solidification.
parties	parties	
50 d'huile d'olives et	50 d'h. d'arachide	50 minutes.
75 idem	25 idem	44
50 idem	50 d'huile de colza	2 h. 40 m.
75 idem	25 idem	1 »
50 idem	50 d'huile de lin.	3 »
75 idem	25 idem	1 15
50 idem	50 d'h. d'œillette.	3 30
75 idem	25 idem	1 17

ARTICLE VIII. ACIDE AZOTO-SULFURIQUE.

M. J. Roth, dans un mémoire présenté en 1863 à la Société industrielle de Mulhouse et inséré dans le Bulletin de cette société, a proposé, pour découvrir la falsification des huiles, l'emploi de l'acide azoto-sulfurique, c'est-à-dire de l'acide sulfurique marquant 46° au pèse-acide de Baumé, et saturé de vapeurs nitreuses qui se développent pendant la réaction de l'acide nitrique sur les matières organiques.

En traitant 10 grammes d'huile lampante de Malaga par 2 grammes d'acide azoto-sulfurique, l'huile d'olives perd immédiatement sa couleur verte, devient blanche et le blanc est instantanément nuancé d'un reflet jaune clair. Cette coloration est franche, durable et, chose essentielle, indifférente à un excès de réactif. Toutes les huiles d'olives sans distinction produisent une réaction tout-à-fait identique, quels que soient leur mode d'extraction, leur provenance et leur ancienneté. L'huile d'olives combinée au réactif et abandonnée au repos, paraît jaunâtre, mais en la battant avec une baguette en verre, elle blanchit et reparaît avec tous les caractères qui sont propres à la nuance type.

L'huile d'olives mangeable développe une nuance du même genre, seulement comme elle est plus pure, elle blanchit davantage en présence du réactif. Une addition de 3 pour 100 d'huile de sésame, fait naitre immédiatement une coloration intense d'un rouge vif foncé, coloration qui se manifeste au moment du contact de l'acide avec l'huile. La réaction ne fait jamais défaut, qu'on fasse usage d'huile de sésame lampante ou mangeable, la coloration est persistante dans les deux cas.

La sophistication de l'huile d'olives par l'huile d'arachide est également facile à déceler à l'aide de l'acide azoto-sulfurique. En versant par exemple 2 grammes de cet acide dans un mélange de 9 grammes d'huile d'olives et 1 gramme d'huile d'arachide, le mélange devient plus foncé et il se produit à l'instant une coloration brun jaunâtre parfaitement distincte de la nuance type de l'huile d'olives.

La sophistication de l'huile de colza présente, en général, plus de difficulté que celle de toute autre huile, mais elle est facile en faisant usage de l'acide azoto-sulfurique. Ce réactif, en contact avec l'huile de colza, forme une émulsion jaunâtre qui blanchit toutes les fois qu'on l'agite et qu'on la fouette sur les parois d'un verre à expérience. Cette réaction se reproduit toujours avec les mêmes propriétés ; elle est persistante et indifférente à un excès de réactif ; en un mot c'est une nuance type impossible à confondre avec les conbinaisons colorées engendrées par les mélanges. Ainsi une addition de 3 pour 100 d'acide oléique dans l'huile de colza produit une coloration jaune orange ; l'huile de lin la colore en rouge vif foncé ; l'huile de navette, en jaune clair ; l'huile de graine de cotonnier en jaune foncé ; un mélange d'huiles de navette, de cotonnier et de colza devient jaune brunâtre ; un mélange d'huile de lin, d'acide oléique et d'huile de colza se colore en jaune curcuma ; l'huile de résine, mélangée à l'huile de colza, donne lieu à une coloration jaune curcuma foncé.

M. Roth a aussi essayé un procédé qui peut rendre des services aux personnes qui s'occupent de l'essai des huiles, c'est le procédé de la saponification sulfurique employée concurremment avec celui de l'acide azoto-sulfurique, à cause de son extrême sensibilité. Il est basé aussi sur la diversité de coloration que présentent ces huiles en se combinant à l'acide sulfurique, avec la différence que dans le premier cas, les colorations sont dues aux combinaisons que forment les huiles avec l'acide azotique, et que dans le second elles proviennent de l'action de l'acide sulfurique sur les matières étrangères. Voici la manière d'opérer :

On met parties égales d'huile et d'acide sulfurique pur et concentré dans un verre à expérience, on agite le mélange à l'aide d'une baguette pendant quelques minutes, jusqu'à ce qu'il soit bien homogène, et on le projette ensuite dans l'eau. Le savon acide qui se forme se divise aussitôt en un grand nombre de grumeaux colorés diversement, suivant chaque espèce d'huile employée. Ainsi les grumeaux que forme l'huile de sésame sont colorés en violet, ceux de l'huile d'arachide en brun grisâtre, ceux de l'huile d'olives lampante sont verdâtres, ceux de l'huile de colza sont d'un blanc sale. Les mélanges aussi prennent des colorations différentes et l'on peut y découvrir de minimes proportions de l'huile falsifiée.

Ces effets de coloration sont surtout sensibles avec l'huile de sésame : ainsi il est facile de découvrir 3 et même 1 pour 100 d'huile de sésame dans l'huile de colza. Nous avons vu plus haut que l'huile d'olives donne, par sa saponification, des grumeaux verts, tandis que mêlée à l'huile de sésame, il se forme dans les mêmes circonstances, des grumeaux brun clair. Cette coloration est tellement intense qu'on peut reconnaître des traces d'huile de sésame dans l'huile d'olives. Comme les huiles d'arachide et de colza prennent une couleur tranchée, on peut les découvrir également dans l'huile d'olives en minime proportion.

L'huile de colza fraudée avec les huiles étrangères fournit des résultats aussi satisfaisants que l'huile d'olives. Elle donne par la saponification des réactions tranchées. Saponifiée à l'état pur avec son poids d'acide sulfurique pur et projetée dans l'eau, elle donne des grumeaux colorés en jaune rougeâtre. Une addition d'huile de navette fait naître des grumeaux gris clairs Un mélange d'huile de cotonnier et d'huile de colza forme des grumeaux d'un vert sale foncé et l'acide l'oléique mêlé à l'huile de colza produit des grumeaux gris jaune.

M. Roth a présenté à la suite de son mémoire un tableau spécial où il a résumé toutes les expériences qu'il a faites sur des mélanges à proportions diverses des huiles du commerce. Nous nous bornerons ici à rapporter celles relatives aux huiles d'olives et de colza, en renvoyant pour les autres au mémoire même publié dans le t. 34, mars 1864, du Bulletin de la Société industrielle de Mulhouse.

A. *Réactions avec l'acide azoto-sulfurique.*

1. Olives. . . . . 10 parties. .
   Colza. 1
   Réactif. 2
Jaune clair avec une légère teinte verdâtre.

2. Olives. . . . . 10 parties. .
   Pavot. 1
   Réactif. 2
Blanc jaunâtre.

3. Olives. . . . . 9 parties. .
   Sésame. . . . . $0^{gr}.50$
   Arachide. 0.50
   Réactif. . . . . 2 parties. .
Jaune verdâtre.

4. Olives lampante. . . . . 10 parties. .
   Huile de lard. 1
   Réactif. 2
Jaune verdâtre.

5. Huile d'olives lampante. . . . . . . 10 parties. .
   Réactif. 2
6. Huile d'olives mangeable. 10
   Réactif. 2
Les huiles d'olives en général donnent toujours nais-

sance à une couleur type, seulement, suivant que l'huile
est plus ou moins pure, l'huile est plus ou moins blanche.
La coloration de l'huile d'olives lampante est blanchâtre,
tirant sur le jaune clair, celle de l'huile d'olives mangeable est blanche. Ces réactions sont constantes et se
manifestent chaque fois avec les mêmes propriétés, quand
on agite le mélange, ou qu'on le fouette sur les parois
d'un verre à expérience. Ces nuances types n'ont aucune
espèce de ressemblance avec celles que produisent les
mélanges et elles sont invariables, quels que soient la
provenance, le mode d'extraction et l'âge de l'huile.

```
 7. Huile d'olives . . . . . . . . . . . . . .   50 gr.
    Sésame . . . . . . . . . . . . . . . . . .   1.50
    Réactif . . . . . . . . . . . . . . . . .   1
```
Coloration d'un rouge foncé.

```
 8. Huile d'olives . . . . . . . . . . . . .   10 parties.
    Arachide . . . . . . . . . . . . . . . .   2
    Réactif . . . . . . . . . . . . . . . . .   1
```
Brun jaunâtre.

```
 9. Huile d'olives . . . . . . . . . . . . .   3 parties.
    Colza . . . . . . . . . . . . . . . . . .   1
    Réactif . . . . . . . . . . . . . . . . .   2
```
Jaunit.

```
10. Huile d'olives . . . . . . . . . . . . .   10 parties.
    — de lin . . . . . . . . . . . . . . . .   1
    Réactif . . . . . . . . . . . . . . . . .   2
```
Coloration rouge instantanée.

```
11. Huile d'olives . . . . . . . . . . . . .   50 gr.
    Acide oléique . . . . . . . . . . . . . .   1.50
    Réactif . . . . . . . . . . . . . . . . .   2
```
Jaune orange fort intense.

```
12. Huile d'olives . . . . . . . . . . . . .   10 parties.
    — de navette . . . . . . . . . . . . . .   1
    Réactif . . . . . . . . . . . . . . . . .   2
```
Jaune foncé.

```
13. Huile d'olives . . . . . . . . . . . . .   10 parties.
```

Huile de cotonnier. . . . . 1 partie.
Réactif. 2

Jaune vif.

14. Huile d'olives. . . . . 10 parties.
Huile de baleine.. 1
Réactif. 2

Expérience à faire faute d'huile de baleine de source certaine.

15. Huile d'olives lampante. . . . . . . 10 parties.
Huile de résine. 1
Réactif. 2

Rouge-brun, points noirs sur les parois du verre, dépôt noir, réactif coloré en rouge-brun.

Les réactions précédentes sont, comme on l'a dit, constantes et se manifestent toutes les fois qu'on agite les mélanges, tandis qu'avec l'huile de colza et autres les nuances sont persistantes.

Huile type.

16. Huile de colza.. . . . . 10 parties.
Réactif. 2

Emulsion blanchâtre ou jaune blanchâtre. L'huile de colza, brûlée par l'acide azoto-sulfurique, forme une émulsion blanchâtre qui, par le repos, paraît jaunâtre, mais l'huile blanchit et s'épaissit chaque fois qu'on la fouette sur les parois du verre. Ces essais sont constants et ne disparaissent pas par un excès de réactif.

17. Huile de colza.. . . . . 10 parties.
Huile de lin.. 1
Réactif. 2

Jaune vif foncé.

18. Huile de colza.. . . . . 10 parties.
Huile de navette.. 1
Réactif. 2

Jaune clair.

19. Huile de colza.. . . . . 10 parties.

Huile de cotonnier.. . . . .   1 partie.
Réactif.   2
Jaune foncé.

20 Huile de colza.. . . . .   9 parties.
Huile de navette.. . . . .   0.50
Huile de cotonnier.. . . . .   0.50
Réactif.   2
Jaune brunâtre.

21. Huile de colza.. . . . .   9 parties.
Huile de lin.. . . . .   0.50
Acide oléique. 0.50
Réactif.   2
Jaune curcuma.

22. Huile de colza.. . . . .   10 parties.
Acide oléique.   1
Réactif.   2
Jaune orange.

23. Huile de colza.. . . . .   10 parties.
Huile de résine.   1
Réactif.   2

Emulsion trouble, jaune curcuma foncé; ce réactif se colore en rouge-brun.

B. *Saponification sulfurique.*

1. Huile d'olives lampante de Malaga. .   5 gr.
Acide sulfurique pur..   5
Projetée dans l'eau, grumeaux verts (vert olive).

2. Huile de colza.. . . . .   5 gr.
Acide sulfurique..   5

Grumeaux blanc sale, mêlés en majeure partie de gru-meaux brun foncé qui occupent le fond.

3. Huile de colza.. . . . .   5 gr.
Acide sulfurique..   8
Comme ci-dessus.

4. Huile de colza.. . . . .   5 gr.

Huile de lin.. . . . . 0.5
Acide sulfurique.. 5
Savon jaune rougeâtre surnageant.

5. Huile de colza.. . . . . 5 gr.
Huile de navette.. . . . . 0.5
Acide sulfurique.. 5
Grumeaux gris clair remplissant le verre.

6. Huile de colza.. . . . . 5 gr.
Huile de cotonnier.. . . . . 0.50
Acide sulfurique. 5
Grumeaux vert sale foncé occupant le fond.

7. Huile de colza.. . . . . 5 gr.
Acide oléique. 0.50
Acide sulfurique.. 5
Grumeaux gris jaune tombant au fond.

8. Huile d'olives lampante de Malaga. . 5 gr.
Huile de sésame.. . . . . 0.30
Acide sulfurique.. 5
Grumeaux gris clair.

9. Huile d'olives. . . . . 9 gr.
Huile d'arachide.. 1
Acide sulfurique.. 10
Grumeaux vert clair sale.

10. Huile d'olives. . . . . 10 gr.
Huile d'arachide.. . . . . 0.30
Acide sulfurique.. 10
Grumeaux verdâtres.

11. Huile d'olives. . . . . 5 gr.
Huile de colza.. . . . . 0.30
Acide sulfurique.. 5
Grumeaux blanc verdâtre.

ARTICLE IX. MÉLANGE D'ACIDES AZOTIQUE ET SULFURIQUE.

Plusieurs chimistes, entre autres M. Behrens, se sont
occupés de l'action d'un mélange d'acide azotique et
d'acide sulfurique sur les huiles. Pour constater cette
action, on prend 10 grammes de ce mélange qu'on fait
réagir sur 10 grammes d'huile dont on veut reconnaître

la pureté. Voici, suivant M. Behrens, les colorations qui se développent dans cette circonstance.

Huile de sésame... Coloration vert pré foncé.
   — d'olives....   — jaune clair.
   — de lin.....   — rouge-brun.
   — d'amandes..   — rose fleur de pêcher.
   — de ricin....   — peu modifiée.
   — de colza...   — brun rougeâtre.
   — d'œillette...   — rouge brique.

Cette réaction est principalement utile pour constater la falsification des huiles précédentes par l'huile de sésame et permet de reconnaître 10 pour 100 de cette dernière dans l'huile d'olives. L'observation de la coloration doit se faire avec rapidité, parce qu'au bout de peu de temps le mélange brunit d'abord, puis passe bientôt au noir.

ARTICLE X. ACIDE AZOTEUX.

Pour reconnaître l'huile d'œillette et les autres huiles siccatives dans les huiles d'amandes et d'olives, M. M. Wimmer a recours à la réaction bien connue de l'acide azoteux qui transforme en élaïdine les huiles non siccatives. On développe de l'acide azoteux en versant de l'acide azotique sur de la limaille de fer et conduisant les vapeurs rutilantes à travers un tube de verre dans de l'eau sur laquelle on a versé l'huile qu'on veut essayer. Si les huiles non siccatives ne renferment même qu'une très-petite quantité d'huile d'œillette, celle-ci forme des gouttelettes à la surface, tandis que l'huile non siccative se transforme en entier en élaïdine cristallisée.

ARTICLE XI. BIOXYDE D'AZOTE.

On introduit dans un petit verre à expérience 1 centimètre cube de mercure, 12 centimètres cubes d'acide azotique et 4 centimètres cubes d'huile. En se dissolvant dans l'acide, le mercure dégage du bioxyde d'azote et fait mousser l'huile, en colorant cette huile et sa mousse en couleurs qui caractérisent les diverses espèces d'huiles, ainsi qu'il résulte du tableau suivant dressé par M. Cailetet.

HUILES essayées	COLORATION de la mousse.	COLORATION de l'huile sous la mousse.
d'olives vierge — ordinaire. — tournante	Mousse peu volumineuse, s'affaissant facilement, très-pâle ou paille avec apparence verdâtre vue par transparence, et couleur paille non mûrie à la surface vue verticalement.	Paille pâle ou paille foncée, ou paille avec nuance très-peu foncée.
de sésame. . .	Mousse volumineuse orange, s'affaissant difficilement.	Orange.
d'arachide. . .	Mousse citron-orange , plus volumineuse que celle d'olives, mais moins que celle de sésame et de colza.	Rouge-orange.
de pieds de bœuf.	Mousse peu volumineuse, paille un peu verdâtre.	Olive verte.
d'œillette . . . de lin . . . . . de baleine. . .	Mousse très-volumineuse ne s'affaissant pas, orange foncé.	Ces huiles ne se réunissent pas et restent en mousse.

ARTICLE XII. ACIDE CHROMIQUE.

M. A. Lailler a étudié avec soin l'action de l'acide
chromique sur les huiles grasses. L'acide chromique en
solution concentrée, agité avec les huiles grasses, donne
lieu à un dégagement de chaleur intense. Le mélange se
charbonne, devient noir, et acquiert une consistance
pâteuse; il est insoluble dans l'eau. Si on étend d'eau la
solution d'acide chromique, on obtient des résultats bien
différents, l'acide ayant perdu par la dilution une partie
de son énergie. Des expériences nombreuses et exécutées

sur des huiles d'olives provenant de différentes localités et récoltées dans des conditions diverses de maturité, de fabrication, etc., permettent d'affirmer que 8 grammes d'huile d'olives dite de belle qualité, ayant été mêlés dans un tube avec 2 grammes d'acide chromique à 1/8, l'huile est falsifiée si le réactif, 24 heures après la séparation, est opaque à la lumière du jour, soit que l'opérateur place son œil entre la lumière directe, soit qu'il se place entre la lumière directe et le tube.

Action sur les huiles grasses d'un mélange de 2 parties d'acide chromique à 1/8 et de 1 partie d'acide azotique à 40 degrés. — Des expériences nombreuses permettent d'affirmer, 1º que 3 grammes de ce mélange agités dans un tube à essai avec 8 grammes d'huile d'olives non rance, quelles que soient la provenance et la qualité, ne produisent pas de dégagement de chaleur, mais déterminent au bout de 48 heures au plus un commencement de concrétion; 2º que cette concrétion devient en quelques jours complète, qu'elle est suivie de l'absorption entière du réactif par l'huile d'olives et de la coloration en bleu de cette dernière; 3º que les autres huiles grasses échappent pour la plupart à ces phénomènes; 4º que toute huile d'olives qui ne les présente pas complètement doit être considérée comme étant de l'huile d'olives falsifiée.

SECTION II.

BICHROMATE DE POTASSE.

M. Heydenreich a aussi proposé, pour reconnaître la pureté des huiles, l'emploi du bichromate de potasse, et M. Penot, dans le rapport qu'il a fait à la Société industrielle de Mulhouse, a reproduit dans un tableau les réactions qui s'opèrent sur les huiles quand on les soumet à l'action d'un réactif composé avec l'acide sulfurique saturé de bichromate de potasse. On opère de même en versant une goutte de réactif dans 10 gouttes d'huile, et dans le tableau suivant, on a compris l'action sur quelques mélanges d'huiles entre elles et d'huile de colza mélangée d'acide oléique qui sert souvent à la falsifier.

NOMS DES HUILES	SOLUTION de bichromate de potasse.
Acide oléique	Rouge-brun.
Amandes douces.	Grumeaux jaunâtres.
Baleine.	Grumeaux d'un brun-rouge, sur fond brun.
Chenevis.	Grumeaux jaunes, sur fond vert.
Colza.	Grumeaux jaunes, sur fond vert de chrome.
Foie de morue.	Rouge foncé.
Lin (obtenue dans le Haut-Rhin).	Grumeaux bruns, sur un fond presque incolore.
Lin (venant de Paris). . .	Grumeaux bruns, sur fond vert de chrome.
Madia sativa.	Légers grumeaux bruns, sur fond olive.
Navette (d'un an, exprimée à une faible chaleur).	Grumeaux jaunes, sur fond vert de chrome.
Navette (d'un an, exprimée à une faible chaleur; d'une autre fabrique).	Grumeaux jaunes plus abondants, sur fond vert sale.
Navette (fraîche).	Grumeaux jaunes, sur fond vert de chrome.
Noix	Grumeaux bruns.
Noix (d'un an).	Grumeaux bruns.
Noix (d'un an, d'une autre fabrique).	Grumeaux bruns.
Olives (de Beaucaire). . .	Olive-brun.
Olives (impure, du commerce).	Olive-brun.
Olives (huile tournante, provenant d'olives fermentées).	Olive-brun.
Pavots (fraîche, extraite à froid).	Brun.
Pavots (d'un an, extraite à une faible chaleur).	Grumeaux jaunes, sur fond blanc.

NOMS DES HUILES.	SOLUTION de bichromate de potasse.
Pieds de bœuf.	Grumeaux jaunes, sur fond vert.
Ricin indigène.	Vert très-léger.
Colza et baleine..	Grumeaux rougeâtres, sur fond gris.
Colza et lin	Grumeaux plus rouges et plus abondants, sur vert plus foncé.
Colza et acide oléique. . .	Grumeaux rougeâtres, sur fond olive.

SECTION III.

ACTION DES ALCALIS.

Jusqu'à présent, on n'a pas fait un usage bien étendu des alcalis pour l'analyse qualitative des huiles; nous citerons ici quelques tentatives faites à ce sujet.

ARTICLE Ier. POTASSE ET PAPIER RÉACTIF

M. Mailho a publié en 1855 une note intéressante sur un moyen de reconnaître le mélange d'une huile de graines de crucifères avec une autre huile de graines et de fruit.

« La difficulté, dit-il dans cette note, de reconnaître le mélange des huiles grasses du commerce a été le sujet de bien des recherches, et néanmoins les moyens indiqués n'amènent pas toujours à les faire aisément apprécier, surtout lorsque ces mélanges sont le résultat de la fraude, qui sait ménager les proportions des huiles de qualité inférieure de manière à conserver à celle qui doit être sophistiquée tous ses caractères physiques. Ainsi l'oléomètre de Lefebvre, assez fréquemment employé dans le commerce, est impuissant à reconnaître les mélanges, et lorsqu'il indique une fraude, il ne peut faire connaître la nature de l'huile ajoutée. Les huiles d'olives ont un réactif assez sûr dans l'azotate de mercure proposé par Poutet, dans l'acide hypoazotique conseillé par M. Félix Boudet. Les huiles à brûler trouvent, dans le chlore proposé par M. Fauré, un agent sensible pour apprécier leur mélange avec une huile animale ; mais aucune réation certaine et très-sensible n'a été encore indiquée dour dénoter la présence d'une huile de semences de crucifères dans d'autres huiles grasses, telles que celles de lin, de noix, d'œillette, etc.

» Appelé à examiner une certaine quantité d'huile de lin pour résoudre une contestation entre l'acheteur et le vendeur, j'ai soumis celle-ci aux divers agents proposés par les chimistes qui se sont le plus spécialement occupés de ce genre d'analyse, et bien qu'il me fût démontré que l'huile de lin n'était pas pure, j'étais embarrassé pour reconnaître la nature de l'huile qu'on y avait mêlée. Dans ces circonstances, je fis un assez grand nombre d'essais, et je cherchai, dans la saponification même de l'huile soupçonnée, le moyen de reconnaître celle qu'on pouvait y avoir mélangée. Cette opération remplit complétement mon attente. Sous l'action d'un alcali caustique, l'huile que j'examinais céda une petite quantité de soufre qui noircit immédiatement le vase d'argent dans lequel j'opérais, ce qui m'amena bien vite à conclure qu'une huile à semences de crucifères était celle qu'on avait ajoutée à l'huile de lin qui avait été soumise à mon examen. Je me hâtai de traiter toutes les huiles grasses du commerce avec une solution de potasse caustique parfaitement pure, et j'eus la satisfaction de voir que toutés celles provenant des semences de crucifères cédaient à l'alcali une quantité de soufre suffisante pour que le sulfure alcalin qui en résultait fût parfaitement appréciable par les réactifs ordinaires, sels de plomb, d'argent, etc., tandis que l'on pouvait impunément faire bouillir les huiles d'autres semences. lin, pavots, etc., ou celle de noix, de sésame, d'arachide, sans qu'aucune réaction annonçât la présence de soufre.

» Je propose donc, comme propre à faire connaître la présence d'une huile de crucifères, colza, navette, cameline, moutarde, etc., et dans toute autre espèce d'huile, le moyen suivant. On fait bouillir dans une capsule de porcelaine 25 à 30 grammes de l'huile que l'on veut analyser avec une solution de 2 grammes de potasse caustique à l'alcool dans 20 grammes d'eau distillée. Après une ébullition de quelques minutes, on jette sur un filtre préalablement mouillé, et l'eau alcaline qui s'en écoule, mise en contact avec un papier imprégné d'acétate de plomb ou d'azotate d'argent, ne tarde pas à dénoter la présence du soufre.

» Si, au lieu de se servir d'une capsule de porcelaine pour faire bouillir le mélange d'huile et d'alcali, on opère dans un vase d'argent, la coloration en noir de celle-ci est immédiate et très-appréciable. Ce moyen, plus prompt et très-sensible, permet de reconnaître l'addition d'un cinquième d'huile de semences de crucifères dans toute autre espèce d'huile. »

ARTICLE II. SOUDE CAUSTIQUE ET SOLUTION DE PLOMB ET D'ARGENT.

Plus tard M. de Lienan ayant observé que l'huile de lin provenant d'Angleterre était fréquemment allongée avec de l'huile grasse de moutarde, a cherché à s'assurer du fait par le moyen suivant : On mélange l'huile soupçonnée avec dix fois son poids d'eau, on introduit dans une cornue, on distille l'eau et on agite le produit distillé avec de la soude caustique. Si on chauffe ce produit, il s'en dégage de l'ammoniaque, et s'il y a présence d'huile de moutarde, il se forme des précipités noirs avec les solutions de plomb et d'argent.

ARTICLE III. ALCOOL.

On falsifie parfois, surtout en Allemagne, l'huile de navette, avec de l'huile de résine ou la résine elle-même, et cela à tel point que l'huile en devient épaisse, et moins fluide que celle pure et ne brûle qu'avec une flamme très-fumeuse. Voici le moyen bien simple proposé par M. Artus pour constater cette fraude. On introduit dans un tube gradué 10 centimètres cubes de l'huile suspecte et on verse dessus un poids égal d'alcool de 90 à 95° centésimaux, puis on agite vivement. On abandonne le tube au repos pendant quelque temps après l'avoir couvert, et dès que l'huile s'est séparée et que l'alcool qui a pris le dessus s'est éclairci, on s'aperçoit que l'huile a diminué de volume, et c'est de cette diminution de volume qu'on peut déduire la quantité d'huile de résine ajoutée à celle de la navette, car la première est soluble dans l'alcool, tandis que la seconde ne l'est pas. On peut alors décanter l'alcool et le mélanger avec de l'eau ; la résine se precipite ; on la fait sécher et on la pèse. Ce moyen est tellement sensible qu'on parvient à constater ainsi les plus faibles additions d'huile de résine à de l'huile de navette ou même dans d'autres huiles d'éclairage.

CHAPITRE IV.

Méthodes générales.

Nous avons déjà vu dans la description des procédés précédents, quelques tentatives pour baser l'analyse qualitative des huiles sur l'ensemble des phénomènes que présentent simultanément plusieurs réactifs qu'on met en contact avec elles ; mais ces moyens ne suffisent pas toujours et le plus sûr est d'avoir recours à des méthodes plus générales permettant d'obtenir un ensemble de résultats qui ne laissent plus de doute sur la nature, la qualité et le mélange des huiles.

1° *Méthode de M.* CRACE CALVERT.

M. Crace Calvert a pensé que les procédés proposés avant lui pour constater la sophistication des huiles et dans lesquels on emploie les acides concentrés, dévelop-

paient des actions trop violentes et trop fugitives, et ces
faits l'ont déterminé à rechercher quelle serait l'action
sur les huiles des acides sulfurique et azotique, après
qu'ils ont été étendus, et les résultats satisfaisants qu'il
a obtenus ont été décrits dans un mémoire.

Les colorations marquées qu'on produit peuvent, suivant ce chimiste, être considérées comme étant la conséquence de deux actions chimiques distinctes.

1º Elles paraissent dues à certaines matières étrangères
dissoutes dans les huiles, et qui existaient dans les matières dont elles ont été extraites ;

2º Les acides étendus ont probablement une action sur
les principes qui composent les huiles elles-mêmes, car,
si on ajoute de la soude caustique à des huiles après
qu'elles ont été traitées ainsi. on obtient un résultat différent qu'avant d'avoir appliqué préalablement l'acide.
Ce fait est constaté parfaitement avec l'huile de noix de
France, qui donne une masse fluide à demi saponifiée
quand on mélange seulement avec elle de la soude caustique du poids de 1,340, et une masse fibreuse quand on
la traite par l'acide azotique étendu avant l'addition de
l'alcali.

La raison pour laquelle on emploie dans le procédé de
M. C. Calvert de si nombreux réactifs est que les sophistications que les intérêts commerciaux peuvent avoir à
découvrir, ou veulent imposer aux autres, sont très-
nombreuses, et que les réactions que présentent ces matières organiques et surtout les huiles sont excessivement
délicates. On doit aussi recommander vivement de faire
des essais comparatifs avec les échantillons d'huile pure,
et avec ceux où l'on soupçonne la fraude, et de ne jamais
se contenter d'un seul réactif, mais d'appliquer tous ceux
qui offrent des réactions caractéristiques avec une huile
donnée.

Toutes les réaclions que présentent les huiles diverses
dépendent de la force et de la pureté des réactifs, il faut
non-seulement prendre le plus grand soin dans leur préparation, mais aussi noter exactement le mode et savoir
le temps requis où l'action chimique devient apparente ;

c'est ce que l'on fera connaître pour chaque réactif en particulier.

Solution de soude caustique du poids spécifique 1,340. — On obtient les réactions indiquées dans le tableau suivant, en ajoutant un volume de la liqueur d'épreuve ci-dessus à 5 volumes d'huile, mélangeant bien le tout, puis chauffant le mélange jusqu'à son point d'ébullition.

Colorations foncées.

Huiles de poisson.	de spermaceti. de phoque. de foie de morue.	rouge.
Huiles végétales.	de chenevis.	épaisse, brun jaunâtre.
	de lin.	fluide, jaune.

Colorations légères

Huiles animales.	de pieds de bœuf, claire..	blanc jaunâtre sale.
	de lard	blanc rosé.
Huiles végétales.	de navette, pâle. d'œillette de noix de France.	blanc jaunâtre sale.
	de sésame. de ricin. de noix de l'Inde, épaisse.	blanc.
	de Gallipoli. d'olives.	jaune.

La soude caustique, du poids spécifique 1,340, est principalement utile pour distinguer le huiles de poisson des autres huiles animales ou végétales, à raison de la couleur rouge distincte que prennent les premières, couleur tellement caractérisée qu'on peut découvrir jusqu'à 1 pour 100 d'huile de poisson dans toutes les autres huiles. On consultera aussi ce tableau quand il sera question, non pas de découvrir d'autres sophistications, mais de distinguer quelques-unes des huiles entre elles. Par exemple, l'huile de chenevis acquiert une couleur brun jaunâtre, et devient tellement épaisse qu'on peut renverser le vase qui la contient sans perdre son contenu, tandis que l'huile de lin prend une couleur beaucoup plus claire et reste fluide. L'huile de noix d'Inde est caractérisée·en ce qu'elle donne une masse blanche qui devient solide en cinq minutes après l'addition de l'alcali, ce qui est aussi le cas avec l'huile de Gallipoli et celle pâle de navette, à l'exception des autres huiles qui restent fluides.

Action de l'acide sulfurique étendu sur les huiles. — Comme cet acide, à différents degrés de force, exerce des réactions différentes sur les huiles que j'avais à ma disposition, et qu'on peut employer ces différents degrés pour découvrir quelques falsifications connues du commerce, je discuterai séparément chaque série de ces réactions.

1. *Acide sulfurique du poids spécifique* 1,475.—La manière d'employer cet acide consiste à en agiter 1 volume avec 5 volumes d'huile jusqu'au mélange complet, à abandonner le tout au repos pendant 15 minutes, et à considérer l'aspect comme la réaction normale.

Coloration nulle.

Huile animale.	de lard.	sale.
Huiles végétales. . . .	de noix de l'Inde. de navette, pâle. d'œillette. de ricin.	

Coloration.

Huiles de poisson. . .	de spermaceti. . . . de phoque	rouge clair.
	de foie de morue. . .	pourpre.
Huile animale.	de pieds de bœuf, claire.	légère teinte jaune.
Huiles végétales. . . .	d'olives. . . . . . . de Gallipoli. . . . . de sésame.	légère teinte verte.
	de lin.	vert.
	de chenevis.	vert intense.
	de noix de France. .	brunâtre.

Les réactions les plus frappantes dans ce tableau sont

celles présentées par les huiles de chenevis et de lin ;; la couleur verte qu'elles acquièrent est telle que si on les emploie pour allonger l'une quelconque des autres huiles dans la proportion de 10 pour 100, leur présence est indiquée par la nuance verte distincte qu'elles communiquent à ces huiles. La couleur rouge affectée par les huiles de poisson avec ce réactif est aussi suffisamment marquée pour permettre de les découvrir dans le rapport de 1 pour 100 dans les autres huiles, et c'est au point de contact de l'huile avec l'acide, quand on leur a permis de se séparer par le repos, qu'on remarque surtout cette coloration.

2. *Acide sulfurique du poids spécifique* 1,530. — Après avoir obtenu, par l'application de l'acide précédent, un certain nombre de réactions caractéristiques, M. Crace-Calvert a été conduit à essayer l'influence d'un acide plus fort, et, en conséquence, a agité 1 volume de cet acide avec 5 volumes d'huile et abandonné au repos pendant 5 minutes.

Colorations légères.

Huiles animales. . .	de lard	blanc sale.
	de pieds de bœuf, claire.	blanc sale brunâtre.
	d'olives.	blanc verdâtre.
	de sésame.	blanc verdâtre sale.
Huiles végétales. . .	de noix de l'Inde	blanc sale.
	d'œillette.	
	de ricin.	
	de navette, pâle.. . . .	œillet.

Colorations foncées.

Huiles de poisson. .	de spermaceti.	rouge.
	de phoque. . . . . : . .	
	de foie de morue . . .	pourpre.
Huiles végétales. . .	de Gallipoli.	gris.
	de noix de France. . .	
	de chenevis.	vert intense.
	de lin.	vert sale.

Les huiles de lin, de chenevis, de poisson, de Gallipoli

et de noix pures, ne sont pas les seules huiles qui prennent avec le réactif ci-dessus des colorations décidées, on peut encore les découvrir ainsi en mélange dans les autres huiles.

3. *Acide sulfurique du poids spécifique* 1,635. — On s'est servi de cet acide de la même manière que celui ci-dessus, et on a noté la coloration au bout de 2 minutes.

Coloration nulle.

Huiles végétales. . . ┤ d'œillette.
de sésame.
de ricin.

Coloration distincte.

Huiles de poisson. . ┤ de spermaceti. . . . . ⎱ brun intense.
de phoque. . . . . . .
de foie de morue. . . .

Huiles animales. . . ┤ de pieds de bœuf, claire. brun.
de lard. . . . . brun léger.

Huiles végétales. . . ┤ d'olives, claire. . . . . ⎱ vert.
de chenevis, intense. .
de lin. . . . .
de Gallipoli . . . . . .
de navette, pâle. . . . ⎱ brun.
de noix de France . . .
de noix de l'Inde, claire.

M. Crace-Calvert appelle spécialement l'attention sur cet acide, en ce qu'il fournit des réactions distinctes et qui diffèrent considérablement de celles des précédents acides. Les colorations précédentes, par l'acide sulfurique du poids spécifique 1,635, sont tellement marquées qu'elles peuvent être consultées avec beaucoup d'avantage dans des cas nombreux de sophistication; par exemple, il a pu découvrir distinctement 10 pour 100 d'huile de navette dans de l'huile d'olives, d'huile de lard dans de l'huile d'œillette, de l'huile de noix dans de l'huile d'olives, et de l'huile de poisson dans de l'huile de pieds.

On est beaucoup frappé de l'accroissement graduel de la coloration affectée par quelques-unes des huiles quand on les traite par l'acide sulfurique de forces différentes... Ainsi on observa que l'huile de Gallipoli, qui était blanche avec l'acide sulfurique n° 1, présentait une couleur œillet avec celui n° 2, et une couleur brune avec le n° 3 ; tandis que l'huile claire de pieds est jaune léger avec le n° 1, mais brune avec le n° 3. Ces résultats démontrent donc clairement l'action de décomposition que l'acide sulfurique exerce sur les huiles, et qu'un acide du poids spécifique 1,635 est l'acide de force maxima qu'on puisse employer, car alors presque toutes les huiles commençant à charbonner, leurs colorations distinctes sont détruites.

Action de l'acide azotique sur les huiles. — En employant l'acide azotique étendu, on obtient une série de réactions dont quelques-unes sont utiles dans quelques cas spéciaux de sophistication, et ont quelque intérêt en ce qu'elles montrent l'influence de l'oxydation graduelle des huiles.

1. *Acide azotique du poids spécifique* 1,180. — 1 volume de cet acide a été agité avec 5 volumes d'huile, et on a indiqué dans le tableau suivant l'aspect après un repos de 5 minutes.

Coloration nulle.

Huile de poisson. de foie de morue.
Huile animale . . de lard.

Huiles végétales. . .	{	de noix de l'Inde. de navette pâle. d'œillette. de ricin.

Coloration.

Huiles de poisson. .	{	de spermaceti.	jaune clair.
		de phoque.	œillet.

Huile anim. . de pieds de bœuf, claire. jaune clair.

Huiles végétales. . .	{	d'olives. . . . . de Gallipoli.	} verdâtre.
		de chenevis.	vert sale.
		de noix de France . . . de sésame, orangé. . . de lin.	} jaune.

Ce réactif est suffisamment délicat pour découvrir distinctement 10 pour 100 d'huile de chenevis dans l'huile de lin, cette dernière prenant alors la couleur verdâtre qui caractérise la première. Quoique l'huile d'olives acquière aussi une couleur verte, cependant sa nuance est telle qu'on peut aisément la distinguer de celle de l'huile de chenevis.

2. *Acide azotique du poids spécifique* 1,220. — On a employé cet acide plus fort dans l'intention d'accroître la coloration de certaines huiles, et de manière à rendre cette coloration suffisamment marquée pour être certain de la présence de ces huiles en mélange avec d'autres. Les proportions employées et la durée du contact ont été les mêmes que ci-dessus.

Coloration nulle.

Huile de poisson. de foie de morue.
Huile animale.. . de lard.

Huiles végétales... { de noix de l'Inde. / de navette pâle. / de ricin. }

Coloration.

Huiles de poisson.. { de spermaceti. . . . . jaune clair. / de phoque.. . . . . . rouge clair. }
Huile anim.. de pieds de bœuf, claire. jaune clair.

Huiles végétales... {
d'œillette . . . . }
de noix de France. . . } rouge.
de sésame. . . . . . . }
d'olives. . . . . }
de Gallipoli . . . . . . } verdâtre.
de chenevis. . . . . . brun verdâtre sale.
de lin. . . . . jaune.
}

Les principaux caractères, dans le tableau précédent, sont ceux présentés par les huiles de chenevis, de sésame, de noix de France, d'œillette et de phoque; et ces caractères sont tels que, non-seulement on peut les employer pour les distinguer les unes des autres, mais en-

core suffisamment délicats pour découvrir leur présence
quand elles sont mélangées avec d'autres huiles dans la
proportion de 10 pour 100.

3. *Acide azotique du poids spécifique* 1,330. — 1 volume
de cet acide a été mélangé à 5 volumes d'huile et est resté
en contact pendant 5 minutes.

Coloration nulle.

Huiles végétales...	de noix de l'Inde. de navette pâle. de ricin.

Coloration.

Huiles de poisson..	de spermaceti. . . . . de phoque. . . . . . . de foie de morue. . . .	rouge.
Huiles animales...	de lard. . . . . de pieds de bœuf, claire.	jaune très-clair. brun clair.
Huiles végétales...	d'œillette . . . . de noix de France, foncé. de sésame, foncé. . . .	rouge.
	d'olives. . . . . de Gallipoli.	verdâtre.
	de chenevis.	brun verdâtre sale.
	de lin.	vert passant au brun.

Les colorations indiquées ici sont très-marquées et
peuvent être employées avec avantage pour découvrir
certains cas bien connus de sophistication, par exemple,
s'il existe 10 pour 100 d'huile de sésame ou de noix dans
l'huile d'olives; quant à l'huile d'œillette mélangée à cette
dernière, la teinte produite n'étant pas aussi intense que
pour les précédentes, il est impossible de découvrir cette
fraude avec quelque certitude. En admettant qu'il reste
quelque doute dans l'esprit de l'opérateur, et si l'huile
qui a servi à la sophistication est de l'huile de sésame,
de l'huile de noix ou de l'huile d'œillette, il sera en mesure de décider la question en appliquant le réactif indiqué dans le tableau qui suivra, et où il trouvera que

l'huile de noix de France donne une masse fibreuse à demi saponifiée, l'huile de sésame une masse fluide avec un liquide rouge au-dessous, et l'huile d'œillette aussi une masse fluide, mais flottant sur une liqueur incolore.

Les applications successives de l'acide azotique du poids spécifique 1,330 et de la soude caustique du poids spécifique 1,340 peuvent être employées avec succès pour découvrir les cas suivants de sophistication qui sont très-fréquents.

1º Le cas de l'huile de Gallipoli fraudée avec les huiles de poisson ; l'huile de Gallipoli ne prend aucune couleur distincte avec l'acide, et donne avec la soude une masse de consistance fibreuse, tandis que les huiles de poisson sont colorées en rouge et deviennent mucilagineuses avec l'alcali.

2º Le cas de l'huile de ricin fraudée avec l'huile d'œillette, la première acquérant une teinte rougeâtre et la masse avec l'alcali perdant beaucoup de son aspect fibreux.

3º Celui de l'huile de navette avec l'huile de noix ; l'acide azotique faisant prendre à la première une teinte plus ou moins rouge, qui, par l'addition de l'alcali, non-seulement augmente, mais aussi rend plus fibreuse la masse à demi saponifiée.

Soude caustique du poids spécifique de 1,340 *après l'action de l'acide azotique.* — On a obtenu les réactions suivantes, en ajoutant 10 volumes de cette liqueur d'épreuve à 5 volumes de l'huile qu'on venait de traiter par 1 volume d'acide azotique.

Formation d'une masse fibreuse.

Huile anim. . . de pieds de bœuf, claire. blanc.

Huiles végétales. . . de Gallipoli . . . . . . de noix de l'Inde. . . . de ricin. . . . . } blanc.
de noix de France . . . rouge.
de chenevis. . . . . . . brun clair.

Formation d'une masse fluide.

<table>
<tr><td rowspan="3">Huiles
de poisson.　.</td><td>de spermaceti.</td></tr>
<tr><td>de phoque.</td></tr>
<tr><td>de foie de morue.</td></tr>
<tr><td>Huile anim.　.</td><td>de lard.</td></tr>
</table>

Huiles végétales.　.　.	d'olives.　.　.　.　.　.　.　.	blanc.
	de navette pâle　.　.　.　.	
	de lin.　.　.　.　.　.　.　.	jaunâtre.
	d'œillette, claire.　.　.　.	
	de sésame, liqueur brune	rouge.
	dessous.	

Comme on a déjà fait connaître, dans un précédent paragraphe, quelques-unes des réactions les plus utiles contenues dans ce tableau, on appellera simplement l'attention sur les mélanges suivants : huile de pieds avec celle de navette, huile de Gallipoli avec celle d'œillette, huile de ricin avec celle d'œillette, huile de chenevis avec celle de lin, huile de spermaceti avec celle de noix de France, et huile de Gallipoli avec celle de noix. Il est utile encore de faire remarquer que la liqueur brune sur laquelle nage la masse à demi saponifiée de l'huile de sésame présente une réaction très-délicate et caractéristique.

Acide phosphorique. — Un volume d'acide phosphorique trihydraté à l'état de sirop a été agité avec 5 volumes d'huile, et a donné les résultats suivants :

Coloration nulle.

Huiles animales.　.　.	de lard.
	de pieds de bœuf, claire.

Huiles végétales.　.　.	de noix de l'Inde.
	de navette pâle.
	d'œillette.
	de sésame.
	de ricin.

Coloration.

Huiles de poisson.　.	de spermaceti.　.　.　.　.	rouge foncé.
	de phoque.　.　.　.　.　.　.	
	de foie de morue.　.　.　.	

Huiles végétales.. .
- d'olives, léger. . . . .
- de Gallipoli, léger . . .
- de chenevis. . . . . .
- de lin, jaune-brun. . .
{ vert.
- de noix de France . . . jaune-brun.

La seule réaction qu'il convienne de faire ressortir est la couleur rouge passant rapidement au noir, que l'acide phosphorique communique exclusivement aux huiles de poisson, puisqu'elle permet de découvrir une partie de ces huiles dans 1,000 parties de tout autre huile animale ou végétale, et même à ce haut degré de dilution de communiquer au mélange une coloration très-distincte.

Mélange d'acide sulfurique et d'acide azotique. — Les résultats donnés dans le tableau suivant ont été obtenus en agitant un volume d'un mélange à volumes égaux d'acide sulfurique du poids spécifique 1,845, et d'acide azotique du poids spécifique 1,330, avec 5 volumes d'huile, et en abandonnant le tout au repos pendant deux minutes.

En cas de coloration.

Huiles de poisson. .
- de spermaceti. . . . .
- de phoque. . . . . . .
- de foie de morue. . . .
} brun foncé.

Huiles animales. . .
- de lard. . . . .
- de pieds de bœuf, claire (foncé) ·
} brun.

Huiles végétales. . .
- de Gallipoli . . . . . .
- de navette pâle. . . . .
- de noix de France . . .
} brun foncé.
- de sésame, passant au rouge intense.
- de chenevis, passant au noir.
- de lin, passant au noir.
} vert.
- d'olives (orangé), clair.
- d'œillette (clair) . . . .
} jaune.
- de noix de l'Inde (orangé), clair. blanc.
- de ricin. . . . . rouge brunâtre.

Comme il y a trois huiles qui restent incolores, savoir :

celle d'œillette, celle d'olives et celle de noix de l'Inde, on peut y découvrir la présence de l'une quelconque des autres ; et quand l'huile d'olives ou celle d'œillette sont falsifiées par l'huile de sésame, la couleur verte qui se produit d'abord est beaucoup plus persistante qu'avec le sésame, en conséquence, il est nécessaire que l'acide et l'huile suspectée de contenir de l'huile de sésame restent en contact environ 10 minutes, afin d'obtenir la couleur définitive rouge brunâtre du sésame. Au fait, elle est tellement intense, qu'on peut l'employer utilement pour découvrir cette huile mélangée aux autres.

Eau régale. — Comme conséquence des résultats obtenus avec l'acide azotique, M. Crace-Calvert, a été conduit à essayer l'action de l'eau régale, mais il a trouvé que quand on composait cette eau à la manière ordinaire, c'est-à-dire avec 3 volumes d'acide chlorhydrique et un volume d'acide azotique, les réactions produites coïncidaient presque avec celles de ce dernier acide. Il a donc préparé plusieurs eaux régales, où il a augmenté graduellement la proportion de l'acide chlorhydrique ; et, après les avoir essayées, il en a adopté une composée de 25 volumes d'acide chlorhydrique du poids spécifique 1,155, et un volume d'acide azotique du poids spécifique 1,330, en abandonnant au repos pendant 5 minutes environ. Les réactions indiquées dans le tableau suivant sont celles qui ont eu lieu quand on a agité un mélange de 5 volumes d'huile avec 1 d'eau régale, et qu'on a laissé reposer 5 minutes.

Coloration nulle.

Huile anim. . de lard.

Huiles
végétales. . .
d'olives.
de Gallipoli.
de noix de l'Inde.
de navette.
d'œillette.
de ricin.

Coloration.

Huiles de poisson. . { de spermaceti, clair.. . / de phoque, clair. . . . } jaune. / de foie de morue. . . .

Huile anim. . de pieds de bœuf, claire. jaune clair.

Huiles végétales. . . { de noix de France . . . / de sésame. . . . . . . } jaune. / de lin, verdâtre . . . . / de chenevis . . . . . . vert.

Quand on compare les résultats de ce tableau avec ceux des précédents, on est frappé de leur uniformité et conduit à en conclure qu'il n'y a pas eu d'action marquée ; mais cette conclusion est erronée, attendu que la plupart des huiles affectent une coloration vive et distincte par l'addition d'un alcali du poids spécifique 1,340, ainsi qu'on le voit dans le tableau suivant :

Formation d'une masse fibreuse.

Huile anim. . de pieds de bœuf, claire. jaune brunâtre.

Huiles végétales. . . { de Gallipoli, jaunâtre. . / de noix de l'Inde. . . . } blanc. / de navette pâle, jaunâtre / de ricin. . . . . rose pâle. / de noix de France . . . orangé. / de chenevis . . . . . . brun clair.

Formation d'une masse fluide.

Huiles de poisson. . { de spermaceti. . . . . / de phoque. . . . . . . } jaune orangé. / de foie de morue. . . .

Huile anim. . de lard . . . . œillet.

Huiles végétales. . . { d'olives. . . . . blanc. / d'œillette . . . . rose intense. / de sésame. . . . . orangé, avec liqueur brune dessous. / de lin. . . . . orangé.

Les caractères présentés dans ce tableau sont tels qu'on

peut découvrir, avec facilité, 10 pour 100 d'une huile donnée dans un grand nombre de cas de sophistication, par exemple, l'huile d'œillette dans celle de navette, d'olives, de Gallipolli et de noix de l'Inde, toutes prenant alors une couleur rose pâle ; mais, quand l'huile d'œillette est mélangée à l'huile d'olives, ou à celle de ricin, il y a diminution dans la consistance de la masse à demi saponifiée.

A l'aide de ce réactif, on peut reconnaître aussi la présence de 10 pour 100 d'huile de noix de France dans les huiles d'olives ou de lin, attendu que la masse à demi saponifiée devient plus fluide. Cette huile de noix, on la reconnaît aussi dans celles de navette pâle, de Gallipoli et de noix de l'Inde, en ce que leur masse blanche acquiert une couleur orangée ; quant à celle de lin dans l'huile de chenevis, en ce qu'elle rend la masse fibreuse de celle-ci plus mucilagineuse. L'huile de sésame présente avec ce réactif les mêmes caractères qu'elle a fournis avec l'acide azotique et un alcali, et celle d'œillette se distingue de toutes les autres en donnant dans ce cas une masse à demi saponifiée d'une belle couleur rose.

Afin de donner une idée de l'application qu'on peut faire de ces tableaux, on supposera un échantillon d'huile de navette falsifiée avec une huile très-difficile à découvrir. On applique d'abord le réactif alcalin, qui, lorsqu'il donne une masse blanche, indique l'absence des huiles de poisson, ainsi que de celles de chenevis et de lin ; et, comme il ne se produit pas de réaction distincte dans les huiles examinées lorsqu'on les mélange avec les trois acides sulfuriques et les trois acides azotiques indiqués plus haut, les huiles d'œillette et de sésame, qui deviennent rouges dans ce cas, se trouvent ainsi écartées. L'huile de pieds, celles de noix de l'Inde, de ricin, d'olives et de lard, restent donc seules dans l'échelle des probabilités. Afin de découvrir laquelle de ces huiles se trouve mélangée à l'huile suspecte, on en agite une portion d'abord avec l'acide azotique du poids spécifique de 1,330, puis avec la soude caustique, dont l'action respective écarte l'huile de pieds, celle de noix de l'Inde et celle de ricin, puisque l'échantillon ne donne pas une masse fluide à demi saponifiée. L'absence de l'huile d'olives est démontrée, parce qu'il n'y a pas de coloration en vert lorsqu'on applique l'acide phosphorique en sirop. Enfin, on devient certain qu'il y a présence de l'huile de lard dans cette huile de navette, en ajoutant de la soude caustique à l'huile qu'on a déjà traitée par l'eau régale, cet acide fournit alors une masse à demi saponifiée fibreuse et jaunâtre, tandis que la soude donne un liquide de couleur œillet.

Enfin, pour faciliter les recherches en cas de fraude et de sophistication, M. Crace-Calvert a réuni dans le tableau suivant les résultats des réactions signalées précédemment.

HUILE DE	SOUDE caustique. POIDS spécifique, 1.340.	ACIDE SULFURIQUE			ACIDE AZOTIQUE		
		POIDS spécifique, 1.475.	POIDS spécifique, 1.530.	POIDS spécifique, 1.635.	POIDS spécifique, 1.180.	POIDS spécifique, 1.220.	POIDS spécifique, 1.330.
Olives	jaune clair	nuance verte	blanc verdât.	vert clair	verdâtre	verdâtre	verdâtre
Gallipoli . . .	jaune clair	nuance verte	gris	brun	verdâtre	verdâtre	verdâtre
Noix de l'Inde	épais et blanc	0	blanc sale	brun clair	0	0	0
Navette pâle.	blanc jaunâtre sale	0	œillet	brun	0	0	0
Œillette . . .	blanc jaunâtre sale	0	blanc sale	0	0	rouge jaunâtre	rouge
Noix de France.	blanc jaunâtre sale	brunâtre.	gris	brun	jaune	rouge	rouge foncé
Sésame. . . .	blanc jaunâtre sale	nuance verte	blanc verdâtre sale	0	jaune orangé	rouge	rouge foncé
Ricin.	blanc	0	blanc sale	0	0	0	0
Chenevis. . .	jaune brunâtre épais	vert intense	vert intense	vert intense	vert sale	brun verdâtre sale	brun verdâtre sale
Lin.	fluide jaune	vert	vert sale	vert	jaune	jaune	vert passant au brun
Lard.	blanc œillet	blanc sale	blanc sale	brun clair	0	0	jaune très-clair
Pieds de bœuf pâle.	blanc jaunâtre sale	nuance jaune	blanc sale brunâtre	vert	jaune clair	jaune clair	brun clair
Spermaceti. .	rouge foncé	rouge clair	rouge	brun intense	jaune clair	jaune clair	rouge
Phoque. . . .	rougé foncé	rouge clair	rouge	brun intense	jaune clair	jaune clair	rouge
Foie de morue	rouge foncé	pourpre.	pourpre	brun intense	0	0	rouge

2° Méthode générale d'analyse des huiles de M. Th. CHATEAU.

M. Th. Château, ex-préparateur de chimie au muséum d'histoire naturelle, a, dans un mémoire présenté à la *Société industrielle de Mulhouse* et couronné par cette société, proposé une méthode générale d'analyse des huiles qui se recommande par sa précision, sa généralité et son exactitude, et dont nous croyons qu'on se formera une idée suffisante par l'extrait suivant que nous allons en présenter.

« Lorsque, sans avoir aucune donnée sur la nature d'une substance, on se propose, dit M. Th. Chateau, d'en découvrir toutes les parties constituantes et d'acquérir la preuve qu'outre les éléments mis en évidence par l'analyse, elle n'en renferme pas d'autres, il faut procéder avec méthode et suivre rigoureusement une marche systématique.

» Les méthodes analytiques peuvent être nombreuses et variées dans la forme, mais elles présentent toutes un caractère commun et sont basées sur le même principe. En effet, dans tous les travaux d'analyse, on fait d'abord usage de certaines réactions qui permettent de diviser tous les corps existants, ou ceux que l'on considère, en sections parfaitement tranchées. Ces propriétés sont toujours choisies de telle sorte, que chacune de ces sections comprenne, autant que possible, un nombre à peu près égal de corps, possédant tous au même degré les réactions qui ont servi à les grouper. Par l'application d'une autre série de caractères, on établit ensuite, dans chacune de ces sections, de nouvelles divisions et subdivisions. En procédant ainsi, on élimine toujours un certain nombre de corps dont on n'a plus à s'occuper, et après quelques essais généralement peu nombreux, on acquiert la certitude que les éléments du composé soumis à l'analyse, appartiennent à telle section, ou à l'une de ses divisions ou subdivisions. Ce n'est qu'après être parvenu à ce résultat, qu'on cherche à déterminer d'une manière spéciale les corps auxquels on peut avoir affaire, en se servant alors de leurs caractères spécifiques et de leurs réactions particulières.

» C'est une méthode semblable que j'ai essayé de suivre pour l'analyse des corps gras en général et des huiles en particulier. Je me suis proposé, en faisant usage de réactifs généraux, de former un premier classement qui facilite la détermination de la nature de l'huile, et par suite, permette d'apprécier sa pureté.

» Les réactions générales dont je me sers pour arriver à ce but sont :

1° L'emploi du *bisulfure de calcium*, donnant un *savon jaune*, restant *coloré* ou se *décolorant* ;

» 2° Les colorations produites à froid et à chaud par *l'acide phosphorique sirupeux* ;

» 3° Les colorations données par le *chlorure de zinc sirupeux* ;

» 4° Les colorations produites par *l'acide sulfurique ordinaire* ;

» 5° Les colorations que donnent le *pernitrate de mercure* employé *séparément* et *conjointement* avec *l'acide sulfurique* ;

» 6° Les colorations données par l'emploi du *bichlorure d'étain fumant*.

» 7° L'emploi du gaz *chlore*, qui établit une séparation entre les huiles végétales et les huiles animales.

» Ces réactions générales sont complétées par l'emploi de plusieurs autres réactifs, la *potasse*, l'*ammoniaque*, l'*acide azotique*, etc.

» Enfin, la nature de l'huile sera sûrement spécifiée en essayant les caractères spécifiques et les réactions particulières indiquées dans chaque monographie.

» Les réactifs généraux, cités plus haut, servent de réactifs particuliers ; je n'ai pris de chaque réaction que le caractère saillant et invariable, et je l'ai placé dans le tableau des réactions générales. Les groupements obtenus par mes réactifs généraux, on pourra pour compléter l'analyse, reprendre l'emploi de ces mêmes réactifs et suivre exactement la réaction indiquée.

Préparation et emploi des réactifs.

» **L'acide sulfurique du commerce.** Dans la proportion de trois à quatre gouttes d'acide, pour 10 ou 15 gouttes d'huile. (Dans le verre de montre, l'huile occupe, comme surface, environ la valeur d'une pièce de un franc.)

Le *chlorure de zinc sirupeux.* On prépare ce réactif en saturant l'acide chlorhydrique pur par l'oxyde de zinc et évaporant à sec la solution acide. On fait une dissolution aqueuse et sirupeuse du produit desséché.

» La dissolution sirupeuse de chlorure de zinc obtenue en laissant tomber en déliquescence le chlorure de zinc obtenu par l'action du chlore sec sur du zinc chauffé, m'a donné des réactions beaucoup plus nettes que celles obtenues par l'emploi du réactif préparé par la première méthode.

» Le *bichlorure d'étain fumant.* (Liqueur fumante de Libavius.)

» On peut se procurer ce réactif chez les marchands de produits chimiques. On l'obtient d'ailleurs en faisant passer du chlore sur de l'étain chauffé.

» Il faut que le réactif soit le *bichlorure fumant.* La dissolution du sel d'étain au maximum, ne donne pas du tout les mêmes réactions.

» Le *pernitrate de mercure.* On prépare ce réactif en faisant dissoudre à chaud du mercure dans de l'acide azotique pur. La liqueur mercurielle doit être acide.

» L'emploi de ce réactif se scinde en deux parties : 1° observation des colorations produites par l'acide sulfurique versé sur la masse huileuse après l'action du sel de mercure.

» *L'acide phosphorique sirupeux.* Dissolution sirupeuse résultant, soit de l'action de l'acide phosphorique sur le phosphore, soit une dissolution d'acide phosphorique anhydre. Ce dernier produit se trouve chez les marchands de produits chimiques.

» *Le bisulfure de calcium.* Dissolution de foie de soufre du

commerce ou des pharmacies. On prépare facilement ce
réactif en faisant bouillir un mélange de lait de chaux
et de *soufre* en fleurs ; au bout d'une demi-heure d'ébullition on filtre.

» De préférence, je conseillerai l'emploi du bisulfure de
calcium préparé depuis quelque temps.

» *Potasse.* Dissolution de potasse caustique concentrée.

» Je me suis servi de potasse à l'alcool.

» *Ammoniaque.* La dissolution du commerce.

» *Acide azotique pur.* Celui du commerce.

» Tous ces réactifs s'emploient en versant quelques
gouttes (4 à 5) sur l'huile placée dans un verre de
montre et occupant environ la surface d'une pièce de un
franc.

» Les essais peuvent se faire, soit sur un verre de
montre de 0,03 à 0,04 de diamètre placé sur une feuille
de papier blanc, soit sur une lame de verre reposant également sur une feuille de papier, soit enfin dans une
petite capsule de porcelaine.

» La pratique m'a toujours fait préférer le verre de
montre.

Tableau Méthodique des Réactions.

I. BISULFURE DE CALCIUM.

Savon jaune d'or, ne se décolorant pas.

Huiles de	Huiles de	Huiles de
Lin d'Angleterre.	Olives surfine.	Pieds de mouton.
— du Nord.	— lampante.	Suif (acide oléi-
— de Bayonne.	Amandes douces.	que). Dégage-
— de l'Inde.	Colza.	ment d'hydro-
Œillette.	Navette.	gène sulfuré,
Noix.	Sésame.	coloration gris-
	Cameline.	noir clair.
	Coton.	Cachalot.

Savon jaune d'or, se décolorant par l'agitation et devenant jaune serin ou jaune pâle.

Pavot blanc.	Olives (ordinaire	Pieds de bœuf (de
Chenevis (de vert	à manger).	Buenos-Ayres).
noirâtre, devient	Olives (d'enfer).	— (de Paris).
jaune verdâtre	Arachide.	Pieds de cheval.
sale).	Faine.	Phoque.
Ricin.	Olives (de recen-	Poissons.
	se. Savon jaune	Baleine.
	épais devenant	Foie de morue (de
	vert d'herbe,	Dunkerque).
	puis blanc ver-	Foie de raie (de
	dâtre).	Dunkerque).

Remarque. On verse le réactif sur l'huile (3 ou 4 gouttes), on mélange en tournant à l'aide d'un agitateur en verre. Il ne faut pas, le plus souvent, plus d'une dizaine de tours pour voir la coloration jaune d'or se modifier et devenir jaune pâle.

SICCATIVES.	NON SICCATIVES.	ANIMALES.

II. CHLORURE DE ZINC.

Colorations : masse blanche ou légèrement jaunâtre, ou pas de coloration.

SICCATIVES.	NON SICCATIVES.	ANIMALES.
Œillette. Pavot blanc. Noix.	Sésame. Amandes douces (à chaud).	Pieds de bœuf (Paris). — (Buenos-Ayres) Pieds de mouton. Pieds de cheval) à froid). Cachalot. Baleine (pas de coloration). Foie de morue (à froid).

Colorations : jaune orangé foncé, rose chair, brun foncé.

SICCATIVES.	NON SICCATIVES.	ANIMALES.
Lin d'Angleterre (jaune). Ricin (jaune rosé).	Navette. Arachide. Faîne (rose chair). Coton (brun foncé).	Pieds de cheval (jaune à chaud). Baleine (jaune-brun à chaud). Suif. Poisson. Phoque (rouge-brun). Foie de raie (j.-rouge à froid).

Colorations : jaune verdâtre, verte, vert bleuâtre.

SICCATIVES.	NON SICCATIVES.	ANIMALES.
Lin de l'Inde. Lin de Bayonne. Lin du Nord.	Colza. Cameline. Amandes douces (à froid). Olives surfine (verdâtre). — (ordinaire). — (lampante). — (d'enfer). — (de recense, reste verte).	Foie de morue (à chaud). Foie de raie (à chaud).

SICCATIVES.	NON SICCATIVES.	ANIMALES.

III. ACIDE SULFURIQUE.

Colorations : sang-dragon, brun-rouge foncé, rouge-brun.

SICCATIVES.	NON SICCATIVES.	ANIMALES.
Lin du Nord. Lin de Bayonne. Lin de l'Inde (a-vec agitation). Noix (avec agita-tion).	Arachide. Faîne (avec agi-tation). Coton.	Pieds de bœuf de Buenos – Ayres (avec agitat.). Pieds de cheval (avec agitat.). Suif. Poisson (brun-noir). Phoque (sang-dragon). Cachalot (rouge-brun). Baleine (id.). Foie de morue (rouge-violet, rouge-cramois., viol.-bleu, puis sang-dragon). Foie de raie (id.).

Colorations : jaune foncé, jaune rougeâtre, jaune orangé.

SICCATIVES.	NON SICCATIVES.	ANIMALES.
Lin de l'Inde (jau-ne orangé, sans agitation). Œillette (jaune clair et jaune orangé). Pavot blanc (jau-ne clair, jaune d'or, jaune o-rangé). Ricin (jaune clair, puis jaune-rou-ge).	Olives surfine (j. sans agitation). — ordin. (j. sans agitat., rouge avec agitat.). — d'enfer (jaune, puis j.-rouge). Sésame (sans agi-tation(. Faîne (j. foncé, sans agitation). Amandes douces (jaune pâle sans agitation). Cameline (jaune-rouge).	Pieds de bœuf de Paris (jaune , puis jaune o-rangé). Pieds de mouton (jaune et jaune-rouge).

SICCATIVES.	NON SICCATIVES.	ANIMALES.
Colorations : veines vertes et coloration verte ou verdâtre par l'agitation.		
Lin d'Angleterre (avec agitation). Chenevis.	Colza. Cameline (veines vertes). Olives surf. (d'abord avec agitation). Olives lampantes. Sésame (avec agitation). Navette. Amandes douces (jaune verdâtre avec agitation).	

IV. BICHLORURE D'ÉTAIN FUMANT.

1º Colorations instantanées.

Jaune, jaune pâle, jaune d'or.

SICCATIVES.	NON SICCATIVES.	ANIMALES.
Œillette. Ricin.	Olives surfine. Olives ordinaire. Sésame (j. pâle). Amandes douces (pas de color.).	Pieds de bœuf de Paris. Pieds de mouton (jaune pâle).

Rouge-brun clair, jaune rougeâtre.

SICCATIVES.	NON SICCATIVES.	ANIMALES.
Lin anglais (jaune-rouge). Lin du Nord. Lin de Bayonne. Lin de l'Inde. Pavot blanc (jaune-rouge). Noix (jaune-rouge).	Olives d'enfer (j.-rouge). Arachide. Cameline (brun clair). Faîne (jaune-rouge). Coton (jaune orangé).	Pieds de bœuf de Buenos-Ayres (jaune-rouge). Pieds de cheval (jaune-rouge). Suif (j.-rouge). Baleine (jaune orangé). Cachalot (brun-rouge violacé). Phoque. Poisson (brun-rouge foncé).

SICCATIVES.	NON SICCATIVES.	ANIMALES.

Vert, verdâtre, vert bleuâtre, bleu-violet.

SICCATIVES.	NON SICCATIVES.	ANIMALES.
Lin anglais (veines vertes). Lin du Nord (vert bleuâtre). Lin de Bayonne (vert bleuâtre). Lin de l'Inde (vert bleuâtre). Chenevis.	Olives lampante. Navette. Colza.	Foie de morue (bleu-violet, violet-rouge, violet pensée, cramoisi, sang-dragon). Foie de raie (id.).

2° Couleur de la masse solidifiée ou épaissie.

Jaune pâle, jaune paille, jaune vif.

SICCATIVES.	NON SICCATIVES.	ANIMALES.
Œillette. Pavot blanc. Ricin (jaune pâle).	Olives surfine (j. vif). Sésame. Amandes douces (jaune serin). Cameline (jaune paille).	Pieds de mouton (jaune rosé pâle).

Rouge-brun clair, jaune orangé.

SICCATIVES.	NON SICCATIVES.	ANIMALES.
Lin anglais (rouge-brun clair). Lin du Nord (gris-brun). Lin de l'Inde (jaune-rouge).	Olives ordinaire (jaune orangé). Olives d'enfer (j.-rouge). Colza. Arachide (rouge-brun). Faîne (jaune-rouge clair). Coton (brun-jaune).	Pieds de bœuf de Paris (j. orangé). — de Buenos-Ayres (j. orangé). Pieds de cheval (jaune orangé). Suif ne se solidif. pas (br-rouge). Baleine (acaj. cl.). Cachalot (jaune orangé). Phoque (rouge-brun foncé). Poisson (sepia foncé). Foie de morue (or foncé). Foie de raie (id.).

SICCATIVES.	NON SICCATIVES.	ANIMALES.
	Vert, verdâtre, vert sale.	
Chenevis (vert foncé).	Olives lampante (vert sale). Navette (id.)	Raie (jaune-vert rougeâtre).

V. ACIDE PHOSPHORIQUE SIRUPEUX.

1° Colorations à froid.

Blanc, gris grisâtre, blanc légèrement jaunâtre, jaunâtre ou pas de coloration ou décoloration.

SICCATIVES.	NON SICCATIVES.	ANIMALES.
Œillette. Pavot blanc. Noix (blanc). Ricin (blanc).	Amandes douces (décoloration). Navette (décol.). Cameline.	Pieds de bœuf de Paris. Pieds de mouton.

Jaune paille, jaune d'or, jaune orangé.

SICCATIVES.	NON SICCATIVES.	ANIMALES.
Lin du Nord. Lin de Bayonne. Lin de l'Inde (jaune paille).	Sésame (jaune paille et jaune orangé). Arachide (jaune paille). Coton (jau. d'or).	Baleine (j. paille, puis j. orangé). Pieds de bœuf de Buenos-Ayres. Pieds de cheval (jaune orangé). Suif (j. paille). Cachalot (id.). Phoque (rouge-brun clair). Poisson (j.-rouge) Foie de morue (jaune-rouge). — de raie (j. d'or).

Vert, verdâtre bleuâtre, vert foncé.

SICCATIVES.	NON SICCATIVES.	ANIMALES.
Lin d'Angleterre. Lin du Nord. Lin de Bayonne. Chenevis (vert (foncé).	Olives surfine. — ordinaire. — lampante. — d'enfer. Colza. Navette. Cameline.	

Ces colorations se manifestent après décoloration de l'huile.

SICCATIVES.	NON SICCATIVES.	ANIMALES.

2° *Colorations à chaud.*

Pas de coloration.

Œillette.	Olives surfine. Olives lampante.	Pieds de mouton.

Jaune, jaune d'or, jaune orangé, jaune-rouge.

Lin du Nord (jaune clair). Lin de Bayonne (jaune clair). Pavot blanc (jaune clair). Chenevis (jaune-rouge). Noix (jaune clair). Ricin (j. clair).	Olives ordinaire (jaune). — d'enfer (jaune-rouge). Amandes douces (jaune pâle). Colza (j. pâle). Navette (j. pâle). Arachide (j. d'or). Cameline (j. pâle). Sésame (j. pâle). Faîne (j. pâle). Coton (j.-rouge).	Pieds de bœuf de Paris (j. clair). Pieds de bœuf de Buenos - Ayres (jaune d'or). Cheval (j. d'or). Suif (jaune d'or). Cachalot.

Brun, brun-rouge, brun-noir.

		Phoque (b.-noir). Poisson (b.-noir) Baleine (rouge). Foie de morue (vert noirâtre). Raie (rouge).

Mousse blanche grise.   Mousse noire, noirâtre ou grise.

Olives ordinaire (grise). — d'enfer (grise). Colza (blanche). Navette (blanche). Arachide (grise). Cameline (grise). Faîne (blanche). Coton (grise). Sésame (verdât.).	Lin du Nord (noirâtre). Lin de Bayonne (grise). Lin de l'Inde (noirâtre). Pavot blanc (gr.). Chenevis (grise et verdâtre). Ricin (blanche).	Cheval (noirâtre). Phoque. Poisson. Baleine (noire verdâtre). Cachalot (grise). Foie de morue (vert sale gris). Foie de raie (id.).

SICCATIVES.	NON SICCATIVES.	ANIMALES.

VI. PERNITRATE DE MERCURE.

1° Colorations données par le sel seul.

Emulsion blanche grise, ou bien pas de coloration.

SICCATIVES.	NON SICCATIVES.	ANIMALES.
Œillette.	Amandes douces (blanche grise).	Pieds de bœuf de Paris.
Pavot blanc (blanche).	Sésame (blanche).	Pieds de mouton (blanche).
Noix (pas de coloration).	Faîne (pas de coloration).	Suif (pas de col.).
Ricin (blanche).	Cameline.	Cachalot (id.).

Jaune, jaune pâle, jaune d'or, jaune serin, jaune orangé.

SICCATIVES.	NON SICCATIVES.	ANIMALES.
Lin du Nord (jaune pâle).	Olives d'enfer (j. sale).	Pieds de bœuf de Paris (j. pâle).
Lin de Bayonne (jaune pâle).	Navette (jaune paille).	Pieds de cheval (j. et j. orangé).
Lin de l'Inde (jaune pâle, veinés, jaune foncé).	Arachide (jaune pâle).	Baleine (j. pâle).
Lin anglais (jaune pâle).	Sésame (jaune orangé).	Phoque (jaune rougeâtre).
	Coton (j. pâle).	Poisson (j. d'or).
		Morue (j. paille).
		Raie (jaune pâle).

Vert, verdâtre, vert d'eau, vert bleuâtre.

SICCATIVES.	NON SICCATIVES.	ANIMALES.
Lin d'Angleterre.	Olives surfine (j. verdâtre).	
Lin du Nord.	Olives ordin. (id.).	
Lin de Bayonne.	Olives lampante (vert d'eau et jaune verdât.).	
Chenevis (vert foncé).	Olives d'enfer.	
	Colza.	
	Navette (v. d'eau).	
	Cameline (v. pâle)	

2° Colorations et caractères donnés par l'acide sulfurique versé après l'action du sel de mercure. Colorations de la liqueur surnageant le précipité.

Grise et rosé, gris chair, gris brunâtre, gris verdâtre.

SICCATIVES.	NON SICCATIVES.	ANIMALES.
Chenevis (gris verdâtre par l'agitation).	Colza (chair sale, puis gris chair).	Pieds de mouton (rose chair).
	Navette (gris brunâtre.)	

SICCATIVES.	NON SICCATIVES.	ANIMALES.
Jaune, jaune rougeâtre, jaune orangé.		
Lin du Nord (jau. sale en dernier).	Olives ordinaire (jaune-rouge).	Pieds de bœuf de Buenos – Ayres (jaune - rouge d'abord).
Lin de Bayonne (jaune-rouge).	Olives d'enfer (j.-rouge).	Pieds de cheval (jaune-brun sale d'abord).
Lin de l'Inde (jaune sale.)	Sésame (veines vertes, puis jaune d'or).	
Lin d'Angleterre (jaune foncé).		
Pavot blanc (jaune rougeâtre).		
Ricin (j. serin et j. d'or d'abord).		
Brune, terre de Sienne, brun-rouge, chocolat clair et foncé.		
Lin du Nord (brun rouge , sepia , puis j. sale).	Olives surf. (terre de Sienne grisâtre).	Pieds de bœuf de Paris (br. chocolat).
Lin de Bayonne (br.-rouge , sepia, puis j. sale).	Olives lampante (brun-rouge).	Pieds de bœuf de Buenos-Ayres.
Lin de l'Inde (br.-rouge).	Amandes douces (chocol. clair).	Pieds de cheval (chocolat).
Œillette (id.)	Colza (rouge-br., puis br. clair).	Suif (choc. clair).
Noix (brun clair, brun foncé et brun-noir).	Arachide (choc.).	Baleine (br. clair et choc. foncé).
	Cameline (brun-rouge, puis chocolat).	Cachalot (br. clair et noir).
Ricin (brun foncé après).	Faîne (br.-rouge clair.)	Phoque (b.-noir).
Chenevis (brun-rouge sans agitation).	Coton (chocolat clair).	Poisson (b.-noir).
		Foie de morue (brun foncé).
		— raie (br. sepia).
Dégagement de vapeurs nitreuses, effervescence subite.		
Lin du Nord.		Suif.
Lin de Bayonne.		Phoque.
Noix.		
Ricin.		

Toutes les autres huiles siccatives et animales ne font pas effervescence de cette manière.

Manière de faire usage des tableaux précédents.

« Avant de faire usage des tableaux qui précèdent, poursuit M. Th. Château, il est utile de consulter les indications fournies par l'emploi des moyens organoleptiques. En effet, l'odeur, la saveur, la couleur, la consistance sont autant de caractères qui peuvent mettre sur la voie de la falsification. En cela, on se conformera à ce qui a déjà été dit dans le cours de ce manuel.

» Plusieurs cas peuvent se présenter dans l'analyse des huiles :

» 1° Etant donnée une huile commerciale, dont on ne connaît pas le nom (non étiquetée ou étiquette effacée, par exemple), indiquer quelle est cette huile;

» 2° Connaissant à quelle famille appartient une huile, et sans connaître son nom, trouver quelle est cette huile. Par exemple, ne savoir d'une huile qu'une seule chose, qu'elle est siccative, non siccative ou animale;

» 3° Le nom d'une huile étant sûrement connu, reconnaître si elle est pure ou falsifiée.

» Voilà, je crois, les trois cas, les trois questions que l'on peut poser à un chimiste, ou qu'un opérateur et même un consommateur peuvent avoir à résoudre à chaque instant, la troisième surtout.

» *Premier cas.* Sans avoir aucune donnée sur une huile, trouver le nom de cette huile.

» On essaiera d'abord le *bisulfure de calcium* de la manière indiquée dans la préparation des réactifs. Supposons, par exemple, que l'huile donne une émulsion jaune d'or qui ne se décolore pas. L'huile essayée ne peut donc être que lin, noix, olives superfines, lampante, amandes douces, colza, navette, sésame, cameline, coton, pieds de mouton, huile de suif et cachalot. Suivons :

» Si dans la réaction il ne se produit pas d'effervescence et de dégagement d'hydrogène sulfuré, ce n'est pas l'huile de suif qu'on élimine ainsi.

» On essaiera alors un courant de chlore pendant une demi-heure environ, s'il ne se produit pas de coloration noire, ce n'est pas de l'huile de cachalot.

» On essaiera le *chlorure de zinc* ; ce réactif donnera, par exemple, une coloration verte, verdâtre, vert bleuâtre ; ici le tableau indique lins de l'Inde, du Nord, colza ; cameline, amandes douces ; olive surfine, ordinaire, lampante, d'enfer ; foie de morue, de raie.

» L'huile essayée ne peut pas être noix, olive ordinaire, olive d'enfer, foie de morue, foie de raie, le bisulfure de calcium les aurait indiquées ; d'un autre côté, ce n'est pas navette, sésame, coton, lin d'Angleterre, pieds de mouton, parce que le chlorure de zinc indiquerait ces dernières huiles.

» On est donc limité aux lins du Nord, de l'Inde, de Bayonne, au colza, cameline, amandes douces, olives surfine et lampante.

» On essaiera l'*acide sulfurique*, qui donnera, par exemple, une coloration foncée dans les tons du brun-rouge, sang-dragon. En consultant le tableau, on voit que cette coloration appartient à l'huile de lin de différents pays, et à une série d'huiles siccatives et animales, précisément éliminées par les réactions précédentes.

» L'huile essayée est donc de l'huile de lin, dont il n'y a plus qu'à déterminer la provenance.

» On se reportera alors aux réactions particulières indiquées à la monographie de cette huile.

» Ainsi, sans avoir fait usage des autres tableaux, on pourra déjà être fixé sur le nom de l'huile soumise à l'examen.

» En essayant les réactions données par les autres réactifs, on spécifierait plus nettement encore la nature de l'huile.

» Il est évident qu'on peut prendre un autre ordre que celui que je viens de suivre comme exemple, mais il est indispensable de commencer par le bisulfure de calcium, ce réactif établissant nettement deux grands groupes, et de suivre l'emploi des autres réactifs, en allant du simple au composé, c'est-à-dire des réactifs à trois colorations, aux réactifs qui se scindent en deux observations ; chaque observation se divisant en trois ou quatre colorations.

» *Deuxième cas*. Etant donnée, par exemple, une huile non siccative, indiquer le nom de cette huile.

» On essaiera le *bisulfure de calcium* ; ce réactif donnera, par exemple, une émulsion jaune d'or ne se décolorant pas.

» L'huile n'est déjà pas olive ordinaire, olive d'enfer, arachide, faîne.

» Inutile d'essayer le chlore ici.

» *Chlorure de zinc*. On obtient, par exemple, une coloration verte, verdâtre ; vert bleuâtre ; l'huile n'est pas olive ordinaire, olive d'enfer, sésame, navette et coton ; restent colza, cameline, amandes douces, olive surfine et olive lampante.

» *Acide sulfurique*. Ce réactif donne, par exemple, une coloration jaune rougeâtre. On élimine par là : colza, olive lampante ; restent cameline, amandes douces et olive surfine.

» On essaiera le chlorure d'étain fumant. On obtient, par exemple, une coloration rouge-brun clair, instantanée, et une masse épaisse jaune pâle ou jaune paille : la première réaction élimine amandes douces et olive surfine ; la deuxième également. L'huile non siccative essayée est donc de l'huile de cameline.

Les réactions particulières indiquées à la monographie de cette huile, viendront spécifier nettement sa nature.

» J'ai pris ici le cas le plus défavorable pour faire voir l'emploi des réactifs. J'aurais pu, par exemple, obtenir un savon se décolorant, et de ce cas, j'étais de suite limité à quatre huiles.

» Les recherches, dans ce cas, auraient été de beaucoup simplifiées.

» Il en serait de même si on donnait à chercher le nom d'une huile animale ; le bisulfure de calcium fait de suite une grande division ; d'un côté trois huiles, de l'autre huit. Si le caractère obtenu donne cette dernière de huit, l'emploi du chlore vient supprimer les *huiles de poissons*, pour ne laisser à reconnaître, à déterminer que les huiles de pieds de bœuf et de pieds de cheval.

» *Troisième cas.* Reconnaître la pureté d'une huile nommée.

» Ici, on le comprend, les recherches sont limitées.

» Comme une huile n'est et ne peut être falsifiée que par une huile moins chère, il n'est pas difficile, par le raisonnement logique, de limiter la falsification. Il est aussi évident qu'une huile ne peut être fraudée que par une huile de qualité inférieure et de même espèce, ou par une huile possédant à peu près les mêmes propriétés. Ainsi, une huile comestible, olives, œillette, etc., ne peut être falsifiée par une huile odorante (lin, chenevis, etc.), ou par une huile de poissons ; la fraude serait trop grossière et trop visible.

» La différence entre les prix des huiles ne limite pas la fraude, et c'est vrai, car ces prix varient d'une année à l'autre, d'une saison à l'autre, d'un jour à l'autre même ; les colzas sont aujourd'hui très-chers, les lins sont bon marché ; mais il y a un an, ils valaient plus cher que les colzas ; la fraude n'était donc pas possible, tandis qu'elle l'est aujourd'hui.

» Toutefois, il est vrai de dire qu'une huile peut être falsifiée par une autre plus chère : c'est le cas où l'on a affaire à une huile possédant plusieurs qualités, on fraudera alors avec une des dernières qualités.

» Supposons qu'on ait à reconnaître la pureté de l'huile d'œillette bon goût.

» Après avoir constaté les propriétés organoleptiques (odeur et saveur) de l'huile et les avoir notées, on essaiera le bisulfure de calcium : on obtient, par exemple, un savon qui ne se décolore pas.

» Toutes les huiles donnant un savon qui se décolore sont déjà éliminées.

» Sans essayer une nouvelle réaction, on voit, si on examine attentivement le tableau, que l'on peut éliminer également ces trois huiles animales : pieds de moutons, acide oléique, cachalot ; ces huiles ayant une odeur et une saveur caractéristiques. D'autre part, les huiles de lin ont de l'odeur et ne sont pas comestibles ; la falsification ne peut être faite par *l'huile d'olives surfine,* parce que cette dernière est trop chère et que c'est l'inverse qui se fait ; l'huile d'olives lampante a une odeur et une saveur caractéristiques qui l'éloignent également ; l'huile de coton, par sa couleur et sa saveur ; l'huile d'amandes douces, par son prix, sont aussi éliminées.

» Restent noix, colza, navette, sésame, cameline et œillette.

» On essaie le *chorure de zinc*, et l'on obtient, par exemple, une masse blanche et légèrement jaunâtre. Cette réaction élimine alors colza, navette, cameline qui présentent d'autres colorations, pour ne laisser que noix, sésame et œillette.

On essaie alors l'acide sulfurique qui donne une coloration jaune rougeâtre, par exemple, l'*huile de noix* ne se trouvant pas dans cette réaction est éliminée ; restent sésame et œillette.

» On essaie le bichlorure d'étain fumant ; on obtient, par exemple, une coloration jaune pâle et une masse solidifiée jaune paille. Cherchant dans les deux réactions, on trouve encore l'huile de sésame et l'huile d'œillette. Voilà donc déjà une certitude que l'huile d'œillette est falsifiée par l'huile de sésame. On essaie alors l'*acide phosphorique sirupeux*. Ici on obtient, par exemple, une coloration jaune pâle, jaune orangé ; l'appréciation est certaine, puisque l'huile d'œillette donne une émulsion blanche.

» Enfin, en se reportant à la monographie de l'huile de sésame et essayant le réactif Behrens (1), on sera définitivement fixé sur la présence de l'huile de sésame.

» J'ai encore pris là un exemple difficile, d'une huile falsifiée par une autre, ayant presque les mêmes propriétés et obéissant à peu près aux mêmes réactions. J'aurais pu prendre un autre exemple, les recherches eussent été simplifiées de beaucoup, et le résultat eût été aussi certain.

____

(1) Mélange à poids égal d'acide azotique et d'acide sulfurique ordinaire employé dans la proportion de 10 grammes pour 10 grammes d'huile.

» On peut le voir, la fraude peut être décelée sûrement sans avoir aucune donnée sur la fabrication de l'huile.

» Telle est la méthode générale d'analyse des huiles que j'ai soumise à l'appréciation du comité de chimie de la Société industrielle de Mulhouse.

» La même méthode s'appliquerait également 'à l'analyse des huiles concrètes, des graisses et des suifs, ainsi que des cires, si tous ces corps gras se présentaient sous un même état, comme cela a lieu chez les huiles qui sont toutes liquides, toutes colorées, d'à peu près même densité, etc., et aussi, s'ils étaient plus nombreux dans chaque famille.

» On ne peut confondre, au premier abord, une huile concrète avec une graisse, les propriétés organoleptiques, l'odeur, la saveur, la couleur étant complétement différentes; de même les suifs ne peuvent être fondus avec les cires

« Cependant on peut appliquer la méthode à chaque famille séparée, ainsi qu'aux graisses et suifs qui se rapprochent par leur origine et par leurs propriétés. »

FIN.

TABLE DES MATIÈRES.

DEUXIÈME PARTIE.

DES HUILES DE FRUITS ET DE GRAINES.

TROISIÈME PARTIE.

HUILES ANIMALES.

QUATRIÈME PARTIE.

ÉPURATION DES HUILES

CINQUIÈME PARTIE.

SOPHISTICATIONS DES HUILES ET MOYENS DE LES CONSTATER.

FIN DE LA TABLE.

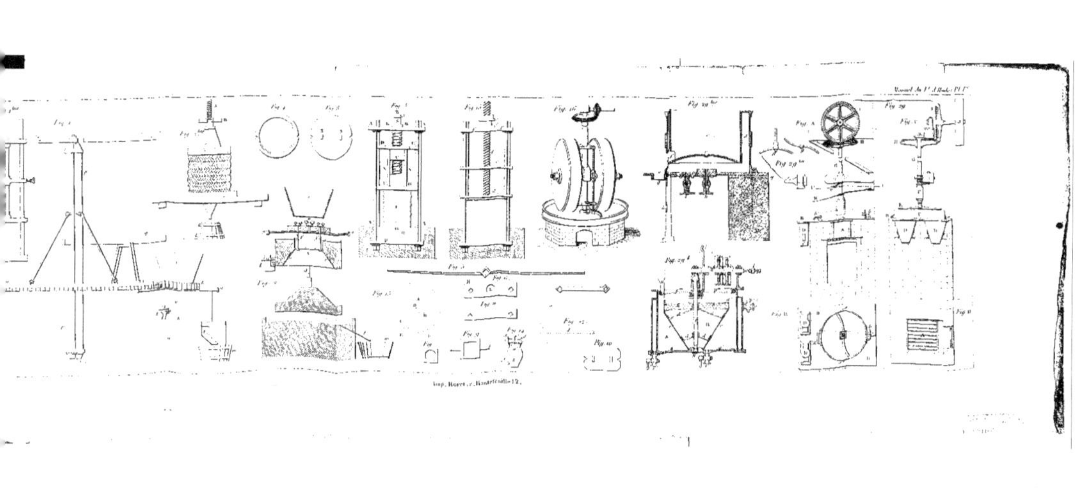

Manuel du P.r d'Huile Pl. I.
Imp. Monrocq, r. Montrichette 12.

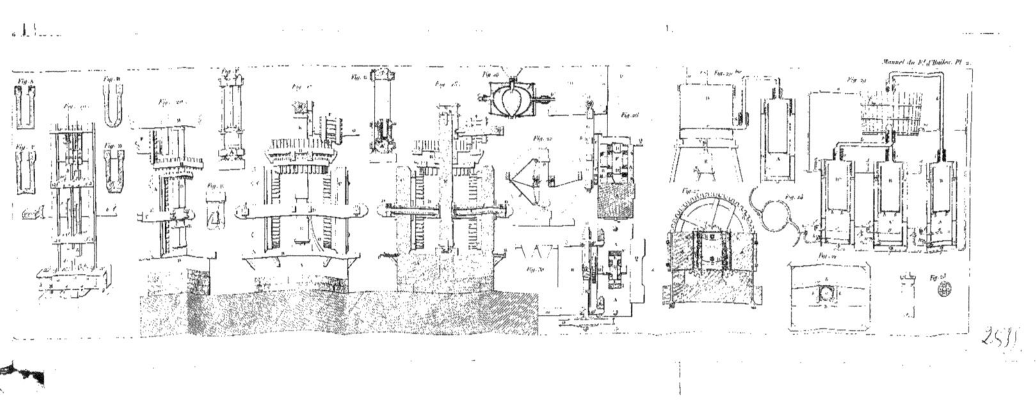

Manuel du F. d'Huiles. Pl. 2.

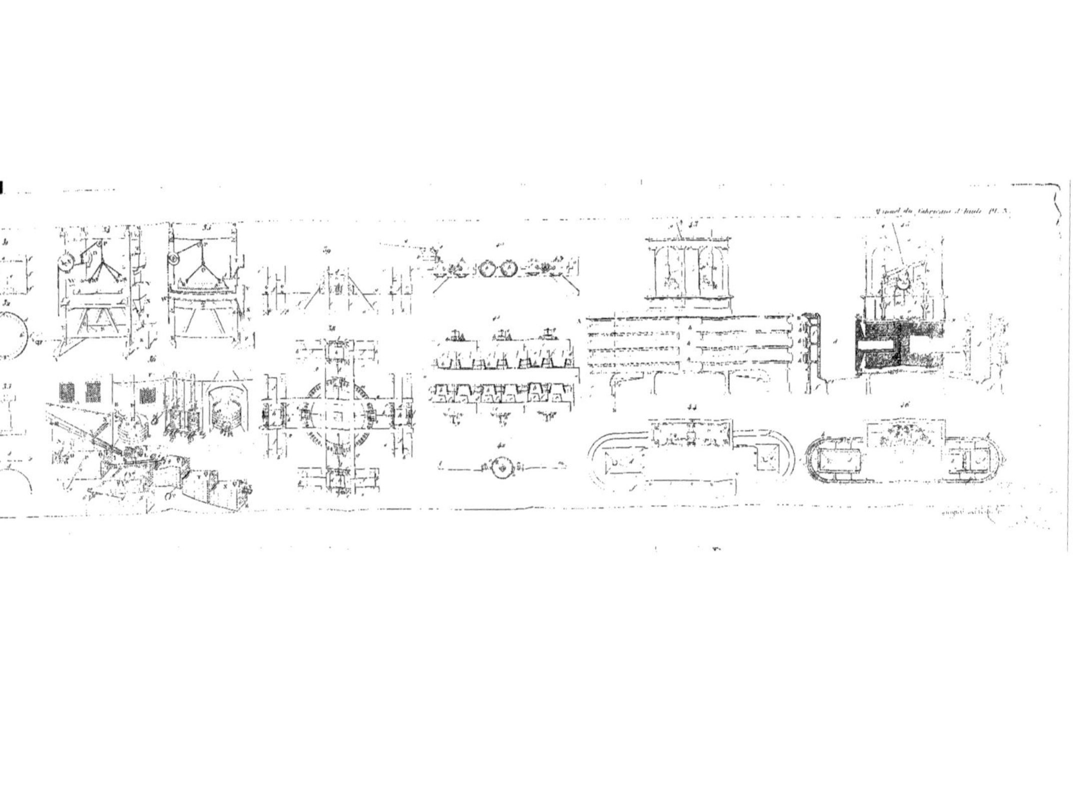
Manuel du fabricant d'huile Pl. 5.

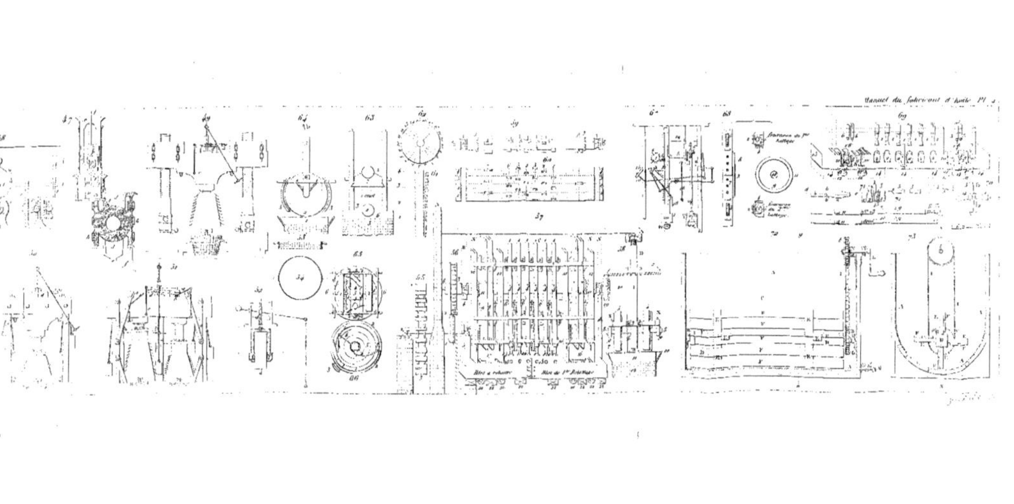

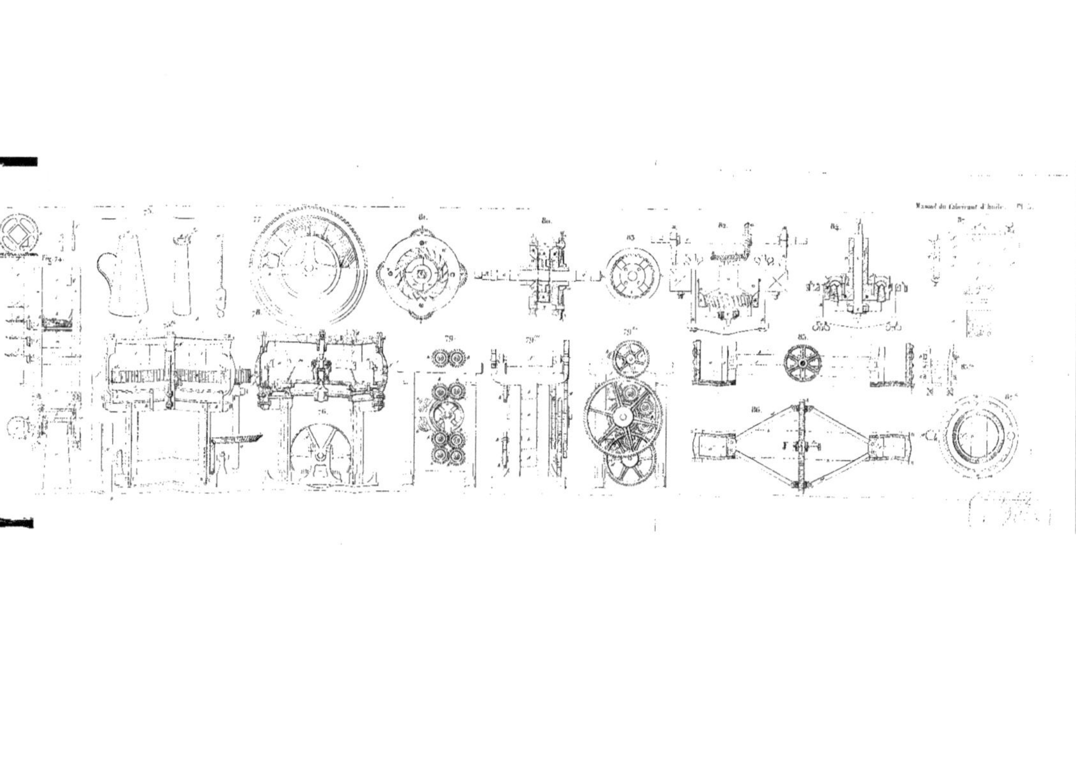

Manuel du fabricant d'huile.   Pl. 5.

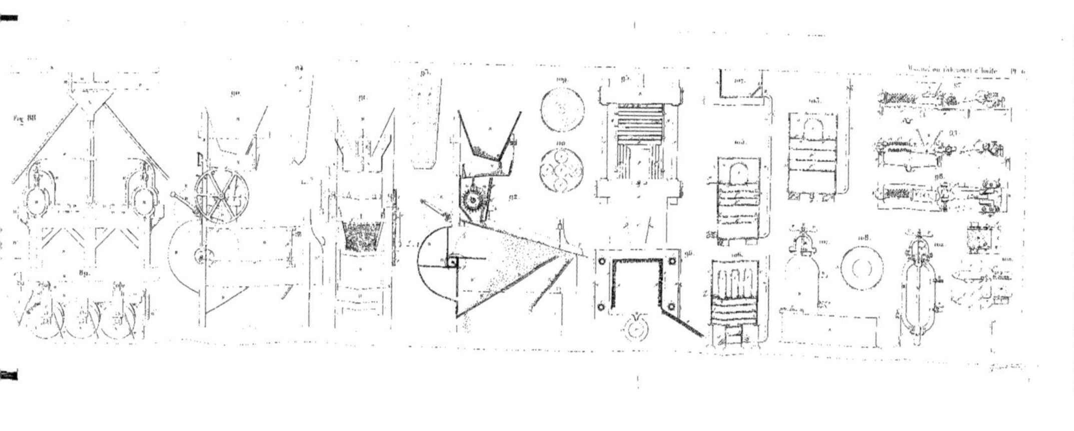

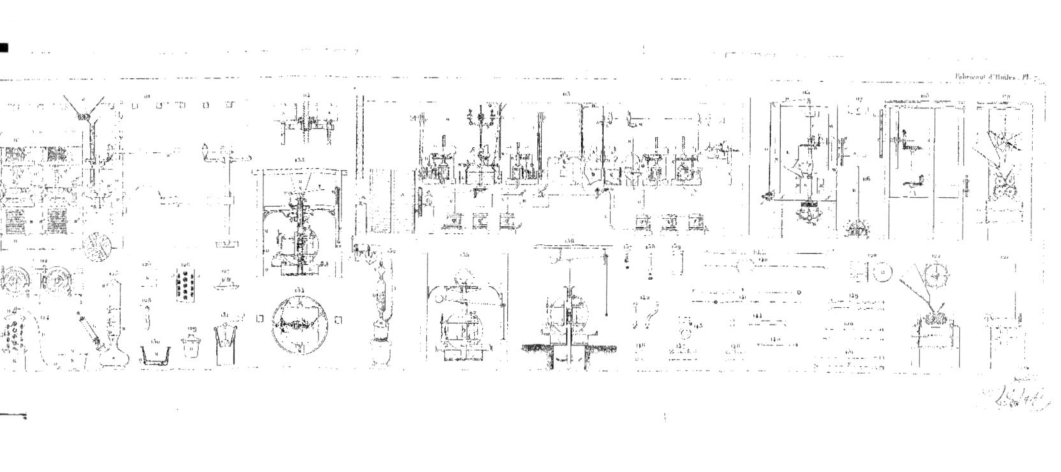

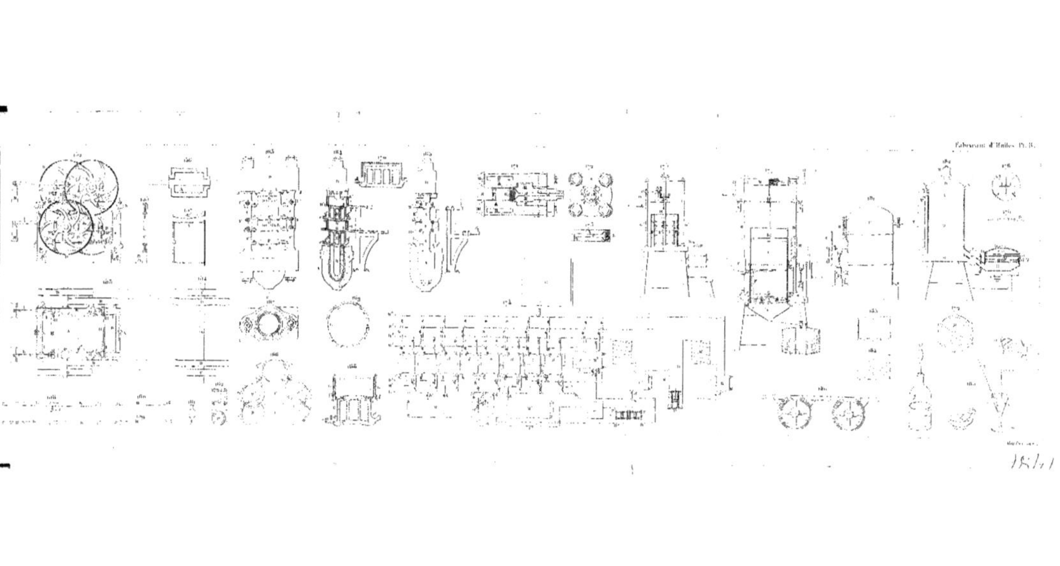

Fabricant d'Huiles. Pl. B.

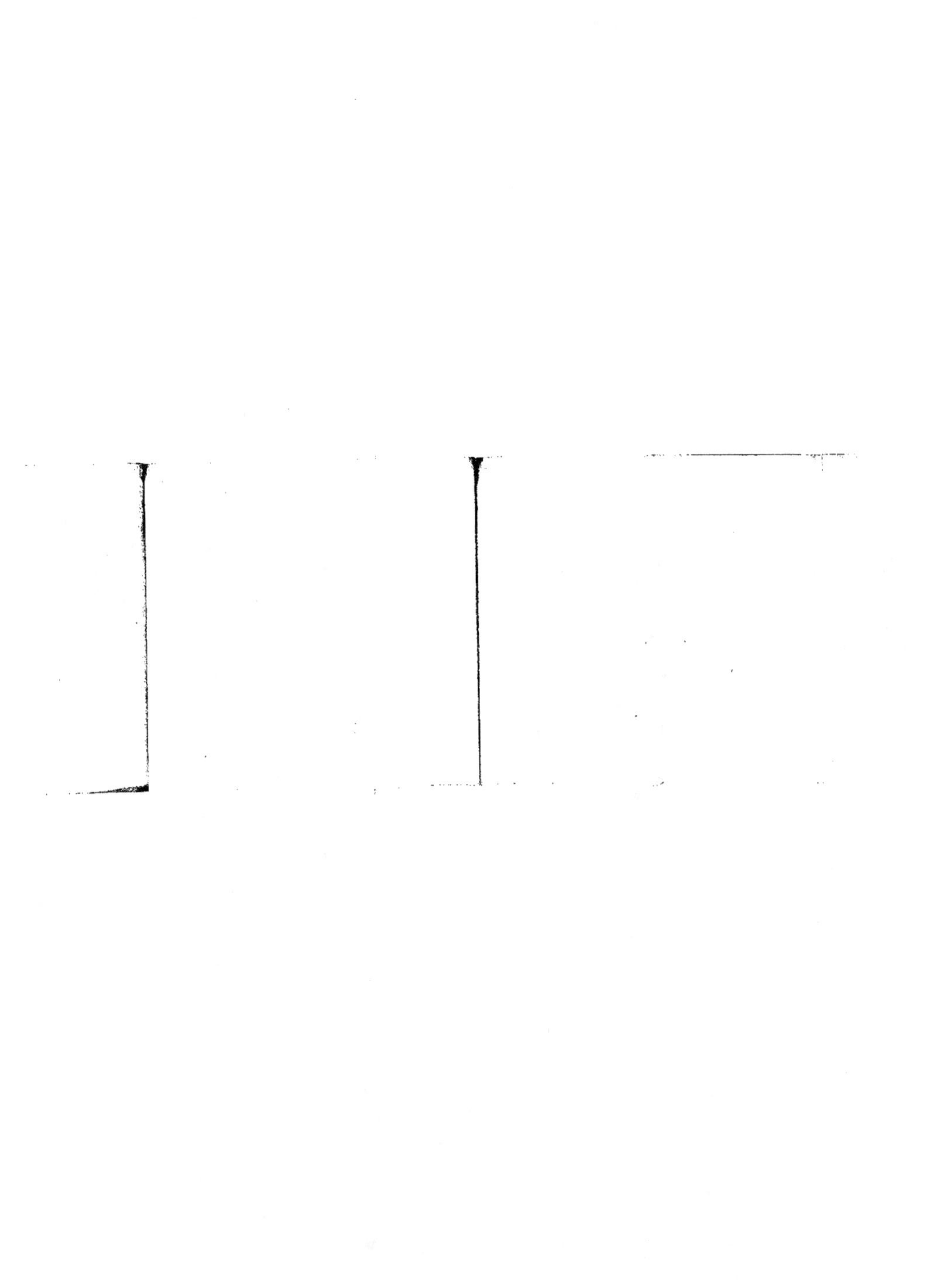